# LightTools를 활용한 백라이트 광학 설계 이론 및 실습

주병윤

# 서 문

백라이트(backlight)는 액정표시장치(LCD)에 들어가는 평면조명기기이며, 최근 LED 광원의 급속한 성장과 더불어 일반 LED 조명장치로도 발전하고 있다. 본 저서는 백라이트 광학 설계 기술 소개가 목적이며, 백라이트 광학 설계와 관련된 조명 광학 이론 및 실습 주제들이 다루어졌다.

본 교재는 모두 네 개의 장으로 이루어졌다. 1장은 백라이트 기술 개요로서 엣지형, 직하형 백라이트의 광학 구조 및 원리에 대해 소개한다. 또한 백라이트 광학 성능과 액정표시장치의 화질 특성과의 관계에 대해 설명한다. 2장은 조명 광학 기초 이론 및 광시뮬레이션 기법 개요를 다룬다. 조명 광학에서 나오는 기본 물리량의 정의 및 물리량간의 관계를 이해하고, 광선추적 시뮬레이션 기법을 소개한다. 3장은 백라이트 광학 설계 실무 이론을 다룬다. 도광판, 확산판, 광학필름 등 백라이트 광학 부품 설계에 대한 다양한 예제들이 소개된다. 4장은 시뮬레이션 기법을 이용한 백라이트 광학 설계 실습이다. LightTools 프로그램의 기초 사용법을 익히고 LED 광원, 엣지형, 직하형 백라이트 설계 예제들을 실습할 것이다.

부족한 점은 있으나 이번 기회를 통해 백라이트 광학 설계 기술을 독자들에게 소개할 수 있어서 기쁘게 생각한다. 이 책이 나오기까지 많은 분들이 도움을 주셨고 감사의 말씀을 드린다.

이 교재가 백라이트와 조명 설계 관련 종사자 및 학생들에게 조금이나마 도움이 되었으면 하는 바램을 가져본다.

2013년 1월

주 병 윤

목 차

# 그 림 목 차

## 1장



## 2장

3장

4장

표 목 차

# 01 백라이트 기술 개요

LCD (liquid crystal display)는 비자발광 (非自發光) 디스플레이 소자이며, 디스플레이 밝기를 달성하기 위해 액정 패널 후면에 면광원 형태의 조명이 사용된다. 이를 백라이트 (backlight) 혹은 백릿(backlit)이라고 부른다. 그림 1.1은 LCD 모듈 단면 형상에 대한 개략도이며, 디스플레이 작동 원리를 간략히 설명하면 다음과 같다. 백라이트에서 나온 면조명광은 하판 편광 필름으로 입사된 후, 액정에 의해 편광 상태가 바뀌고 칼라 필터 및 상판 편광 필름을 통해 개별 화소에서 빛이 나온다. 개별 화소에서 출광량 제어는 액정에 인가되는 전압 제어를 통해 가능하다. (본 저서는 백라이트에 대한 내용을 다루고 있으며 LCD 패널에 대한 자세한 내용은 제외되었다.)

액정 패널의 밝기는 백라이트 자체의 밝기와 패널의 광투과율의 곱으로 구할 수 있다. 편광판/액정/컬러필터 등 여러 광학 재료 층들로 구성되어 있는 액정 패널의 광투과율은 수 퍼센트에 불과하며, 액정 패널에서 원하는 밝기를 달성하기 위해 매우 밝은 백라이트가 필요하다. 모든 평판디스플레이 기술이 그러하듯 LCD 기술 역시 대중화를 달성하기 위해 재료비 절감 기술이 지속적으로 개발되어 왔으며, 백라이트도 예외는 아니었다. 또한 업계에서는 백라이트가 단순한 면조명이라는 인식이 사라진지 오래이며, 슬림/화질 등과 같은 차별화 기술 달성하기 위해서 백라이트의 진보된 기술이 필요하다.

1.1~1.2절은 백라이트의 기본 구조 및 원리에 대해 설명되었고, 1.3절은 백라이트의 광특성이 디스플레이 특성에 미치는 영향에 대해 설명되었다.

## 1.1 백라이트의 광학 구조 및 원리 : 엣지형 백라이트

백라이트는 엣지형 백라이트 (edge-lit)와 직하형 백라이트 (direct-lit)로 나뉜

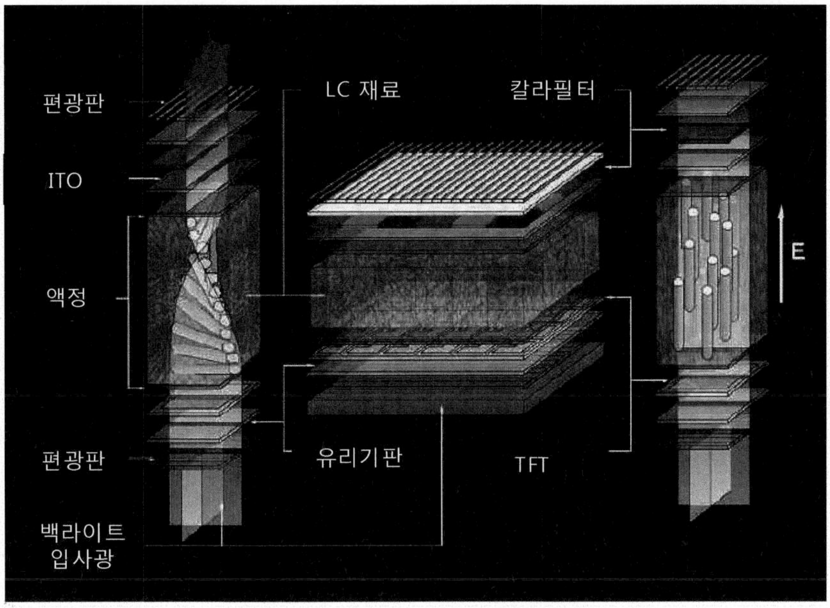


그림 1.1 ■ LCD 모듈의 단면도

다. 엣지형 백라이트는 도광판(light guide plate)이라고 하는 투명 아크릴 판이 사용된다. 도광 (道光) 이란 한자어가 의미하듯, 도광판 측면에서 입사되는 광은 도광판 안으로 보내지고 도광판 하면에 있는 광학 패턴(optical texture)에 의해 출광된다. 따라서 엣지형 백라이트의 가장 큰 장점은 백라이트 두께 박판화가 가능하다는 것이다. 전통적으로 엣지형 백라이트는 초박형 디스플레이 모듈이 요구되는 모바일폰, 노트북, 모니터 등에 사용되어 왔고 2009년 부터 TV에도 적용되고 있다.

그림 1.2에서 볼 수 있듯이 엣지형 백라이트는 도광판의 단면 형태에 따라 쐐기형(wedge type)과 평판형(flat type)으로 나뉜다. 전통적으로 쐐기형 도광판은 노트북에 많이 사용되었으나 최근 들어 LED 광원이 사용됨에 따라 평판형 도광판으로 대체되고 있다. 그림 1.2 우측은 평판형 엣지 백라이트의 구성 그림이다. 최하단부에 하부샤시가 있고 도광판과 광학 필름들이 안착된 후 폴리카보네이트 재질의 몰드프레임에 의해 고정된다.

엣지형 백라이트의 핵심부품은 도광판이다. 도광 현상은 굴절율이 큰 매질과 작은 매질 사이에 존재하는 프레넬 계면에서의 빛의 전반사 (TIR; Total Internal Reflection) 현상으로 이해될 수 있다. 이상적인 프레넬 계면에서의 전반사는 손실이 전혀 발생하지 않는다(loss-free). 전반사가 일어날 수 있는 임계 각도는 스넬 법칙에 의해 구할 수 있으며 도광판 굴절율 이 1.49 일 때 전반사 임계각은 42.2° 이다. 즉, 임계각 보다 큰 입사광에 대해 전반사가 발생한다. 그림 1.3에서 볼 수 있듯이 도광판으로 부터 출광시키기 위해 도광판 하면에는 광산란 잉크가 인쇄되어 있다. 잉크 바인더의 굴절율은 도광판 굴절율과 유사하

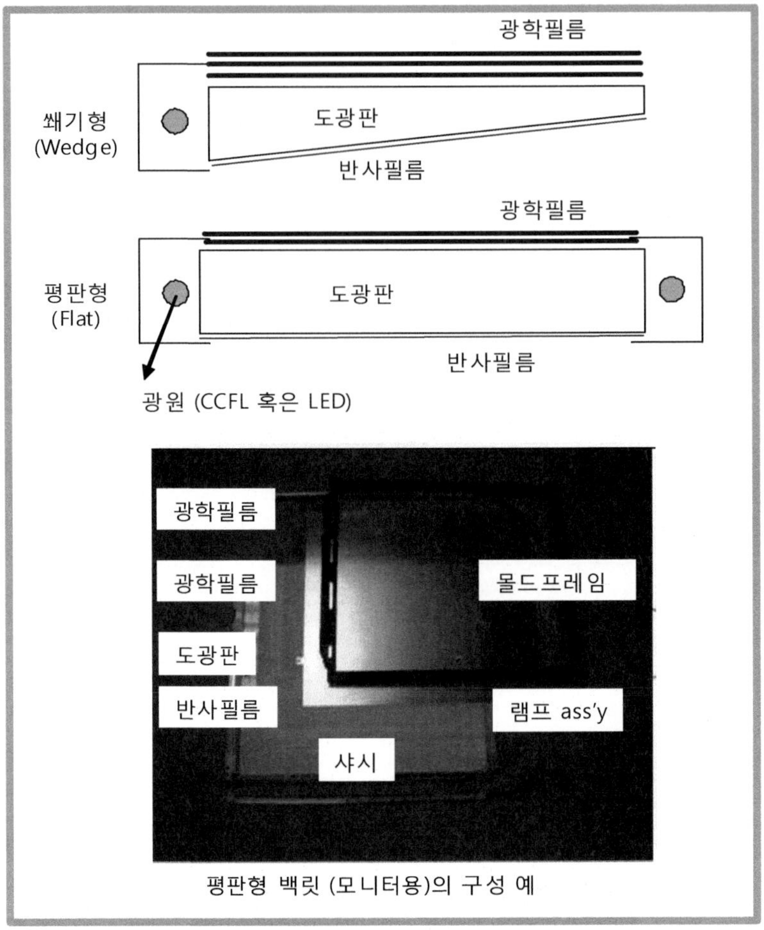


그림 1.2: 엣지형 백라이트의 단면 구조 및 부품 구성

며 확산제는 주로 실리카($SiO_2$) 가 사용된다. 확산제의 광산란 효과에 의해 광은 확산투과, 확산반사를 거치게 되고 출광된다. 인쇄 잉크의 농도 및 도트 크기에 의해 도광판의 출사 광량을 제어할 수 있으며, 휘도 균일도를 만족시킬 수 있다. 자세한 출광 메커니즘 및 인쇄

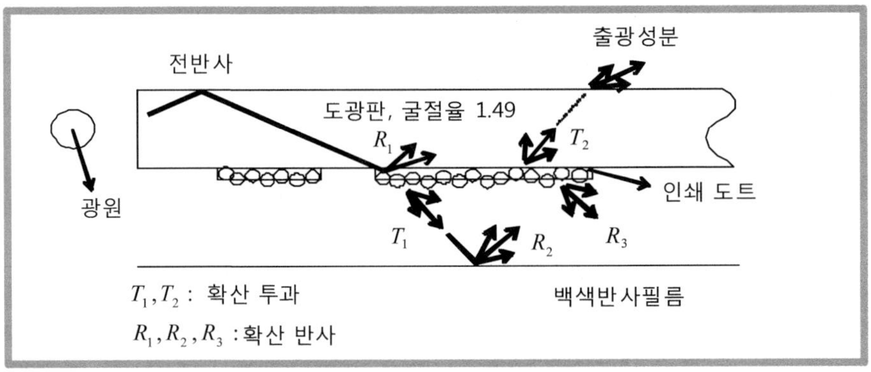


그림 1.3: 도광판내 전반사에 의한 도광판 인쇄도트에 의한 출광 개념도

| 항목 | 역할 |
|---|---|
| 도광판 | 주변부 광원을 도광하여 면발광시킴<br>→ 도광판 하면 미세 패턴으로 면발광의 균일도 결정됨 |
| DBEFD | 편광 recycling 필름<br>→ 패널 투과율 상승 효과 |
| 확산 필름 | 첫번째 기능 : 인쇄 도트를 가려주는 역할<br>두번째 기능 : 도광판상 출광프로파일을 gaussian형태로 바꾸어 프리즘 시트의 집광효율을 상승시킴 |
| 프리즘 필름 | 확산시트상의 출광프로파일을 집광시킴<br>→ 도광판상의 정면 휘도 대비 250~270% 정면 휘도 상승 |
| 반사 필름 | 확산반사 시킴 |

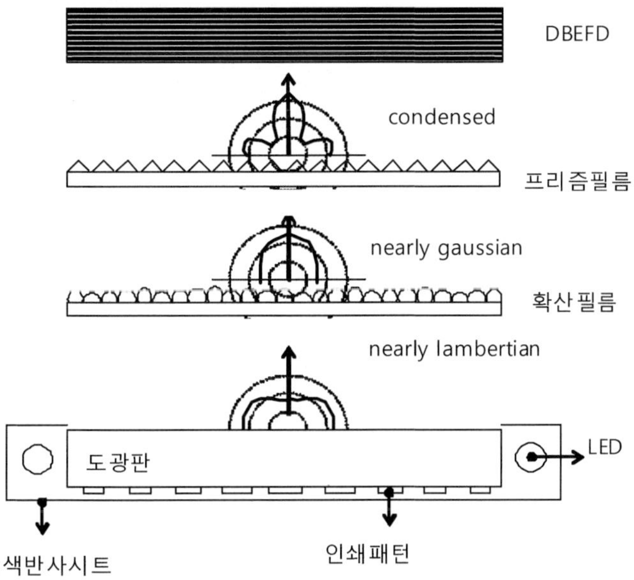


그림 1.4: 엣지형 백라이트 광학계의 역할 및 집광

텍스처 설계 기술은 3장에서 다시 논의될 것이다.

엣지형 백라이트에서 사용 되고 있는 광학 필름은 확산 필름, 반사 필름, 프리즘 필름, DBEFD 등이 있다. 확산 필름과 프리즘 필름은 집광(集光; condensation of light) 용도로 사용되며 DBEFD는 편광 리싸이클링에 의해 더 많은 빛이 액정 패널을 통과할 수 있게 된다. 그림 1.4에 엣지형 백라이트 개별 광부품의 역할이 정리되어 있다. 확산 필름과 프리즘 필름의 집광 원리는 다음과 같다. 인쇄 도광판 중심부에서 나오는 출광 각도별 각휘도를 조사해 보면 램버시안 출사광(어느 방향에서 보거나 동일한 밝기를 보이는 출광)과 유사하다. 확산 필름은 도광판 출사광 형태를 가우시안 형태로 바꾸어 준다. 또한 프리즘 필름은 정면 방향으로 고집광 해준다. 결과적으로 확산 필름 및 프리즘 필름에 의해 도광판 정면 휘도 대비 약 2.5~2.7배 높은 정면 휘도가 달성된다. 추가적인 휘도 상승을 위해 DBEFD가 종종 쓰인다. DBEFD는 액정패널 편광필름의 입사광축과 평행한 편광 성분은 통과시키고 수직 성분은 반사시킨다. 반사된 편광은 리싸이클링될 때 편광이 깨지게 되며 DBEFD에 의해 다시 리싸이클링 된다. 이러한 반복적인 리싸이클링 과정을 통해 더 많은 광이 액정패널을 통과하게 된다. 저자의 경험에 의하면 편광 리싸이클링에 마치 액정 패널 투과율이 약 1~2% 정도 상승하는 듯하다. (DBEFD의 휘도 이득에 대해서 여러 가지 다른 종류의 평가 관점이 있음을 밝힌다.)

도광판 하면 텍스쳐 유형에 따라 출사 광량 및 출사각을 제어 할 수 있음은 분명하다. 예를 들어 도광판 하면 텍스쳐가 프리즘 형태인 프리즘 도광판이 인쇄 도광판 보다 휘도 면에서 우수할 수 있다. 그러나 도광판 텍스쳐링 기술의 적용 가능성은 부품의 대량 생산성 및 부품 가격 측면에서 반드시 논의 되어야 한다. 모니터 도광판의 경우 거의 모든 백라이트에서 인쇄 도광판이 사용되고 있다. 2010년 전후로 LCD TV에서 LED 엣지형 백라이트가 적용되고 있으며 대면적 대량 생산 용이한 도광판 텍스쳐링 기술 개발은 초미의 관심사이다. 인쇄 도광판 이외에 $CO_2$ 레이저를 이용한 도광판, UV 임프린팅 공법을 이용한 도광판 등 다양한 기술이 제안되고 있으며 광추출 효율, 부품 가격, 대량 생산성 관점에서 경쟁하고 있다. (표 1.1 참고)

표 1.1: LCD TV 백라이트용 도광판 패터닝 기술들 (2012년 기준)

| 기술명 | 도광판 재단 여부 | 기술개요 | 장점 | 비고 |
|---|---|---|---|---|
| 인쇄 | 필요 | 확산잉크 스크링 프린팅 | 양산성 가장 우수<br>시설투자비 상대적으로 낮음, 광균일도우수 | 고휘도 잉크 기술 적용 검토 중 |
| CO2 레이저 | 필요 | CO2 레이저 조사로 micro grooving | 인쇄 도광판 대비 집광 효율 증가 | tact time 개선 진행 중 |
| UV imprinting | 필요 | Soft mold 및 UV 경화형 수지로 패터닝 | 미세 패턴 전사성 우수 | 양산성 검토중 |
| Mechanical grooving | 필요 | 공구 tip으로 mechanical grooving | 인쇄 도광판 대비 집광 효율 증가 | 개발 진행중 |
| 잉크젯프린팅 | 필요 | 잉크젯 프린팅 이용 | 다중헤드 적용으로 생산성 우수 | 개발 진행중 |
| 사출 | 불필요 | 사출금형으로 패터닝 | 도광판 재단 공정 불필요 | 개발 진행중 |

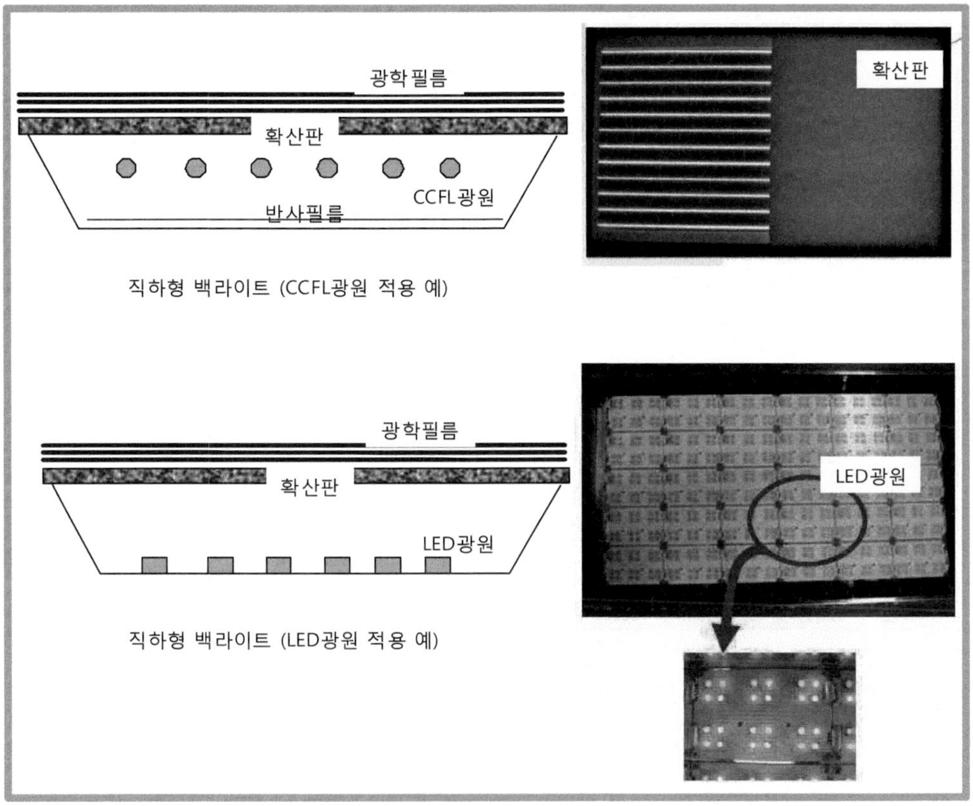


그림 1.5: 직하형 백라이트의 단면 구조 및 부품 구성 예

## 1.2 백라이트의 광학 구조 및 원리 : 직하형 백라이트

직하형 백라이트에서는 광원이 디스플레이 면에 존재한다. 따라서 엣지형 백라이트에서 사용된던 도광판 대신 광확산판이 사용된다. 광확산판의 목적은 광원의 개별 위치에서 발생하는 램프 휘선(이를 "램프 무라"라고 함)을 가려주는 것이다. 즉, 광확산판이 없으면 CCFL의 경우 선광원 형태의 램프 무라가 보이고, LED의 경우 점광원 형태의 래프 무라가 시인된다. 광확산판은 수 밀리 미터 두께의 폴리스타이렌, 폴리카보네이트 등의 투명 고분자 플레이트를 기재로 하고, 그 안에 일정량의 확산제를 혼합하여 제조된다. 많은 사람들이 광확산판의 확산 현상과 광확산필름의 확산 현상을 혼동하는 경향이 있다. 그림 1.6에서 볼 수 있듯이 광확산판은 입사광을 체적산란(volumetric scattering of light) 시킨다. 이것은 광확산 필름에서의 표면산란 (surface scattering of light; )과는 다른 현상이다. 체적 산란에서는 확산체 기재 두께에 대해 진행하는 광은 전방, 후방으로 산란된다. 체적 산란성은 기재와 확산제의 광학굴절율 차이, 확산제의 크기 및 기하 형태, 확산제의 농도, 기재 두께 등, 여러 가지 인자에 영향을 받는다.

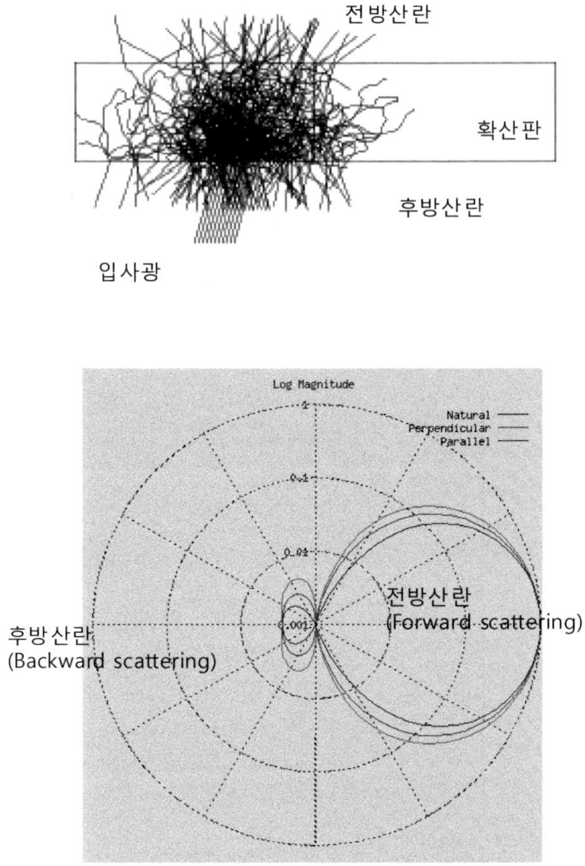


Mie 산란 이론에 의한 전/후방 산란 계산 예

(http://omlc.ogi.edu/calc/mie_calc.html 참고)

그림 1.6: 광확산판의 체적 산란 현상

체적 광산란을 설명할 수 있는 이론은 여러 가지가 있지만 파장에 따른 산란 정도의 차이가 크지 않은 경우 Mie 산란 이론[1]이 많이 사용되고 있으며 백라이트에서 사용되는 광확산판의 경우도 Mie 산란으로 설명 가능하다. 광확산판이 램프 무라를 제거해 줄 수 있는 이유는 광확산판이 전방, 후방으로 광을 산란시켜주기 때문이다. 그림 1.7에서 볼 수 있듯이 확산판의 체적 광산란에 의해 램프 상단부 (A)와 램프와 램프 사이부 (B)에서 출사조도가 동일하게 될 수 있다. 여기서 짚고 넘어가야 하는 사실은 A, B 부분의 출사조도가 동일하게 되는데 있어 후방 체적 산란이 중요한 역할을 한다는 점이다. 즉, 후방 산란에 의해 확산판 하면으로 되돌아 가는 광은 백라이트 하단부의 반사필름에 의해 확산 반사되고 광확산판으로 재입사되는 리싸이클링이 발생한다. 과거, 광확산판 대신 다수의 확산 필름으로만 램프 무라를 제거하려는 시도가 있었다. 그러나 확산 필름을 아무리 여러 장 쓴다고

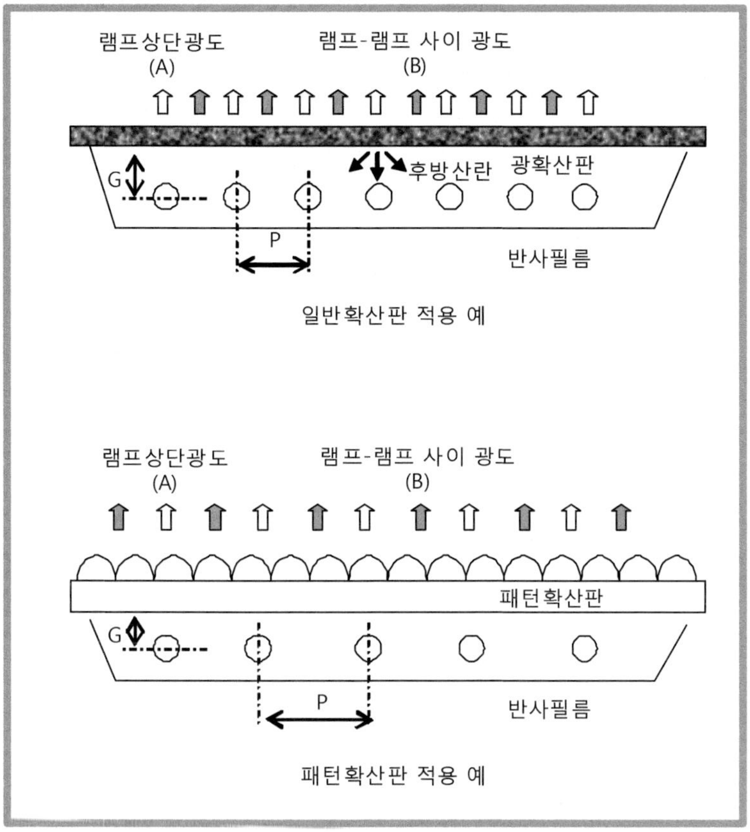


그림 1.7: 일반확산판과 패턴확산판의 램프 무라 제거 기능

하더라도 광확산판 한 장 만큼 조도 균일화를 달성하기는 매우 어렵다. 이것은 확산 필름에서 체적 산란이 아닌 표면 산란이 일어나기 때문이다. LCD 백라이트용으로 쓰이는 확산판의 평균 투과율을 60~70% 수준이며 헤이즈 (haze)는 99% 이다.

램프 무라를 제거하는 관점에서 확산제를 사용하는 "일반 확산판" 보다 진보된 기술은 투명 플레이트 상면에 렌티큘러 렌즈 어레이가 배열되어 있는 "렌티큘러 패턴 확산판"이다. 램프 무라 제거의 난이도는 그림 1.7에서 보이는 램프간 피치P 와 램프와 확산판까지의 거리 G의 비율인 'P/G 비율'를 가지고 논의할 수 있다. 즉, P를 늘이거나 (램프 개수 감소) 또는 G를 감소시키면 (백라이트 두께 슬림화) P/G 비율이 증가한다. 일반적으로 P/G = 1.7~1.8 정도이면 일반확산판으로 램프 무라를 제거할 수 있다고 알려져 있으며, 패턴확산판 기술은 P/G = 2.3~2.8 까지의 영역에 대해 램프 무라를 제거할 수 있다.

패턴확산판은 두가지 면에서 진보된 기술이라고 할 수 있다. 첫째, 확산판에 확산제가 안들어 간다는 점이다. 즉, 투명한 기재 상면에 형성되어 있는 렌티큘러 렌즈(비구면 타원형 렌즈)에 의해 그림 1.7의 A와 B 영역의 조도 균일화가 가능하다. 확산제가 안들어가므로 확산제에 의한 흡광 현상이 없으며, 비구면 렌즈에 기인되는 이미지 스플리팅 효과 (image splitting), 리싸이클링 효과, 국부적 도광 효과 등에 의해 일반 확산판의 체적 광산란 보다 효과적으로 램프 무라를 제거할 수 있다. 둘째, 패턴 확산판은 고분자 플레이트 압출 공법을 이용하여 대량 생산된다는 점이다. 아무리 광학 성능이 우수해도 대량 생산성 및 부품 가격 측면에서 장점이 없다면 디스플레이 기술로 사용되기 어렵기 때문에 일반 확산판을 제조하던 압출 공법을 발전시켜 대량 생산이 가능하도록 하였다.

확산판 기재 재료 및 확산판 두께는 부품 가격면에서 결정되어왔다. 일반확산판 기재의경우 초기에는 PMMA (Polymethylmethacrylate) 수지에서 MS (Methylstyrene) 수지, PS (Polystyrene) 수지로 변화하였으며, 확산판의 두께도 4.0$mm$ 에서부터 시작하여 1.5$mm$ 까지 감소하였다. 패턴확산판의 경우는 PC (Polycarbonate) 수지와 PS 수지가 사용되고 있으며 두께는 1.0~1.5$mm$이다.

노트북과 모니터 백라이트의 광학필름 구조는 거의 정형화 되어 있다. 노트북은 혼자서 사용하는 디스플레이 제품이므로 도광판, 확산필름, 프리즘필름 2매 (수직-수평 집광)로 거의 정형화 되어 있으며, 모니터는 두명 이상 앉아서 볼 수 있다는 가정하에 도광판, 확산필름, 프리즘필름 1매 (수평 집광) 형태로 정형화되어 있다. 그러나 TV는 여러 사람이 여러 각도에서 볼 수 있다는 다소 모호한 가정하에 광학 필름 조합이 결정된다. 직하형 백라이트에 사용되는 광학필름은 일반적으로 확산필름 3매가 사용된다. 광확산판으로부터 나오는 출사광 형태는 램버시안과 유사하며 확산 필름들을 통과한 후 가우시안 출광 형태로 바뀌게 된다. 즉, 집광은 되지만 가우시안 집광은 정면 밝기 대비 측면 밝기의 감소율 기울기가 급격하지 않기 때문에 측면 시인성이 문제되지 않는다. 고휘도가 요구되는 경우, 확산판, 확산필름, 프리즘필름 (1매 혹은 2매), 확산 필름을 사용되기도 한다. 이때 프리즘 필름 위에 확산 필름을 위치시키는 이유는 최상위에 프리즘 필름이 있을 경우 정면방향으로 고집광되어 TV 측면 시인성이 문제 될 수 있기 때문이다. 추가적인 고휘도를 위해 DBEFD가 최상위에 쓰이기도 한다. 흥미로운 사실은 TV 측면 시인성에 대한 정량화된 스펙이 없다는 것이다. (LCD 제품에서 말하는 시야각은 명암비 관점에 의해 정의된다.) LCD TV 백라이트의 광학 필름 조합의 적용 가능성은 TV 제조사의 측면 시인성에 대한 정성적인 평가에 의해 의사 결정 된다.

휘도 증가용 광학필름 적용
여부에 따른 디스플레이 밝기 차이

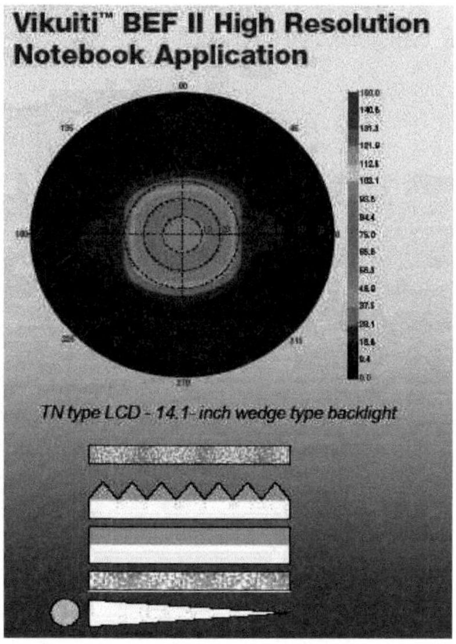


프리즘 필름에 의한 집광

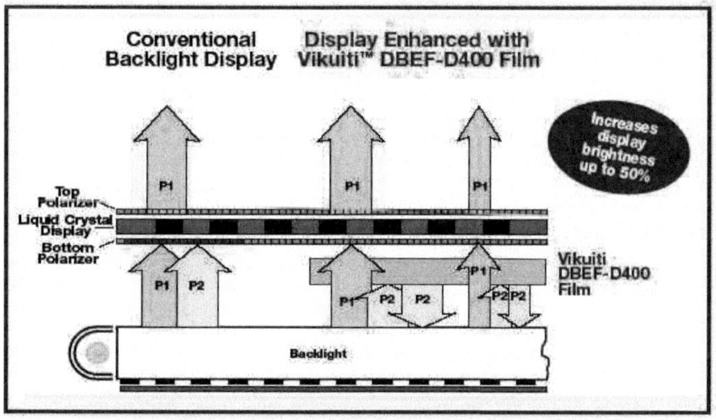


편광 리싸이클링을 통한 LC 패널투과율 상승 효과

그림 1.8: LCD 휘도 향상 위한 백라이트 광학 필름 기술 (3M사 자료 발췌)

## 1.3 백라이트 광특성에 의존하는 디스플레이 화질 특성

백라이트의 광특성에 영향 받는 디스플레이 화질 특성을 설명하면 다음과 같다. 첫째, 디스플레이 밝기를 결정한다. 백라이트 밝기를 증가 시키는 방안으로 두가지 접근 방법이 있다. 그림 1.8과 같이 프리즘 필름을 이용하여 정면 방향으로 집광하는 것이며, 편광 리싸이클링을 이용하여 LC 패널의 하판 편광자의 편광축 방향의 편광성분 증가를 유도하는 방법이다.

둘째, 백라이트의 집광성은 명암비(Contrast Ratio)에 영향을 준다. 디스플레이에

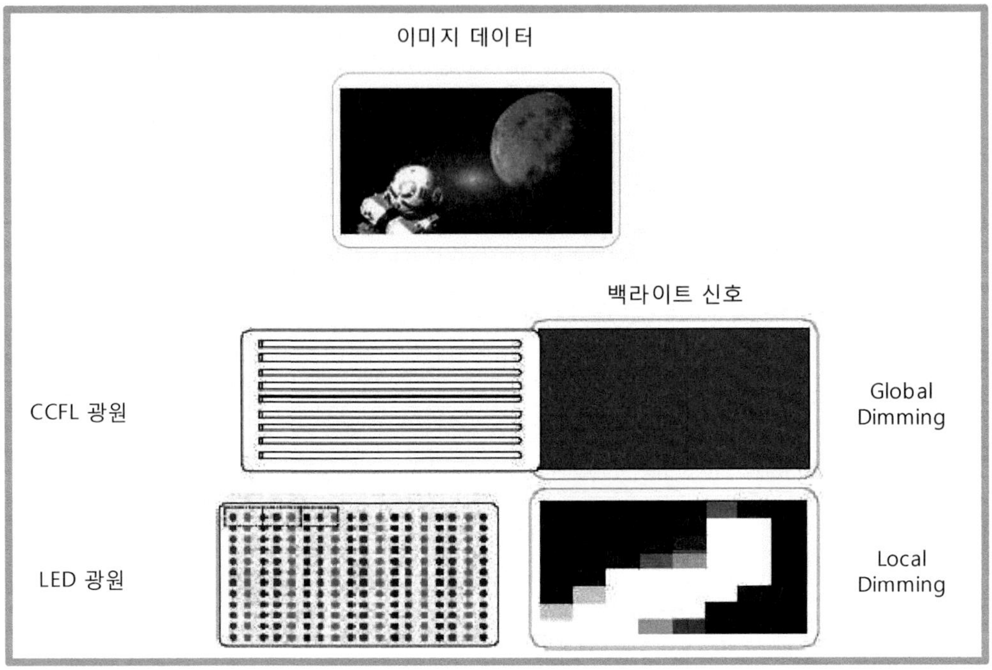


그림 1.9: LCD 동적 명암비 및 소비전력 저감을 위한 백라이트 디밍 기술

서 정의되는 명암비는 $휘도_{white}/휘도_{black}$ 로 정의된다. 즉, 명암비를 높이기 위해서 암색 휘도를 감소시켜야 한다. 액정 패널의 암색 상태의 빛샘 방지는 수직 입사광에 대해 최적 설계 되어 있으나 입사각이 커질 수록 빛샘 방지 성능은 저하된다. 따라서, 프리즘 필름에 의해 고집광된 백라이트와 프리즘 필름 미적용되어 집광되지 않은 백라이트가 있을 경우, 액정 패널상에서 계측되는 명암비를 비교해 보면 전자가 후자 보다 수백에서 많게는 1,000 명암비가 높다는 업계 보고가 있다. 백라이트 재료비 절감 차원에서 패널 투과율을 향상하고 백라이트에 들어가는 휘도 향상 집광 필름을 확산 필름으로 대체하는 개발 논리가 있으며, 이때 명암비 저하 가능성을 반드시 짚고 넘어가야 한다.

셋째, 직하형 LED 백라이트의 로컬 디밍 기술을 이용하면 동적 명암비 증가 및 소비전력 절감 효과를 동시에 달성할 수 있다. 그림 1.9와 같이 디스플레이 개별 프레임별 이미지 밝기에 비례하여 백라이트 밝기를 제어할 수 있다. 이때, 암색 상태에서는 점등하지 않음으로써 순간적으로 암색 휘도를 영으로 할 수 있다. 또한 광원을 점등하지 않는다는 의미는 전력 소모가 없다는 의미이므로 로컬 디밍을 하지 않는 경우 대비 소비 전력 절감 효과가 발생한다. 소비 전력 효과 관점에서 백라이트 디밍 기술은 영차원 디밍 (글로벌 디밍), 일차원 디밍, 이차원 디밍 순으로 개발되어 왔다. CCFL 광원 직하형 백라이트의 경우 영차원 디밍과 일차원 디밍이 가능하며, LED TV용 엣지형 백라이트의 경우는 일차원 디밍이 가능하다. LED 직하형 백라이트는 이차원 디밍이 가능하다.

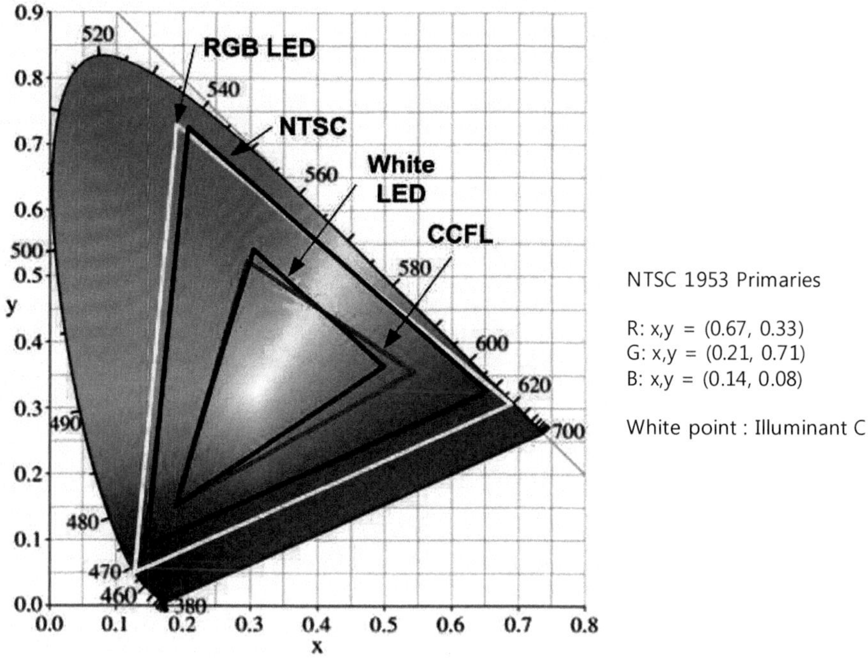


$$\text{색재현성} = \frac{\text{디스플레이 RGB 좌표계의 삼각형 면적}}{\text{NTSC 표준 좌표계의 삼각형 면적}} \times 100\ \%$$

그림 1.10: 백라이트 광원에 따른 LCD 색재현성 비교

넷째, 백라이트 발광색은 LCD 색재현성에 영향을 준다. 그림 1.10에서와 같이 LCD 색재현성은 백라이트에 사용되는 광원에 따라 바뀐다. (색재현성에 대한 칼러 필터의 영향은 논외로 하겠다.) RGB LED를 써서 단색상의 표현 영역(monochromatic primary)을 확장함으로써 NTSC 표준 색재현성 대비 100% 이상의 색재현성이 가능하다. 그러나 LED 광원으로 각광받고 있는 형광체 기반 백색 LED (phosphor-based white LED)의 색재현성은 72% 로서 일반적인 CCFL 광원의 색재현성 대비 동등 수준이다. 즉, LED 광원은 고가격 구조의 RGB LED를 이용하여 CCFL 대비 색재현성을 높이는 기술 대신 상대적으로 저가격화가 가능한 형광체 기반 백색 LED가 주로 사용되고 있다. 그러나 고사양 제품에 대해서 RGB LED 광원을 적용한 백라이트가 개발되고 있다.

다섯째, 엣지형 백라이트의 재료비 절감 차원에서 LED의 개수를 줄이는 개발안이 지속적으로 진행되고 있다. LED의 개수를 줄이면서 광원을 등간격으로 배치하다 보면 개별 광원간의 거리가 증가하여 백점 불량 (핫스팟, hot spot)이 발생한다. 핫스팟 제거를 위해 LED 패키지 광학 설계 및 백라이트 기구 설계, 도광판 텍스쳐 설계 기술 등이 필요하다. 그림 1.11에 핫스팟에 의한 화질 불량 예와 핫스팟을 감소시킬 수 있는 도광판 텍스쳐 밀도 곡선이 예시되어 있다.

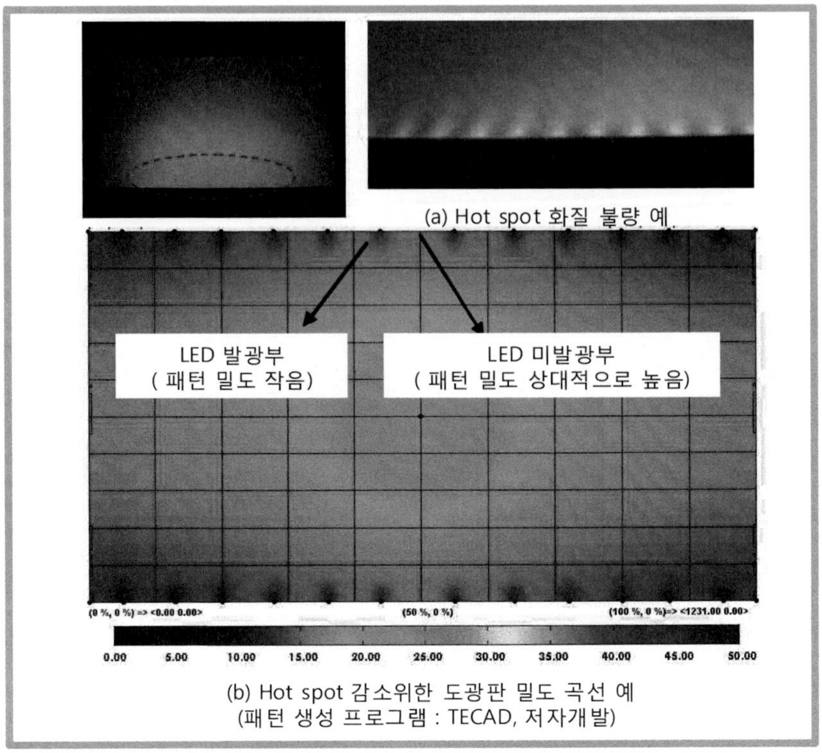


그림 1.11: 핫스팟 화질 불량 예 및 핫스팟 개선위한 도광판 밀도 곡면 예

여섯째, 집광 필름의 프리즘 피치와 액정 패널의 RGB 픽셀 주기성에 의한 픽셀 모아레가 발생할 수 있다. 그림 1.12와 같이 픽셀 모아레는 공간 앨리어싱 현상 (spatial aliasing)으로 이해될 수 있다. 즉, 프리즘 필름에 의해 공간적인 집광 주기성을 갖는 입사광이 패널의 RGB 화소 BM (black matrix) 및 칼라필터에 의해 주기적으로 왜곡된다. 이 때, 왜곡되는 형태가 특정한 주기성을 갖게 되며 이러한 주기성 및 진폭이 육안으로 식별할 정도로 클 때 이것이 픽셀 모아레이다. 일반적으로 노트북, 모니터, TV 백라이트에 사용되는 프리즘 필름의 프리즘 피치는 50~70 $\mu m$이며, 모바일 백라이트에서는 20~30$\mu m$이 쓰인다.

기타 화질 불량으로서 직하형 확산판의 램프 무라 현상이 있다. 이 부분은 1.2절에서 논의했으므로 생략하겠다.

백라이트 슬림화 기술 덕분에 초슬림 LED TV가 등장할 수 있었으며 2012년 현재 8 mm 이하의 두께의 LED TV 셋트가 시판되고 있다.

3D TV의 경우도 백라이트 기술이 핵심 기술로 부각되고 있다. 한 예로 그림 1.13에서 볼 수 있듯이 3M사에서 해상도 저하 없는 무안경식 3D TV용 광지향성 백라이트 (directional BLU, [2])를 제안하였다. 이 기술은 좌/우의 LED 광원을 120Hz로 순차구동하면서 우안영상과 좌안영상을 번갈아 시점자에게 보내주는 오토스테레오스코픽 방식의 광지향성 백라이트 기술이다.

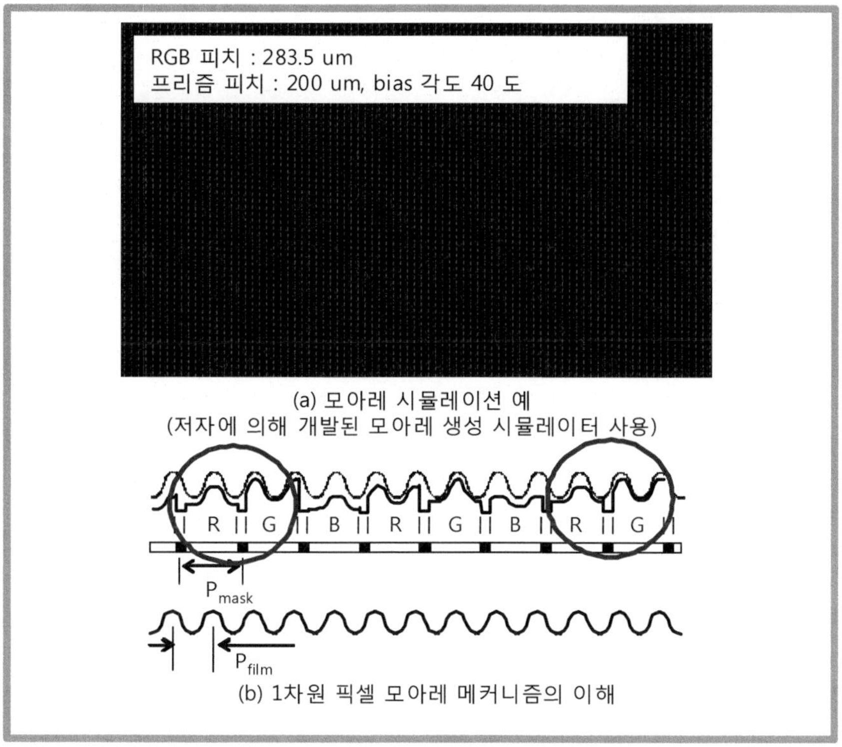

(a) 모아레 시뮬레이션 예
(저자에 의해 개발된 모아레 생성 시뮬레이터 사용)
(b) 1차원 픽셀 모아레 메커니즘의 이해

그림 1.12: 프리즘 필름과 액정 패널간 픽셀 모아레 발생 원리

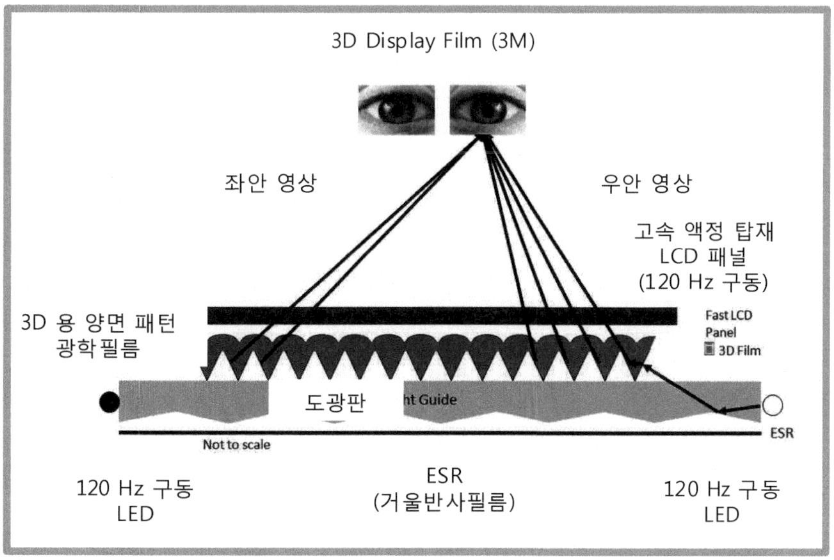


그림 1.13: 무안경식 3D 디스플레이용 Directional BLU [2] (3M 제안)

# 02 조명 광학 기초이론 및 광시뮬레이션 기법 개요

## 2.1 조명 광학 기초 이론

LCD 백라이트 광학계 설계시 조명 광학 이론에 대한 이해가 필요하며 고체각, 광속, 광도, 휘도, 조도 등과 같은 기초 용어에 대한 정확한 이해가 필요하다.

### 2.1.1 고체각

우선, 고체각에 대해 알아보자. 그림 2.1-(a) 평면각(plane angle, radian)은 호의 길이($l$)와 호의 반경($r$)과 사이각($\theta$)에 대해 $\theta = l/r$ 이다. 고체각(solid angle)은 평면각 개념을 이차원으로 확장하면 된다. 그림 2.1-(b)에서 볼 수 있듯이 구의 반경 ($r$)과 구의 표면상의 폐곡선으로 이루어진 표면적 ($A$)에 대해 고체각 ($\Omega$)를 $\Omega = A/r^2$와 같이 정의 할 수 있다. 이때, 고체각의 단위는 스테라디안 (steradian)이다. 고체각 정의로부터 완전구에 대한 고체각을 계산해보면 $\Omega = 4\pi r^2/r^2 = 4\pi$ 이다. 고체각은 극각(polar angle)과 방위각(azimuth angle)에 의해 정의될 수 있다. 그림 2.2에서와 같이 극각의 범위 $a \le \theta \le b$ , 방위각의 범위 $c \le \phi \le d$ 에 의해 정의되는 곡면의 고체각은 식(2.1)과 같다. 식(2.1)에 의해서도 완전구의 고체각은 $4\pi$가 계산된다. 조명 광학에서 고체각을 정의하는 이유는 인간의 눈은 고체각에 의해 정의된 콘 (light cone)에서 나오는 광에 대해 밝기를 느끼기 때문이다.

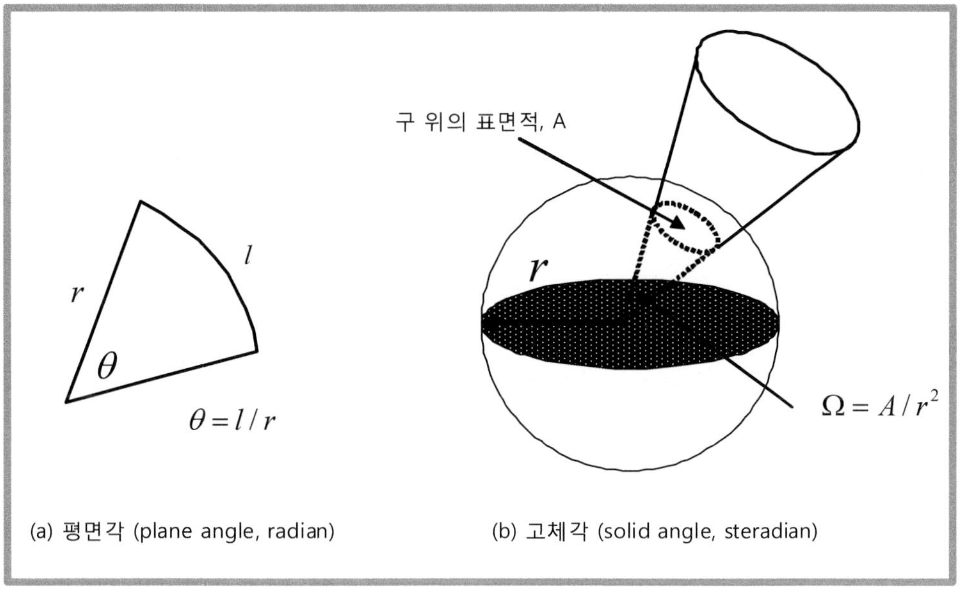


그림 2.1: 평면각과 고체각 개념도

$$\Omega = \int d\Omega = \int \frac{dA}{r^2} = \int_c^d \int_a^b \sin\theta \, d\theta \, d\phi = (\cos a - \cos b)(d - c) \qquad \textbf{(2.1)}$$

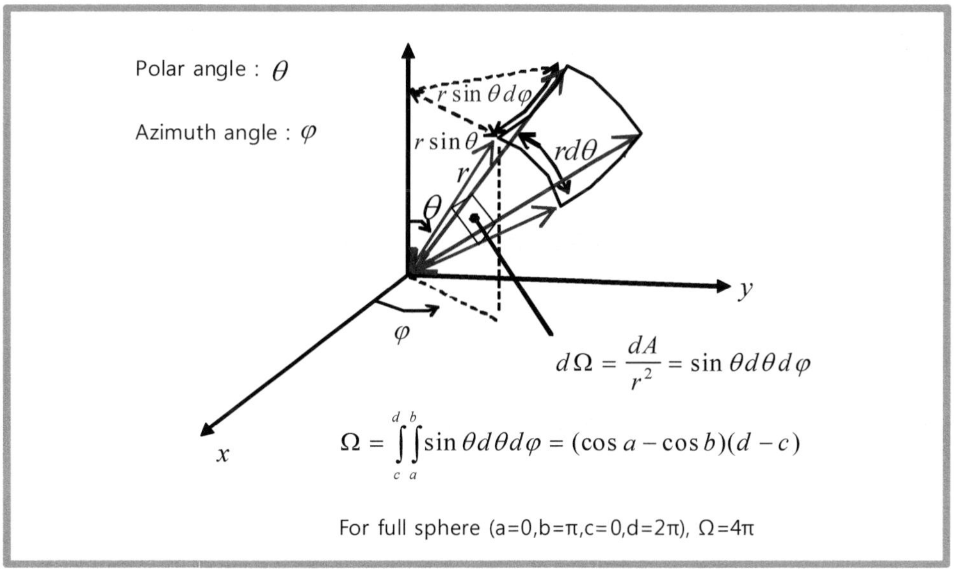


그림 2.2: 극값과 방위각에 의해 정의되는 고체각 표현

### 2.1.2 광속

광계측 분야에서 라디오메트리(radiometry)는 빛을 가시광 영역을 포함한 전 파장대의 전자기파 복사(electromagnetic radiation)로 간주한다. 따라서 라디오메트리 관점에서 광속(라디안트파워, radiant power)은 광원에 의해 방출되는 파워([W], rate of radiant energy flow)이다. 광자 에너지의 크기는 빛의 파장에 반비례하며 자외선, 가시광선, 적외선 순으로 크다. 한편, 포토메트리(photometry)는 인간의 눈에 의해 인지되는 가시광의 밝기 관점에서 논의되는 광계측 분야이다. 포토메트리에서 정의되는 광속은 루미노스 플럭스(luminous flux, $\Omega$)라고 하며 단위는 루멘, lumen, [lm]을 사용한다. 흥미로운 사실은 동일한 라디안트파워에 대해 인간의 눈이 느끼는 밝기의 강도는 가시광 색에 따라 다르다는 것이다. 이는 그림 2.3의 "사람 눈의 포토픽 에피커시 곡선" (photopic efficacy curve of human visual system)으로 설명가능하다. 즉, 555 $nm$ 에 대해 인간의 눈은 1 W의 라디안트 파워에 대해 683 lm의 광속을 느낀다. 그러나 494$nm$ 파장에 대해서 170 lm/W, 600 nm의 파장에 대해서 431 lm/W 와 같이 파장별 변환 계수가 다르다. radio- 는 라디오메트리에서 사용되는 접두어이며, luminous-는 포토메트리에서 사용되는 접두어이다. 백라이트와 같은 조명 광학에서는 주로 포토메트리가 사용되며 이후에 설명되는 물리량도 포토메트리를 사용하였다.

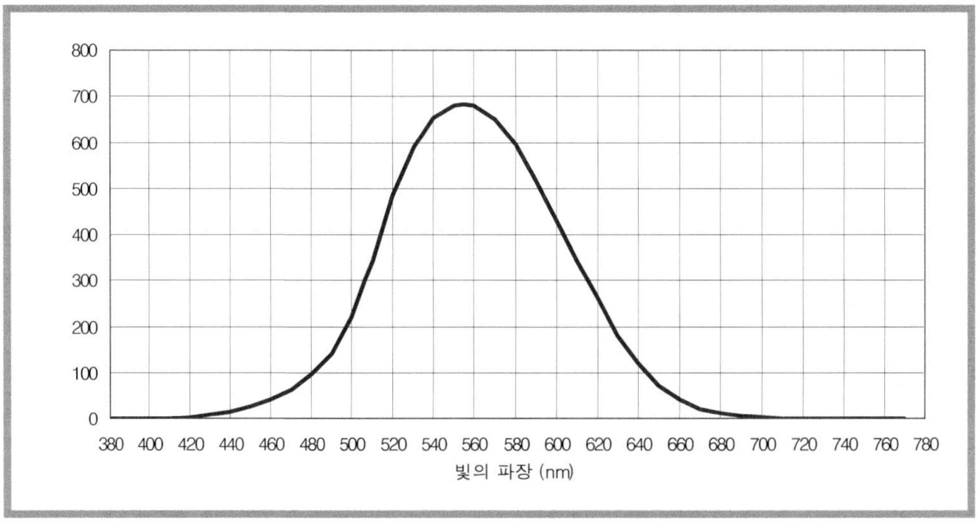


그림 2.3: 인간 눈의 포토픽 에피커시 곡선 (photopic efficacy curve)

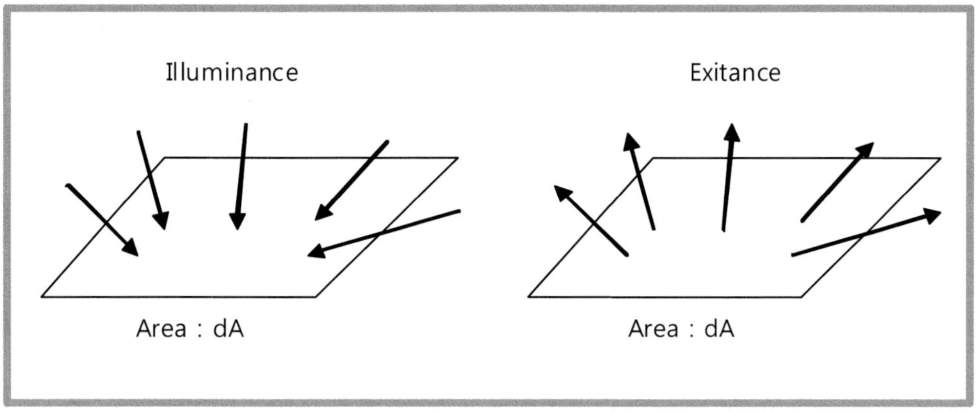


그림 2.4: 입사조도와 출사조도

### 2.1.3 조도

그림 2.4에서와 같이 입사조도 (illuminance, $E$)는 영역 $dA$가 있을 때 단위 면적 안으로 들어가는 전광속을 의미하며 식(2.2)로 표현할 수 있으며 단위는 룩스, lux 이다. 만일 단위 면적에서 나오는 전광속인 경우는 출사 조도 (엑시턴스, exitance)라고 한다. 면발광 백라이트에서 나오는 전광속을 논의할 때의 정확한 표현은 엑시턴스이다. 조도의 개념은 모든 입사각 또는 모든 출사각에 대한 단위면적당 전광속 임을 명심해야 한다. 이 개념은 2.1.5 절에서 논의할 휘도(luminance) 개념 논의시 비교 이해되어야 한다. 참고로, 라디오메트리에 해당하는 조도는 irradiance [W/$m^2$]라고 부른다.

$$d\Phi = EdA \tag{2.2}$$

### 2.1.4 광도와 휘도

광도의 개념 부터, 고체각 개념이 들어간다. 그림 2.5-(a)와 같이 광도 (luminous intensity, $I$)는 단위 고체각 안으로 들어오는 광속을 의미하며 식 (2.3)으로 표현되고 단위는 칸델라, [cd] = [lm/sr]이다.

$$d\Phi = Id\Omega \tag{2.3}$$

여기서 점광원으로부터 거리 $r$만큼 떨어져 있는 미소 면적 $dA$에서의 광도와 입사조도의 관계를 생각해 보면, 점광원의 거리별 조도에 대한 반비례 법칙(inverse sqaure law of point source)의 관계를 유도해 낼 수 있다.

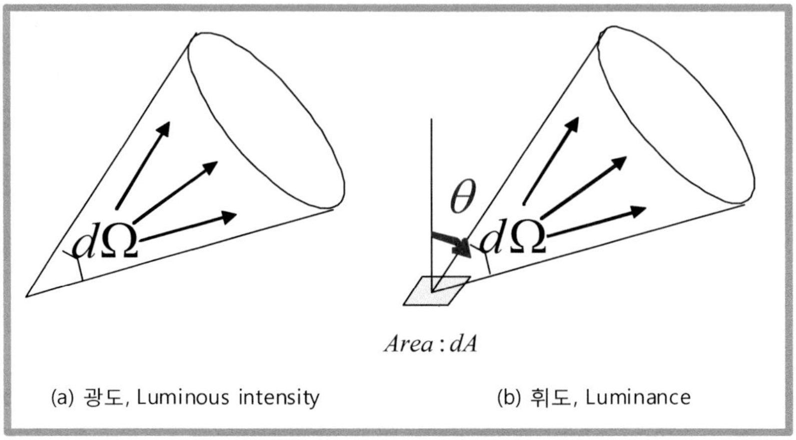


그림 2.5: 광도 (luminous intensity)와 휘도 (luminance)

$$E = d\Phi / dA = Id\Omega / dA = I/r^2 \quad \textbf{(2.4)}$$

미소 면적에 대해 광원이 기울어져 있기 때문에 이를 투명 미소 면적, $dA\cos\theta$ 안으로 광이 입사된다고 생각할 수 있다. 즉, 투영 미소 면적에 대한 광도 ($L=dI/dA\cos\theta$)를 정의할 수 있으며 이를 휘도라고 한다. 즉, 그림 2.5-(b)에서 볼 수 있듯이 휘도 (luminance, $L$)는 단위 면적당의 광도를 의미하며 식 (2.5)로 표현되고 단위는 [cd/$m^2$] = [lm/sr $m^2$] 이다. 여기서 $\theta$는 면적의 법선벡터와 고체각이 이루는 각도이다.

$$d\Phi = L\cos\theta\, dA\, d\Omega \quad \textbf{(2.5)}$$

많은 사람들이 광도와 휘도에 대해 혼동하는 경향이 있는 듯하다. 하기의 예를 명확히 이해한다면 광도와 휘도의 개념에 대해 명확 해질 것이다. 지금까지 광속, 조도, 광도, 휘도에 대해 논의하였으며, 이들 중 사람의 눈은 특정 고체각 내에서 정의되는 휘도를 느낀다. (다시말하면 사람의 눈은 광속, 조도, 광도에 대해 느끼지 못한다.) 그림 2.6에서와 같이 램버시안 반사면 (lambertian reflective surface)에의 반사광을 생각해 보자. 램버시안 반사체에 가장 가까운 것은 Barium sulfate($BaSO_4$)로 알려져 있다. 램버시안 반사광의 광도는 $I = I_o\cos\theta$로 정의된다. 그러나 인간의 눈이 느끼는 램버시안 반사광은 어느 방향에서 볼 때 동일한 밝기인 휘도를 느낀다. 즉, 휘도에 $\cos\theta$를 곱해주면 출사각별 광도 분포 형태(angular luminous intensity shape)가 나오며, 역으로 출사각별 광도 분포를 $\cos\theta$로 나누어주면 출사각별 휘도 분포(angular luminance shape)를 얻을 수 있다. (여기서 중요한 것은 광도와 휘도의 출사각별 분포 형태를 이해하는 것이다.) 마지막으로 표 2.1에 포토메트리에서의 물리량 및 단위를 정리하였다.

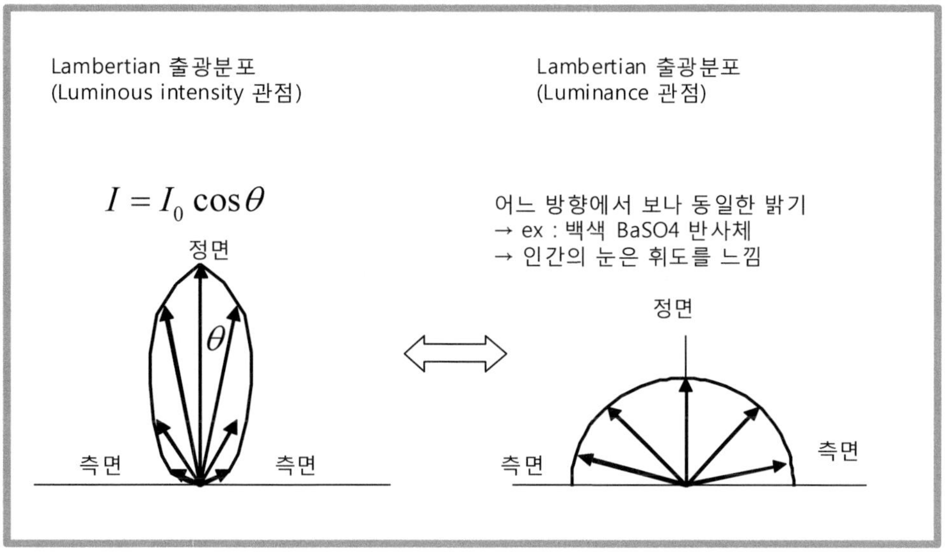


그림 2.6: 램버시안 반사광의 광도와 휘도에 의한 표현 (polar plot)

표 2.1: 포토메트리 물리량 (SI 단위)

| Quantity | Symbol | SI unit | Abbr. | 비고 |
|---|---|---|---|---|
| Luminous flux | Phi | lumen (=cd.sr) | lm | Also called luminous power |
| Illuminance (Exitance) | E | lux (=lm/m2) | lx | |
| Luminous intensity | I | candela (=lm/sr) | cd | |
| Luminance | L | candela per square meter | cd/m2 | Also called as nits |
| Luminous efficacy | | Lumen per watt | lm/W | Ratio of luminous flux to radiant flux |

### 2.1.5 직하 백라이트용 광지향 LED 이상적인 배광 곡선식 유도

그림 2.7과 같이 LED TV 직하 백라이트에 사용되고 있는 LED 개수를 줄이기 위해 LED 윗단에 2차렌즈가 사용되고 있으며 LED 개수를 보다 더 줄이기 위한 2차렌즈 곡면 설계가 초미의 관심사이다. 2차 렌즈 곡면 설계에서 있어서 수학적인 이상적인 배광곡선을 먼저 생각해 보는 것은 바람직하다.

그림 2.8을 참고하여 한개의 점광원으로 무한 평면에 균일한 조도 부여가 가능한 배광 곡선 이론식을 유도할 수 있다. 그림 2.8은 등간격 배광 각도 $\Delta\theta$에 따른 광학거리 $H$ 상의 평면에 대응하는 길이 $L(\theta)$, 그리고 방사형으로 형성되는 반지모양의 면적 $\Delta A$ 에 대한 관계를 보여 주고 있다.

우선 반지모양의 면적 $\Delta A$에 입사되는 광속 $\Delta\Phi$을 조도 $E$로 표현하면 식 (2.6)과 같고 등간격 배광각도 $\Delta\theta$범위에서 방사되는 광도 $I(\theta)$로 광속을 표현하면 식 (2.7)와 같다.

$$\Delta\Phi = E(\theta)\Delta A \tag{2.6}$$

$$\Delta\Phi = I(\theta)\Delta\theta \tag{2.7}$$

반지모양 면적 $\Delta A$는 식 (2.8)과 같고 고체각 $\Delta\theta$는 식(2.9)와 같다.

$$\Delta A = \pi(H\tan(\theta+\Delta\theta)^2 - \pi(H\tan(\theta))^2 \tag{2.8}$$

$$\Delta\Omega = 2\pi\sin\theta\Delta\theta \tag{2.9}$$

식 (2.6)과 (2.7)은 광속 $\Delta\Phi$에 대한 동일한 표현이므로 같다. 따라서 식 (2.10)이 성립된다.

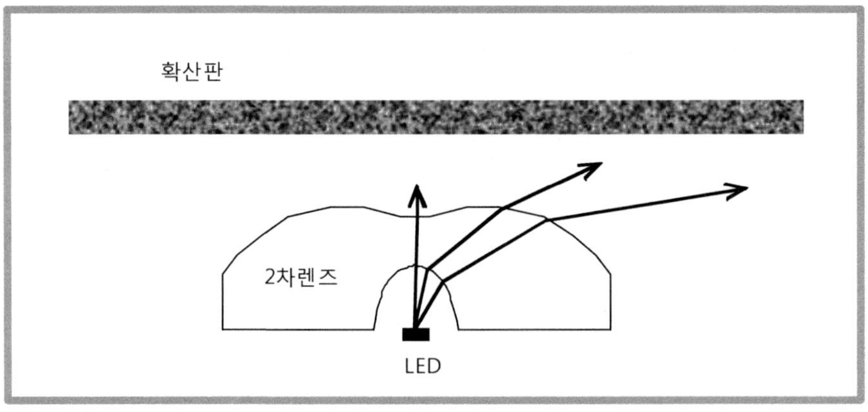


그림 2.7: LED 광지향성을 위한 2차렌즈 적용 사례

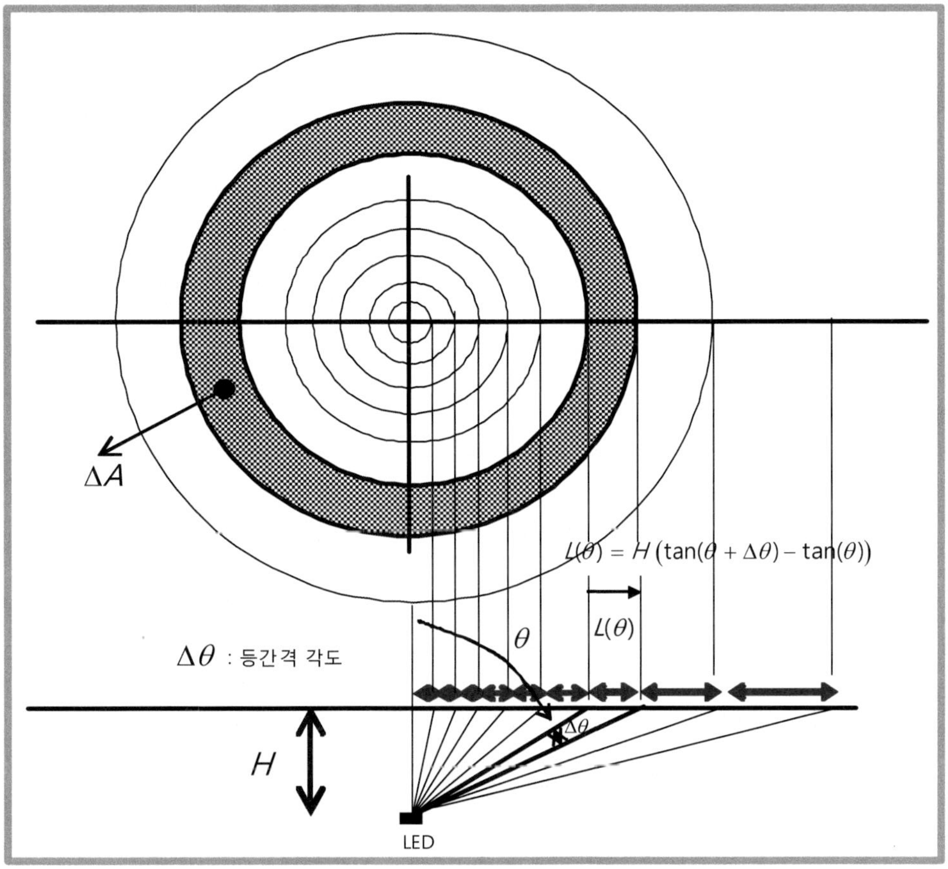


그림 2.8: LED 이상배광곡선식 유도 그림

$$
\begin{aligned}
I(\theta) &= \lim_{\Delta\theta\to 0}\frac{E(\theta)\Delta A}{\Delta\Omega} \qquad \textbf{(2.10)}\\
&= \lim_{\Delta\theta\to 0} E\frac{\pi(H\tan(\theta+\Delta\theta))^2-\pi(H\tan(\theta)^2)}{2\pi\sin\theta\Delta\theta}\\
&= \frac{E(\theta)H^2}{2\sin\theta}\lim_{\Delta\theta\to 0}\frac{(\tan(\theta+\Delta\theta))^2-(\tan(\theta)^2)}{2\pi\sin\theta\Delta\theta}\\
&= \frac{E(\theta)H^2}{2\sin\theta}\frac{d(\tan(theat))^2}{d\theta}\\
&= \frac{E(\theta)H^2}{\cos^3\theta}
\end{aligned}
$$

여기서 조도 $E(\theta)$는 일정해야 하므로 $E(\theta)H^2 = I(0)$로 가정하면 한개의 이상적인 점광원으로 수직 거리 $H$위 무한 평면에 균일한 조도 부여가 가능한 이상적인 배광 곡선식은 (2.11)이 된다.

$$I(\theta) = I(0)/\cos^3\theta \tag{2.11}$$

그림 2.9는 식 (2.11)을 그린 그래프를 보여준다. 여기서 $I(0)$의 값은 1로 설정하였다. 배광각도가 약 70~75도를 넘어가면서부터 상대 광도가 급격히 증가함을 알 수 있다.

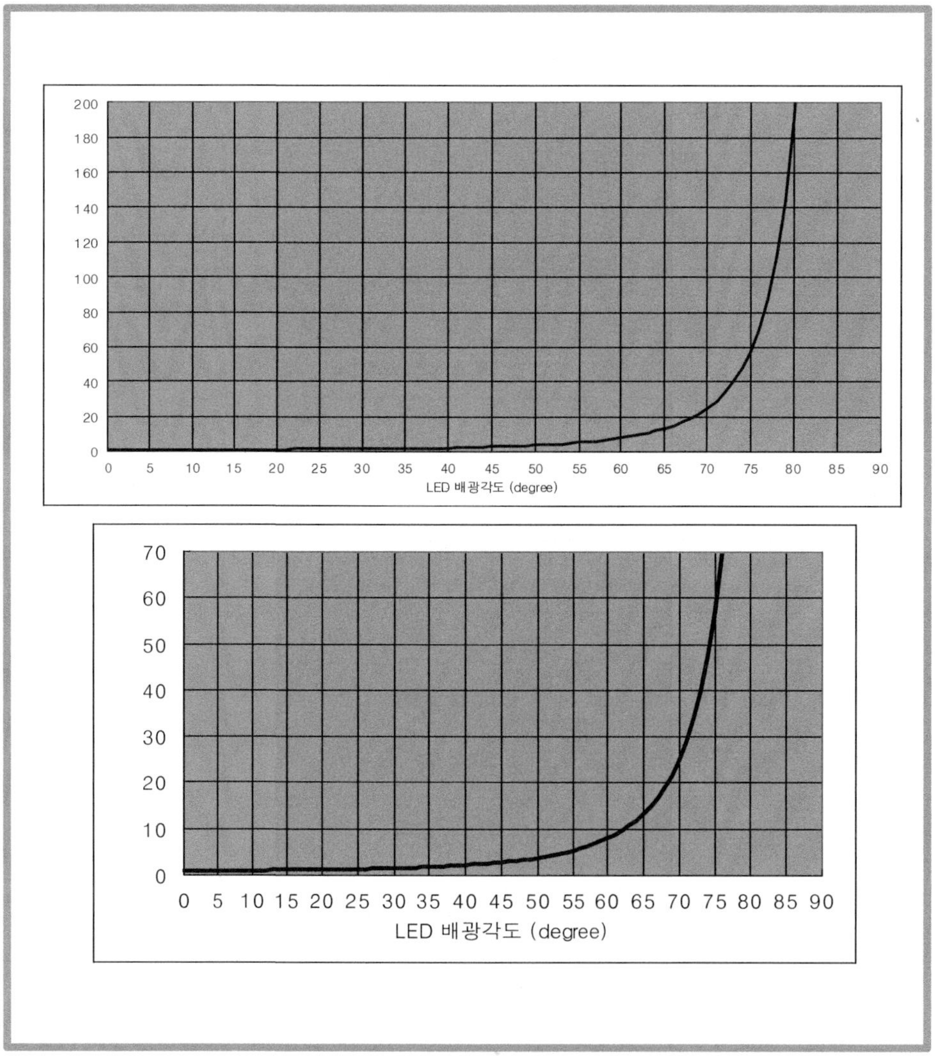


그림 2.9: LED 이상배광곡선식 그래프

## 2.2 광학 시뮬레이션 기법 개요

1장에서 소개되어 있듯이 백라이트에는 여러 가지 광학 부품이 있다. 광학부품 설계의 목표는 보다 밝고, 균일한 면광원을 구현하는 것이며, 상황에 맞는 다양한 광학 부품 설계 방법론이 있을 수 있다. 이번 절 에서는 광선 추적 기법(ray-tracing)을 이용한 조명 광학 시뮬레이션 프로그램인 LightTools(Synopsys사)를 활용한 백라이트 광학 시뮬레이션 기법 개요에 대해 알어보겠다. (LightTools 이외 광선 추적 기법을 이용한 프로그램으로서 ASAP [3], SPEOS [4] 등이 있다.)

많은 사람들이 광학 시뮬레이션에 대한 선입견을 갖고 있는 듯 하다. 첫째, 시뮬레이션 예측 정확도 측면에서 LightTools가 좋은지, ASAP이 좋은지, SPEOS가 좋은지와 같은 막연한 질문이다. 결론적으로 말하면 세가지 프로그램 모두 광선 추적을 충실히 수행할 수 있는 훌륭한 프로그램이다. 해석 정확도는 광학 모델 입력 파라미터의 정확도에 의존하며, 사용자가 모델 파라미터를 얼마나 정확하게 정의 했는가가 중요한 것이다. 아무리 값비싸고 기능이 많은 프로그램을 사용한다 하더라도 물리적인 의미가 결여된 모델 파라미터를 이용해서 얻은 시뮬레이션 결과는 신뢰할 수 없다. 둘째, 검증되지 않은 시뮬레이션 결과만을 가지고 중요한 의사 결정을 하는 경우이다. 예를 들어, 이상적인 광학 구조 (실제로 제조 불가능한 구조 또는 제조 및 공정 산포를 고려하지 않은 광학 구조)에 의해 수치상으로 얻어진 이상적인 결과에 대해 맹목적인 신뢰를

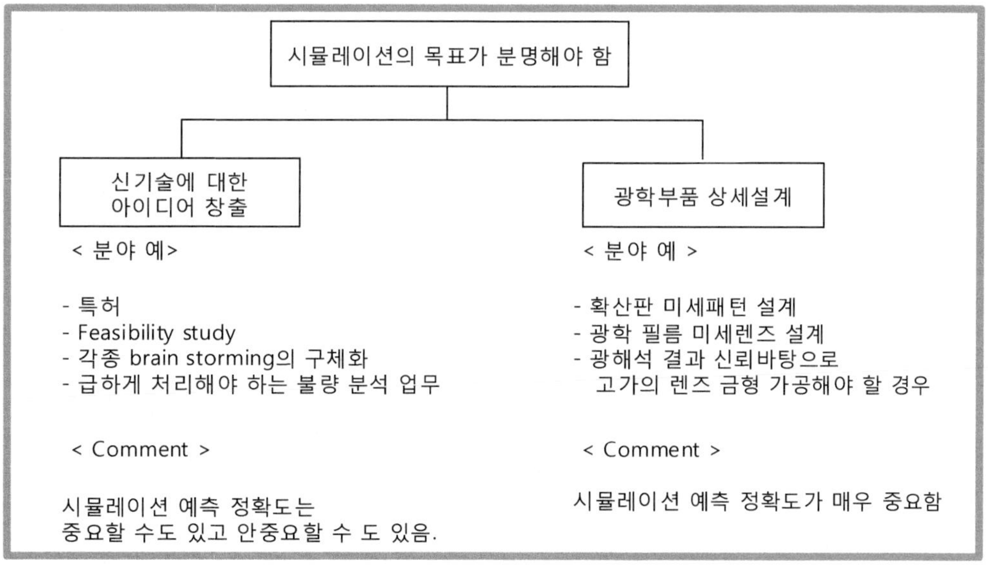


그림 2.10: 광학 시뮬레이션 목표 설정의 중요성

하여 잘못된 의사 결정을 하는 경우이다. 추가적으로 광학 시뮬레이션에 대한 명확한 목표가 있어야 함을 강조하고 싶다. 그림 2.10에서 볼 수 있듯이 특허, 기술 가능성 조사 (Feasibility study), 브레인 스토밍 등을 할 때는 광학 시뮬레이션의 예측 정확도가 중요할 수도 있고 중요하지 않을 수도 있다. 그러나 광학 시뮬레이션 결과의 신뢰성을 바탕으로 값비싼 렌즈 금형 가공과 같은 비용이 발생할 경우, 광학 시뮬레이션 결과의 신뢰도는 매우 높아야 한다.

그림 2.11은 광학 시뮬레이션의 일반적인 순서에 대해 보여준다. CAD 시스템 등을 활용하여 모델을 그린다. 광학 계면, 광학 재료등을 정의한 후, 광원을 정의한다. 조도, 휘도 등의 광해석 결과가 저장될 수신기(receiver)를 설정한 후 광선추적 엔진을 이용하여 수만~수천만개의 광선을 추적한다. 마지막으로 결과를 정리한다. 여기서 가장 중요한 단계는 물리적으로 타당한 광학 모델 파라미터를 입력하는 것이다. 필요하다면 물리적 의미에 기초하여 수학적인 모델링을 해야 하고, 또는 계측값을 입력하기도 한다. 따라서 모델 파라미터 정확도를 올리기 위해서 휘도 계측기, 면휘도 계측기, 각휘도 계측기, 헤이즈미터, 분광계, BSDF 계측기, 광학 현미경, 전자 현미경, 표면형상 측정기등 각종 계측 장비가 동원되어야 한다.

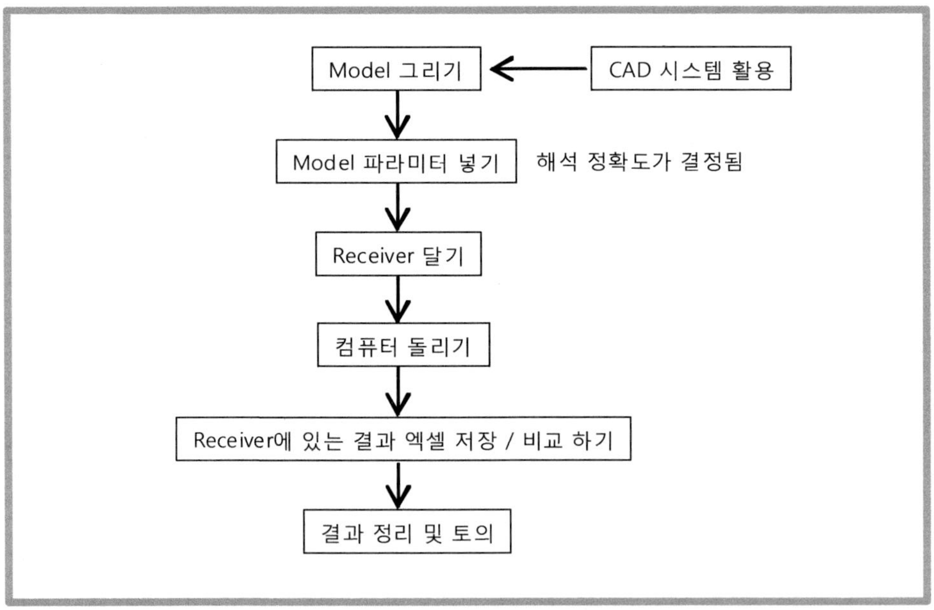


그림 2.11: 광학 시뮬레이션 순서 및 모델 파라미터 정확도의 중요성

### 2.2.1 프레넬 계면에서의 빛의 진행

서로 다른 광학 굴절율을 갖는 매질 경계에서 빛의 반사, 투과는 프레넬 공식 (Fresnel's formula)에 의해 설명될 수 있다. 프레넬 공식은 $p$ 편광 (입사파의 전기장 진동 방향이 입사평면에 평행인 편광)과 $s$ 편광 (입사파의 전기장 진동 방향이 입사평면에 수직인 편광)의 굴절율 경계에서의 반사진폭계수 및 투과진폭계수 (amplitude reflection and transmission coefficient for linear isotropic homogenious media)를 구하여 식 (2.11)~(2.18)과 같이 반사율과 투과율을 구할 수 있다. 이때 편광되지 않는 광의 투과/반사는 $p$ 편광과 $s$ 편광 결과의 평균값이다.

$$\text{Amplitude reflection coef. } (s\,\text{편광})\ r_s = -\frac{\sin(\theta_i - \theta_t)}{\sin(\theta_i + \theta_t)} \tag{2.11}$$

$$\text{Amplitude reflection coef. } (p\,\text{편광})\ r_p = +\frac{\tan(\theta_i - \theta_t)}{\tan(\theta_i + \theta_t)} \tag{2.12}$$

$$\text{Amplitude transmission coef. } (s\,\text{편광})\ t_s = +\frac{2\sin\theta_t\cos\theta_i}{\sin(\theta_i + \theta_t)} \tag{2.13}$$

$$\text{Amplitude transmission coef. } (p\,\text{편광})\ t_p = +\frac{2\sin\theta_t\cos\theta_i}{\sin(\theta_i + \theta_t)\cos(\theta_i - \theta_t)} \tag{2.14}$$

$$\text{반사율 } (s\,\text{편광})\ R_s = r_s^2 \tag{2.15}$$

$$\text{반사율 } (p\,\text{편광})\ R_p = r_p^2 \tag{2.16}$$

$$\text{투과율 } (s\,\text{편광})\ T_s = \left(\frac{n_t\cos\theta_t}{n_i\cos\theta_i}\right)t_s^2 \tag{2.17}$$

$$\text{투과율 } (p\,\text{편광})\ T_p = \left(\frac{n_t\cos\theta_t}{n_i\cos\theta_i}\right)t_p^2 \tag{2.18}$$

그림 2.12-(a)와 (b)는 광 진행 방향이 소한 굴절율 ($N=1$)에서 밀한 굴절율 ($N=1.5$), 밀한 굴절율에서 소한 굴절율인 경우 프레넬 계면에서의 진행 광에 대한 입사각별 반사율, 투과율 곡선이다. 주목해야할 부분은 굴절율이 밀에서 소인 경우 입사각 41.8도보다 큰경우의 반사율 곡선이다. 즉, 41.8도보다 큰 입사각에 대해 전반사 (TIR, total internal reflection)가 일어남을 알 수 있으며 전반사에서의 반사율은 이론적으로 100% 이다.

그림 2.13에서와 같이, LightTools에서 굴절율이 다른 광학 계면에 대해 "Split

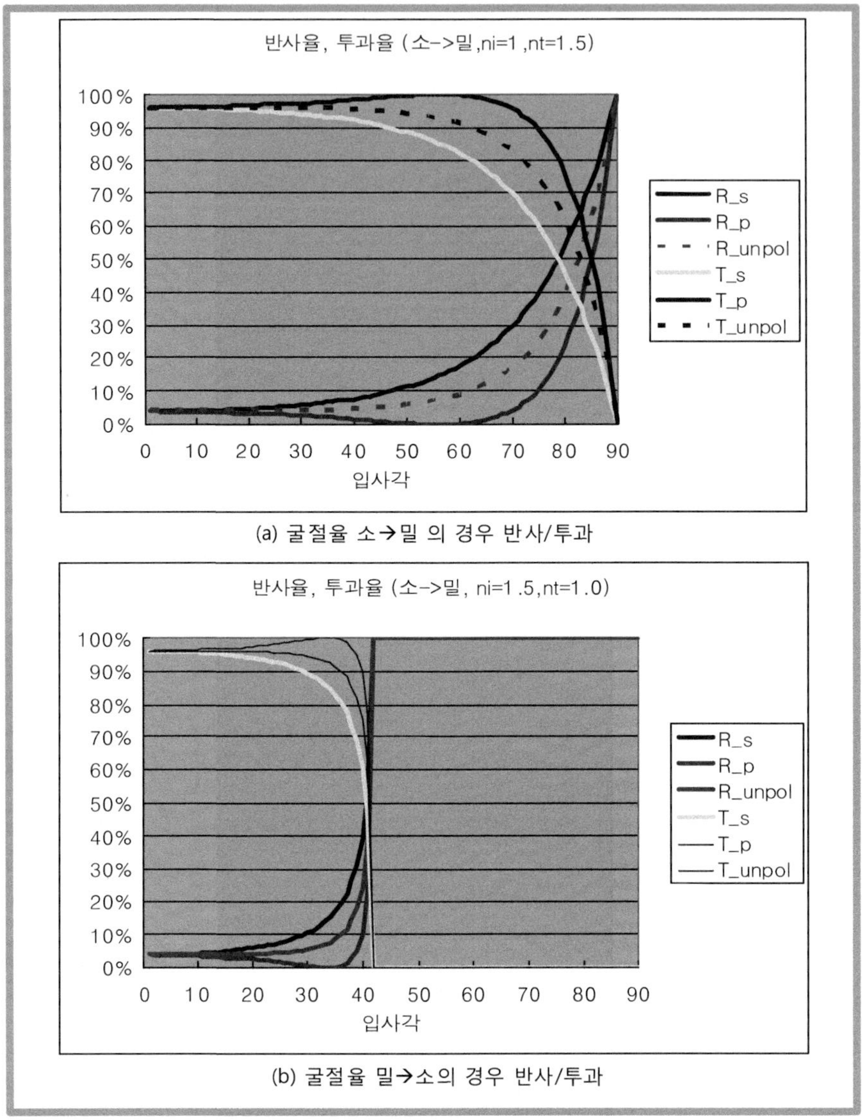


(a) 굴절율 소→밀 의 경우 반사/투과

(b) 굴절율 밀→소의 경우 반사/투과

그림 2.12: 프레넬 계면 입사각별 반사/투과 곡선 (굴절율 소: 1.0, 밀: 1.5)

rays"에 "Fresnel loss"를 설정하면 프레넬 반사/투과량을 자동 계산해 준다. 대표적인 예로서 도광판 육면체의 모든면에 “Fresnel loss" 옵션을 사용한다.

## 2.2.2 광학 계면에서의 광산란

1.1절의 그림 1.3과 1.4에서 설명했던 엣지형 백라이트의 광경로를 다시 생각해보자. 도광판에서 광이 출광되기까지, 도광판 하면에 인쇄되어 있는 산란 잉크에 의해 확산 반사, 확산 투과가 일어나며, 반사필름에서는 확산 반사가 일어난다. 도광판으로부

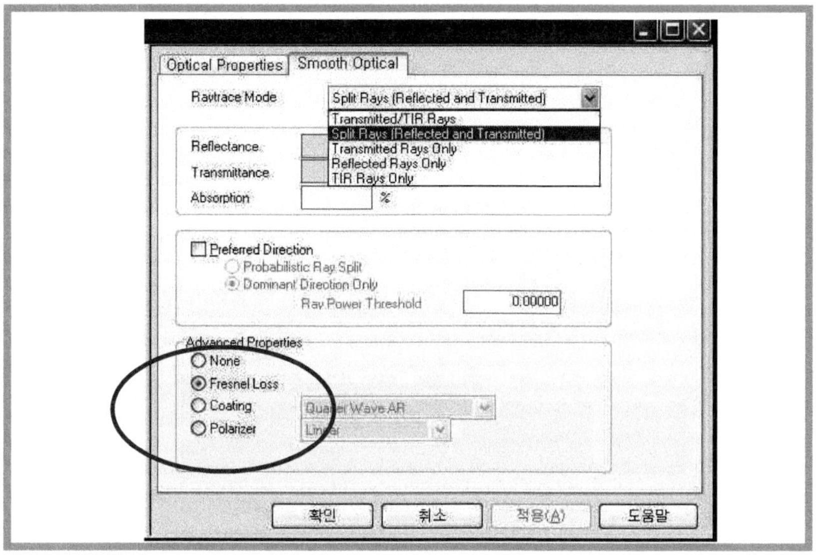

그림 2.13: LightTools의 광학계면 입력창 예 (Smooth optical)

터 출사된 광은 확산필름에 산란되고 프리즘 필름에 의해 굴절된다. 또한 프리즘 필름에 의해 전반사되어 반사필름 방향으로 반사된 광은 확산필름에 재입사 → 도광판 인쇄면 → 반사필름 → 도광판 인쇄면 → 확산필름 → 프리즘 필름의 광경로를 갖고 리싸이클링되며, 이 과정동안 산란이 발생한다. 상기 예에서 볼 수 있듯이 백라이트 다수의 광학 계면에서 표면 광산란이 발생한다. 따라서, 광학 계면의 산란 현상을 정확히 모델링 하지 않으면 광학 시뮬레이션의 결과의 신뢰성을 보장하기 어렵다.

그림 2.14에서는 LightTools에서 제공하는 complete scattering 모델의 정의 예를

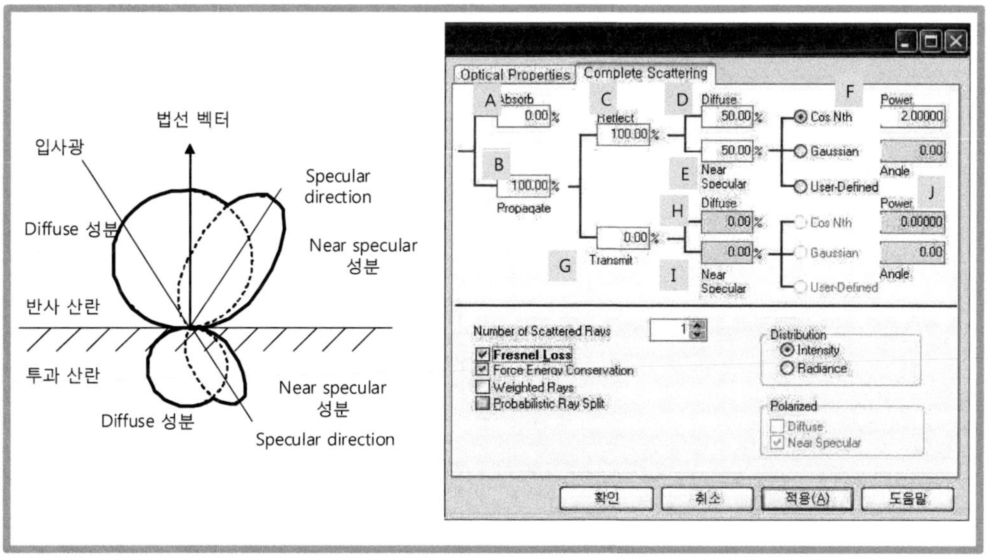


그림 2.14: LightTools의 광학계면 입력창 예 (Complete scattering)

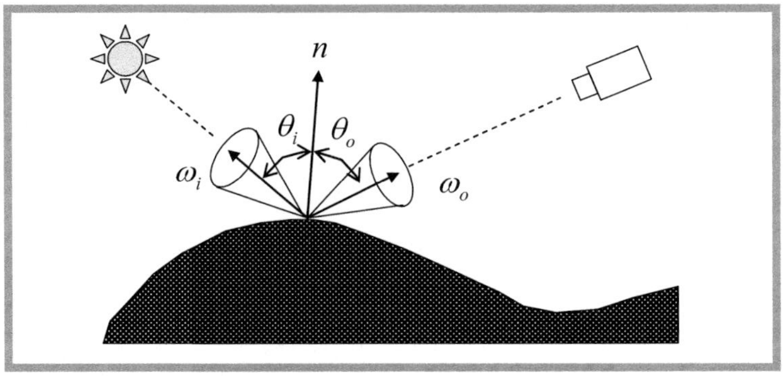


그림 2.15: BRDF 설명 그림

보여준다. 입사광에 대해 광량 A는 산란면에서 흡광되며, 광량 B는 진행한다. 진행광은 투과광 C 과 반사광 D로 나뉜다. 반사광은 완전 확산되는 반사광(diffuse reflection) D와 거울성 반사광(near specular reflection) E로 나뉜다. 이때 거울성 반사광의 형태 F 를 cosine의 N승 형태로 모델링 할 수 있고, 가우시안 스프레드 각도로 모델링할 수 있으며 사용자 정의로 할 수도 있다. 투과광도 반사광과 마찬가지로 정의할 수 있다.

상기 예에서 볼 수 있듯이 광학 계면의 광산란 현상을 정확히 모사하기 위해서 대단히 복잡한 모델 파라미터가 필요함을 알 수 있다. 상기 예가 아무리 복잡해 보여도 입사각 (AOI, angle of incidence)에 대한 산란 특성 의존성은 결여되어 있으며 보다 정확한 산란 모델이 필요하다. LightTools에서는 이를 위해 Angle Of Incidence 모델이 제공된다. 여기서는 파장별, 입사각별 흡광성, 반사 또는 투과율에 대한 확산성 및 거울성을 정의할 수 있다. 그러나 AOI 모델 조차 수학적인 광산란 모델이라는 한계를 갖고 있다. 따라서 LightTools에서는 반사 산란, 투과 산란에 대한 BSDF (Bi-directional Scattering Distribution Function) 계측치를 입력할 수 있다. BSDF는 BRDF (Bi-directional Reflective Distribution Function)과 BTDF (Bi-directional Transmissive Distribution Function)으로 나뉠 수 있다. 본 절에서는 BRDF에 대해서 설명하겠으며 BTDF도 동일한 개념이다.

BRDF의 정의는 식 (2.19)와 같다. 즉, BRDF 라는 분포함수는 입사 고체각 $\omega_i$ 안으로 들어오는 미소 조도 $dE(\omega_i)$에 대한 미소 출사휘도 $dL_o(\omega_o)$의 비율이다. 식 (2.20), (2.21)로부터 입사 조도를 입사휘도와 입사면에 대한 투영 입사 고체각 (projected solid angle)으로 나타낼 수 있다. 참고로, 램버시안 반사체의 BRDF는 상수이며 값은 $R/\pi$이다. 이때, R은 램버시안 반사체의 반사율이다.

$$f_r(\omega_i, \omega_o) = \frac{dL_o(\omega_o)}{dE_i(\omega_i)} = \frac{dL_o(\omega_o)}{L_i(\omega_i)\cos\theta_i d\omega_i} \quad \textbf{(2.19)}$$

$$d\Phi(\omega_i) = E(\omega_i)dA = L(\omega_i)\cos\theta_i dA\, d\omega_i \quad \textbf{(2.20)}$$

$$E(\omega_i) = L(\omega_i)\cos\theta_i\, d\omega_i \quad \textbf{(2.21)}$$

BRDF를 알면 무엇이 좋을까? 식 (2.19)을 식 (2.22)과 같은 형태로 바꾸어놓고 보자. 식 (2.21)이 의미하는 바는, 만일 우리가 광학계면에서의 BRDF $f_r(\omega_w, \omega_o)$를 알고 있다면 특정 고체각 $\omega_i$ 안으로 들어오는 휘도분포 $L_i(\omega_i)$를 BRDF에 곱해주어 모든 방향의 입사 고체각에 대해 적분해주면 광학 계면에서의 출광 휘도 분포를 구해낼 수 있다는 것이다. 즉 어떠한 휘도 분포가 입사되더라도 출광 휘도 분포를 구해낼 수 있으며, 이 개념은 대단히 유용하다.

$$L(\omega_o) = \iint_{\Omega_i} f_r(\omega_i, \omega_o) L_i(\omega_i)\cos\theta_i d\omega_i \quad \textbf{(2.22)}$$

BRDF는 입사고체각 $\omega_i$와 출사고체각 $\omega_o$의 함수이며, 각각의 고체각은 극각 $\theta$와 방위각 $\phi$에 의해 결정되므로 BRDF는 통상 4개의 파라미터 $\theta_i, \phi_i, \theta_o, \phi_o$를 갖는 4차원 함수이다. 추가적으로, BRDF의 재미있는 속성은 양방향성 (bidirectionality) 라는 것이다. 즉 $f_r(\omega_i, \omega_o) = f_r(\omega_o, \omega_i)$이다. 이것은 BRDF가 실제 물리법칙을 따르는 함수로 만들어져 있기 때문에 갖는 속성이며 광센서와 광원의 위치를 바꾸어도 BRDF 함수는 변하지 않는다는 의미이다 (Helmholtz reciprocity principle). 일반적으로 광학계면의 BRDF에 영향을 주는 물리적인 인자는 다음과 같다.

- 입사각 (Angle of incidence)
- 입사광파장
- 광학 재료 굴절율 및 표면 형상
- 광입사 평면 (비등방성 산란의 경우)

그림 2.16은 고니어미터(goniometer) 타입 BSDF 계측기를 보여주며 특정 입사광에 대한 BRDF와 BTDF를 계측할 수 있다. 반드시 명심해야 할 것은 BRDF의 정의이다. 즉, BRDF는 휘도(luminance)에 관여하는 물리량이며 광도에 대한 물리량이 아니라는 점이다. 따라서 BRDF 계측기에서 계측되어 나오는 값이 광도일 경우 휘도로 보정해 주어야 한다.

그림 2.17-(a)에서 볼 수 있듯이 LightTools에서는 입사각도별 BSDF 계측 데이터

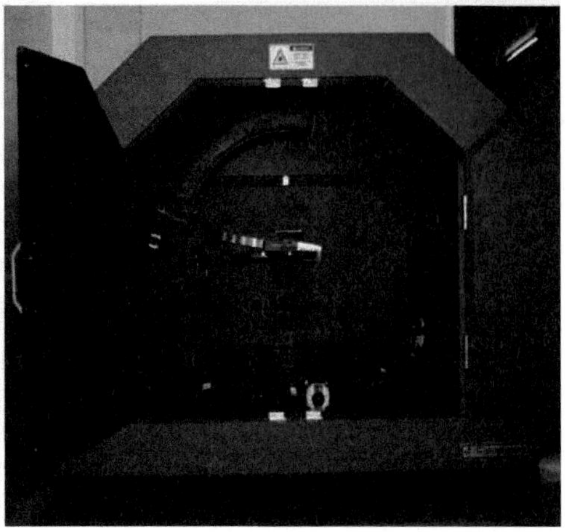

1) Incident angle
- Polar : =0 ~ 70 degree
- Azimuth : = 0 ~ 360 degree

2) Sample Stage:
- 150 mm in diameter
- Max. 150 x 150 mm

3) Light Sources:
- Tungsten Halogen
- Laser : 645 and 530 nm

4) Illumination Spot Size:
- Tunsten Halogen : Less than 8 mm
- Laser Source : Less than 1 mm

그림 2.16: BSDF 계측기 예 (RT300S, www.displaycenter.or.kr)

(scatter data)를 마스터 파일에서 취합하고, 입사각별 반사/투과율 데이터 (R/T 파일)와 BSDF 옵션 파라미터 등을 이용하여 BSDF 모델링을 할 수 있다. 이 방법의 가장 큰 장점은 광학계면의 BSDF 모델이 계측치 기반 모델이라는 점이다. 즉, 그림 2.17-(b)와 같이 입사각도별 광학계면의 BSDF를 매우 정확히 모델링할 수 있고 시뮬레이션 정확도가 향상된다.

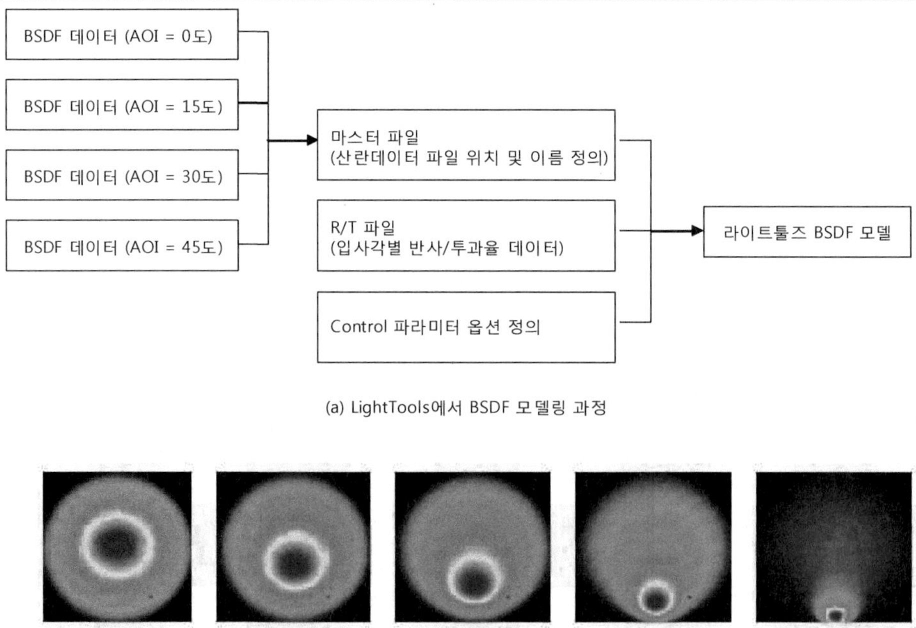


(a) LightTools에서 BSDF 모델링 과정

(b) LightTools에서 모델링된 반사체의 입사각도별 BRDF 예

그림 2.17: LightTools에서 BSDF 모델링 예

### 2.2.3 체적 광산란

1.2절에서 논의한 것처럼, 직하형 백라이트 일반 확산판에서는 체적 광산란이 일어난다. 체적 광산란에 대한 전통적인 이론은 Kubelk-Munk 이론 [5] 이다. 그림 2.18에서 볼 수 있듯이 두께 $L$의 체적 산란체 하면에서 $I_0$의 광속이 입사될 때 전방 산란에 의한 투과 광속 $I_t$와 후방 산란에 의한 반사 광속 $I_r$이 생긴다. 이때 체적 산란체 내부의 두께 방향 지점 $x$ 에 대해서 상향(upward) 광속 $I(x)$와 하향(downward) 광속 $J(x)$를 생각할 수 있으며, 식(2.23), 식(2.24)과 같이 두개의 미분방정식을 세울 수 있다. 여기서 $K$ 는 흡광 계수 (K-M absorption coefficient), $S$ 는 산란 계수 (K-M scattering coefficient) 이며 이들은 재료상수이다. 식 (2.23)의 첫째항, $-KI(x)$는 흡광 때문에 상향 방향으로 진행하지 못하므로 음의 부호를 갖으며 이는 베어-램버트 법칙(Beer-Lamber law)과 동일하다, 둘째항, $-SI(x)$은 후방 산란에 의해 하향 방향으로 진행하므로 음의 부호를 갖는다. 셋째항, $+SJ(x)$은 하향 방향의 광속에 대한 후방 산란항 이므로 양의 부호를 갖는다. 식 (2.24)의 경우도 식 (2.23)의 경우와 동일하게 이해될 수 있다. 두개의 미분방정식을 풀면 체적 광산란체의 투과율과 반사율을 식 (2.25), 식(2.26)과 같이 구할 수 있다. 여기서 $a=(S+K)/S$, $b=\sqrt{a^2-1}$ 이다. Kubelka-Munk 이론의 유용성은 체적 광산란체의 누께에 대한 반사율 및 투과율 변화를 쉽게 예측할 수 있다는 점이다.

$$\frac{dI(x)}{dx}=-KI(x)-SI(x)+SJ(x) \tag{2.23}$$

$$-\frac{dJ(x)}{dx}=+KJ(x)+SJ(x)-SI(x) \tag{2.24}$$

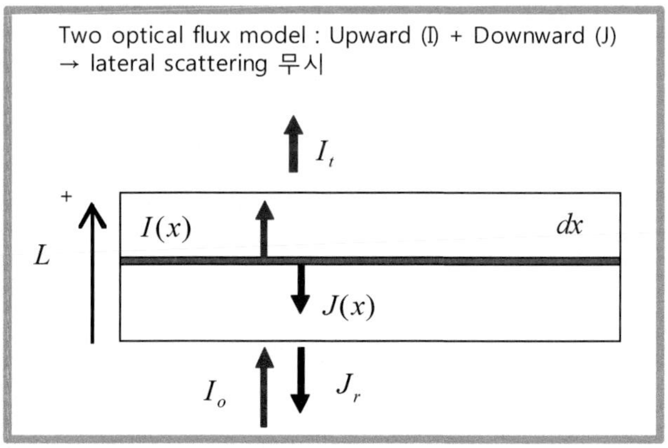


그림 2.18: Kubelka-Munk 체적 광산란이론

$$T = \frac{I_t}{I_0} = \frac{b}{asinh(bSL) + bcoth(bSL)} \quad (2.25)$$

$$R = \frac{J_r}{I_0} = \frac{1}{a + bcoth(bSL)} \quad (2.26)$$

LightTools에서 체적 산란은 두가지 과정으로 모사된다. 첫째, 체적 산란제에 의해 점유되지 않은 평균자유물체거리 (MFP, Mean Free Path)에서는 광은 직진한다. 평균자유물체거리는 하기와 같이 정의될 수 있다.

- 상수값 (constant)
- 광파장 의존값 (wavelength depedent constant)
- Mie 산란에 의한 계산값 (산란입자의 크기분포 및 단위 체적당의 입자 개수에 의해 계산됨)

둘째, 직진하던 광이 산란체를 만나면 광산란에 대한 사건(event)이 발생한다. 산란도는 하기와 같이 정의할 수 있다.

- 등방산란 (isotropic)
- 사용자 정의 전방/후방산란
- Mie 산란에 의한 계산

구형 입자에 대한 전통적인 체적 산란 이론으로서 Rayleigh 산란 이론과 Mie 산란 이론이 있다. 구형 입자의 크기가 빛의 파장 보다 충분히 작은 경우 Rayleigh 산란 이론(구형 입자의 산란정도가 빛의 파장의 4승에 반비례함)이 사용되며. 입자의 크기가 빛의 파장과 유사한 경우 Mie 산란 이론이 사용되고 있다. 엄밀한 의미에서 Mie 산란을 이론(theory)이라고 하는 것은 잘못된 표현이다. 이론 이라는 표현 대신 Mie 해(solution)라는 표현이 맞는 듯 하다. Mie 산란 해는 등방, 균질, 구형 입자 (isotropic, homogeneous, dielectric sphere)에 대한 Maxwell 방정식의 해이다. 구형 좌표계상에서 구의 내부와 외부에 대해 경계조건을 부여하여 평면 입사파의 산란각에 대한 Maxwell 방정식 해를 변수 분리를 통해 구한 것이다. 이때 구해진 해는 입사 파장 대비 매우 큰 거리에 대한 원거리(far-filed) 해이다.

그림 2.19은 LightTools에서 Mie 산란에 대해 정의하기 위해 필요한 입력창을 보여준다. 첫째, 체적 산란체 기재에 대한 굴절율을 정의한다. 일반적으로 광학 굴절율은 복소 굴절율이다. 실수부는 파장에 따른 광학 계면에서의 굴절에 관여하며 그림 2.19-(a)에 예시되어 있다. 허수부는 흡광계수 (extinction coefficient)를 의미한다.

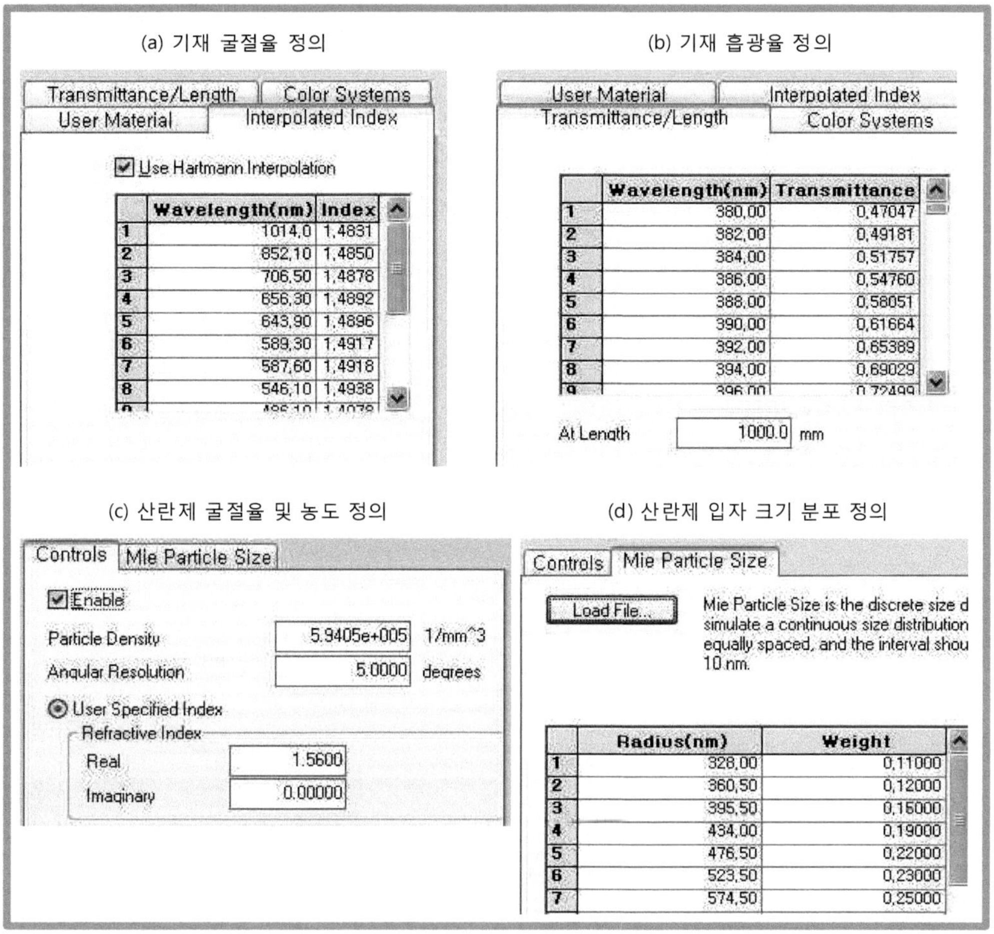


그림 2.19: LightTools에서 Mie 산란 입력창 예

LightTools에서는 기재의 흡광에 대해 Extinction coefficient 이외에도 Optical Density, Transmittance/Length도 입력할 수 있다. 그림 2.19-(b)는 시료두께 1000 mm 일 때 계측한 투과율 데이터를 Transmittance/Length 로 입력한 예이다. 둘째, 기재 내부에 들어가는 확산제의 복소 굴절율 및 농도를 정의하며 그림 2.19-(c)에 예시되어 있다. 여기서 확산제 입자 밀도로서 단위 $mm^3$ 체적안에 들어가는 산란 입자의 개수를 정의한다. 또한 그림 2.19-(d)에 예시된 것처럼 확산제 입자의 반지름별 개수비율 입력한다. 평균 자유 물체 거리는 입자 농도와 입자 크기별 개수비 분포에 의해 LightTools 내부적으로 계산된다. 그림 2.19-(c)의 각도 분해능(Angular resolution)은 전방, 후방 산란각에 대한 분해능을 의미한다. 일반적으로 PSA (Particle size analyzer) 계측기로부터 그림 2.20과 같이 산란 입자의 부피비 정보를 얻을 수 있다. 이때, 확산제와 기재의 중량비 $\gamma$ 를 만족시키는, 단위 $mm^3$당 들어가

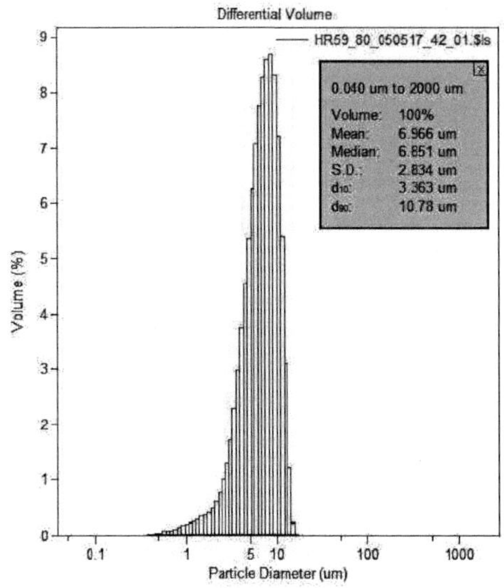


| Channel Diameter (Lower) um | Diff. Volume % | Channel Diameter (Lower) um | Diff. Volum % |
|---|---|---|---|
| 0.656 | 0.11 | 6.760 | 8.27 |
| 0.721 | 0.12 | 7.421 | 8.60 |
| 0.791 | 0.15 | 8.147 | 8.71 |
| 0.868 | 0.19 | 8.943 | 8.31 |
| 0.953 | 0.22 | 9.818 | 7.24 |
| 1.047 | 0.23 | 10.78 | 5.41 |
| 1.149 | 0.25 | 11.83 | 3.11 |
| 1.261 | 0.30 | 12.99 | 1.23 |
| 1.384 | 0.34 | 14.26 | 0.24 |
| 1.520 | 0.37 | 15.65 | 0.02 |
| 1.668 | 0.40 | 17.18 | 0 |
| 1.832 | 0.48 | | |
| 2.011 | 0.60 | | |
| 2.207 | 0.78 | | |
| 2.423 | 1.00 | | |
| 2.660 | 1.29 | | |
| 2.920 | 1.72 | | |
| 3.205 | 2.29 | | |
| 3.519 | 2.99 | | |
| 3.863 | 3.74 | | |
| 4.240 | 4.53 | | |
| 4.655 | 5.36 | | |
| 5.110 | 6.26 | | |
| 5.610 | 7.08 | | |
| 6.158 | 7.77 | | |

**By BECKMAN COULTER Laser Diffraction Particle Size Analyser(LS13320)**

그림 2.20: 산란제의 크기별 부피비에 대한 PSA 데이터 예 ([6])

는 확산제 총 개수를 구하는 문제를 생각해 보자. 중량비 $\gamma$ 는 식(2.27)과 같고 1 $mm^3$당 들어가는 산란제의 부피 $V_{scatter}$는 식(2.28)과 (2.29)로서 구할 수 있다.

$$\gamma = \frac{\rho_{scatter} V_{scatter}}{\rho_{substrate} V_{substrate}} \tag{2.27}$$

$$V_{scatter} + V_{substrate} = 1 \tag{2.28}$$

$$V_{scatter} = \frac{\gamma \rho_{substrate}}{\gamma \rho_{substrate} + \rho_{scatter}} \tag{2.29}$$

$V_{scatter}$는 반경 $r_i$의 크기를 갖는 개별 입자들의 총 합으로 표현 가능하며 식 (2.30), (2.31), (2.32)이 성립한다.

$$N_1\left(\frac{4\pi}{3}r_1^3\right) + N_2\left(\frac{4\pi}{3}r_2^3\right) + \dots + N_n\left(\frac{4\pi}{3}r_n^3\right) = V_{scatter} \tag{2.30}$$

$$\frac{N_1\left(\frac{4\pi}{3}r_1^3\right)}{V_{scatter}} + \frac{N_2\left(\frac{4\pi}{3}r_2^3\right)}{V_{scatter}} + \dots + \frac{N_n\left(\frac{4\pi}{3}r_n^3\right)}{V_{scatter}} = 1 \tag{2.31}$$

$$F_i = \frac{N_i\left(\frac{4\pi}{3}r_i^3\right)}{V_{scatter}} \quad \rightarrow \quad F_1 + F_2 + \dots + F_n = 1 \tag{2.32}$$

표 2.2: 확산제/기재 중량비에 대한 단위 $mm^3$당의 확산재 총 개수 예

| 기재 비중 (rho_substrate) | 1.19 | 1.19 | 1.19 | 1.19 |
|---|---|---|---|---|
| 확산제 비중 (rho_scatter) | 2.0 | 2.0 | 2.0 | 2.0 |
| 중량비 (gamma) | 0.0001 % | 5 % | 10 % | 20 % |
| 1 mm3당 총입자수 (N_total) | 38 | 1,848,781 | 3,593,737 | 6,805,298 |

한편 PSA 데이터로부터 반경 $r_i$의 크기 입자들에 대한 부피비 $F_i$를 계측값으로 알고 있으므로 식(2.32)와 식(2.29)로부터 $N_i$를 구할 수 있다. 식(2.33)

$$N_i = \frac{3F_i}{4\pi r_i^3} V_{scatter} = \frac{3F_i}{4\pi r_i^3} \frac{\gamma\rho_{substrate}}{\gamma\rho_{substrate} + \rho_{scatter}} \tag{2.33}$$

또한 식(2.34)에 의해 $1mm^3$에 들어가는 확산제의 총개수 $N_{total}$을 구할 수 있고 식(2.35)에 의해 개별 입자의 개수 비율 $N_{i,weight}$를 구할 수 있다. 표 2.2는 기재에 대한 확산제 중량비에 따른 총 입자 개수를 정리한 표이다.

$$N_{total} = N_1 + N_2 + \ldots + N_n \tag{2.34}$$

$$N_{i,weight} = N_i / N_{total} \tag{2.35}$$

### 2.2.4 광원 모델링

이번 절에서는 백라이트에서 주로 쓰이는 광원인 LED와 CCFL에 대한 모델링 기법에 대해 알아보겠다.

#### 2.2.4.1 LED 광원 모델링

그림 2.21은 42인치 LED 백라이트에 들어가는 백색 LED 패키지와 LED 어레이를 예시하고 있으며 LED 어레이 바 하나에는 59개의 LED가 있다. 이때 LED 패키지 하나의 크기는 5.6×3.0×0.9 $mm$ 이다. 그림 2.21-(c), (d), (e)는 백색 LED 광원의 전기적 특성, 백색에 대한 분광 데이터, 방사 각도별 광도 분포(배광곡선)가 각각 보여지고 있다. 예시되고 있는 LED는 지향각 120도이며 이때, 지향각의 정의는 LED 램프의 가장 밝은 부분 대비 절반의 광도일 때의 각도이다.

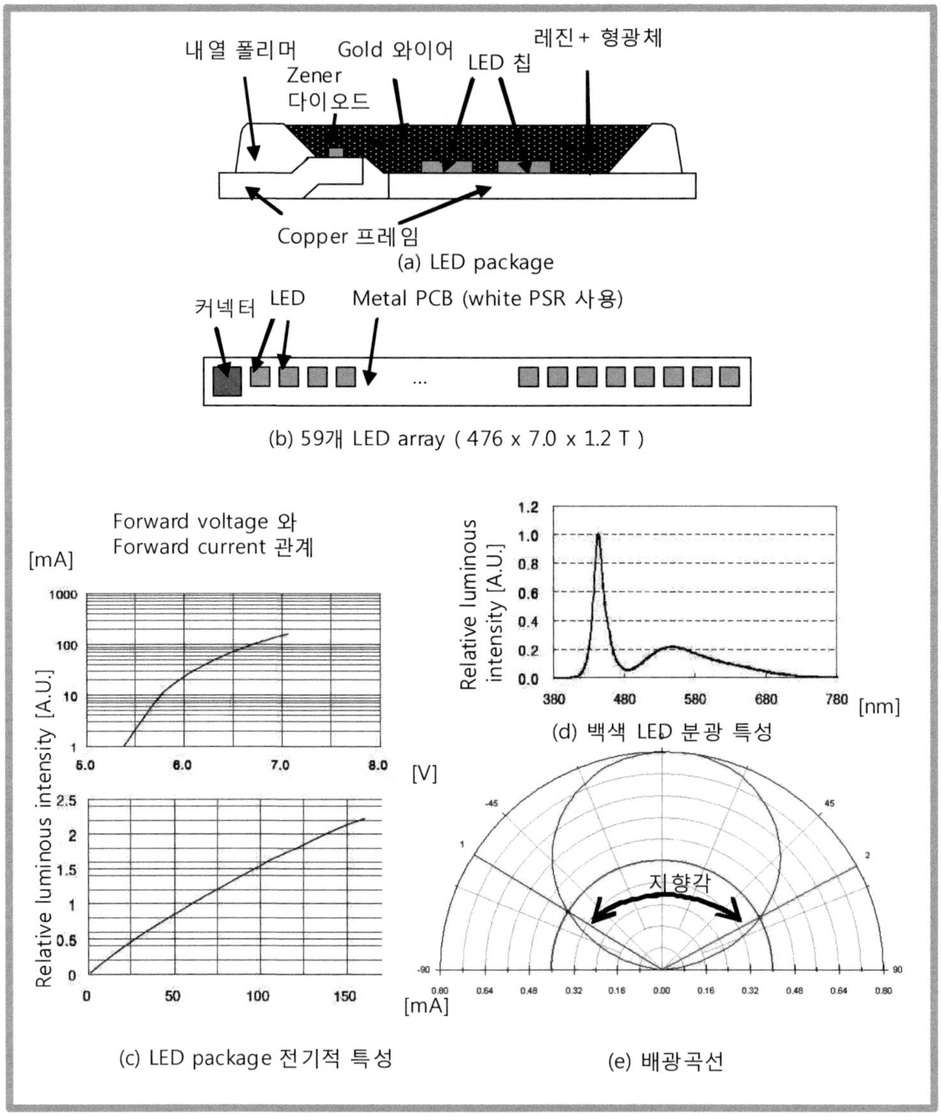


그림 2.21: 42 인치 LED 백라이트에 들어가는 백색 LED 예시

백색 LED를 구현하는 방법으로서 형광체 기반 백색 LED (phosphor-based white LED) 기술이 적용되고 있다. 이 기술은 청색을 내는 LED 위에 청색에 의해 여기 되어 다른 색을 방출하는 형광체를 덮어 백색을 구현하는 기술이다. 가장 대표적으로 Gallium Nitride 기반 청색 LED (GaN-based blue LED) 위에 Cerium-doped YAG ($Ce^{3+}$:YAG) 황색 형광체를 덮어 청색과 황색이 혼색되어 백색이 구현하는 것이다. 그림 2.22에서와 같이 GaN에 의해 방사된 청색은 465$nm$의 피크파장 (peak wavelength)을 갖고, $Ce^{3+}$:YAG 형광체는 465 nm에 의해 여기되어 500 ~ 700$nm$의 황색을 낸다. 이때, 황색 형광체 두께에 따라 형광체에 의해 흡수되지 않고 투과된 청

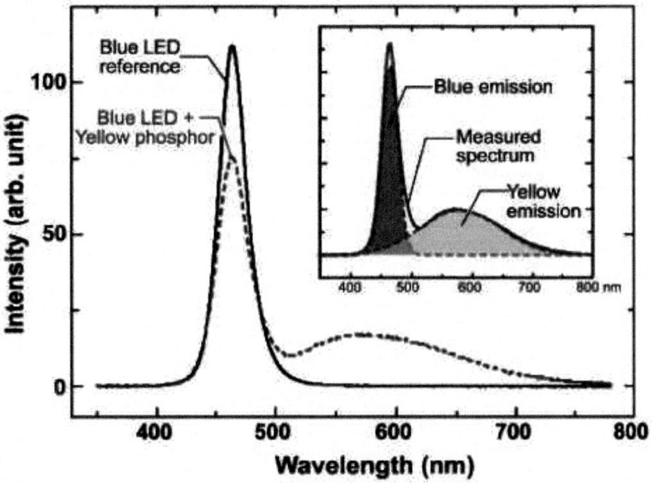


Japanese Journal of Applied Physics Vol. 44, No. 21, 2005, pp. L 649?L 651

그림 2.22: 청색 LED 다이와 황색 형광체에 의한 백색 LED 구현 [19]

색광과 형광체에 의해 방출된 황색광의 혼색 비율이 바뀌게 되

고 결과적으로 백색의 미세 조절이 가능하다. 또 다른 방법으로는 near-UV LED 위에 RGB 형광체 (europium-based red and blue emitting phosphor plus green emitting ZnS:Cu,Al phosphor)를 넣고 백색을 구현하는 방법이며, 이는 형광 램프와 유사한 개념이다. 이 방법은 청색 LED와 황색 형광체 방법에 비해 백색 광원으로서의 우수한 분광 특성이 가능하나, Stokes 천이 효율 $(\lambda_{input}/\lambda_{output})$ 관점에서 볼 때 청색 LED와 황색 형광체 방법에 비해 불리하다. 또한 자외선이 LED에서 나올 수 있기 때문에 인체에 유해할 수 있다.

그림 2.23은 LightTools 형광체 모델의 개념도이며 네가지 중요한 개념을 이해해야 한다.

- 평균 자유 물체 거리 (mean-free path)
- 흡광 스펙트럼 (absorption spectrum)
- 여기 효율 스펙트럼 (excitation efficiency spectrum)
- 발광 스펙트럼 (emission spectrum)

형광체의 평균 자유 물체 거리는 2.2.3절에 이미 논의 되었다. 형광체 입자들의 PSA (Particle Size Analysis) 데이터를 이용하면 Mie 산란에서의 평균 자유 물체 거리를 계산할 수 있다. LightTools 7.3버전부터 봉지재 레진에 대한 형광체의 중량비 또는 부피비를 입력하고 형광체 PSA데이터와 각각의 비중을 입력하면 형강체 입자들의 평

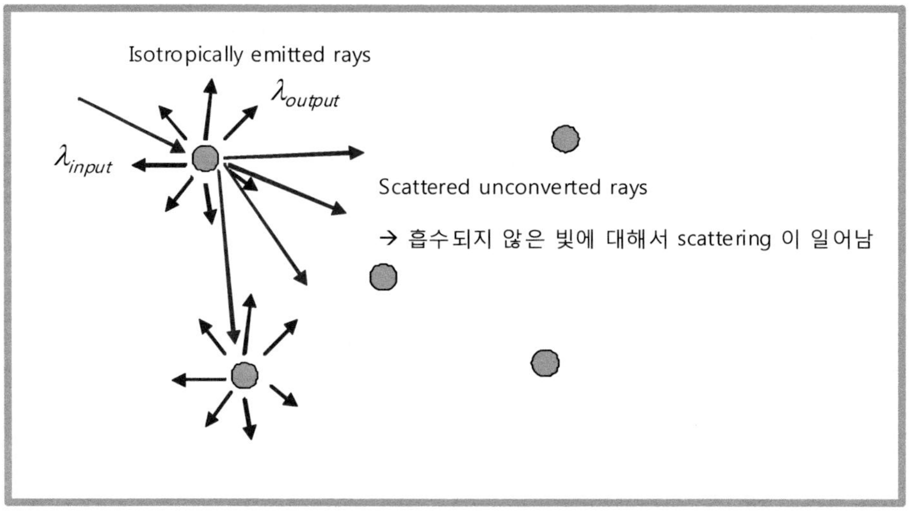


그림 2.23: LightTools 형광체 모델 개념도

균 자유 물체 거리가 자동 계산된다. $\lambda_{input}$ 파장의 입사광에 대해 형광체 입자는 입사광 일부를 흡수하고 이때 흡수된 광에 대해 여기 효율 (excitation efficiency)을 갖고 $\lambda_{output}$ 파장의 빛을 방출한다. 흡광되지 않은 빛은 형광체 입자에 의해 산란된다. 따라서 형광체의 흡광 스펙트럼 (absorption spectrum)에 대한 계측값을 알아야 한다.

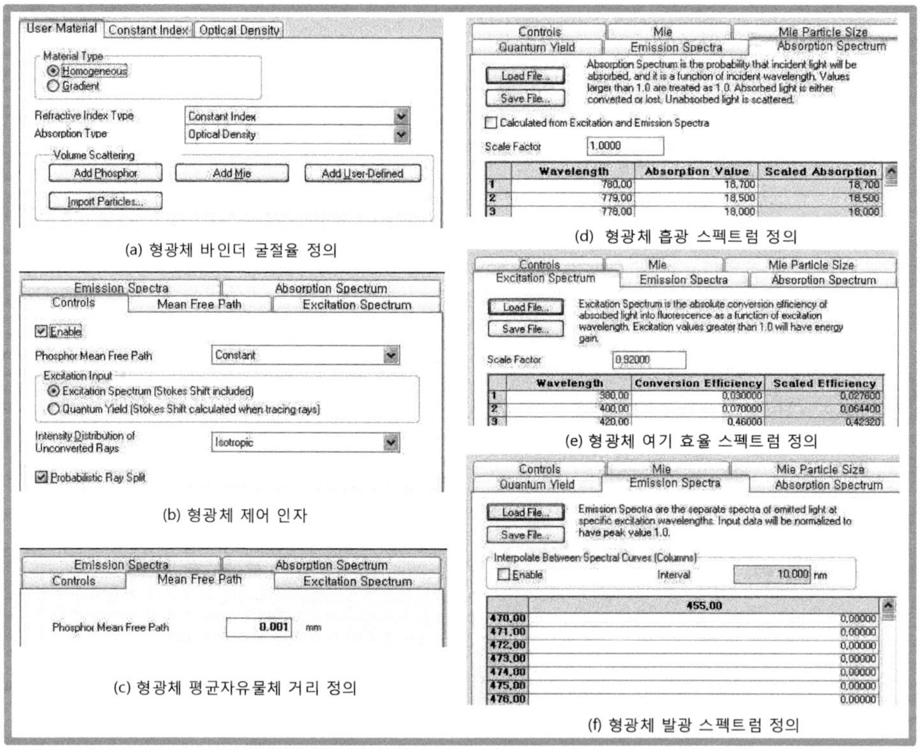

(a) 형광체 바인더 굴절율 정의

(b) 형광체 제어 인자

(c) 형광체 평균자유물체 거리 정의

(d) 형광체 흡광 스펙트럼 정의

(e) 형광체 여기 효율 스펙트럼 정의

(f) 형광체 발광 스펙트럼 정의

그림 2.24: LightTools 형광체 모델 파라미터 입력 예시

| | Ce:YAG 형광체<br>재료 모델 파라미터 |
|---|---|
| Scattering | Isotropic |
| Mean Free Path | Roughly 10 um |
| Absorption spectrum | 그래프 1 참고 |
| Excitation spectrum | Stokes shift 자동 계산<br>Quantum Yield : 0.92 |
| Emission spectrum | 그래프 2 참고 |

Lighting Research Center 자료 발췌

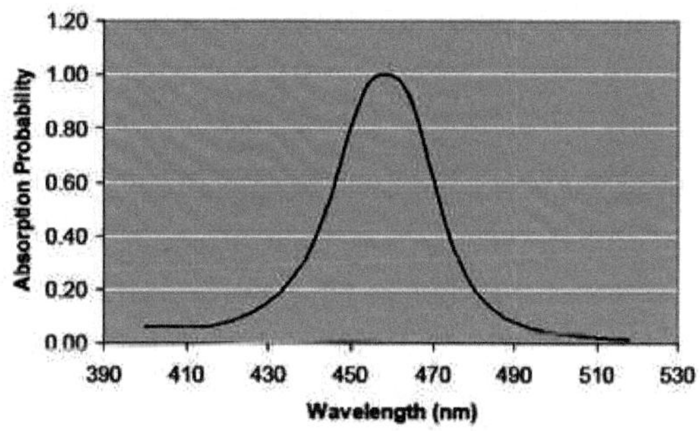


그래프 1 : Absorption spectrum

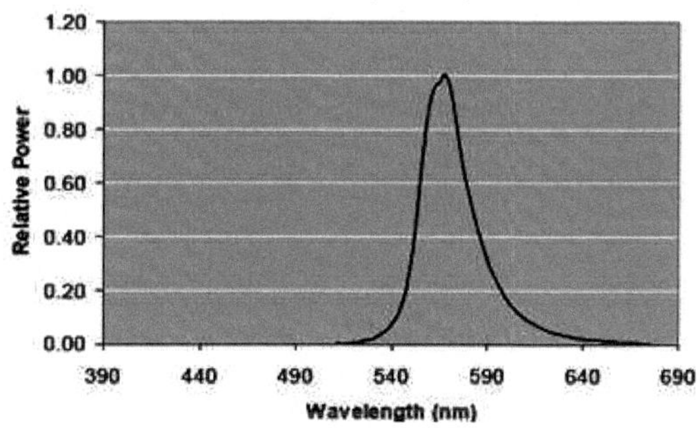


그래프 2 : Emission spectrum

그림 2.25: 형광체 모델 파라미터 예시

흡광 스펙트럼이 중요한 이유는 흡수되지 않는 빛은 형광체 입자에 의해 산란되어 인근 형광체에 도달하기 때문이다. 이때, 흡수되지 않은 빛이 어떻게 산란되는지도 정의되어야 하며, 정의 방법으로서 Mie 산란, 단순 등방 산란, 무(無)산란이 있다. 저자의 경험상 Mie 산란으로 정의하는 것이 가장 정확한 방법인 듯 한다. 흡광된 $\lambda_{input}$ 광에 대한 형광체 여기효율은 식(2.36)과 같이 스톡스 천이 (Stokes shift) 효율과 양자수율 (Quantum yield)의 곱으로 표현 가능하다. 스톡스 천이는 입사 파장과 변환 파장의 비율이며, 양자수율은 포논(phonon) 형태로의 열손실을 의미한다. 그림 2.24는 LightTools의 형광체 입력창 예를 보여주며, 입력된 파라미터는 단순히 예시된 값이

다. 그림 2.25는 YAG 형광체의 알려져 있는 모델 파라미터 값들에 대한 예시이다.

$$\eta_{excitation} = \frac{\lambda_{input}}{\lambda_{ouput}} \times Y_{Quantum} \tag{2.36}$$

LightTools 개발사에서는 계측 데이터로부터 형광체 모델 파라미터를 구하는 방법 및 배경이론에 대해 소개하고 있으며 [7]을 참고하기 바란다. LightTools 형광체 모델은 매우 정확한 형광체 모사가 가능하며 다음의 주제와 같은 LED 패키징 기술 개발시 매우 유용하게 이용될 수 있다.

- 형광체 산란성, 두께에 따른 휘도/색좌표 변화 조사 (blue luminescence + phosphorescence)
- LED 발광각에 대한 색균일성 (Angular uniformity of white color) 분석 및 개선 (Yellow ring, conformal coating)
- 패키지 형상/재료 설계를 통한 출광 효율 개선

한편, 아포다이제이션 기법을 이용하여 LED 광원을 모델링 하기도 한다. 이 기법은

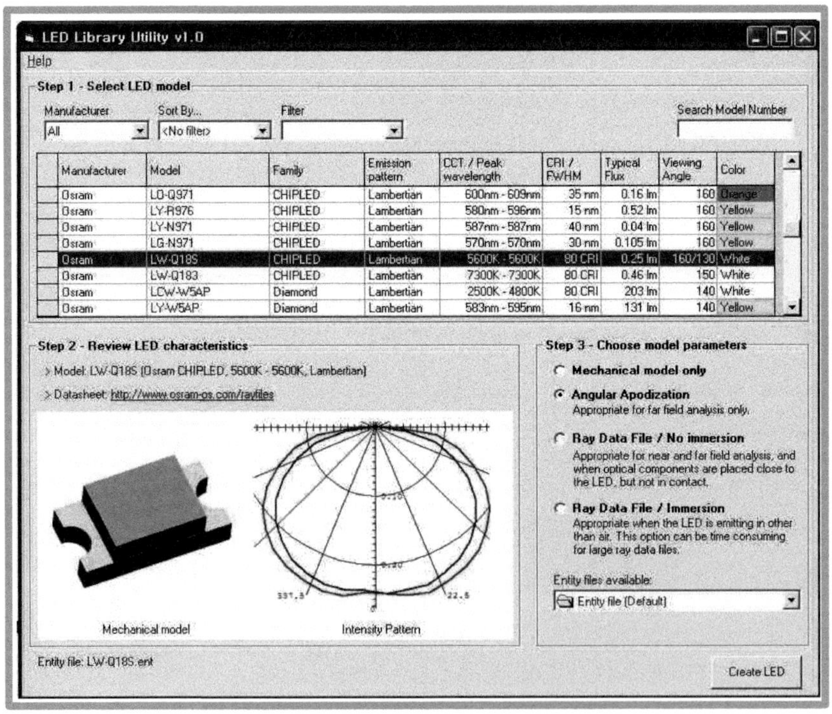


그림 2.26: LightTools에서 제공하는 LED 라이브러리 예시

주로 도광판/확산판/광학필름 등 LED 백라이트 광학계 설계자들이 선호하는 기법이다. 즉, LED 패키지 제조사가 배포하는 발광 각도별 광도 데이터를 이용하여 LED 발광면을 아포다이제이션 (angular apodization) 해주고 광원의 파장 성분은 그림 2.21-(d), 그림 2.22와 같은 분광 데이터를 이용하여 정의한다. 보다 정확한 해석을 위해서 LED 발광면에 대한 평면 공간 위치별 아포다이제이션 (spatial apodization)을 해줄 필요도 있다고 사료된다. 이 데이터는 일반적으로 LED 패키지 제조사에서 제공하지 않기 때문에 계측해야 한다. 또한 LightTools는 다양한 형태의 LED 라이브러리를 제공하고 있다. 그림 2.26의 예는 LightTools에서 제공되는 백색 LED 모델 예이며 출광각도별 배광곡선이 보이고 있다.

### 2.2.4.2 CCFL 광원 모델링

그림 2.27은 CCFL의 단면 구조 및 발광 원리에 대한 설명도이다. CCFL은 수 $mm$ 직경의 보로실리케이트 (borosilicate) 글라스 내부에 RGB 형광체를 도포하고 보호막을 코팅한 후, 양단에 전극을 설치하고 네온 (Ne), 아르곤 (Ar)과 같은 불활성 기체와 수 mg의 수은을 50~70 Torr 로 봉입한다. 유리 양단 전극에 가해진 전압에 의해 전기장이 생기고 전자가 가속되어 수은을 여기시켜 185 $nm$, 253.7 $nm$ 자외선이 방출된다. CCFL 형광체는 253.7 $nm$의 주여기 파장에 대해 그림 2.27-(c)와 같이 백색 가시광을 방출 한다.

광원 모델링 관점에서 가장 난해한 부분은 자외선 광원에 대한 모델링과 형광체이다. 유리관 내의 자외선 광원은 무수히 많은 점광원이 공간적으로 분포 되어 있는 것으로 간주할 수 있으며 반경 방향에 대해서는 균일 분포을 가정하는 것이 타당할 듯 하다. 또한, 휘도 계측기로 CCFL 길이 방향의 휘도 분포를 얻어 길이 방향에 대한 공간적인 휘도 균일도를 모사하는 것이 필요하다. 그림 2.28-(a)에서 볼 수 있듯이 체적광원의 체적 분포는 반경 방향으로 균일 (uniform), 길이방향으로 사용자 정의 (user-defined)로 각각 정의한다. 각도별 출사 분포는 임의 지점에서 점광원의 방사각별 광도를 의미한다. 그림 2.28-(b)에서 볼 수 있듯이 체적광원의 방출 파장은 253.7 $nm$로 한다. 할로우 유리 실린더 (hollow glass cylinder)를 모델링하고 내면에 형광체 모델링 (형광체 입도 분포도, 정의 흡광스펙트럼 정의, 여기스펙트럼 정의, 발광스펙트럼 정의)을 수행한다. 모델링된 형광체는 체적 광원에서 방출된 253.7 $nm$ 파장의 빛을 받아 그림 2.27-(c)의 가시광이 방출될 것이다.

상기 예시를 통해 알 수 있듯이, 형광체 모델 파라미터는 매우 많으며, 물리적인 의미를 갖는 파라미터를 찾는 것은 결코 쉬운 일이 아니다. 따라서 그림 2.29와 같은 단

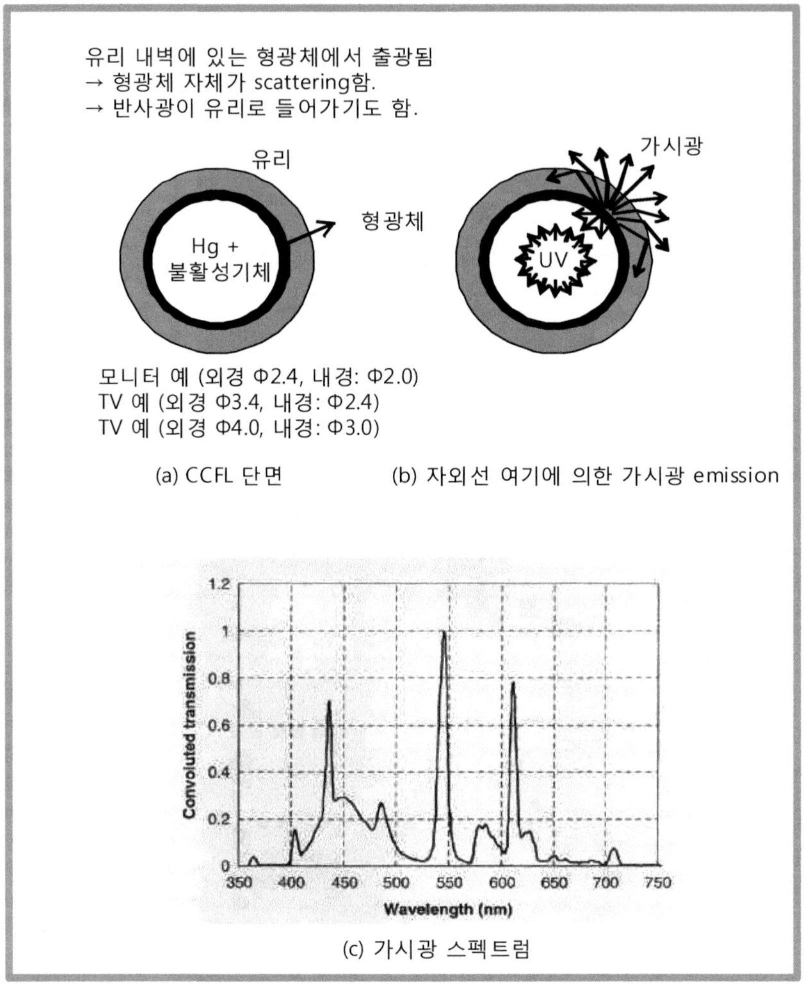


(a) CCFL 단면 (b) 자외선 여기에 의한 가시광 emission

(c) 가시광 스펙트럼

그림 2.27: CCFL 단면 구조 및 발광 스펙트럼

순화된 CCFL 모델링 방법이 선호된다. 그림 2.29-(a)와 같이 유리 실린더안에 공기 실린더 광원을 만들고 공기 광원을 유리 실린더에 담그기 (immersion) 한후, 공기 기둥의 실린더 면에서 면발광 시킨다. 이때 출사광 각도 아포다이제이션 (angular apodization) 은 $\cos^N$ 으로 가정한다. 정확한 광원 모델링을 위해 적절한 $N$값을 찾는 것은 중요한 작업이며 이를 위한 한 가지 방법으로서 CCFL 유리 외벽 한점의 각휘도 프로파일 (normalized shape) 계측 결과와 시뮬레이션 결과를 비교하여 시행착오법에 의해 적절한 $N$을 찾을 수 있다. 형광체 발광면에서의 $N$값을 전술한 방법으로 찾는 이유는 각휘도 계측 결과는 CCFL 유리에 의해 굴절된 광이기 때문이다. 저자의 경험상 $N$=2.5가 적당하다. 또한 CCFL 길이 방향으로 휘도를 계측하여 광원 길이별 발광양을 달리 해야 한다. (spatial apodization) 형광체 도포막 자체는 가시광에 대한 산란체 역할을 한다. 이에 대한 광산란 모델로서 완선산란 (complete scattering of light) 모델을 가정할 수 있으며 적절한 모델 파라미터를 찾기 위해 실제 형광체 도막에 대한 투과율 계측, 반사율 계측, 헤이즈(Hz) 계측, 확산성 계측 등이 필요하다. 그림 2.30은 저자에 의해 찾아진 CCFL 형광체 도포막에 대한 완전산란 모델 파라미터 값들을 보여주고 있다.

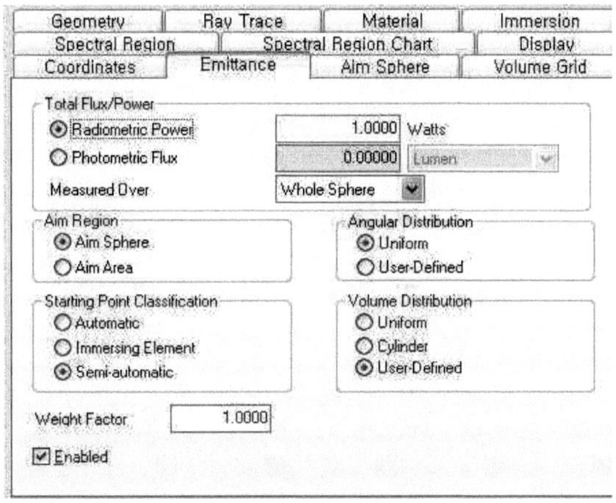


(a) 체적광원 정의

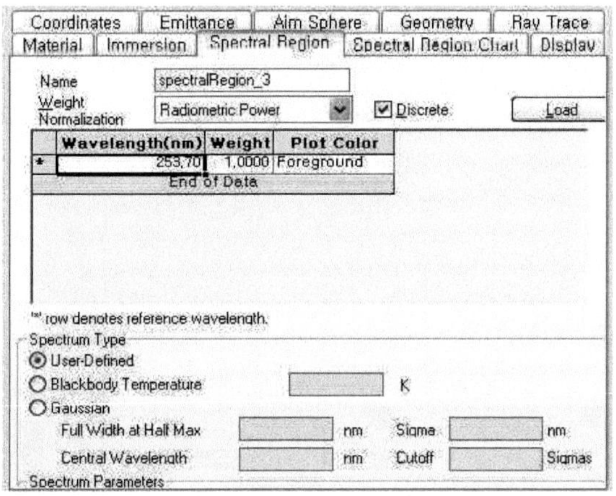


(b) 체적광원 파장 정의

그림 2.28: CCFL 자외선 체적 광원 정의 예

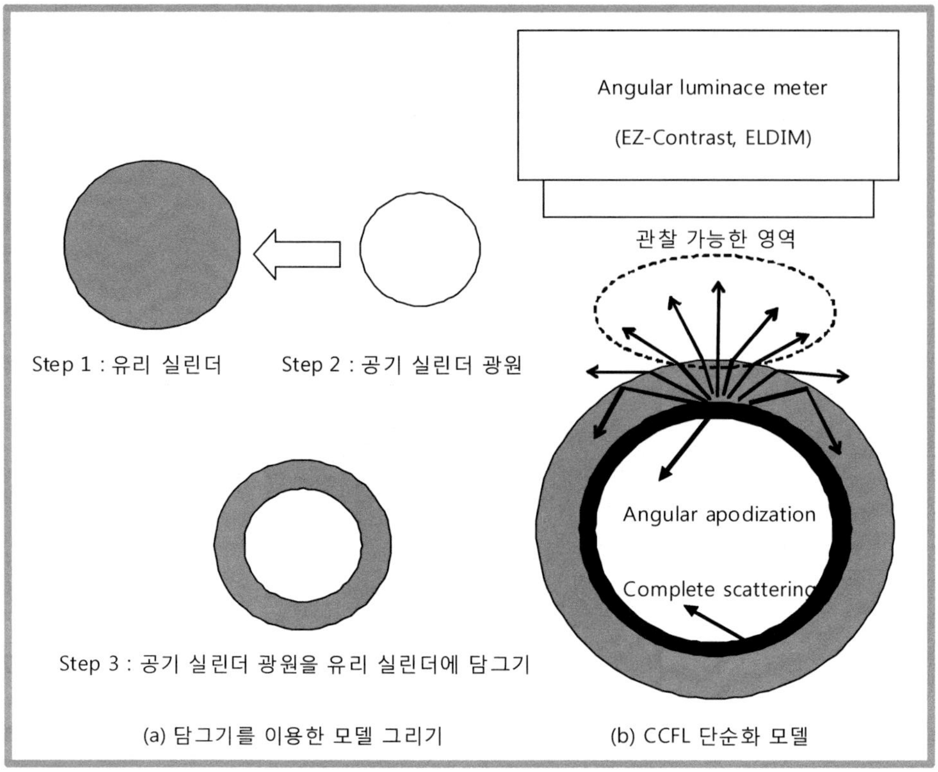


그림 2.29: CCFL 모델링 단순화 방안

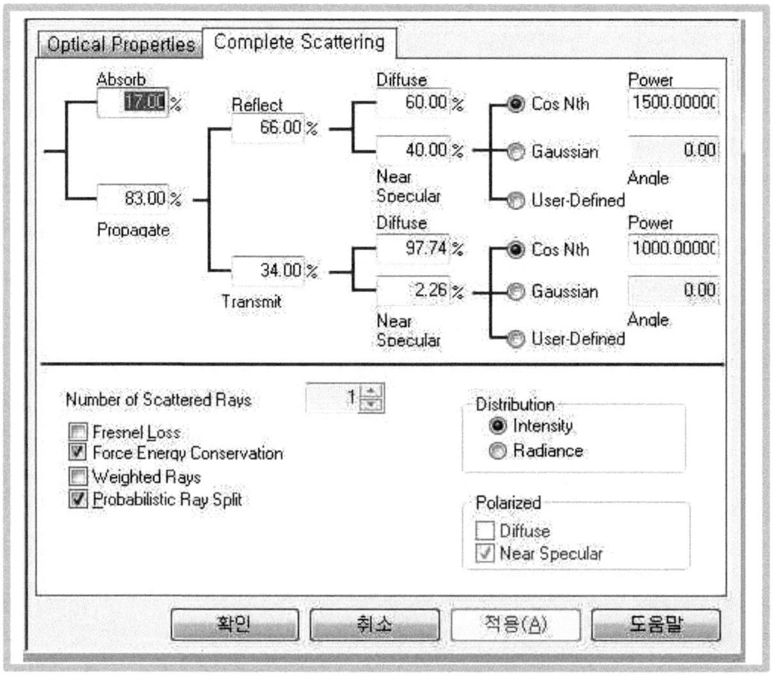


그림 2.30: CCFL 공기 외곽면의 complete scattering 파리미터

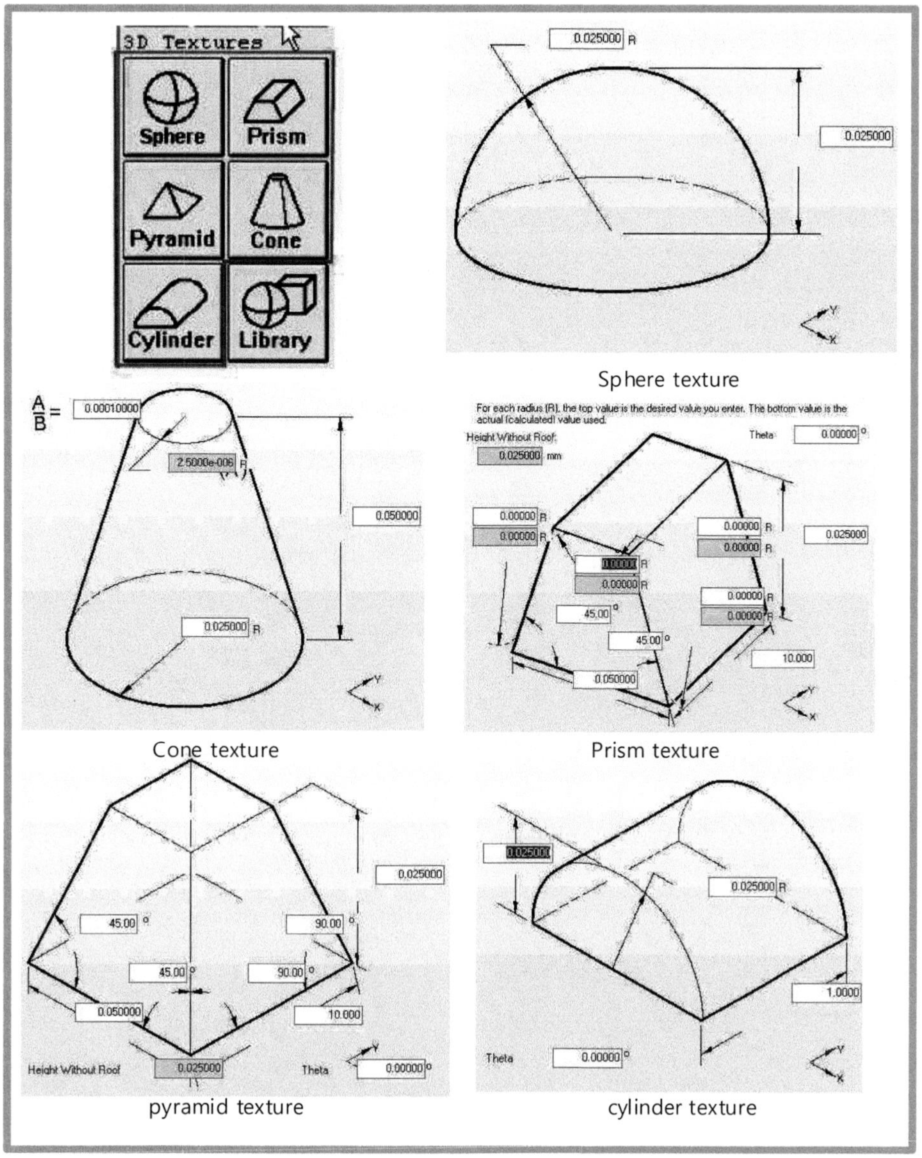


그림 2.31: LightTools에서 제공하는 삼차원 기본 텍스쳐

## 2.2.5 광학 텍스쳐링

도광판/확산판/광학필름을 모델링할 때 여러 가지 유형의 광학 패턴 (optical texture)이 필요할 것이다. LightTools에서는 그림 2.31에서 보이는 것처럼 5가지 기본 삼차원 텍스쳐를 제공한다. 예를들어 프리즘 필름 상면의 프리즘 어레이를 모델링

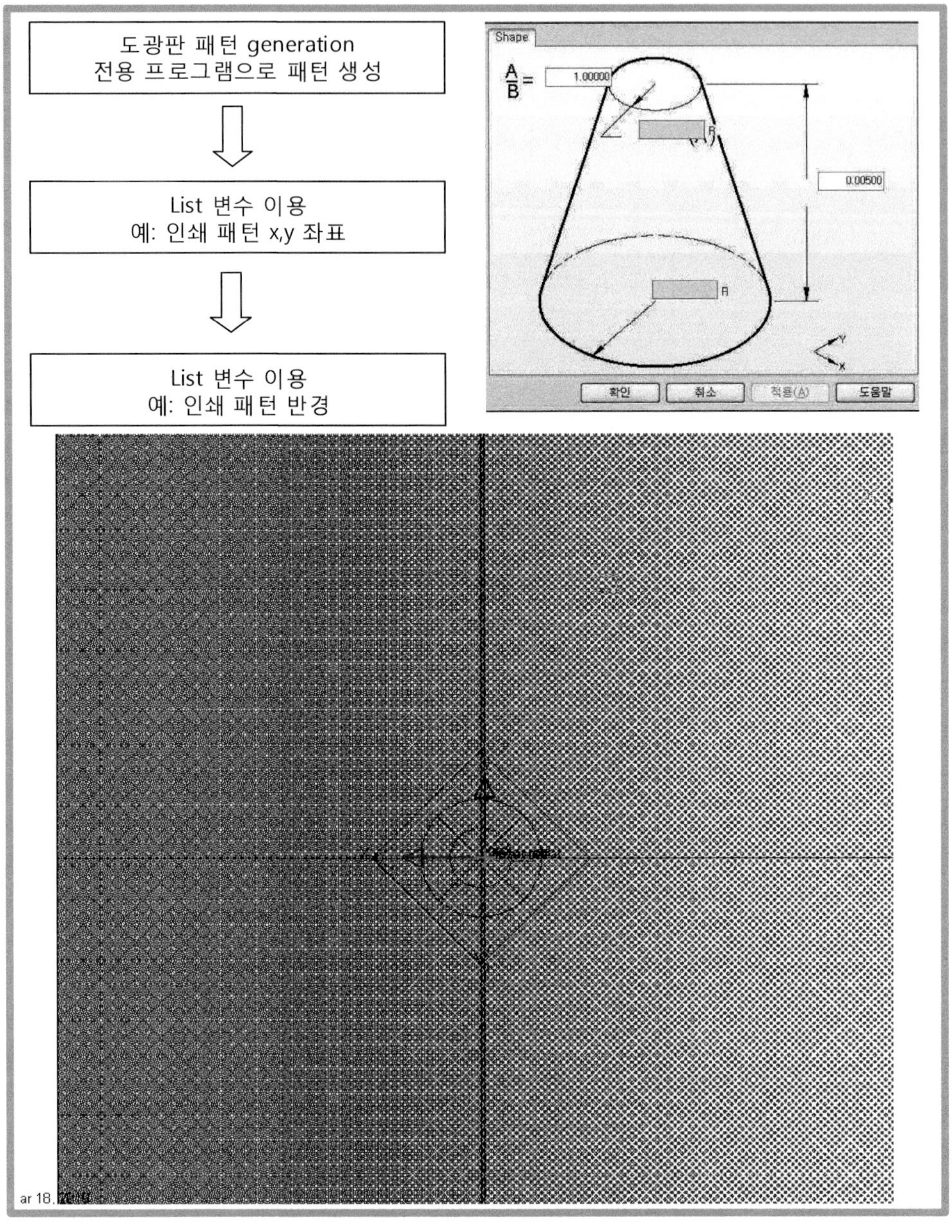


그림 2.32: LightTools에서 모델링된 도광판 인쇄 패턴 예 (리스트 변수 사용)

하기 위해서, 단일 프리즘 텍스쳐의 기하 정보를 입력하고 텍스쳐 요소간의 피치를 설정해주기만 하면 된다. 텍스쳐 파라미터는 고정값으로 지정할 수도 있고 가변값으로 지정할 수도 있다. 가변값으로 지정할 경우 수학적인 관계를 정의할 수도 있고, 리스트 변수를 입력을 할 수도 있다. 가변값을 주어야 하는 대표적인 예가 도광판 인쇄 패턴의 도트 크기 변화이며, 그림 2.32에서 볼 수 있듯이, 기본적인 텍스쳐는 콘 (cone texture, A/B=1, 높이 0.005 mm)으로 하고 도트 반지름을 리스트 변수로 설정해 주

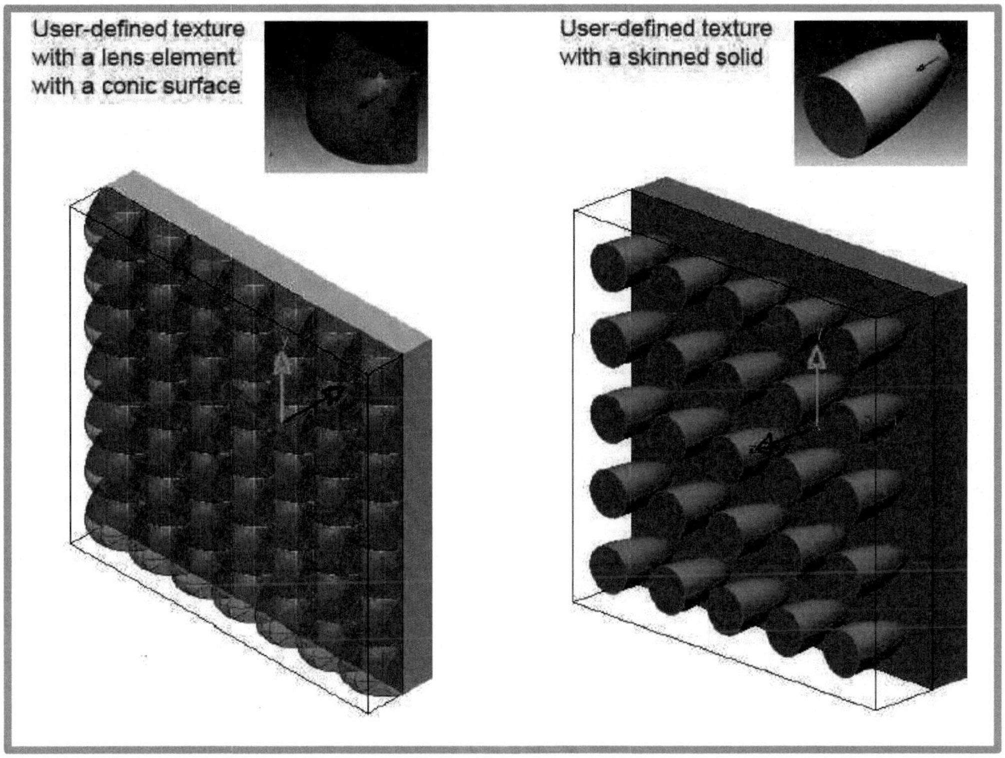

그림 2.33: LightTools에서 라이브러리 텍스처로 모델링된 플레이트 예

는 방법으로 도트 크기를 가변시킬 수 있다. 이때 리스트 변수값 생성은 도광판 광학 텍스처 생성 프로그램을 이용한다. 그림 2.32의 도광판 인쇄 패턴은 저자에 의해 개발된 TECAD (Optical Texture CAD program)을 이용하여 개별 도트의 위치와 반경을 리스트 변수화한 후 LightTools에서 만든 것이다. 도광판 패턴에 대해서는 3.1절에서 자세히 다룰 예정이다.

모델링하고자 하는 텍스처 형상이 특이하여 미리 정의된 기본 텍스처 유형에 없는 경우는 그림 2.33과 같이 라이브러리 텍스처링 기법을 사용하면 된다. 즉, 단일 텍스처 요소를 LightTools 에서 기하 모델링하고 이것을 라이브러리 파일로 저장한다. 이런식으로 저장된 라이브러리 요소를 삼차원 텍스처링할 때 불러오기하고 피치 정보를 입력하면 특이한 형태의 텍스처링도 손쉽게 할 수 있다.

한편 광학 텍스처링 기법과 담그기 기법을 이용하면 그림 2.34와 같이 가변 크기의 원형 도트 안에 미세 프리즘이 일정하게 있는 형태의 텍스처 패턴 (도트-프리즘 도광판 패턴)도 쉽게 만들 수 있다. 4.6절에서는 삼차원 텍스처링 실습을 수행할 예정이다.

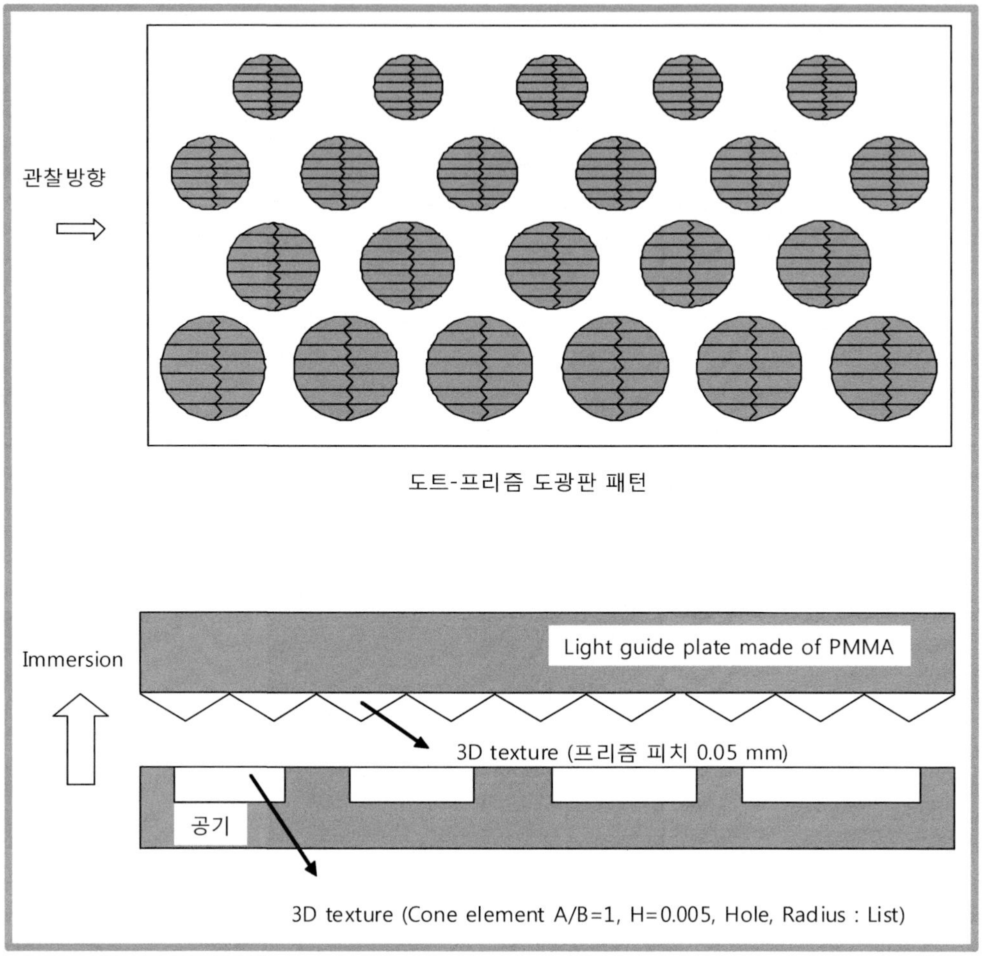


그림 2.34: 도트-프리즘 도광판 텍스처링 예 (3D 텍스처링과 담그기 기법 혼용)

## 2.2.6 리시버

광학 시스템에대한 시뮬레이션을 수행하면 2.1절에서 설명된 광속, 조도, 광도, 휘도 등에 대한 결과값이 리시버에 저장된다. 그림 2.35는 LightTools에서 제공하는 리시버 종류가 예시되고 있다. 리시버는 평면 또는 곡면상에 정의된다. 그림 2.35-(a)는 파필드 리시버 (far-field receiver)이다. 광원의 형상이 무엇이던 간에 무한대 지점에서 광원을 관찰하면 점광원으로 간주될 수 있다. 구형 좌표계 (극각 $0 < \theta < \pi$과 방위각 $0 < \phi < 2\pi$ 으로 정의됨)의 중심에 있는 광원의 각도별 광도가 궁금할 때 파필드 리시버를 사용한다. 그림 2.26과 같은 LED 광원의 배광곡선은 파필드 리시버에 저장되어 있는 광도를 고정된 방위각에 대해 슬라이스 (slice)시킨 것이다. 그림 2.35-(b)는 휘도/조도 리시버를 보여 주고 있다. 휘도 리시버를 정의할 때는 항상 고체각 (그림

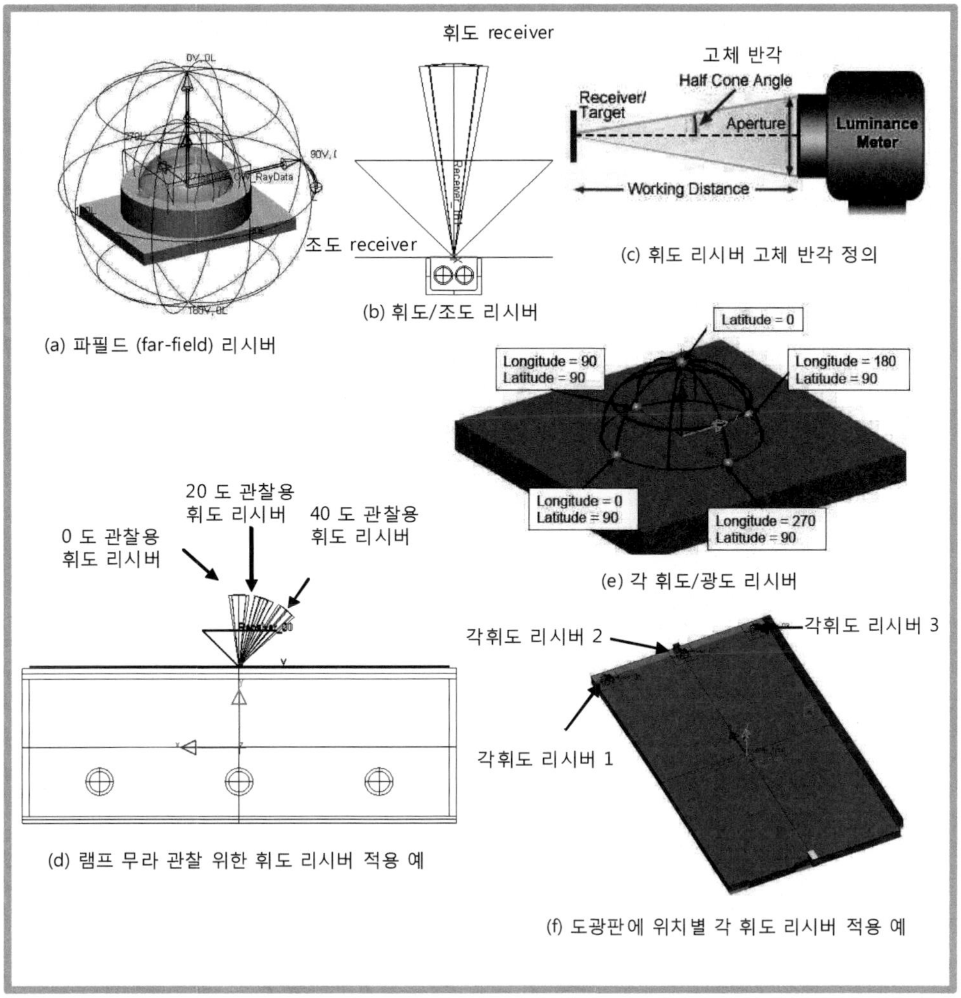


그림 2.35: LightTools에서 제공되는 리시버의 종류

2.35-(c) 참고)을 정의해 주어야 한다. LightTools에서는 고체반각의 초기값으로 10° 가 설정되어 있다. BM7, BM5, SR3와 같은 휘도 계측기는 고체각을 ±1°, ±2° 등과 같이 매우 협소한 고체각에 대해 휘도를 계측한다. 그렇다고 해서 광시뮬레이션을 할 때 휘도 리시버의 고체반각을 1°, 2°에 대해서 정의하면 시뮬레이션 시간이 너무 오래 걸릴 수 있기 때문에 주의해야 한다.

휘도/조도 리시버를 이용하면 면발광에 대한 위치별 휘도/조도 분포를 조사할 수 있다. 그림 2.32-(d)는 휘도 리시버의 사용 예이다. 작하형 백라이트에서의 램프 무라(1.2절에서 논의되었음)를 관찰 할 경우 정면 시인성 뿐만 아니라 측면 시인성도 중요하다. 이런 경우 휘도 리시버를 여러 개 달아서 (리시버 별 간격은 약 0.001 mm 정도임) 고체각을 달리 준다. 조도 리시버의 경우는 휘도 리시버와 달리 고체각을 정해 주

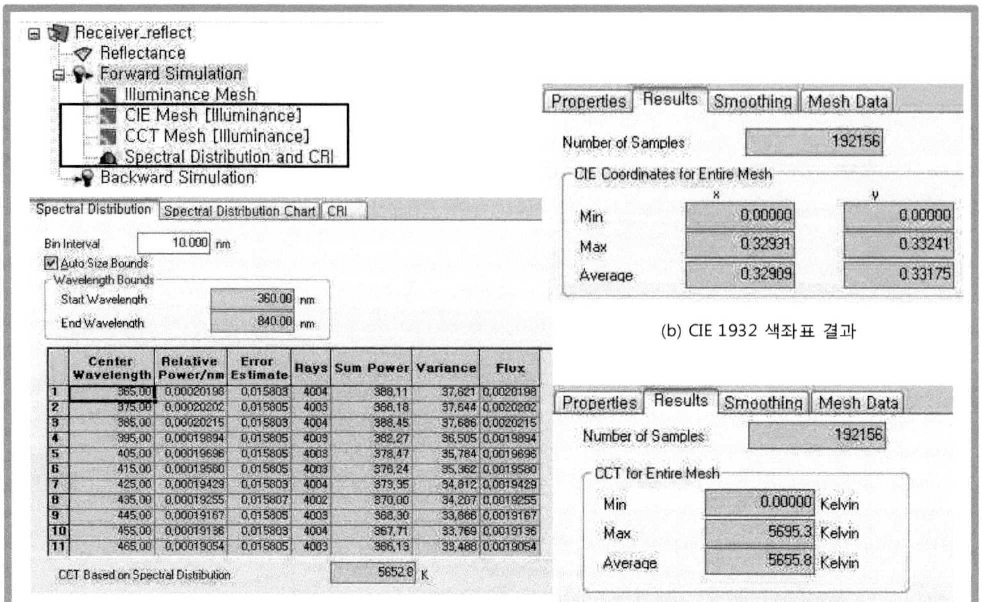


(a) 분광 데이터와 결과

(b) CIE 1932 색좌표 결과

(c) 색온도 결과

그림 2.36: LightTools 리시버상의 분광데이터와 색좌표 결과 예시

지 않는다.

그림 2.35-(e)는 각휘도/각광도 리시버를 보여 준다. 각휘도 리시버에는 정의된 면적에서의 출사광에 대한 방사각도별 휘도가 저장되어 있다. 정의된 면적이 작아질수록 특정 지점에서의 각휘도 결과를 관찰할 수 있으나 면적이 너무 작아지면 시뮬레이션 시간이 너무 오래 걸릴 수 있다. 반대로 정의된 면적을 너무 크게 잡으면 위치별 각휘도 결과가 평균되어 무의미한 결과가 나오기도 한다. 예를들어 도광판에서 출광되는 각휘도는 위치별 모두 상이한데 각휘도 리시버를 도광판 전체 면적에 대해 정의하면 도광판 위치별 각휘도 차이를 관찰할 수 없다. EZ-Contrast와 같은 각휘도 계측 장비는 약 직경 1 mm의 출사광 면적에서 대한 각휘도를 계측한다. 저자의 경험상 한변의 길이가 5~10 mm의 사각형에 대해 정의된 각휘도 리시버를 사용하면 무난하다고 생각된다 (그림 2.35-(f)). 각광도 리시버에 대해서도 각휘도 리시버와 유사한 논의가 가능하다. 색해석(Color Analysis)을 하면 그림 2.36-(a)와 같이 분광데이터(Relative power/nm) 를 얻을 수 있고 그림 2.36-(b)와 같이 색온도와 색좌표도 얻을 수 있다.

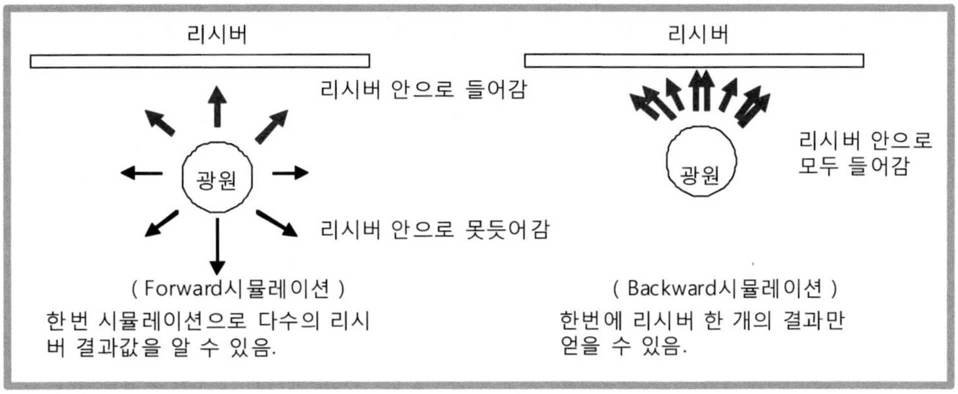


그림 2.37: 전방 시뮬레이션과 후방 시뮬레이션 개념

### 2.2.7 시뮬레이션 수행 및 해석 결과 정리의 중요성

백라이트 광학 모델링을 완료한 후 광선추적 시뮬레이션을 실행한다. 적게는 십만개에서 많게는 수천만개 이상의 광선 추적을 수행한다. 중요한 것은 조사가 필요한 리시버에 충분한 광선이 도달해야 한다는 점이며 리시버 결과탭에 표시되는 error estimated at peak 값이 작은 값이 나와야 한다. 저자의 경험상 조도 리시버의 경우는 약 1~2% 이내, 휘도 리시버의 경우는 5% 이내가 적당한 듯 하다.

전방 시뮬레이션(Forward simulation)은 광선이 리시버에 도달할 수도 있고 도달하지 않을 수도 있다. 즉, 충분한 광선을 쏴서 리시버에 들어가는 광선 수가 많아지기를 기다려야 한다. 후방 시뮬레이션(Backward simulation)은 리시버에 도달가능한 광선들에 대해서만 역추적 하는 기법이며 시뮬레이션 속도면에서 대단히 유리할 수 있다. 그러나 모든 광원에 대해 후방 시뮬레이션이 가능한것은 아니며 하기의 네가지 경우가 이에 해당한다.

- 형광체에 의한 발광원
- collimation 광원
- 점광원
- Ray data 광원

마지막으로 해석 결과의 정리의 중요성에 대해 강조하고 싶다. 많은 경우 광학 부품을 설계하기 위해 설계 파라미터에 대한 파라메트릭 시뮬레이션 스터디 기법을 종종 사용한다. 따라서 개별 파라미터 변화에 대해 조도, 휘도등의 해석 결과를 일목 요연하게 정리하는 습관은 대단히 중요하다.

# 03 백라이트 광학설계 실무이론

## 3.1 도광판 광학 텍스쳐 설계 기술

### 3.1.1 도광판 광학 텍스쳐 종류 및 텍스쳐링 공법 소개

도광판 광학 패터닝(texturing)은 엣지릿 백라이트의 휘도 균일도를 결정하는 매우 중요한 공정이며 광학 텍스쳐는 하기와 같이 분류될 수 있다.

- 고정 피치 가변 크기 도트 유형 (스크린 프린팅 인쇄 공법)
- 고정 피치 가변 크기 직선 유형 (CO2 레이저 패터닝 공법)
- 가변 피치 고정 크기 도트 유형 (Nd-YAG 레이저 스탬퍼 전사 공법)

그림 3.1은 전통적으로 많이 쓰이고 있는 인쇄 텍스쳐의 예를 보여 준다. (a), (b), (c)의 예 중 (a)의 원형 도트 형태가 가장 많이 쓰인다. 그림 3.1-(a)의 도트 배열은 x 방향 피치 $P_x$, y 방향 피치 $P_y$ , 배열 사이 각도 $\theta$에 의해 정의 될 수 있다. 도트의 배열이 결정되면, 수학적으로 도트의 최대 크기가 결정되며 최대 패턴 밀도 $\rho_{max}$는 식 (3.1)과 같다. 최대 패턴 밀도는 $P_x$, $P_y$로 이루어진 마름모 격자내에 도트가 그려질

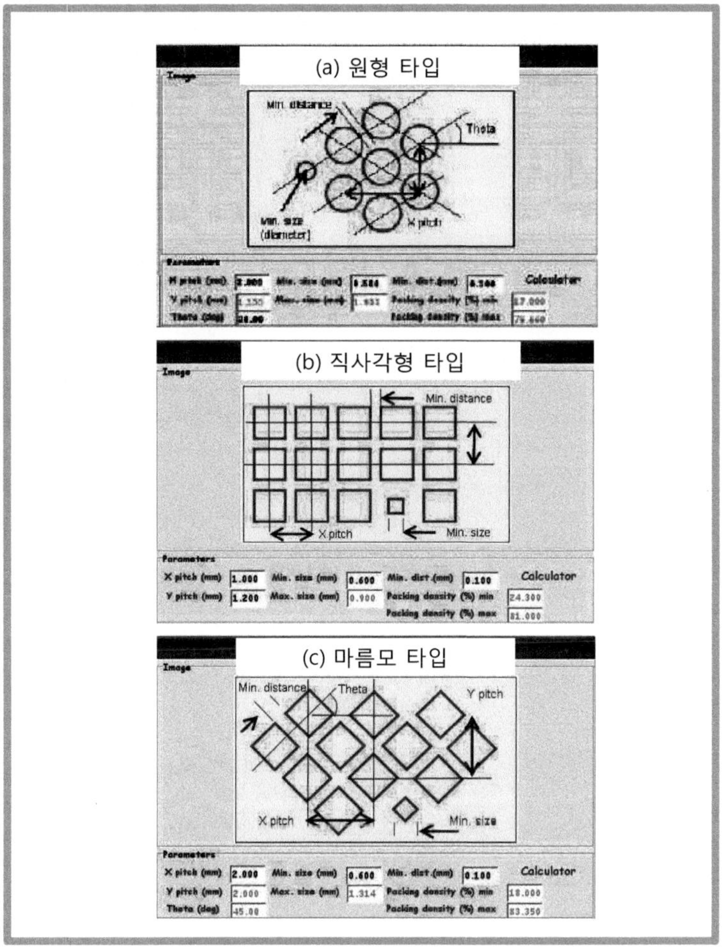


그림 3.1: 도광판 텍스쳐 유형 1 : 고정 피치 가변 크기 도트 유형

수 있는 최대 도트의 크기로부터 구할 수 있다. 이 때, 도트간 최소거리 (Min. distance)가 중요하며, 이는 인쇄 공정 중 발생하는 잉크 번짐에 의해 도트와 도트가 붙는 현상을 방지하기 위해 필요한 최소 거리이며 이 값은 0.1 mm 근방에서 결정된다. $P_x$=2.0 $mm$, $P_y$=1.155 $mm$, $\theta$=30° 일 경우 원형 도트의 최대 반경은 1.055 $mm$ 이고 $\rho_{\max}$=75.7% 이다.

$$\rho_{\max,circle} = \frac{2\pi R_{\max}^2}{P_x P_y} \tag{3.1}$$

$$\rho_{\max,rectangle} = \frac{4 R_{\max}^2}{P_x P_y} \tag{3.2}$$

$$\rho_{\max,diamond} = \frac{8 R_{\max}^2}{P_x P_y} \tag{3.3}$$

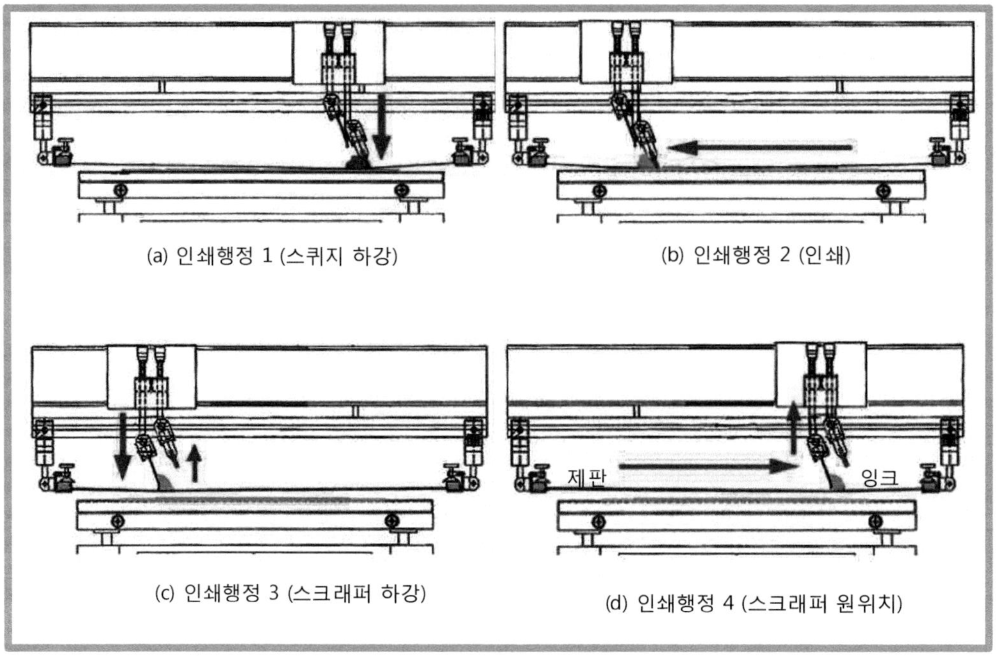


그림 3.2: 스크린 프린팅 인쇄기에 의한 도광판 인쇄 공정 개요

최소 도트 반경은 설계자가 임의로 정의할 수 있으며. 미세 도트용 잉크를 쓸 경우 도트 반경 크기는 0.05 $mm$정도로 알려져 있다. 이 때 최소 패턴 밀도 $\rho_{\min}$은 $R_{\min}$을 이용하여 구할 수 있으며 그림 3.1-(a)의 $R_{\min}$가 0.5 $mm$인 경우 약 17% 이다. 도트 크기를 패턴 밀도로 변환하여 논의 하는 것이 편한 이유는 패턴 밀도가 무차원 변수이기 때문이다. 즉, 패턴 피치를 바꾸거나, 도광판 크기 등이 변할 때 도트 크기를 생각하기 보다는 패턴 밀도를 생각하는 것이 유리하기 때문이다. 흔한 일은 아니지만 종종 그림 3.1-(b), (c)의 예에서 보이듯이 사각형 패턴과 마름모 패턴이 사용되기도 한다. 이 경우 도트 크기와 패턴 밀도와의 관계는 식 (3.2), (3.3)과 같다.

도광판 두께가 감소할 수록 인쇄 도트의 평균 크기도 감소해야 한다. 예를 들어 도광판 두께가 3 $mm$일 경우 그림 3.1-(a)의 그림에서 도트 지름이 1~2 $mm$일 경우 도광판 위에 확산필름을 올려 놓는다고 해도 인쇄 도트가 시인되는 "Dot 비침" 불량이 발생한다. 따라서 이 경우는 도트간 피치, 최대 도트 크기, 최소 도트 크기 등을 감소 시켜야 하며 미세 인쇄용 잉크와 제판 등을 사용해야 한다. 이때, 도트 크기가 평균적으로 작아지더라도 도트간 최소 거리 (Min. Distance)를 줄이는데는 기술적으로 한계가 있으므로 식 (3.1)의 최대 패턴 밀도는 줄어들게 된다. 평균 패턴 밀도가 클수록 도광판에서 광을 추출할 수 있는 가능성이 크기 때문에, 미세 패턴의 광추출 효율은 불리할 수 있고 인쇄 공정 수율도 저하될 가능성 있으므로 미세 인쇄는 꼭 해야만 할 경

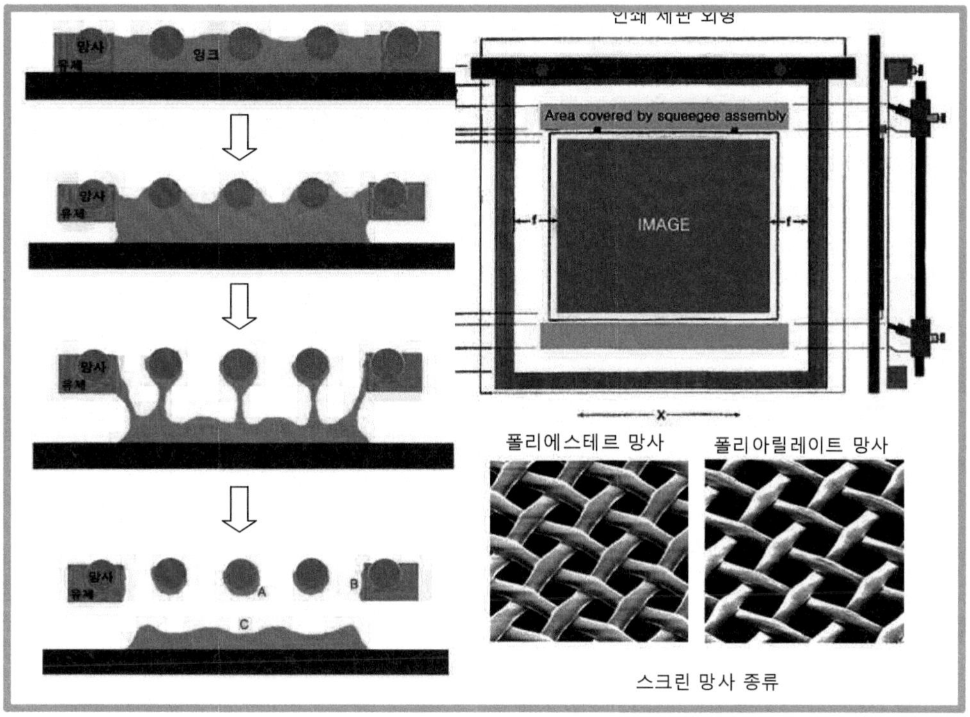


그림 3.3: 스크린 인쇄에 의해 패턴 형성 및 인쇄 제판 예시

우에 국한해서 사용된다.

그림 3.2는 인쇄기 (screen printing machine)에 의한 인쇄 공정 개요를 보여주고 있다. (a)와 같이 스퀴지 (squeeze)가 하강한 후, (b)와 같이 인쇄가 진행되며, (c)와 같이 스퀴지는 상승하고 스크래퍼 (scraper)가 하강하여 (d)와 같이 잉크가 원래 위치로 돌아온다. (a)~(d)까지의 걸리는 시간은 수 초이다. 그림 3.3에서 볼 수 있듯이 인쇄 제판은 유제와 망사로 이루어져 있으며 노광 공정을 이용하여 패턴이 정의된 영역에 대해 유제를 제거한다. 일반적으로 유제 두께는 8 $\mu m$ 내외이며 인쇄 후 도막 평균 두께는 5~10 $\mu m$이다. 주어진 유제 두께에 대해서 인쇄 속도에 따라 인쇄 도막 두께를 달리 할 수 있다. 일반적으로 잉크 토출량은 점성체의 변형율 속도에 비례하므로 인쇄 속도를 증가하면 인쇄 도막 두께가 증가하게 된다. 인쇄가 완료 된 후 도광판 상의 잉크는 적외선에 의해 건조된다. 적외선 건조 방법은 건조 터널을 지나게 하는 방법과 오븐 방법이 있다. 인쇄 공정은 대량 생산 관점에서 매우 우수하며 공정 비용이 저렴하기 때문에 백라이트 도광판 패터닝 공정으로 가장 많이 쓰이고 있다.

그림 3.4은 도광판 텍스쳐 유형 2로서 고정 피치 가변 크기 직선 유형 패턴을 보여주고 있다. 이 패턴은 $CO_2$ 레이저 도광판 패턴으로 많이 쓰인다. 즉, $CO_2$ 레이저를 도광판 (PMMA 재질)에 조사하여 미세한 그루부 (micro groove)를 형성할 수 있으며

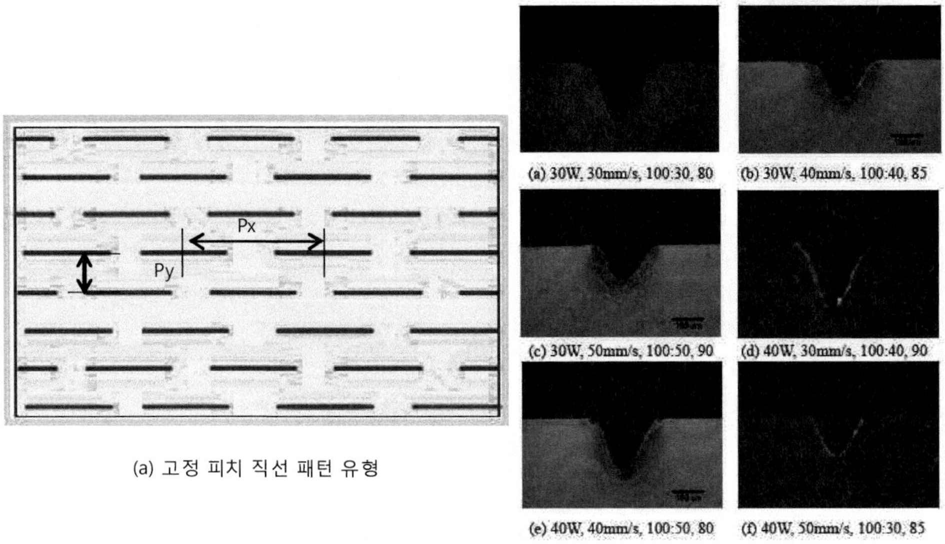


(a) 고정 피치 직선 패턴 유형

한국정밀공학회지, 2006, Vol. 23, No. 4, pp. 91-98

(b) CO2 레이저에 조사에 의해 형성된 미세 그루브 단면

그림 3.4: 도광판 텍스쳐 유형 2 : 고정 피치 가변 크기 직선 유형

[8], 그루부의 길이를 제어함으로써 도광판 패턴의 밀도를 제어하는 패턴이다. 그림 3.4-(a)의 $P_x$는 1.0~1.2 $mm$ 가 주로 쓰이면 $P_y$는 0.8~1.0 $mm$ 의 고정 값 또는 가변 값이 쓰인다. 레이저 도광판 패턴 밀도의 경우 일반적으로 선밀도의 개념이 사용된다.

$$\rho = \frac{L}{P_x} \tag{3.4}$$

레이저 도광판 패턴의 그루브 라인은 레이저 광학계의 선형 운동에 의해서 가공되며 가공속도는 2~4 $m/s$ 이다. 레이저 도광판은 하면에 R프리즘 형태의 그루브 텍스쳐를 가공할 수 있기 때문에 확산 잉크를 쓰는 인쇄 도광판 보다 5~10 % 휘도가 높다는 업계 보고가 있다.

그림 3.5는 도광판 텍스쳐 유형 3으로서 가변 피치 고정 크기 도트 유형 패턴을 보여 준다. 사출 또는 핫스탬핑 (hot stamping) 법에서 사용되는 스탬퍼 (stamper)를 가공하는 방법으로서 미세 도트를 Nd YAG 레이저로 직가공하는 방법이 있다. 이 경우, 도트의 크기는 일정하지만, 도트간의 거리를 가변시켜 밀도를 제어할 수 있으며 스탬퍼 패턴의 밀도는 식 (3.5)와 같이 정의된다. 여기서 $A$는 임의 영역의 면적이며, $N$은 정의된 영역내에 있는 도트의 개수이다.

$$\rho = \frac{N}{A} \tag{3.5}$$

제작된 스탬퍼를 그림 3.5-(b)와 같이 롤에 감아서 핫스탬핑할 수도 있으며, 그림 3.5-(c)와 같이 사출 금형으로 사용할 수도 있다. 마지막으로 그림 3.6은 TECAD 에 의해 생성된 도광판 패턴의 CAD 파일의 예를 보여주고 있다.

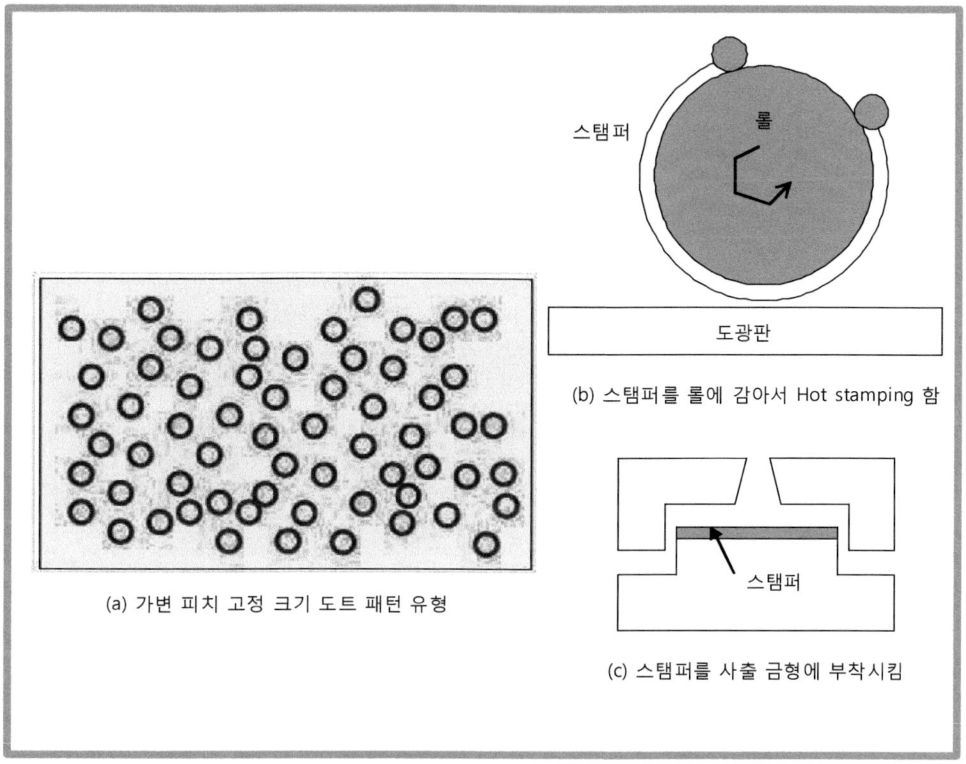


그림 3.5: 도광판 텍스쳐 유형 3 : 고정 피치 가변 크기 직선 유형

(a) 고정 피치 가변 크기 도트 유형

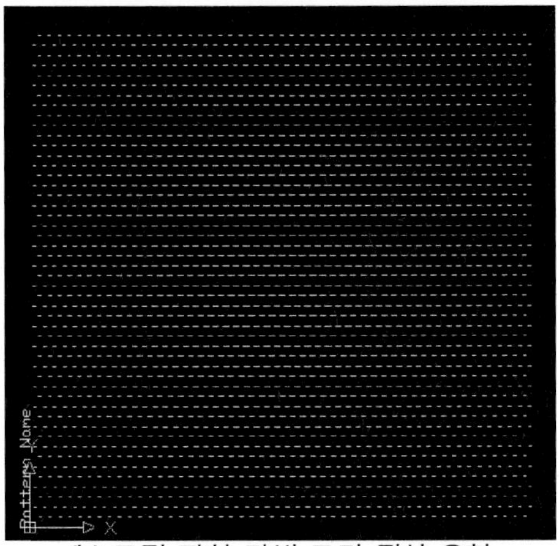

(b) 고정 피치 가변 크기 직선 유형

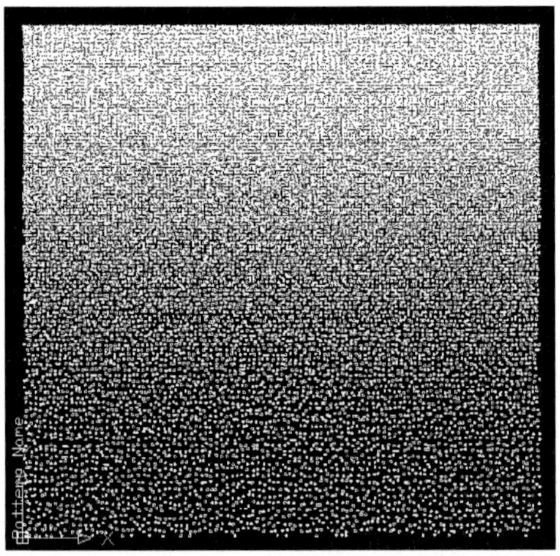

(c) 가변 (랜덤) 피치 고정 크기 도트 패턴 유형

그림 3.6: 도광판 텍스처 CAD 파일 예시

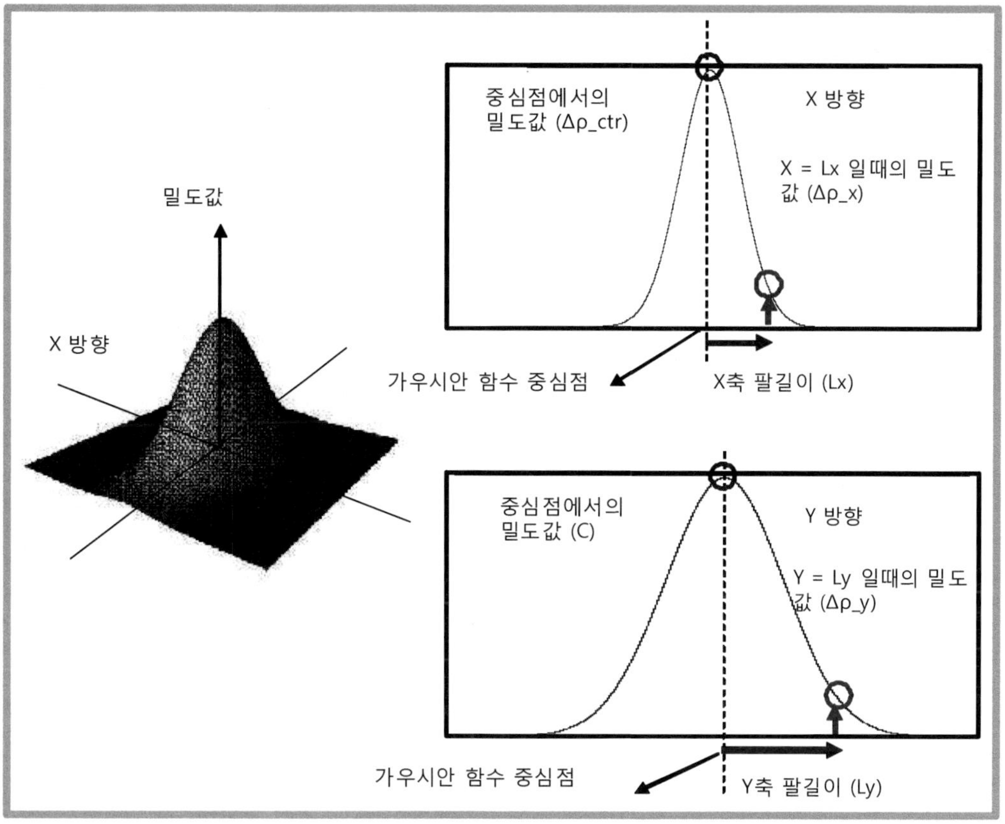


그림 3.7: 타원형 가우시안 밀도 함수 예시

### 3.1.2 도광판 광학 텍스처 밀도 분포 설계 기술

도광판 텍스처 밀도 분포는 타원형 가우시안 함수(elliptical gaussian distribution function) 여러 개의 조합으로 만들 수 있다. 식 (3.6)은 타원형 가우시안 함수의 수학적 표현이다. 여기서 $\Delta\rho_c$는 가우시안 함수의 중심 $(x_c, y_c)$에서의 밀도 값이며, $\sigma_x, \sigma_y$는 x 방향, y 방향의 함수 벨모양(bell shape)을 제어 한다.

$$\Delta\rho(x,y) = \Delta\rho_c(x_c, y_c) e^{-\frac{1}{2}\left(\left(\frac{x-x_c}{\sigma_x}\right)^2 + \left(\frac{y-y_c}{\sigma_y}\right)^2\right)} \quad \textbf{(3.5)}$$

그림 3.7에 타원형 가우시안 함수가 예시되어 있듯이 타원형 가우시안 함수는 세 지점에서의 밀도값에 의해 정의될 수 있다. 이때 식 (3.5)의 $\sigma_x, \sigma_y$는 식 (3.6), 식 (3.7)으로 표현된다.

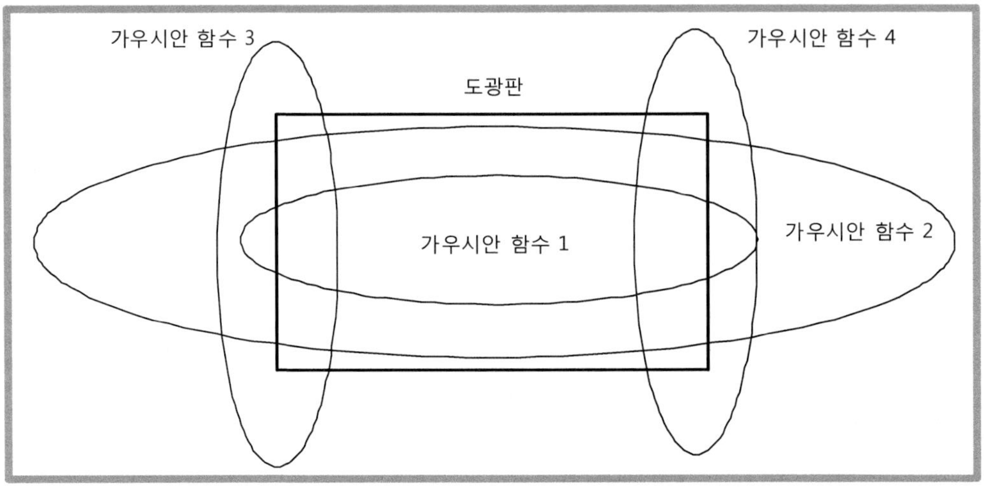


그림 3.8: 타원형 가우시안 밀도 함수 적용 예시 (4개의 가우시안 함수 조합)

- $\Delta\rho_c$: 가우시안 함수 중심점에서의 밀도 증가량
- $\Delta\rho(x_c+L_x,y_c)$ : 가우시안 함수의 x 방향 팔길이 $L_x$에서의 밀도 증가량
- $\Delta\rho(x_c,y_c+L_y)$ : 가우시안 함수의 y 방향 팔길이 $L_y$에서의 밀도 증가량

$$\sigma_x = -\frac{L_x}{2\ln\frac{\rho(x_c+L_x,y_c)}{\rho(x_c,y_c)}} \tag{3.6}$$

$$\sigma_y = -\frac{L_y}{2\ln\frac{\rho(x_c,y_c+L_y)}{\rho(x_c,y_c)}} \tag{3.7}$$

따라서 그림 3.8에 예시되어 있듯이 도광판 중심점에 대해 타원형 가우시안 함수 1, 2를 정의하고 도광판 좌, 우측 중앙 지점에 대해 타원형 가우시안 함수 3, 4를 각각 정의하여 얻을 수 있는 밀도 곡면은 식 (3.8)과 같이 구해지며 그림 3.9는 그림 3.8에 의해 정의된 밀도 곡면을 사용하여 그려진 도광판 텍스쳐 CAD 파일 예를 보여준다.

$$\rho(x,y) = \Delta\rho_1(x,y) + \Delta\rho_2(x,y) + \Delta\rho_3(x,y) + \Delta\rho_4(x,y) \tag{3.8}$$

도광판 밀도 곡면을 생성하는 것을 도광판 광학 패턴 설계라고 한다. 이는 다분히 경험에 의존하는 경향이 있다. 특히, 인쇄 도광판의 경우, 패턴 생성 프로그램으로 CAD 파일을 생성한 후 하루 내에 인쇄 제판이 제조 가능하므로 단기간에 수차례의 광

그림 3.9: 가우시안 조합에 의해 설계된 17" 모니터 도광판 패턴 CAD 파일 예

학 패턴 최적화가 가능하다. 레이저 도광판의 경우, CAD 파일 생성 후 바로 도광판 제작이 가능하며 도광판 광학 패턴의 숙련자에 의해 시행착오법으로 개발되고 있다. 한편 LightTools에서는 광학 패턴 최적화를 위해 BPO (Backlight Pattern Optimization) 유틸리티를 제공하고 았으며 광학 시뮬레이션을 이용하여 핫스팟(Hot spot) 개선 방향, 고휘도 잉크의 원리 등, 보다 고난이도의 기술 주제에 대해 연구 개발이 진행중이다.

## 3.2 엣지형 백라이트 BSDF 모델링 기법 및 집광 메커니즘 이해

### 3.2.1 반사 필름 BSDF

그림 3.10-(a)에서 볼 수 있듯이 백색 반사시트는 PET 원단 내부에 있는 무수히 많은 기공에 의해 램버시안 반사와 유사한 광산란이 발생한다. 또한 백색 반사시트의 표면에서는 반사광의 일부는 근거울 반사(near specular reflection)가 일어난다. 이에 대해 그림 3.10-(b)와 같이 단순화 모델을 생각할 수 있다. 즉, 반사시트는 크게 두가지 레이어으로 나뉜다고 가정하고, 상층 레이어에서는 근거울 반사가 일어나고 일부는 투과하여 하층에서 체적광산란 (volumetric scattering)이 발생하고 상층 레이어를 100% 투과한다고 가정한다. 여기서 근거울 반사성을 실험적으로 계측하고 입사각에

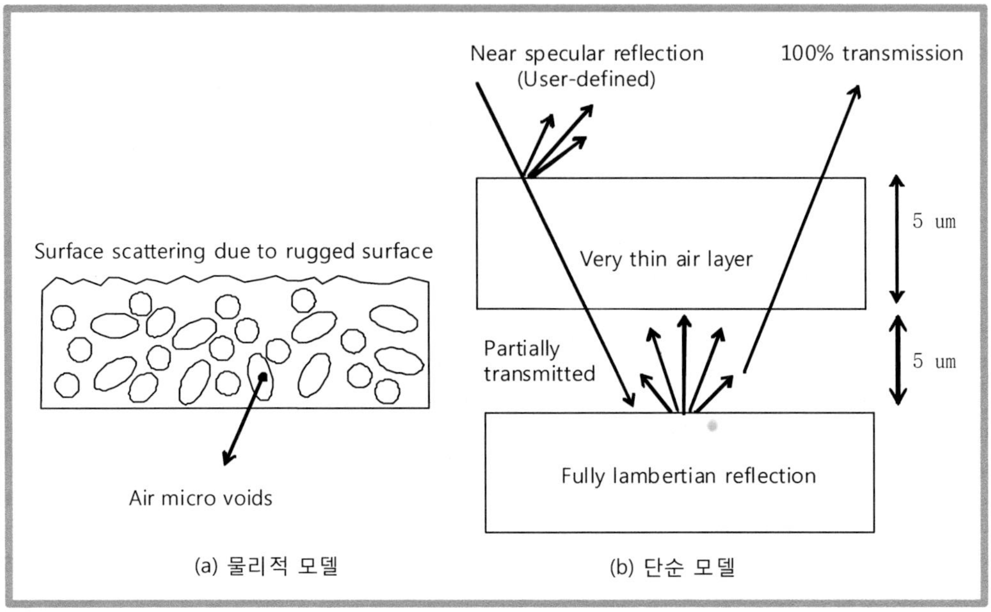


그림 3.10: 백색 반사필름의 물리적인 모델과 단순 모델

따라 프레넬 반사율을 적용하며 표면광산란과 체적광산란비율을 적절히 가정하면 반사필름의 반사거동을 꽤 정확히 모사할 수 있다.

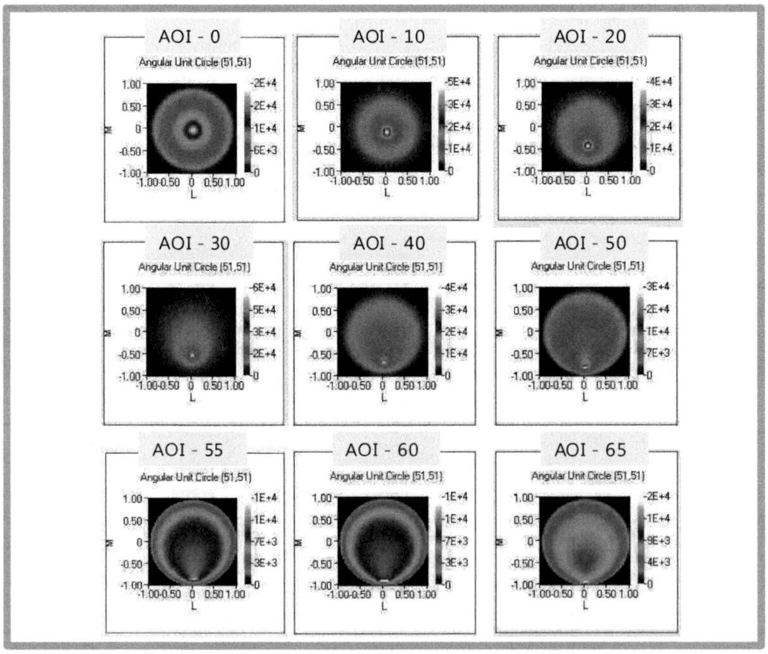


그림 3.11: 백색 반사필름의 BRDF 계측 결과 및 LightTools 입력데이터화

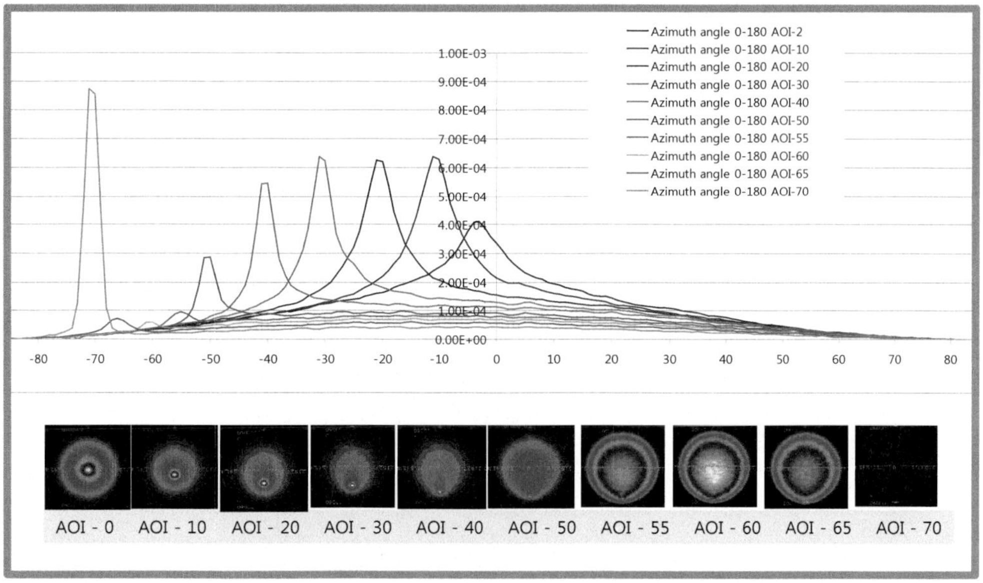


그림 3.12: 계측된 BRDF 값을 이용한 입사각에 따른 반사 광도 조사 결과

반사 필름의 반사거동을 모사할 수 있는 가장 정확한 방법으로는 광학 계면에서 BSDF를 계측하여 모델링에 반영하는 것이다. 그림 3.11은 엣지릿에서 자주 쓰이는 반사필름의 BRDF를 계측하여 LightTools 입력 데이터화한 결과이며 그림 3.12는 입사각에 따른 반사시트 반사광도의 시뮬레이션 결과이다. 입사각 0°~40° 까지는 확산반사뿐 아니라 근거울 반사 (near specular reflection)도 관찰되지만 입사각 50°~65° 근처에는 확산반사가 우세하다. 또한 입사각 70도에서는 완전 거울 반사에 가깝다.

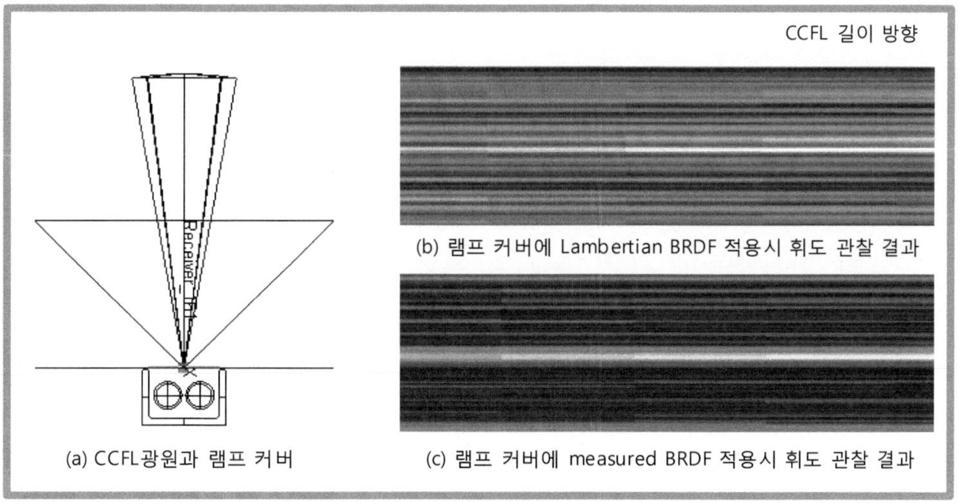


그림 3.13: 반사필름 BRDF 모델링을 통한 광선추적 정확도 향상 예

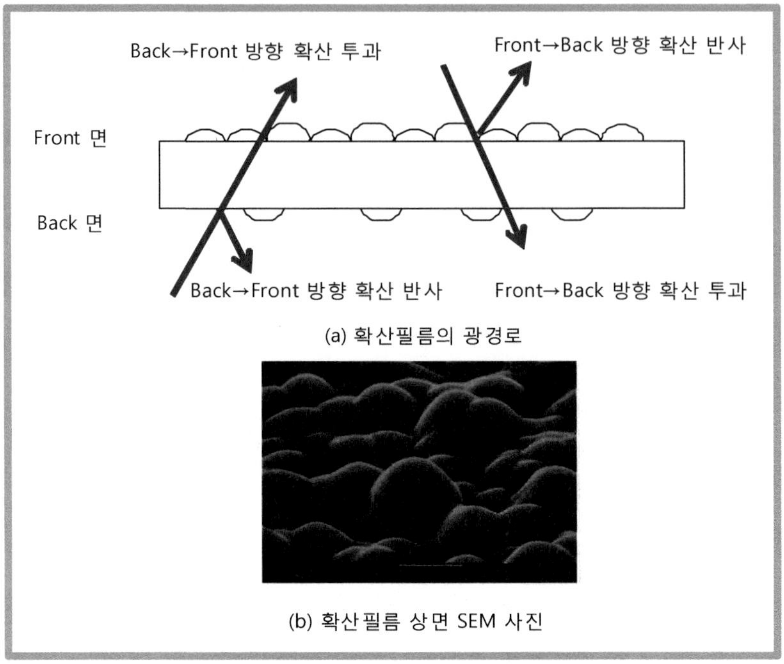


그림 3.14: 확산필름 광경로 및 확산필름 상면 모양

그림 3.13은 계측 기반의 반사필름 BRDF 모델링의 유용성에 대해 보여준다. 즉, CCFL광원과 반사커버는 도광판에 입사되는 광원 시스템이다. 만일 램프 커버 재질의 BRDF를 단순히 램버시안이라고 가정하는 경우와 계측 BRDF를 사용하는 경우 휘도면에서 현저히 다른 결과가 나온다. 즉, 계측 BRDF를 사용하는 경우 CCFL 광원 사이에 휘도 피크가 존재하며 이것은 실제 현상과 더 가깝다.

### 3.2.2 확산 필름 BSDF

확산필름은 그림 3.14와 같이 상면에 확산 비드 (일반적으로 아크릴 비드, 크기는 10 ~ 15 $\mu m$)에 의해 확산 투과, 확산 반사가 일어난다. 확산필름은 필름 하면에서 상면 방향으로 광확산성도 중요하며, 확산필름 위에 프리즘 필름이 있는 경우 프리즘에 의해 전반사가 일어나므로 필름 상면에서 하면으로의 확산성도 중요하다. 확산필름 상면 확산 비드의 굴절율, 크기, 비드 농도 등은 확산필름의 투과 및 반사광의 확산성에 영향을 끼친다. 그림 3.15는 백라이트에서 많이 쓰이는 미세반구렌즈어레이(MLA) 유형의 확산필름(A)과 비드코팅유형의 확산필름(B)의 확산성에 대한 계측 결과를 보여주고 있다.

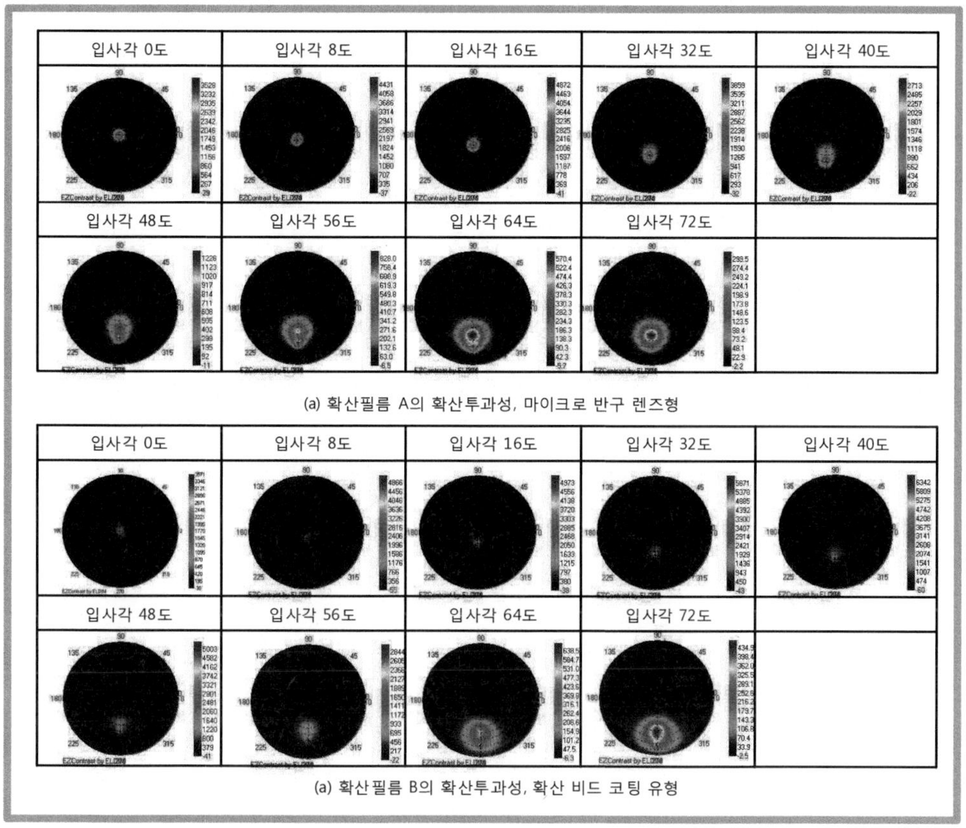


(a) 확산필름 A의 확산투과성, 마이크로 반구 렌즈형

(a) 확산필름 B의 확산투과성, 확산 비드 코팅 유형

그림 3.15: 확산필름에 따른 확산 투과성 차이 예시 (EZ-Contrast 이용 계측)

확산 필름과 같이 하면에서 상면 방향, 상면에서 하면 방향으로의 확산 투과성, 확산 반사성을 부여하기 위해 LightTools에서는 그림 3.16-(a)와 같이 BSDF를 정의할 때 입사각에 대한 범위를 정해주어야 한다. 즉, 확산 필름의 하면→상면 방향의 BSDF에 대한 입사각 범위는 0° 〈 AOI 〈 90° 이며, 확산 필름의 상면→하면 방향의 BSDF에 대한 입사각 범위는 90° 〈 AOI 〈 180° 이다. 그림 3.16-(b)는 확산필름 C에 대한 입사각도별 BSDF 계측치를 이용한 LightTools 입력데이터 예시이다.

그림 3.17은 도광판상 한 점에서의 출사광이 확산 필름에 의해 어떻게 집광되는지 조사할 수 있는 간단한 광시뮬레이션 모델 개념도와 결과를 보여준다. 만일 광설계 부품이 확산필름일 경우, 도광판 출사광 형태는 고정된 상황에서 확산필름의 재료 파라미터에 의해 집광성 변화가 어떻게 바뀌는지가 관심사일 수 있다. 이 경우, 도광판 출사광 분포는 각휘도를 계측결과를 이용하여 아포다이제이션(angular apodization)하고 확산 필름의 재료 파라미터를 바꾸어가면서 광시뮬레이션을 수행한다.

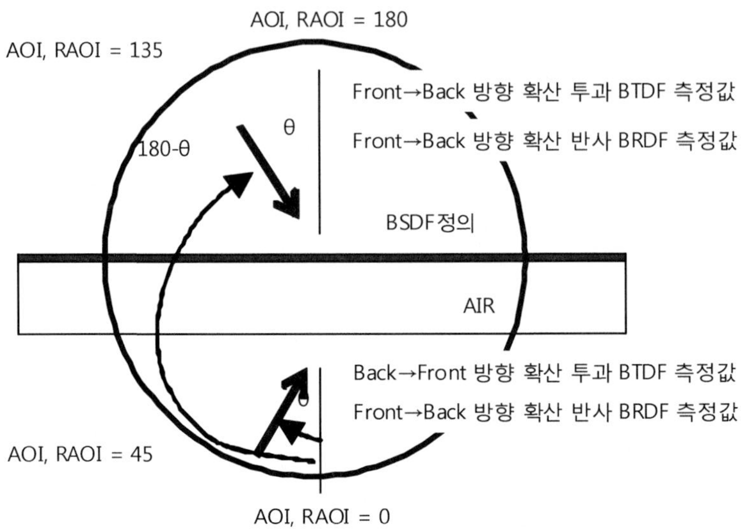


(a) LightTools의 BSDF 정의위한 입사각 범위

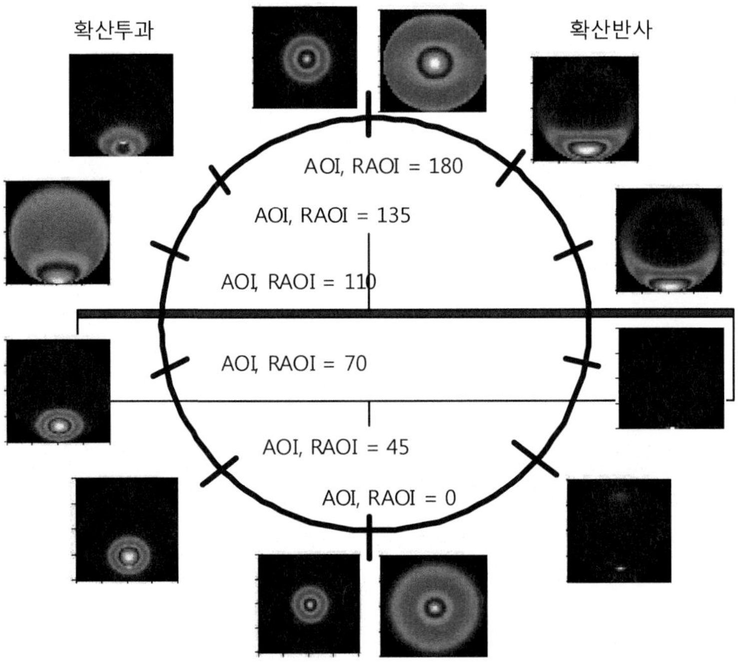


(b) 확산필름 C 의 BSDF 입력 예

그림 3.16: 확산필름 BSDF의 LightTools 입력 예시

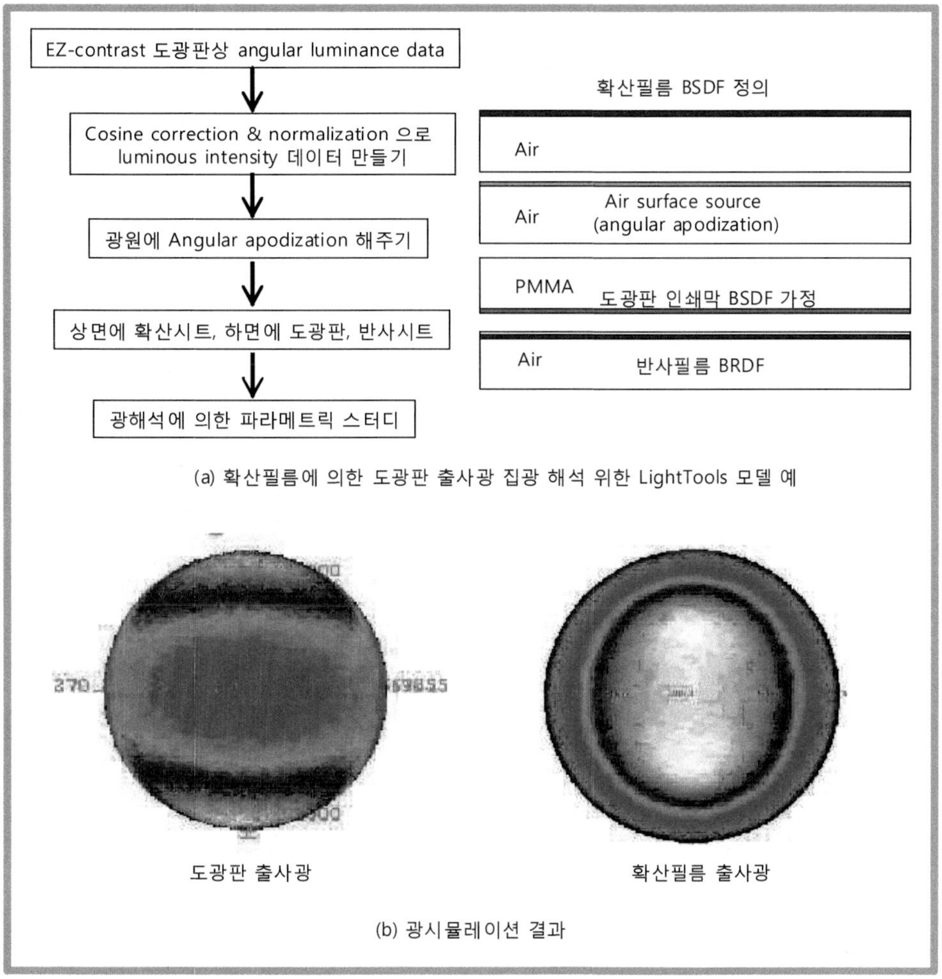


(a) 확산필름에 의한 도광판 출사광 집광 해석 위한 LightTools 모델 예

(b) 광시뮬레이션 결과

그림 3.17: 확산필름에 의한 도광판 출사광 집광 해석 예시

### 3.2.3 도광판 인쇄 잉크 BSDF 정의

도광판 하면에 인쇄되어 있는 확산 도트는 도광판 안에서 전반사 되고 있는 광을 도광판 외부로 빠져나가도록 해준다. 도광판 잉크의 확산 투과성, 확산 반사성과 반사필름의 확산 반사성은 도광판 출사광의 각휘도 형태를 결정하며, 휘도 균일도에 영향을 준다. 표 3.1은 도광판 인쇄 잉크로 많이 쓰이고 있는 재질의 성분을 보여 주고 있다. 바인더 레진으로는 도광판과의 부착성이 우수한 PVC가 쓰이나 최근 들어 환경에 무해한 아크릴 바인더로 대체 중이다. 바인더 레진의 굴절율은 1.487로 알려져 있다. 도광판 잉크의 확산제로는 주로 실리카 ($SiO_2$)가 많이 쓰인다. 종종 도막 무너짐과 같은 신뢰성 개선을 위해 $TiO_2$가 미량 쓰이기도 한다. 최근들어 유기 비드를 이용한 잉

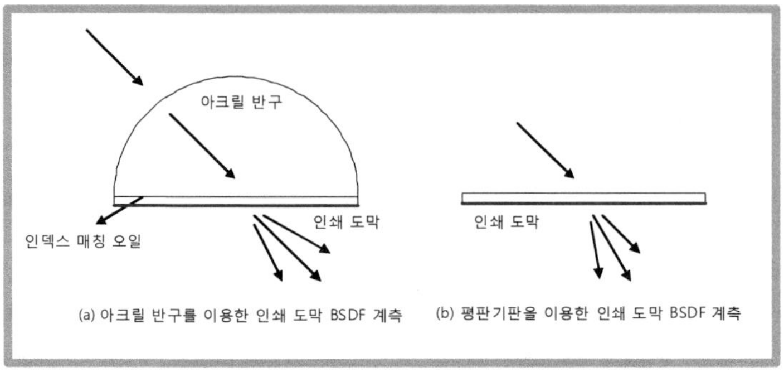


그림 3.18: 도광판 인쇄 잉크 도막의 BSDF 계측 방안

크가 출시되기도 한다. 유기 비드의 장점은 무기 비드에 비해 고휘도화가 가능하다. 그러나 잉크 황변, 비드의 스웰링 (swelling) 등의 신뢰성이 극복되어야 한다.

LightTools를 이용하여 도광판 잉크 확산층의 BSDF를 정의하기 위해서 우선 잉크 확산층의 BSDF를 정확히 계측해야 한다. 투명 기판에 붙어있는 도막의 BSDF 계측은 그림 3.18-(a)와 같이 아크릴 반구 하면에 인쇄층이 있는 상태에서 BSDF를 계측해야 한다. 그림 3.18-(b)와 같이 두께가 얇은 판 기판에 인쇄를 하여 BSDF를 계측하는 방안도 생각할 수 있으나, 기판의 굴절율 효과가 발생하며 계측 데이터를 보정해야 한

표 3.1: 도광판 잉크 성분 예

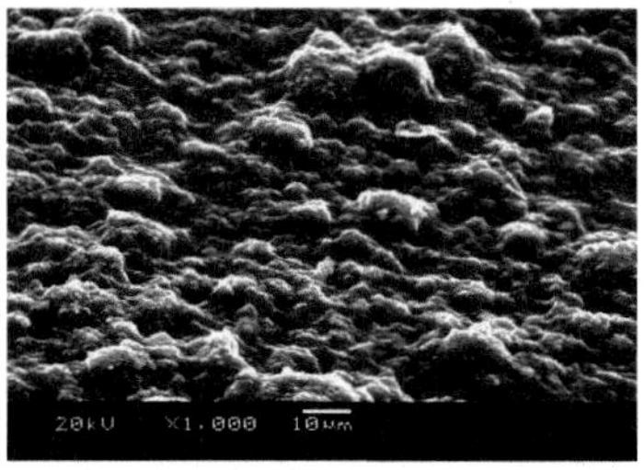


인쇄 후 도광판 잉크 표면

실리카 확산제 모양 (SiO2)

| | 성분 | 함량비 |
|---|---|---|
| 바인더레진 | vinyl chloride vinyl acetate copolymer | 25 % |
| 확산제 | SiO2 | 8 % |
| | TiO2 | < 13.5 ppm |
| 용제 | toluene | 67 % |
| | cyclohexanone | |
| | cyclohexane | |
| | dichlorobenzene | |
| | 3-methylbuthylacetate | |
| | Aromatic hydrocarbon | |

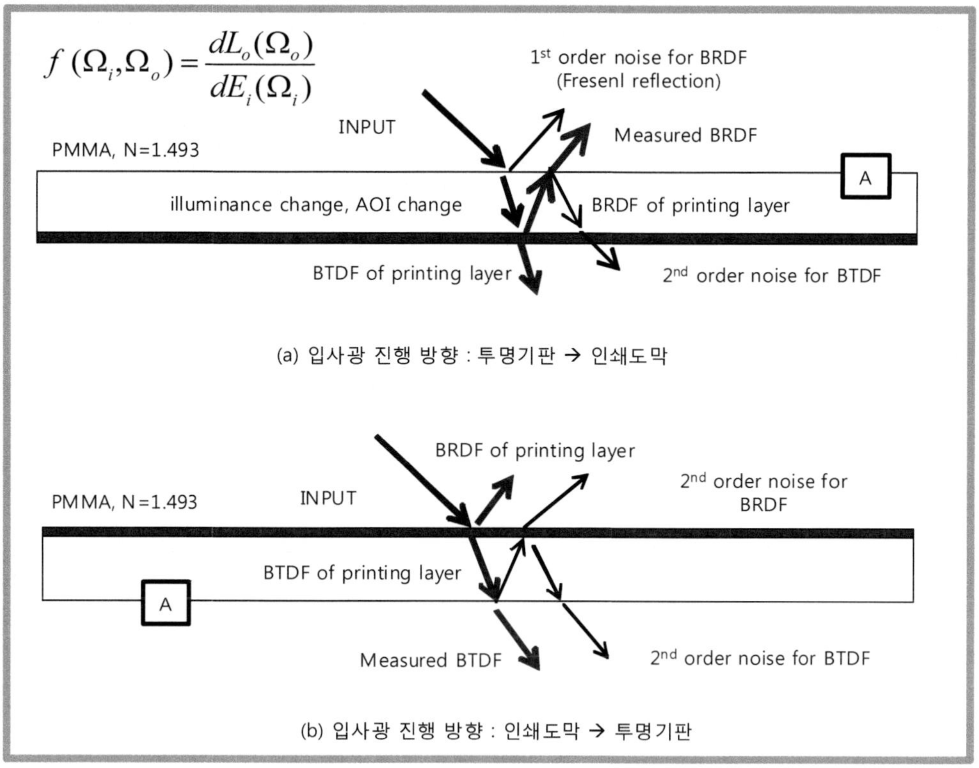


그림 3.19: 평판 기판에 대한 인쇄 도막 BSDF 보정 방안

다. 따라서 가능한한 아크릴 반구를 이용해야 전입사각 영역에 대한 왜곡없는 인쇄 도막의 BSDF를 계측해야 한다. 만일 아크릴 반구 하면에 인쇄 하는 것이 어렵다면, 얇은 평판 기판 하면에 도막을 형성하고 기판 상판과 아크릴 반구의 바닥면을 굴절율 매칭 오일 (refractive index matching oil)을 이용하여 계면 접촉 (optical contact) 시켜야 한다.

본 저서에서는 평판 기판을 이용하여 잉크의 BSDF를 계측한 경우 보정 방법에 대해 소개하도록 하겠다. BSDF 보정은 그림 3.19-(a), (b)와 같이 입사광의 진행 방향에 따라 두 가지 경우에 대해 논의 되었으며 그림 3.20에 보정된 인쇄 도막의 BSDF 결과가 보여진다. 예시된 결과에서 볼 수 있듯이 평판 기판을 사용할 경우 BSDF를 계측할 수 없는 입사각 영역이 발생하며 이는 평판 기판에 의한 BSDF 계측 방법의 가장 큰 단점이다.

입사광 진행 방향 : 투명기판 → 인쇄도막

1) $dE_i(\Omega_i)$는 프레넬 손실에의해 $A$면에서 감소하므로 BTDF, BRDF는 보정되어야 함.

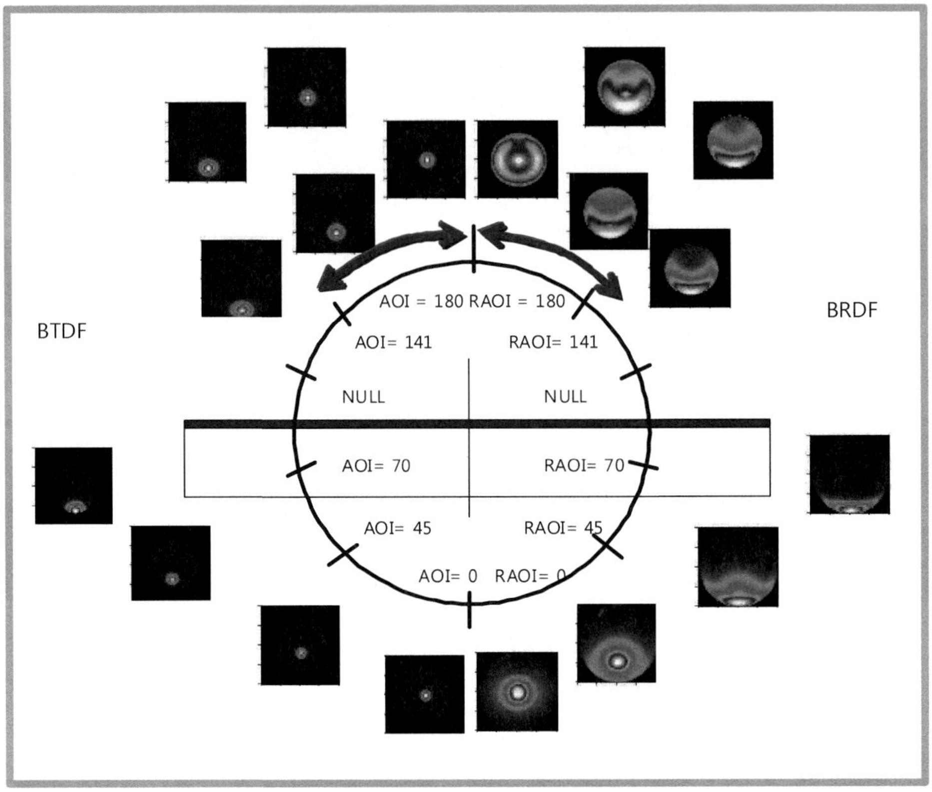


그림 3.20: 보정된 인쇄 도막의 BSDF 결과

2) 입사광이 굴절되므로 굴절된 입사각이 고려되어야 함.

3) $A$ 면에서의 프레넬 반사는 BRDF에 대한 일차 외란 (1st order noise)이므로, BSDF 계측치에서 거울반사 성분 (highly specular peak)이 제거되어야 함.

입사광 진행 방향 : 인쇄도막 → 투명기판

1) $dL_o(\Omega_o)$는 프레넬 손실에 의해 $A$ 면에서 감소하므로 BTDF는 보정되어야 함.

2) BTDF의 출사광이 굴절되므로 보정되어야 함.

LightTools에서 인쇄 도트의 BSDF는 그림 3.21-(a)와 같이 정의할 수 있다. 공기 재료의 상판에 인쇄 도트 형상을 삼차원 텍스처링 (3D cone texture, A/B = 1, H=0.005 mm, hole) 하고 PMMA 재질 도광판에 공기 재료 일부를 담근다. 이때, 그림 3.21-(b)와 같이 BSDF 마스터 파일 내에 index, indexincident 값을 각각 대입한다. 전방 방향 (Front direction, 입사광 진행 방향 : 투명기판 → 인쇄도막) BSDF에 대한 입사각별 투과율 반사율은 식 (3.9~10)에 의해 정의 가능하며, 후방 방향 (Back direction, 입사광 진행 방향 : 인쇄도막 → 투명기판) BSDF에 대한 입사각별 투과율

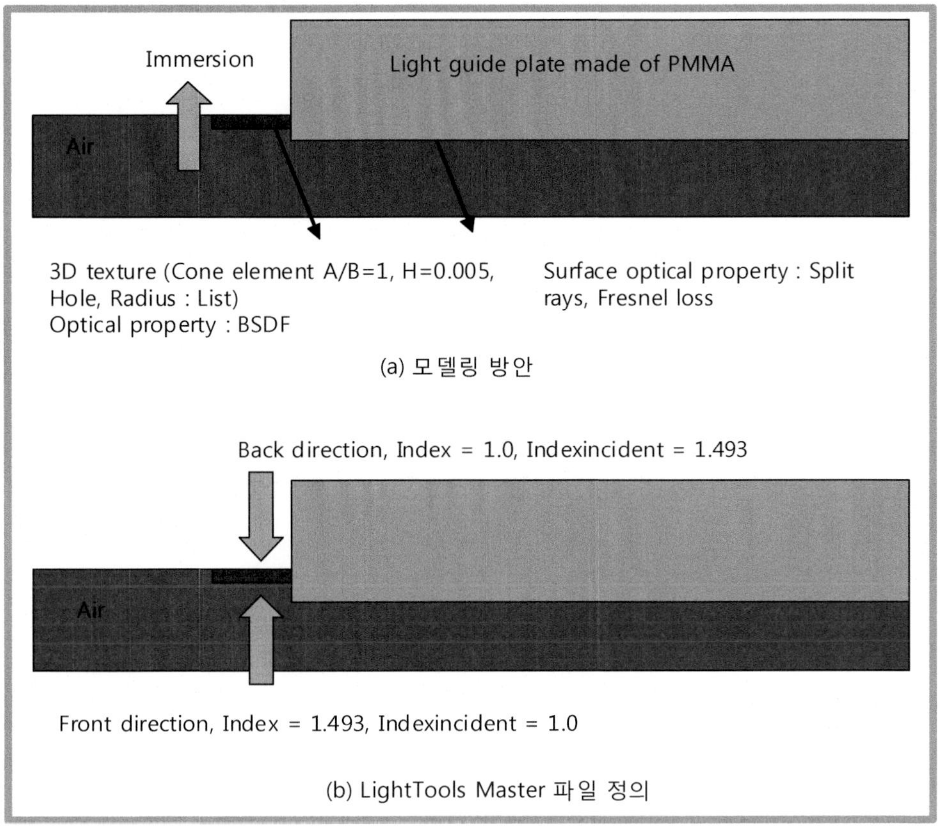


그림 3.21: LightTools에서 잉크 도막의 BSDF 부여 방법

반사율을 식 (3.11~12)에 의해 정의 가능하다. 여기서 TIS (total integrated scatter)는 반구 고체각에 대해 BSDF를 적분한 값이고, $T_{0,photo}$, $R_{0,photo}$는 0도 입사각에 대해 전방 방향 경우의 투과율 계측값과, 후방 향일 경우의 반사율 계측값이다.

$$T_i(AOI) = T_{0,photo} \frac{TIS_{BTDF,AOI_i}}{\max[TIS_{BTDF,AOI_1}, TIS_{BTDF,AOI_2}, \cdots, TIS_{BTDF,AOI_N}]} \quad \textbf{(3.9)}$$

$$R_i(AOI) = 1 - T_i(AOI) \quad \textbf{(3.10)}$$

$$R_i(AOI) = R_{0,photo} \frac{TIS_{BRDF,AOI_i}}{\max[TIS_{BRDF,AOI_1}, TIS_{BRDF,AOI_2}, \cdots, TIS_{BRDF,AOI_N}]} \quad \textbf{(3.11)}$$

$$T_i(AOI) = 1 - R_i(AOI) \quad \textbf{(3.12)}$$

그림 3.22은 잉크 도막이 인쇄되어 있는 광학 계면에서의 밀에서 소로 진행하는 광에 대한 입사각도별 반사율의 그래프를 보여주며, 이는 인쇄 도막이 있기때문에 광학

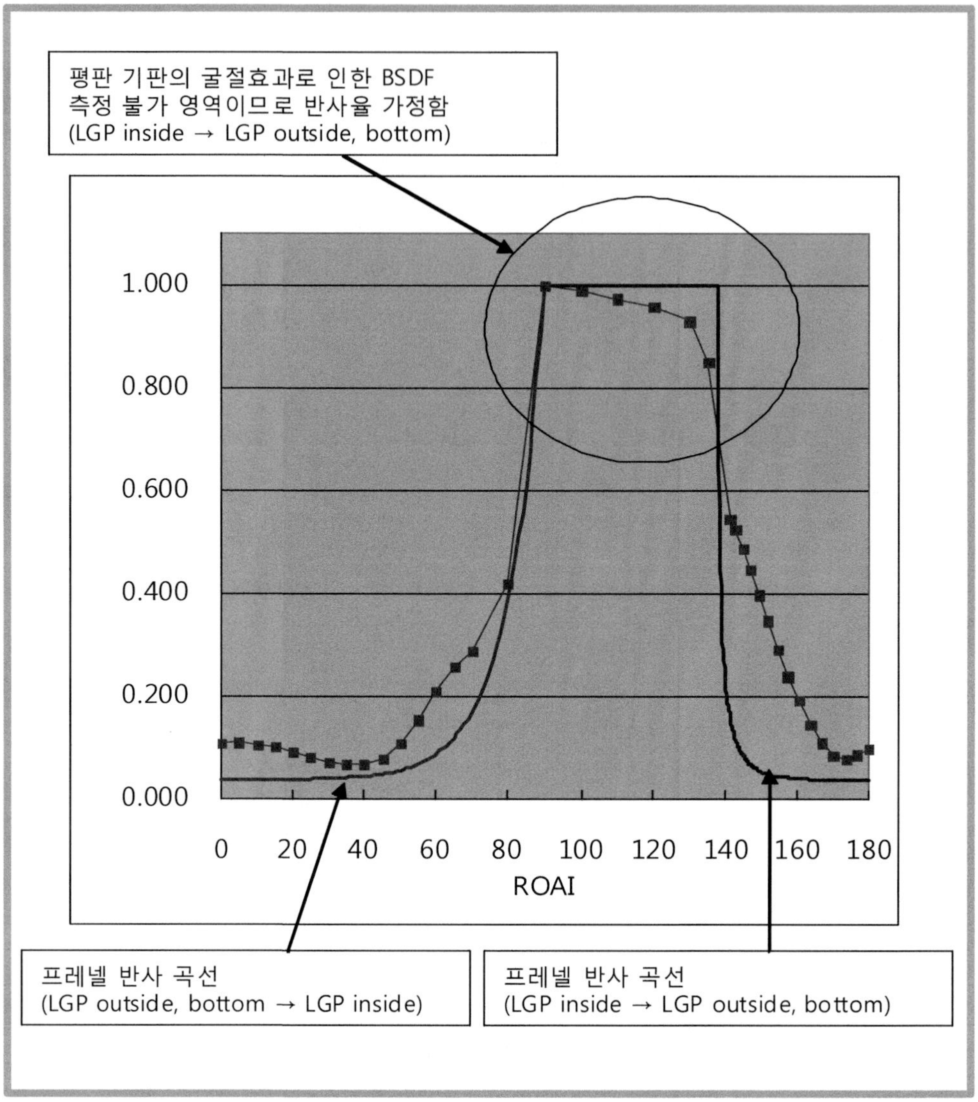


그림 3.22: 인쇄 도막에 존재하는 광학 계면의 반사율 곡선

계면의 반사율 곡선이 프레넬 반사곡선으로부터 이탈 (deviation)되는 것을 알 수 있다. 특히 전반사가 일어나는 영역이 인쇄 도막에 의해 이탈됨을 알 수 있으며, 도광판에서 출광될 수 있는 것이다. 원으로 표시된 영역은 평판 기판의 굴절 효과에 의해 측정 불가한 영역이며 적절히 가정해 주어야 한다. (이러한 이유로 도광판의 인쇄 도막의 BSDF는 가능한한 아크릴 반구를 이용해 계측되어야 한다.)

그림 3.23은 계측한 인쇄 도막의 BSDF를 적용하여 인쇄 도광판이 장착된 18.5" 모니터 백라이트의 광학시뮬레이션 결과이다. 그림 3.23-(b)에서 볼 수 있듯이, 도광판 중앙부에서 도광판상 출광 각휘도 분포의 시뮬레이션 결과와 계측 결과가 잘 일치함을

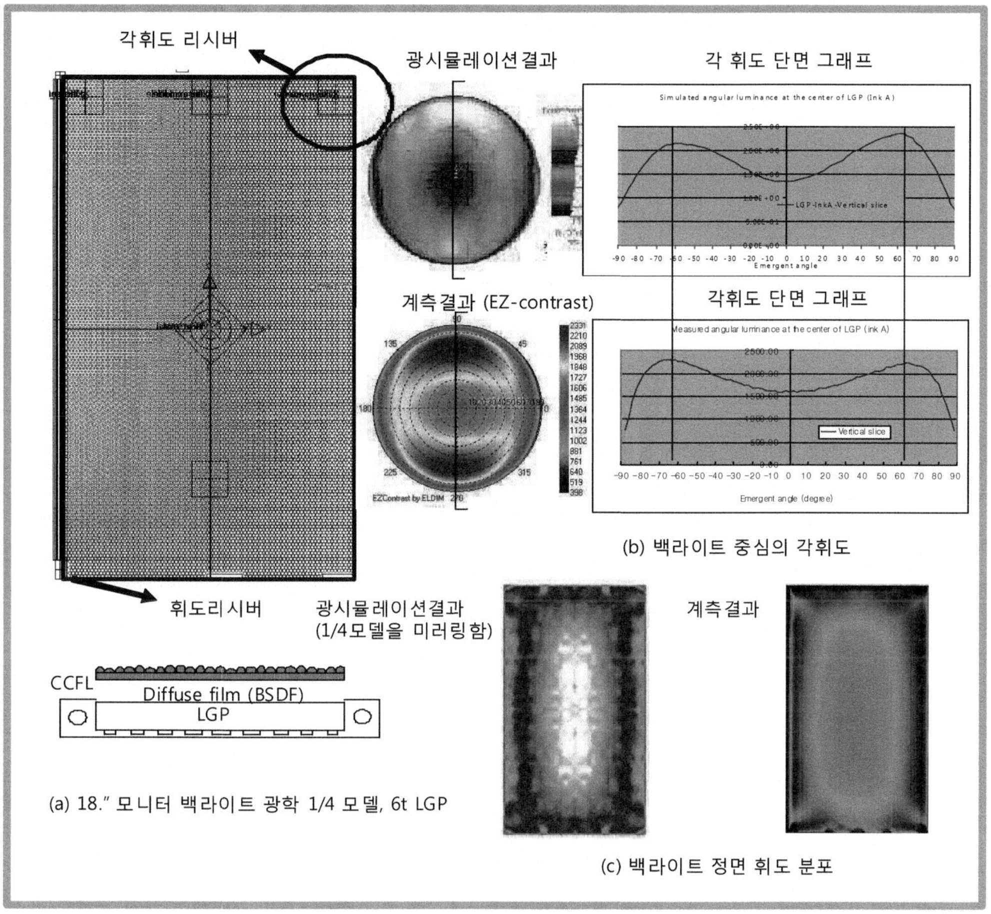


그림 3.23: 도광판 인쇄도막의 BSDF 적용 광학 모델의 해석/계측 결과 비교

볼 수 있다. 또한 그림 3.21-(c)에서 볼 수 있듯이, 확산 필름 장착 후 백라이트의 휘도 분포는 시뮬레이션 결과와 계측 결과가 유사함을 알 수 있다. 많은 사람들이 도광판 잉크의 BSDF에 대해 단순히 램버시안 BRDF를 부여하고 광학해석을 수행하는 듯 하나, 본 저서를 통해 이를 바로 잡았으면 한다.

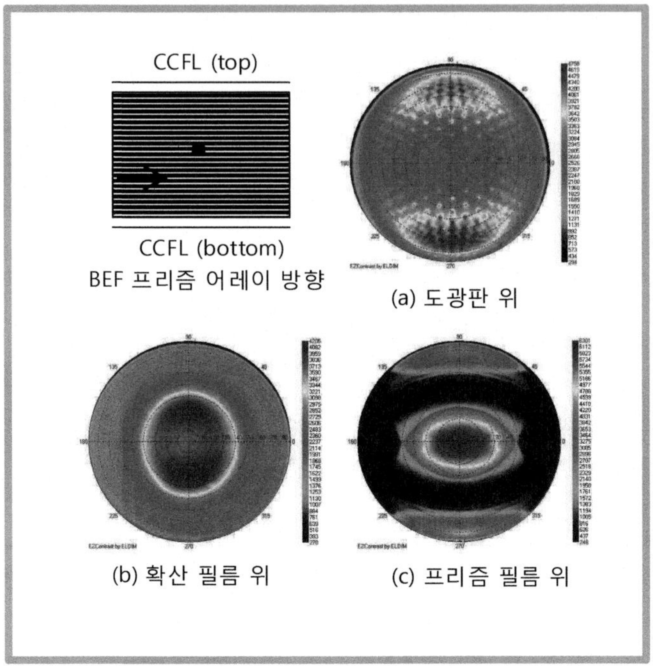


그림 3.24: 엣지형 백라이트 광학계별 각휘도 변화 계측 결과

### 3.2.4 집광 메커니즘 이해

그림 1.4에 엣지형 백라이트의 광학계의 휘도 집광 원리가 도시되어 있으며 그림 3.24는 백라이트 광학계별로 집광되는 과정을 보여준다. 이번 절의 목적은 휘도 집광 원리를 이해함으로써 백라이트의 정면 휘도 상승을 극대화 할 수 있는 방안에 대해 토의하는 것이다. (여기서 논의되는 내용은 저자에 의해 쓰여진 논문 [10]에 기반하고 있다.) 엣지형 백라이트의 정면 휘도 상승을 극대화하기 위해 첫 번째로 이해해야 하는 것이 프리즘 필름의 집광 원리 [9]이다. 그림 3.25에서 볼 수 있듯이 프리즘 필름에 입사되는 광은 네 가지 광경로를 겪게 된다. 프리즘 필름 하면의 모든 방향에서 광선이 동일한 공속으로 입사할 경우 37%의 광이 path D에 해당하며 프리즘 어레이의 굴절 효과에 의해 정면 휘도 (on-axis luminance)에 기여한다. 46%의 광은 path A에 의해 전반사가 일어나 프리즘 필름 아래로 내려간다, 12% 광은 path B에 해당하며 역시 프리즘 필름 아래로 내려간다. 5%의 광은 path C에 해당하며 손실이 된다. 프리즘 필름의 광선 경로에서 간과해서는 안되는 사실은 path A와 path B에 의해 프리즘 필름 아래로 내려가는 광은 손실되는 것이 아니라, 필름 하면의 광학계들에 의해 확산 반사되어 일부는 path D의 성분이 되는 리싸이클링 (recycling)이 발생한다는 것이다. 프리즘 필름에 의한 정면 휘도 집광 극대화의 한가지 방안이 여기에 숨어 있다. 확산 필름

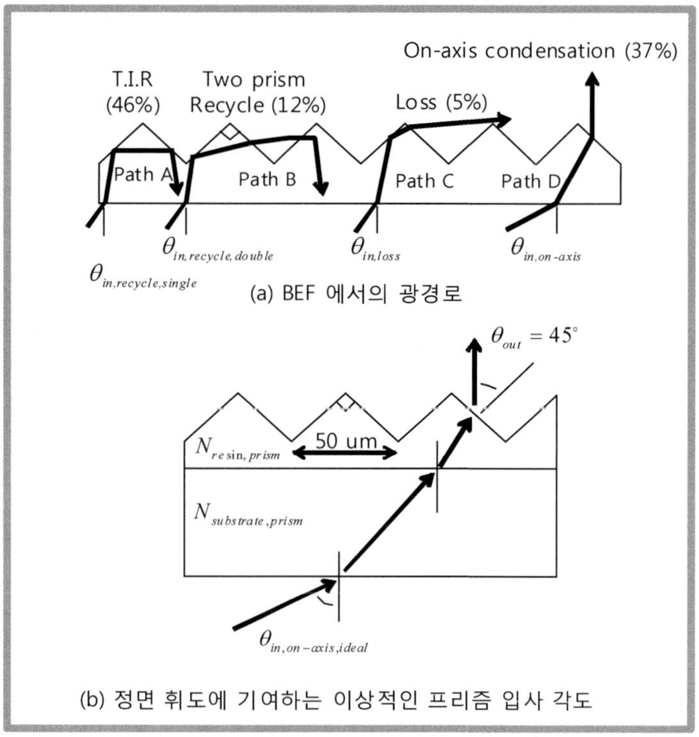


그림 3.25: 프리즘 필름에서의 광경로 [9]

에서 나오는 출사광 성분을 가능한한 프리즘 필름의 path D에 해당하는 성분으로 만들어 주는 것이다. 즉, 식 (3.12)에 의해 표현되는 각도 $\theta_{in,on-axis,ideal}$에 대해 확산필름 상에서 되도록 많은 광을 출광시키도록 한다. 프리즘 레진의 굴절율을 1.66이라고 가정할 때 $\theta_{in,on-axis,ideal}$ 는 약 34° 이다.

$$\theta_{in,on-axis,ideal} = \sin^{-1}\left(N_{resin,BEF}\sin\left(\frac{\pi}{4} - \sin^{-1}\left(\frac{\sin(\pi/4)}{N_{resin,BEF}}\right)\right)\right) \quad \textbf{(3.12)}$$

프리즘 필름의 입사광이 프리즘에 의해 정면 휘도 $L_{output}^{on-axis}$로 바뀌는 관계를 수식으로 표현하면 식 (3.13)과 같다. 여기서 $E_{input} = \iint dL_{input}(\phi,\theta)$ 이다. (3.13)이 의미하는 바는 정면 휘도를 증가시키기 위해서 프리즘에 입사되는 조도 $E_{input}$ [lm/$m^2$]을 증가시키거나, 프리즘 필름의 입사광 집광 효율을 높이면 됨을 의미한다. 프리즘 필름의 입사조도→정면휘도 변환 효율 $\eta_{BEF}(\phi,\theta)$은 방위각, 극각에 대한 함수이므로 $\eta_{BEF}$ 값이 큰 지점 (예를 들어 $\theta_{in,on-axis,ideal}$)에서의 $d\eta^{shape}(\phi,\theta)$을 크게하면 된다. 여기서 $d\eta^{shape}$은 확산 필름에 의한 출사광의 형상 함수 [/sr]로서 이해될 수 있다.

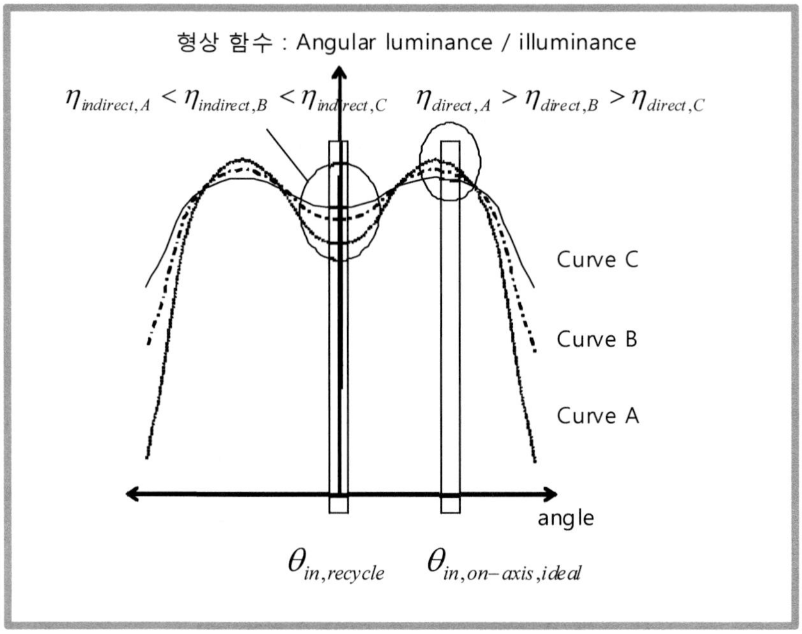


그림 3.26: 프리즘 하면에 입사되는 동일한 조도를 갖는 입사광 단면 예

$$L_{output}^{on-axis} = E_{input} \times \iint \eta_{BEF} \frac{dL_{input}(\phi,\theta)}{E_{input}} = E_{input} \times \iint \eta_{BEF}(\phi,\theta)\, d\eta^{shape}(\phi,\theta) \tag{3.13}$$

그림 3.26의 예에서 보여지는 세 개의 곡선을 보자. 프리즘 필름에 의해 얻어지는 정면휘도는 식 (3.14)에 의해 근사될 수 있다. 여기서 $\eta_{BEF,refracted} = \eta_{BEF}(\theta_{in,on-axis,ideal})$ 이다.

$$L_{output}^{on-axis} \approx E_{input}\left(\eta_{BEF,refracted}\,\eta_{refracted}^{shape} + \eta_{BEF,recycled}\,\eta_{recycled}^{shape}\right) \tag{3.14}$$

$E_{input}$이 동일한 세가지 곡선에 대해 $\eta_{refracted,A}^{shape} \rangle \eta_{refracted,B}^{shape} \rangle \eta_{refracted,C}^{shape}$ 이 성립하고, $\eta_{recycled,A}^{shape} \langle \eta_{recycled,B}^{shape} \langle \eta_{recycled,C}^{shape}$ 이 성립하므로 $L_{output,A}^{on-axis} \neq L_{output,B}^{on-axis} \neq L_{output,C}^{on-axis}$ 이 성립한다. 이것의 의미는 확산필름으로부터의 출사광의 모양 (shape)에 따라 프리즘 필름에 의해 얻을 수 있는 정면 휘도가 다르다는 것을 의미한다. 확산필름으로부터의 출사광 성분을 제어하는 방법은 두 가지이다. 첫 번째 방법은 확산 필름의 확산성(haze)을 조절하는 방법이 있으며, 두 번째 방법은 도광판 잉크의 확산성을 조절하는 방법이 있다. 표 3.2는 전술한 논리를 확인하기 위한 실험 조건을 보여주며, 표 3.3은 실험 결과를 보여주며, 많게는 5~6 % 까지 정면 휘도를 상승할 수 있음을 보인다. 프

표 3.2: 휘도 집광 효율 조사 위한 실험 조건

| 광학계 | 실험 조건 | 재료 정보 | 비고 |
|---|---|---|---|
| BEF | BEF2G2 | 굴절율 1.66 | 1종 고정 |
| 확산시트 | Diffuser A | Hz : 93.95 | 3종 변화<br>(Ink A fix) |
| | Diffuser B | Hz : 94.36 | |
| | Diffuser C | Hz : 96.19 | |
| 도광판<br>인쇄용<br>잉크 | Ink A | A-SiO2, particle mean size : 12 um | 5종 변화<br>(Diffuser 3종 중 가장<br>고휘도 사양으로 고정) |
| | Ink B | A-SiO2, particle mean size : 5.5 um | |
| | Ink C | A-SiO2, particle mean size : 6.0 um | |
| | Ink D | A-SiO2, particle mean size : 5.0 um | |
| | Ink E | A-SiO2, particle mean size : 12 um | |
| backlit | 22"W MNT Edgelit BLU with 4 CCFLs | | |

리즘 필름을 쓰는 경우의 고휘도 잉크와 프리즘 필름을 쓰지 않고 확산 필름류가 최상위인 광학 필름 구조에서의 고휘도 잉크는 다른 확산성을 가질 것이다. 이는 확산 필름의 $\eta_{diffuse\,film}(\phi,\theta)$과 $\eta_{BEF}(\phi,\theta)$가 다르기 때문이다.

표 3.3: 휘도 집광 효율 조사 위한 실험 결과

| Diffuse film | | | |
|---|---|---|---|
| Maker (Shinwha) | Diffuser A (SD771) | Diffuser B (SD763) | Diffuser C (SD733) |
| Haze | 93.95 | 94.36 | 96.19 |
| Relative average on-axis luminance results | | | |
| Combination of backlight optic (21.5" ) | BEF (Refractive index = 1.66)<br>Maker : 3M, Grade : BEFⅡ-G2 | | |
| | Diffuser A | Diffuser B | Diffuser C |
| | Light guide plate | | |
| | Ink A (See Table 2) | | |
| On-axis Lum | 97.3% | 100.0% | 98.0% |
| Shape factors at the center (light guide plate + diffuser) | | | |
| $\tilde{I}_{-34}$ | 1.33 | 1.37 | 1.35 |
| $\tilde{I}_{0}$ | 1.11 | 1.22 | 1.23 |
| $\tilde{I}_{+34}$ | 1.30 | 1.30 | 1.28 |

| Backlight : 21.5" | | | | | | | |
|---|---|---|---|---|---|---|---|
| Light guide plate | Diff. B + BEF | diffuser B | | | | | |
| | Rel. avg. Lum (%) | Shape factors at the entrance point | | | Shape factors at the center point | | |
| | | $\tilde{I}_{-34}$ | $\tilde{I}_{+34}$ | $\tilde{I}_{0}$ | $\tilde{I}_{-34}$ | $\tilde{I}_{+34}$ | $\tilde{I}_{0}$ |
| Ink A | 100.0 | 1.11 | 1.57 | 1.24 | 1.37 | 1.30 | 1.22 |
| Ink B | 106.3 | 1.13 | 1.59 | 1.20 | 1.40 | 1.32 | 1.18 |
| Ink C | 105.2 | 1.13 | 1.59 | 1.17 | 1.40 | 1.37 | 1.14 |
| Ink D | 103.6 | 1.11 | 1.60 | 1.17 | 1.40 | 1.34 | 1.16 |
| Ink E | 102.6 | 1.17 | 1.57 | 1.13 | 1.42 | 1.34 | 1.10 |

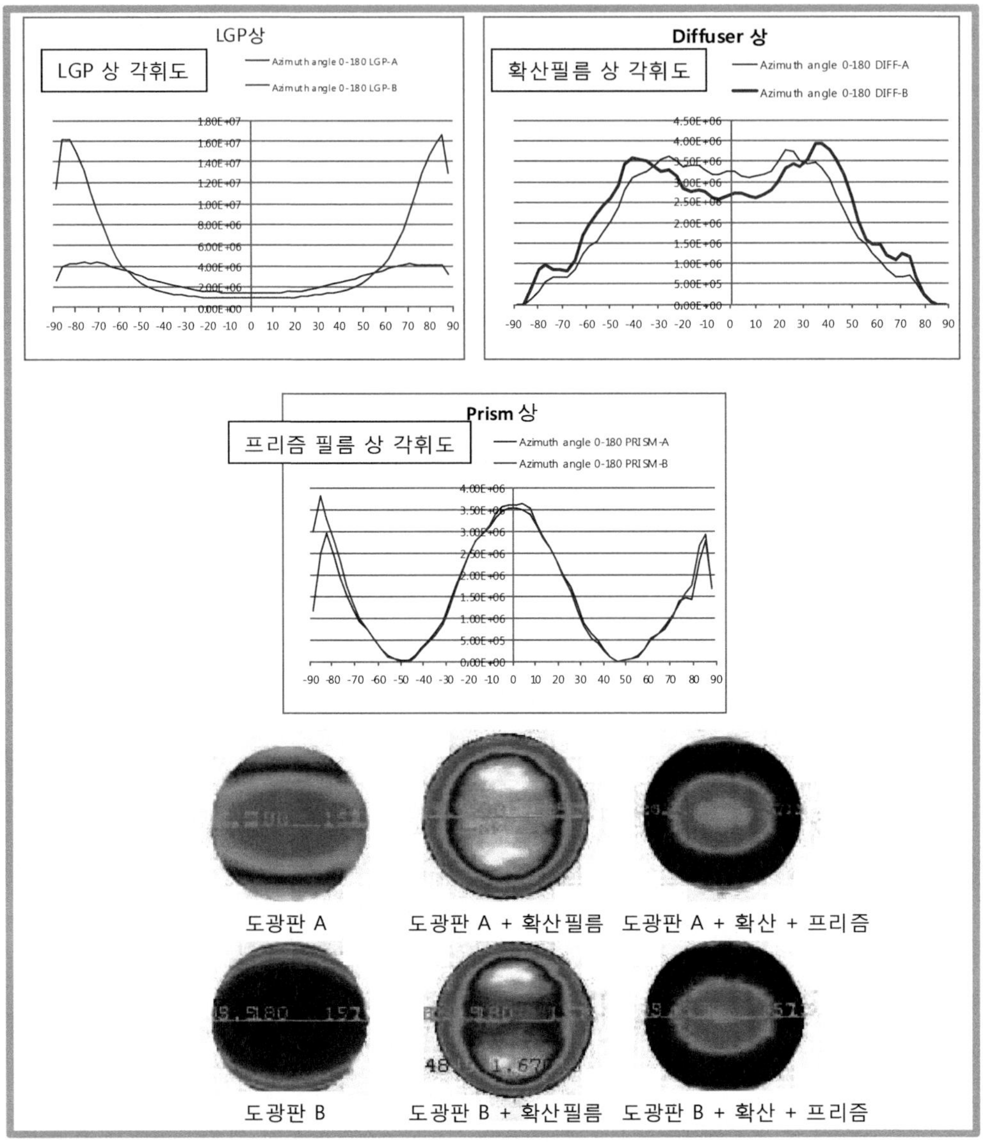


그림 3.27: 도광판 출광 형태에 따른 프리즘 필름에 의한 집광성 광해석 결과

그림 3.27은 확산 필름 및 프리즘 필름을 고정해 놓고 서로 다른 도광판 상 출광 프로파일을 아포다이제이션하여 확산 필름과 프리즘 필름 상의 각휘도 분포를 관찰한 예이며, 이런식으로 도광판 상 출광 프로파일이 어떤 형태로 만들어지는가를 조사할 수 있다.

정면 휘도를 상승시킬 수 있는 두번째 방법은 식 (3.13)에 볼 수 있듯이 $E_{input}$을 증가시키는 것이다. 이 기술은 그림 3.28에서 볼 수 있듯이 도광판 내에 극미량의 확산제를 첨가하는 방법이다. 즉, 광원에서 수직 입사하는 광은 도광판 하면에 광학 텍스쳐에 입사할 확률이 적다. 도광판 내의 확산제는 이러한 광을 산란시켜 도광판 텍스쳐에 입사할 수 있는 확률을 높이고, 따라서 도광판 상 출사 조도 (exitance)를 증가시킨다 [11]. 그림 3.28의 광시뮬레이션 결과는 동일한 광학 텍스쳐에 대해 도광판 내 확산제 함량 변화에 따른 균일도 및 출광 조도 관찰 결과이다. 체적산란 모델은 2.2.3절에 논의된 Mie 산란 기법을 사용하였다. 확산제 양이 증가할 수록 도광판 입광부에서 광이 많이 빠짐을 관찰할 수 있으며, 전체적인 출사 조도는 증가함을 알 수 있다. 여기서 조도 균일도 저하는 도광판 텍스쳐를 조절하여 맞출 수 있으므로 중요한 고려대상이 아니다. 그러나 출사 조도 평균값이 증가한다는 것은 $E_{input}$ 이 증가할 수 있음을 시사한다. 도광판 내 극미량의 확산제를 첨가하여 출광량을 증가시키는 기술은 미쯔비시레이온社 등 LCD 도광판 제조사에서 쓰이고 있는 기술이며, 업계 보고에 의하면 수 퍼센트의 휘도 상승이 가능하다.

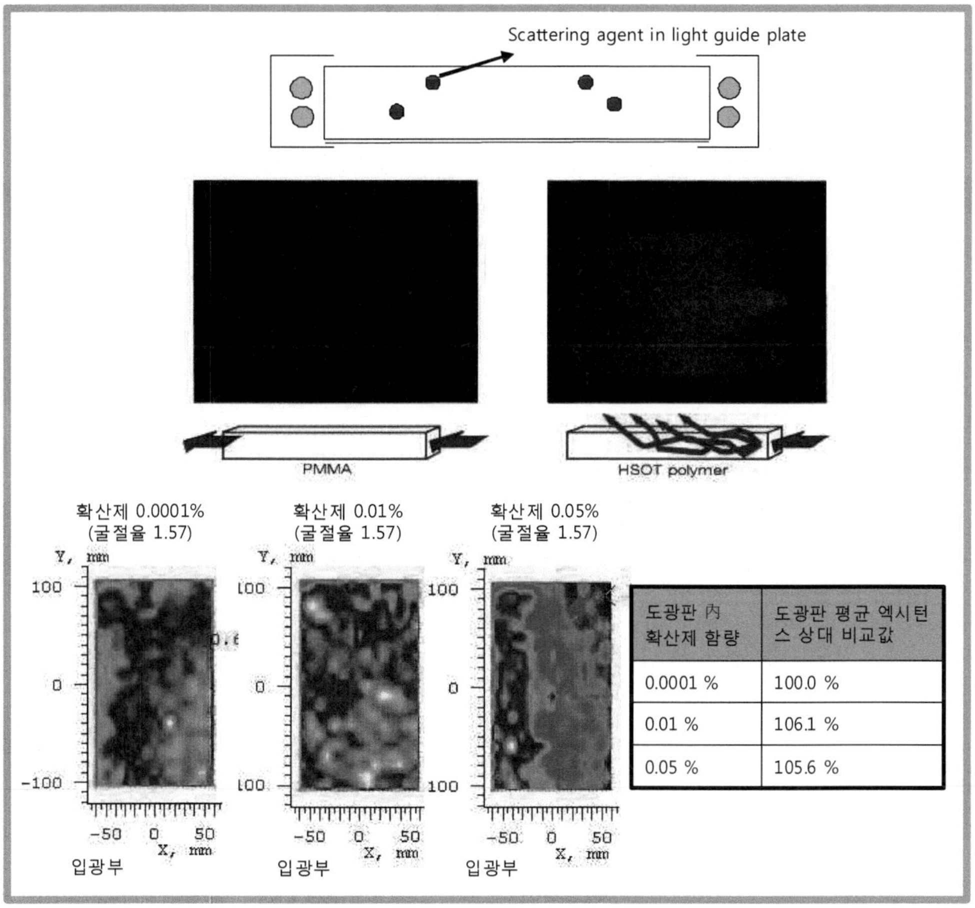


| 도광판 內 확산제 함량 | 도광판 평균 엑시턴스 상대 비교값 |
|---|---|
| 0.0001 % | 100.0 % |
| 0.01 % | 106.1 % |
| 0.05 % | 105.6 % |

그림 3.28: 도광판 출사 조도 상승 위한 확산 도광판 기술 [11] 및 광해석 결과

## 3.3 프리즘 도광판 설계 기술

### 3.3.1 프리즘 도광판 기술 개요

도광판 하면 텍스쳐가 프리즘 (R-프리즘, 렌티큘러 포함) 형태를 갖는 도광판을 프리즘 도광판이라고 부른다. 프리즘 도광판은 광선의 주진행 방향을 제어할 수 있다는 관점에서 3.2절에서 논의 되었던 인쇄 도광판 보다 고휘도화가 가능하다. 그림 3.29는 프리즘 도광판의 종류를 보여주고 있다. (a)는 가변 길이의 프리즘 세그먼트 주변에 도광로가 있는 형태이며 (b)는 가변 크기 도트안이 프리즘으로 채워져 있는 형태이다. (c)는 과거 노트북용 쐐기형 프리즘 도광판으로 많이 쓰이던 구조이다. (d)는 프리즘 도광판의 가장 전통적인 구조로서 가변 프리즘 피치를 갖는 직선형 프리즘 구조이다. (c) 구조를 제외한 프리즘 도광판의 상면은 하면 프리즘 결 방향과 수직한 방향의 결을 갖는 상면 프리즘이 존재한다. 상면 프리즘의 광학적인 역할은 하면 프리즘에 의해 집광된 광을 수직 방향으로 집광시키는 역할을 한다. (c) 구조의 프리즘 도광판 상면에는 역프리즘 필름을 채용한다.

프리즘 도광판은 도광판 하면, 상면에서 광을 집광하기 때문에 광학 필름을 채용하지 않고도 대단히 높은 정면 휘도를 달성 할 수 있다. 이런 이유로 많은 사람들이 프리즘 도광판을 이용하여 광학 필름을 제거할 수 있다는 가능성 (심지어 광학 필름의 완전 삭제)에 집착하였다. 그러나 프리즘 도광판의 우수한 집광성을 역으로 말하면 면광원으로서의 외관 품질이 불리함을 의미한다. 즉, 휘도 균일도 또는 도광판 스토퍼 (stopper)부분, 코너 (corner) 부분에서의 외관 품질이 불리하다. 이러한 이유로 프리즘 도광판을 이용하여 광학 필름을 삭제하는 것은 현실적으로 어렵다고 사료된다. 또한, 외관 품질 개선을 위해 프리즘 도광판 위에 확산 필름을 채용하면 정면으로 집광된 휘도값이 대폭 감소한다. (확산 필름은 인쇄 도광판의 램버시안 출사광을 가우시안 형태로 집광하지만, 프리즘 도광판 처럼 정면으로 집광된 출사광은 가우시안 형태로 확산시키면서 정면휘도 감소를 유발한다.) 따라서 프리즘 도광판에 광학 필름들을 채용한 상태에서 인쇄 도광판에 광학 필름을 채용했을 때 얻을 수 있는 휘도는 동등 수준보다 수 % 높은 상황이다.

프리즘 도광판의 두 번째 기술적이 이슈는 대량 생산 및 인쇄 도광판 대비 부품 가격 상승이다. 프리즘 도광판은 일반적으로 플라스틱 사출로 제조된다. 플라스틱 사출 공법은 사출기의 투자, 금형비 투자등의 경제적인 문제와, 싸이클 타임의 증가 등의 생산성 문제로 인해 압출 도광판 상에 인쇄 하는 공법 대비 불리하다. 이러한 이유로 사출 공법을 탈피한 방법으로 프리즘과 유사한 도광판 텍스처를 제조하는 기술이 발전되

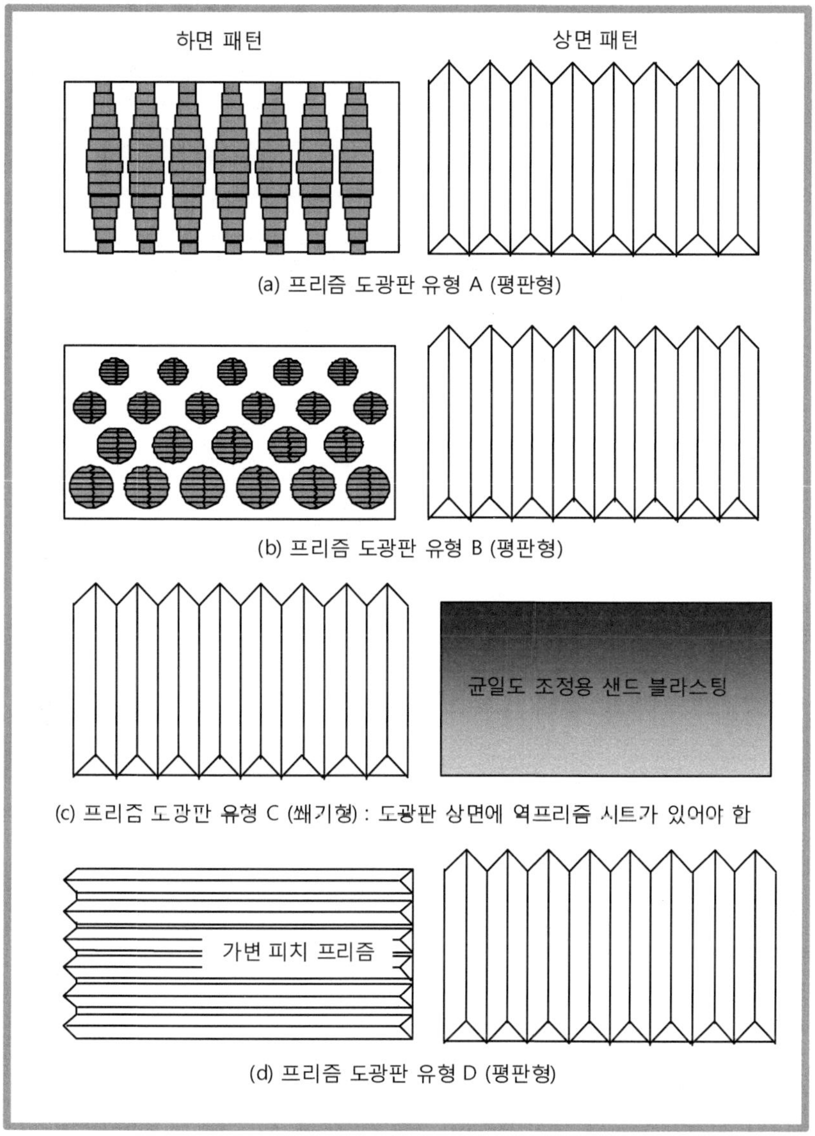


그림 3.29: 프리즘 도광판 종류

고 있다. 예를 들어 CO2 레이저 도광판은 R 프리즘 형태를 레이저 직가공으로 만들고 있으며, UV 임프린트 도광판은 압출 도광판에 투명 레진을 도포하고 프리즘 형태를 형성 한 후 경화시킨다.

전술한 프리즘 도광판 기술에 대한 부정적인 견해에도 불구하고 프리즘 도광판은 매력적이다. 그 이유는 인쇄 도광판보다 고휘도화에 대한 가능성이 있기 때문이다. 특히, LED TV 엣지 백라이트용 대형 도광판에서는 끊임없는 고휘도화가 요구되며, 제조 및 부품 가격면에서 유리한 인쇄 도광판과, 휘도 면에서 유리한 프리즘 도광판 기술이 경

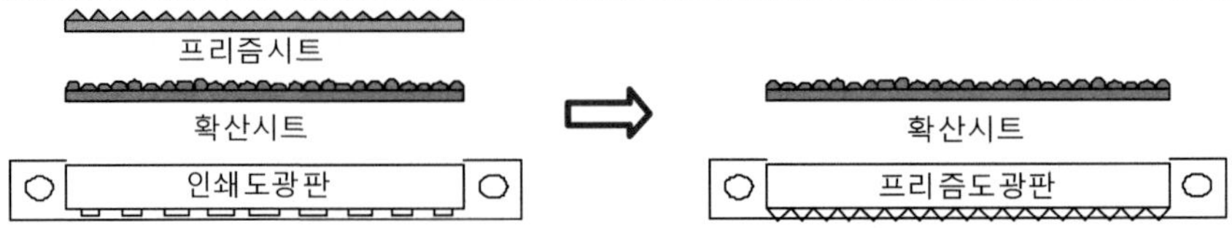


| | 인쇄도광판 + 2매 필름 | 프리즘도광판 + 1매 필름 |
|---|---|---|
| 평균휘도 | 100 % | 100 ~ 105 % |
| TCO 03 (L/H) | 1.5 | 1.8~2.0<br>(Spec. < 1.70) |

그림 3.30: 프리즘 도광판 적용한 모니터 백라이트 광학계 개발안 예시

쟁하고 있는 실정이다. 인쇄 도광판은 고휘도 잉크의 개발을 통해 휘도 상승 기술을 개발 중이며, 프리즘 도광판 기술은 생산성 향상 기술을 개발 하고 있다. 향후 대형 도광판 시장에서 어떤 기술이 승리할지 저자도 몹시 궁금하다.

한편, 플라스틱 압출 공법에서 렌티큘러 렌즈 공법이 기술 개발 되었다. 이는 3.5절에서 논의할 렌티큘러 패턴 확산판 제조 기술의 연속선상에서 개발되었으며, 도광판/확산판은 모두 압출 공법으로 생산 가능하므로 도광판 한면, 또는 양면에 렌티큘러 형상을 부여할 수 있다. (압출 공법에 의해 형성 가능한 렌티큘러 형상의 전사성은 도광판의 두께가 증가할 수록 급격히 저하된다. 5.5절에서 논의될 패턴 확산판의 두께는 1.0 mm 내외이며 이 경우 90% 이상의 전사율이 가능하지만, 현재 LED TV용 도광판의 두께는 3.0 mm 내외이며 전사율은 매우 열세이다. 그러나, 백라이트 슬림화 등의 이유로 도광판 두께가 지속적으로 감소 추세이며 렌티큘러 형상의 전사상도 증가할 것으로 기대된다.) 렌티큘러 도광판은 LED 광원에 의한 핫스팟 (hot spot)에 효과적이며, 일차원 디밍 기술에서 요구되는 도광판 내부의 LED 광원의 직진성에도 유리한 것으로 알려져 있다.

### 3.3.2 프리즘 도광판 광학 텍스쳐 설계 사례

그림 3.30은 프리즘 도광판 기술을 이용하여 모니터 백라이트 재료비 절감이 시도되었던 한 가지 실제 개발 사례를 보여준다. 3.3.1절에서 논의되었듯이 프리즘 도광판은 정면 집광 효과가 높으므로 프리즘 도광판 위에 확산 필름 한장만을 채용하여 종전의 인쇄 도광판 구조에서 사용되던 프리즘 필름을 삭제하는 식의 재료비 절감안이다. 프리즘 도광판으로는 그림 3.29-(a)에서 볼 수 있는 꼭지점 각도 90도의 하면 프리즘 세그먼트 패턴, 꼭지점 각도 90도의 상면 프리즘 어레이 구조가 사용되었다. 기술적인

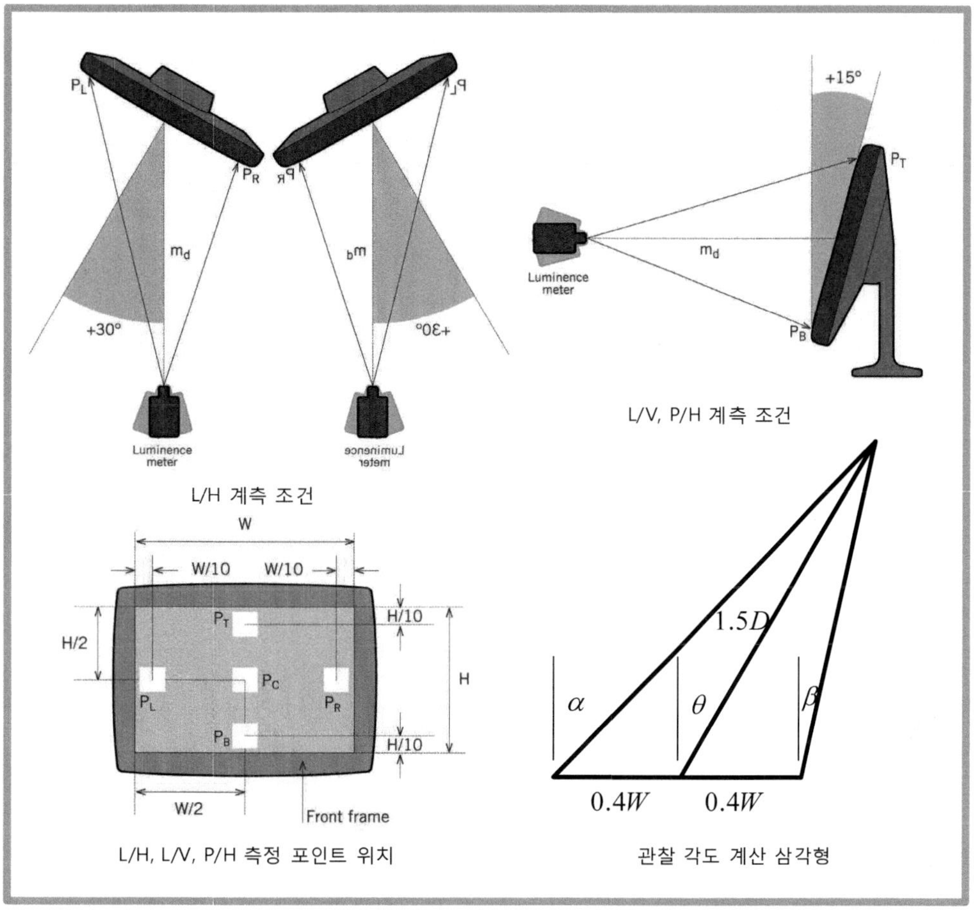


그림 3.31: TCO 각도의존성 휘도 균일도 계측 조건 및 관찰 각도 계산 삼각형

가능성 조사 결과로서 그림 3.30의 표와 휘도, 휘도 균일도, TCO - 각도의존성 휘도 균일도(luminance uniformity-angular dependence) 항목이 조사되었으며, 정면 휘도를 수 퍼센트 낮추더라도, TCO 항목 및 휘도 균일도가 개선되어야 한다.

우선 TCO 항목 중 각도의존성 휘도 균일도에 대해 알아보자. 그림 3.31에 예시되어 있듯이 TCO L/H (landscape, horizontal)는 모니터를 우측 방향으로 30도 기울여서 보았을 경우, 모니터의 좌측 측정 지점와 우측 측정 지점의 휘도 비가 일정 값 이하가 되어야 함을 의미한다. 모니터를 좌측 방향으로 30도 기울여서 본 경우의 휘도 비율도 계측할 수 있으며, 이 두 값의 평균이 L/H가 된다. TCO 03 기준으로 L/H 스펙은 1.70이며 TCO 10 은 1.73이다. L/V (landscape, vertical)은 모니터를 하측 방향으로 15도 기울여 보았을 경우 상측 측정 지점에서의 휘도와 하측 지점에서의 휘도 비율이다. P/H (Portrait, horizontal)는 모니터를 수직으로 세웠을 경우의 수평 방향을 생각한다. 식 (3.15~17)에 L/H, L/V, P/H의 정의가 나와있다.

$$L/H = \frac{1}{2}\left(\left(\frac{\min(L_{PL,}L_{PR})}{\max(L_{PL,}L_{PR})}\right)_{LEFT,30} + \left(\frac{\min(L_{PL,}L_{PR})}{\max(L_{PL,}L_{PR})}\right)_{RIGHT,30}\right) \quad (3.15)$$

$$L/V = \left(\frac{\min(L_{PT,}L_{PB})}{\max(L_{PT,}L_{PB})}\right)_{BOTTOM,15} \quad (3.16)$$

$$P/H = \max\left(\left(\frac{\min(L_{PT,}L_{PB})}{\max(L_{PT,}L_{PB})}\right)_{TOP,15}, \left(\frac{\min(L_{PT,}L_{PB})}{\max(L_{PT,}L_{PB})}\right)_{BOTTOM,15}\right) \quad (3.17)$$

여기서, 그림 3.31의 관찰 각도 계산 삼각형으로부터 식 (3.18~19)과 같이 TCO 계측시 관찰 각도, 백라이트에서의 계측 출사각도 $\alpha$, $\beta$를 구할 수 있다. 17" 모니터의 경우 $W \times H$ = 343 × 273 mm 이므로 $\theta$ = 30° 일 때, $\alpha$ = 39.4°, $\beta$ = 18.4° 이다. 또한 $\theta$ = 15° 일 때, $\alpha$ = 23.8°, $\beta$ = 5.3° 이다.

$$\alpha = \tan^{-1}\left(\frac{1.5D\sin\theta + 0.4W}{1.5D\cos\theta}\right) \quad (3.18)$$

$$\beta = \tan^{-1}\left(\frac{1.5D\sin\theta - 0.4W}{1.5D\cos\theta}\right) \quad (3.19)$$

그림 3.32-(a)는 TCO 항목을 개선할 수 있는 아이디어가 예시되어 있다. 그림 3.33-(a)는 좌, 우 TCO 측정 지점에서 정면 방향으로 집광된 출사광을 보여주며 큰 값의 L/H 가 계산된다. 좌측, 우측 측정 지점에서의 주출사광이 백라이트 중앙을 바라본다면, $\alpha$각에서의 휘도는 증가하고 $\beta$각에서의 휘도는 감소하므로 TCO 값이 줄어든다. 따라서 프리즘 도광판의 상면 패턴 형상을 제어하여 좌측, 우측 측정지점에서의 주출사광의 방향을 백라이트 중앙으로 향하게 하면 된다.

그림 3.32-(b)는 그림 3.32-(a)를 구현할 수 있는 도광판 상면 패턴 형상 [12]이다. 비대칭 사다리꼴이 프리즘 도광판 좌, 우에 위치함으로써 도광판의 주출광 각도를 제어할 수 있다. 그림 3.32-(c)는 비대칭 사다리꼴 상면 패턴을 갖는 프리즘 도광판의 광시뮬레이션 결과이다. TCO 측정 지점에 각휘도 리시버를 달아 추출광 각도 변화를 조사할 수 있다. 저자의 경험상 그림 3.32-(a)와 같은 비대칭 프리즘 구조는 백라이트 중심을 경계로 하여 좌, 우 밝기 차이가 심각하게 시인되는 시인성이 문제된다. 따라서 그림 3.32-(d)와 같이 패턴 좌비대칭, 대칭, 우비대칭 패턴이 연속적으로 사용되는 하이브리드형 패턴이 현실적이라고 사료된다.

프리즘 도광판 기술의 두 번째 기술 이슈는 그림 3.33-(a)좌, 우 암부의 개선이다.

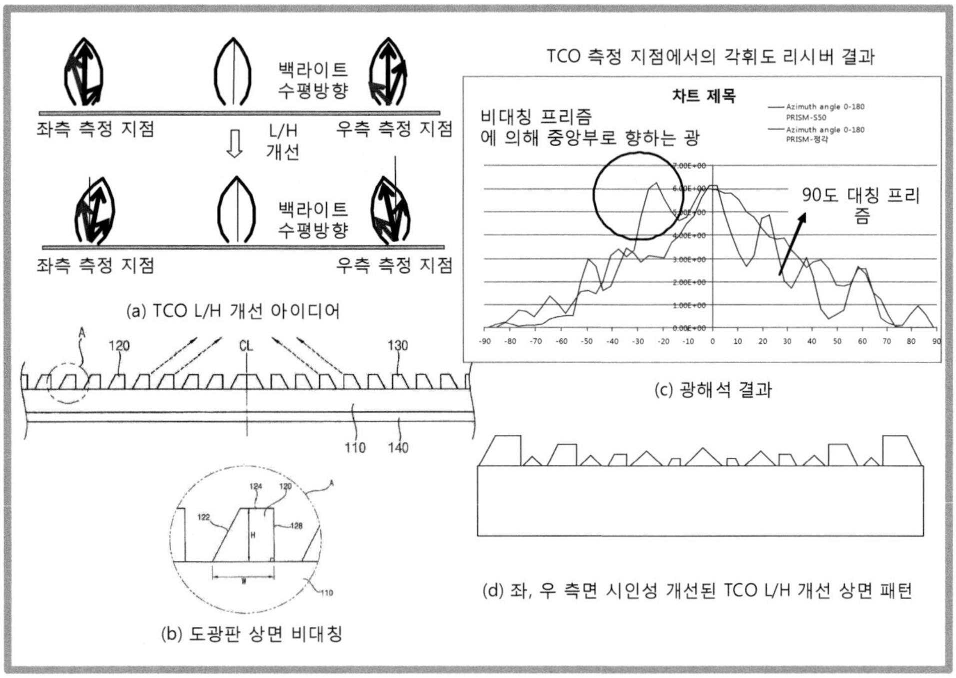


그림 3.32: 주출사광 각도 제어를 통한 TCO 개선 아이디어 [12] 및 광해석 결과

프리즘 도광판은 광의 직진성이 우수하여 좌, 우 암부가 발생하는 것으로 사료되며, 이는 프리즘 도광판의 고질적인 불량이다. 만일 그림 3.33-(b)와 같이 프리즘 하면 패턴이 경사가 져 있다면 프리즘 결을 따라 광이 도광되어 좌, 우 암부가 개선될 수 있다. 광시뮬레이션을 위해서 도광판 하면 프리즘 텍스쳐의 기본 방향을 45도로 수정해 주고 삼차원 텍스쳐 영역을 충분히 키워줘야 한다. 그림 3.33-(c)의 광학 해석 결과 도광판 좌, 우 측면으로 도광됨을 알 수 있다.

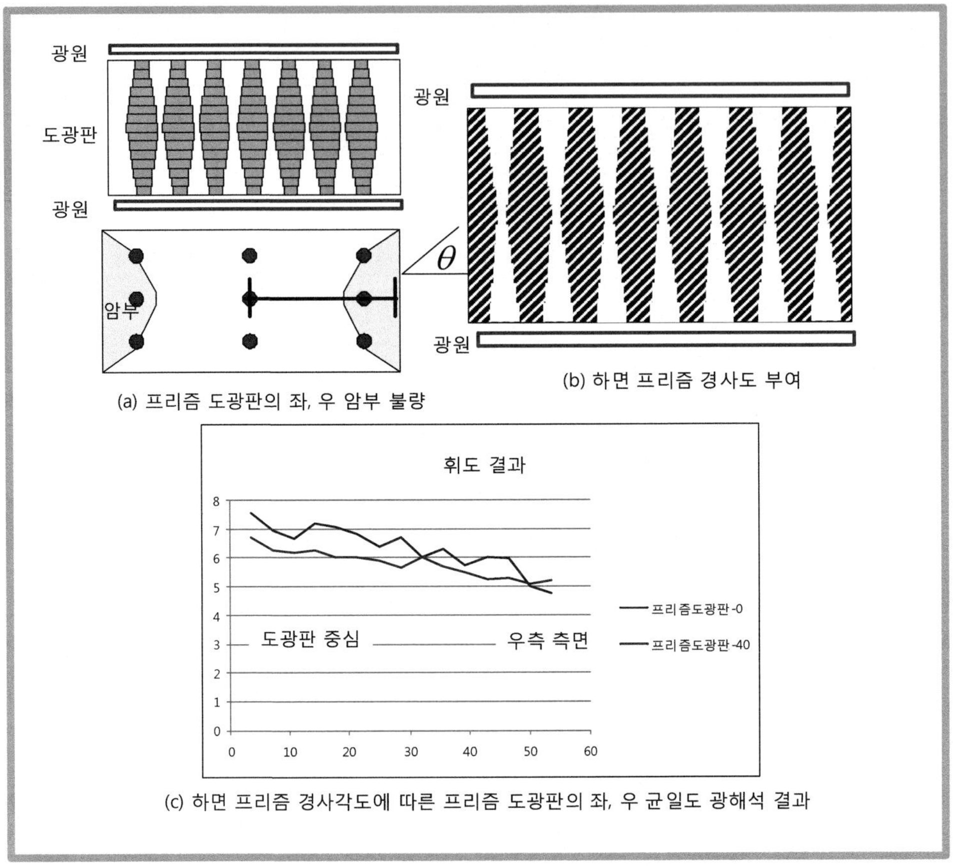


그림 3.33: 프리즘 도광판의 광 균일도 개선 아이디어 및 광해석 결과

## 3.4 집광 필름 설계 기술

### 3.4.1 기능성 집광 복합필름 광학 설계 사례

LCD 백라이트의 휘도 향상을 위해 사용되는 필름을 휘도 향상 필름 (BEF, brightness enhancement film)이라고 한다. 휘도 향상 필름으로서 가장 유명하고 전통적인 필름은 3M 사가 만든 프리즘 필름이다. 그림 3.34-(a)에 프리즘 필름 단면 구조가 보이고 있으며, 단면 형상은 피치 50 $\mu m$, 꼭지각 90도의 직각 이등변 삼각형 형상이다. 여기서 프리즘 필름의 피치는 LCD 패널의 RGB 픽셀과의 픽셀 모아레를 방지하기 위해 선정된 것이고 통상적으로 50~60 um 이 사용된다. 또한 모아레 회피 위해

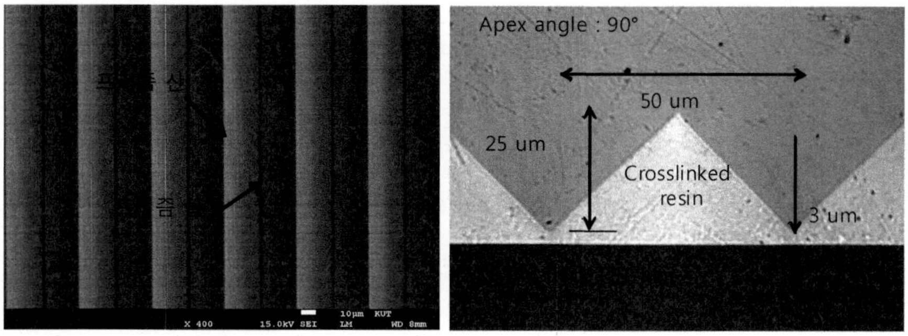


(a) 프리즘 필름 형상 조사

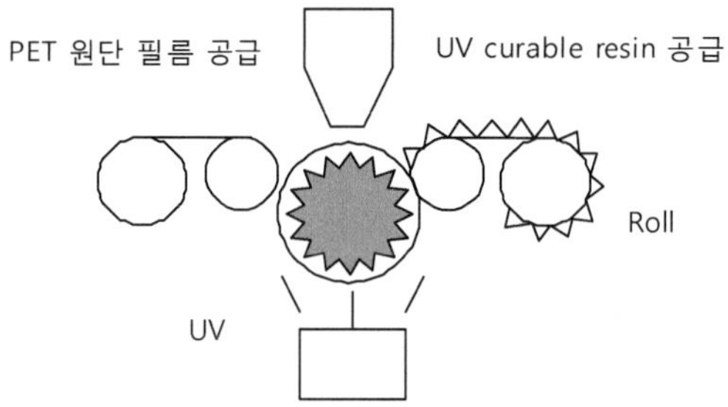


(b) 프리즘 필름 제조 공정

그림 3.34: 프리즘 필름 단면 구조

프리즘 어레이의 랜덤화 기술도 개발되었다. 프리즘 필름은 기술적인 면에서 두가지 큰 장점이 있다. 첫 번째는 그림 1.4와 그림 3.25에서 볼 수 있듯이, 정면 방향으로의 집광성이 탁월하며, 두 번째는 싸게 만들 수 있다는 점이다 (그림 3.34-(b)의 UV 경화 roll-to-roll 공정). 프리즘 필름의 광학적인 특성 뿐 아니라 신뢰성 확보도 중요한 개발 이슈이다. 즉, 필름 상면에 있는 광학 필름에 의한 스크래치 방지, 시트움 방지, 레진 굴절율 상승에 따른 취성 문제 해결 등이 중요한 이슈이다.

표 3.4에서 볼 수 있듯이 전통적인 프리즘 필름 이외에도 여러 가지 종류의 휘도 향상 필름들이 개발되어 왔다. 이런 다양한 휘도 향상 필름 개발 배경에는 백라이트 제품의 재료비 절감에 대한 수요가 있었기 때문이다. 즉, LCD 모듈의 휘도는 백라이트 광원의 휘도와 LCD 패널 투과율에 의해 결정되기 때문에, 패널 투과율은 높히면서, 백라이트 광학 필름의 기능 복합화를 통해 광학 필름의 매수를 절감하는 것이다. 이런 관점에서 LCD 패널 제조사 입장에서는 백리이트 광학 필름 조합에 대한 다양한 솔루션을 갖고 있는 것이 바람직하다.

본 절에서는 그림 3.35에서 볼 수 있는 것처럼 모니터 백라이트의 전통적인 광학 필름 구조인 확산필름과 프리즘필름의 기능을 하나로 합친 기능성 복합 휘도 향상 필름

표 3.4: 다양한 휘도 집광 필름 (미래나노텍社 자료 참고, [13])

| | UTE I | UTE II | UTE 25 | UTE 32 |
|---|---|---|---|---|
| 패턴형태 | 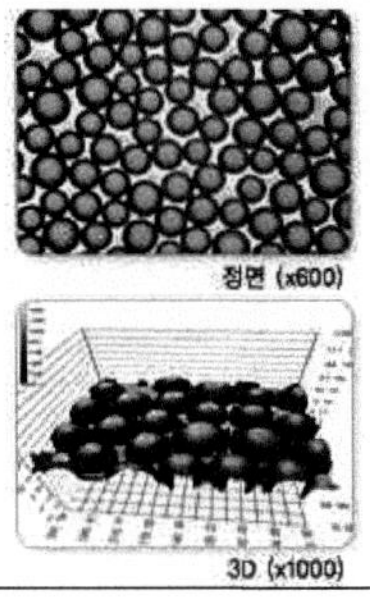 | 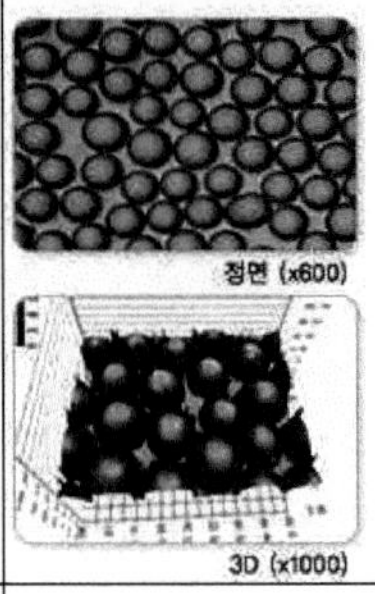 | 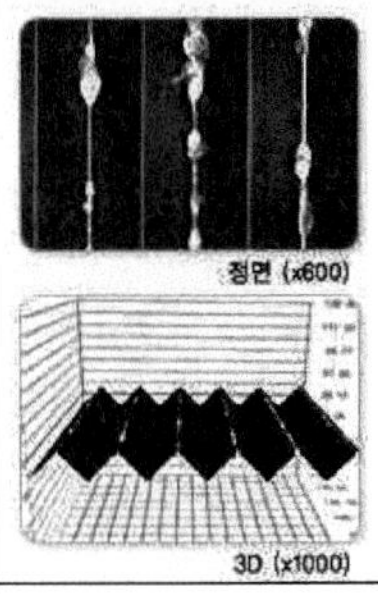 | 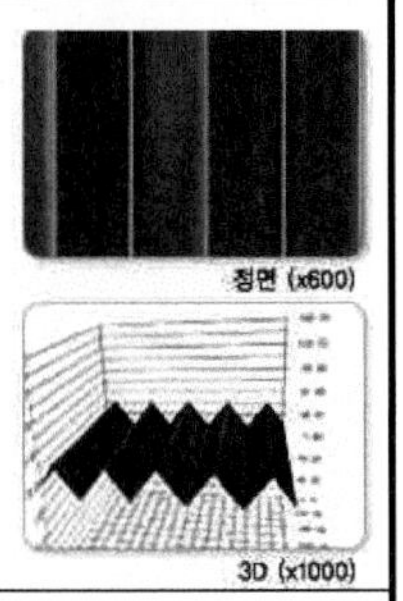 |
| 적용 | TV, Monitor | TV | TV, Monitor, Note PC | TV, Monitor |
| 광특성 | 프리즘 시트와 확산시트 사이 | | 프리즘 시트와 같음 | |
| 필름 구성 | 확산시트 + UTE + UTE | | 확산시트 + UTE25 | 확신시트 + UTE32 + UTE21 |

(신규 BEF) 설계에 대한 예를 소개하고자한다 [14-15]. 이 경우 LCD 패널 투과율이 10% 상승한다는 가정을 하며, 대체하고자 하는 광학 필름 구성 대비 정면 휘도는 90% 수준을 목표로 한다. 그림 3.36은 신규 BEF의 광학적 원리에 대한 개요를 보여준다. 신규 BEF는 필름 상면에는 비구면 렌즈 어레이가 있으며, 필름 하면은 백색 반사층이 있다. 따라서 백색 반사층이 없는 영역으로만 필름 안으로 광이 들어오고 나머지는 모두 리싸이클링 된다. 필름 상면의 비구면 렌즈는 필름 안으로 들어오는 광선들을 평행광으로 굴절하도록 설계되어 있기 때문에 백라이트 광원이 정면 방향으로 집광된다. 특히, 반사층에 의해 리싸이클링 되는 것과 상면 렌즈에 의해 집광되는 기능은 확산필름과 프리즘 필름에 의해 벌어지던 리싸이클링과 집광을 교묘히 대체한다. 또한 반사층이 도광판 인쇄 도트 시인 문제를 해결할 수 있는 기능까지 갖고 있는 너무나 흥미로운 광학 구조이다. 상면 렌티큘러 렌즈의 피치는 150~200 um 사이이며, 반사층 어레이와 정렬되어 있다. 이 필름에 대한 제조 기술 및 특허는 LG화학社가 보유하고 있다.

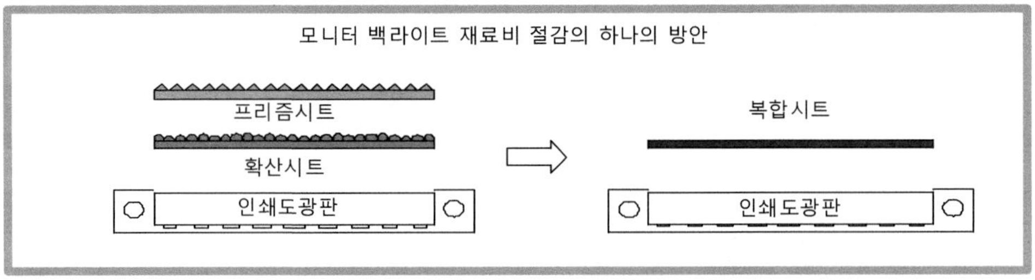


그림 3.35: 인쇄 도광판에 적용되는 기능성 복합 휘도 향상 필름 개발안 예시

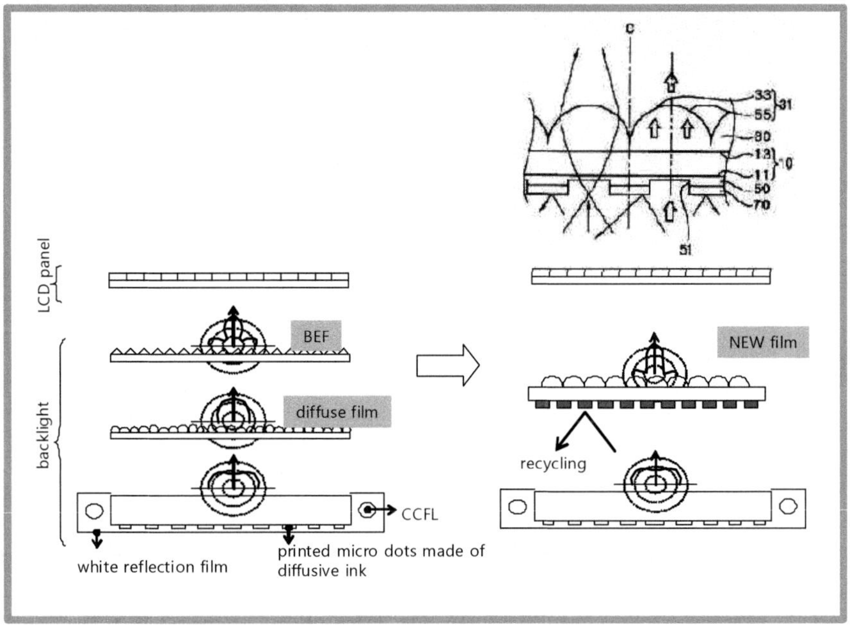


그림 3.36: 기능성 복합필름 집광원리

기능성 복합 필름 상면은 비구면 렌즈로 이루어져 있다. 기하학적으로 원뿔을 절단하여 얻을 수 있는 단면을 코닉면 (conic surface) 이라고 한다. 이 때 이심율 (eccentricity, $e$) 에 따라 쌍곡선, 타원, 포물선, 원을 얻을 수 있다. 그림 3.37의 $F$에 점광원이 있다고 하고 코닉면 내부 굴절율이 외부 굴절율 보다 크다고 가정한다, $n_t/n_i < 1$. 만일 점광원에서 나온 광이 코닉면에 의해 굴절되어 평행광이 된다고 하면 식 (3.20)이 만족된다. 식 (3.20)을 수학적인 관점에서 다시 보면 식 (3.21)과 같고 이는 코닉면이 타원임을 의미한다.

$$FA + \frac{n_i}{n_t} AH = constant\ OPL,\ \text{for any A},\ 0 < \frac{n_t}{n_i} < 1 \tag{3.20}$$

$$L_1 + eD = constant, 0 < e < 1 \tag{3.21}$$

기능성 복합 필름의 광학 설계에서는 그림 3.38-(a)에서 볼 수 있듯이 두가지 설계 제약 조건이 있다. 첫 번째는 렌즈 피치 $p$이고, 두 번째는 필름 두께 $t$이다. 렌즈 피치는 복합 필름 제조 공정 조건 및 모아레를 고려하여 결정되는 변수이고, 필름 두께는 상용화되어 있는 PET 원단을 사용해야 하므로 제약이 있다. 일반적으로 코닉면은 식 (3.22)와 같이 표현되며 두개의 인자 $c$ (radius of curvature at vertex = $1/R$) 와 $k$ (=$-e^2$)에 의해 형태가 제어된다. 그림 3.38-(a)의 타원 방정식을 식 (3.23)이라고

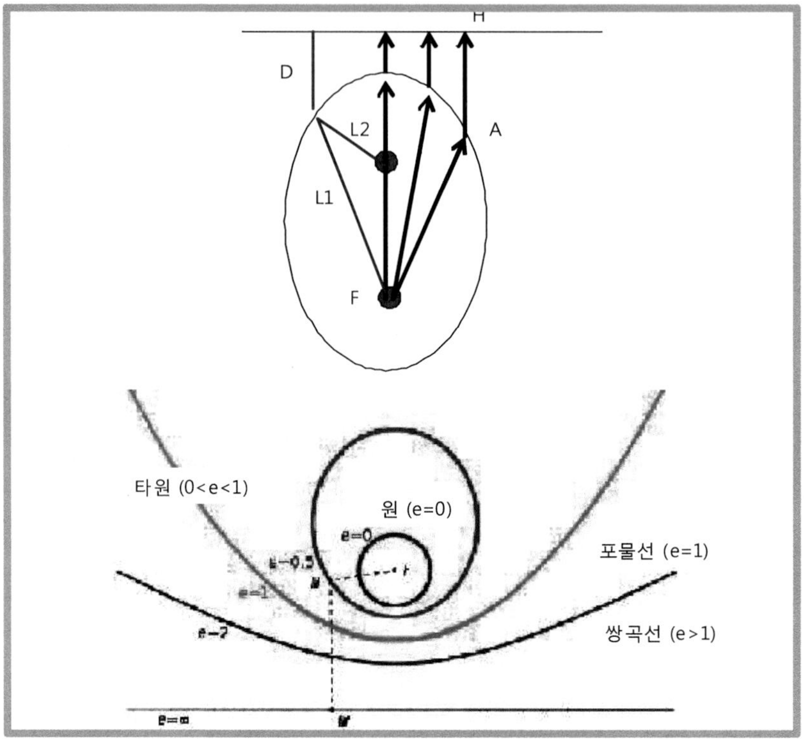


그림 3.37: 타원과 이심율에 따른 코닉면 (Conic surface)

할 때, 코닉 상수와 타원 계수의 관계는 식 (3.24~25)와 같다. 따라서 $(0.5p, 0.5t)$를 지나고 초점이 $-F$인 타원 방정식의 $a$, $b$를 구한 후 식 (3.23~24)의 관계를 이용해 $c$와 $k$를 구해야 한다. 그림 3.38-(b)는 초점거리 $F$=−90, −100, −110 $\mu m$ 인 경우의 코닉 파라미터와 비구면 곡선을 보여준다.

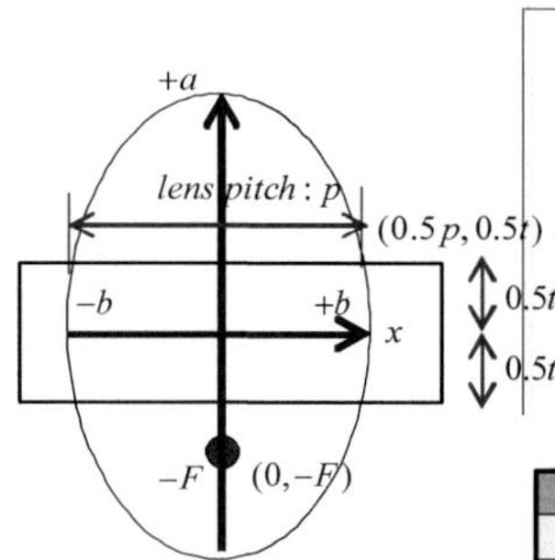


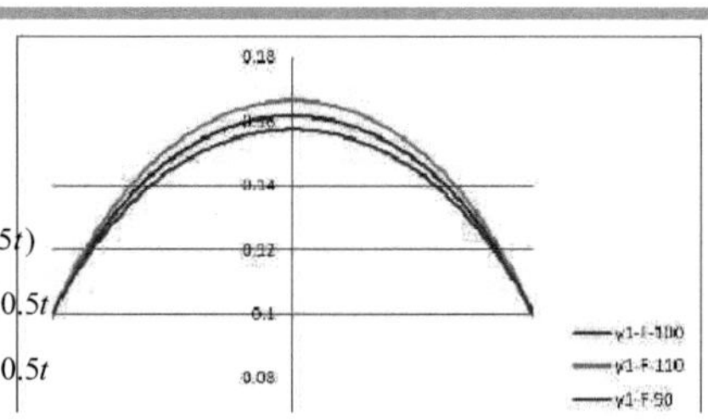

| | F = -90 | F= - 100 | F = 110 |
|---|---|---|---|
| k | -0.3261001 | -0.38196601 | -0.4362292 |
| Curvature (c) | 9.41537 | 10.00000 | 10.6503 |
| Vertex radius | 0.1062092 | 0.100000 | 0.938939 |
| eccentricity | 0.5710517 | 0.618033 | 0.6604765 |
| 렌즈높이 (a-0.5t) | 0.1576039 | 0.1618033 | 0.1665464 |

(a) 기능성 복합 집광 필름의 설계 제약 조건 (b) 초점거리에 따른 conic constant 와 비구면 곡선

그림 3.38: 기능성 집광 복합필름의 설계 조건 및 초점거리에 따른 비구면 형상

$$y = \frac{cx^2}{1+\sqrt{1-(1+k)c^2x^2}} \quad \textbf{(3.22)}$$

$$\frac{x^2}{b^2}+\frac{y^2}{a^2}=1 \quad \textbf{(3.23)}$$

$$c = \frac{a}{b^2} \quad \textbf{(3.24)}$$

$$k = \frac{b^2-a^2}{a^2} \quad \textbf{(3.25)}$$

그림 3.39-(a)는 기능성 복합 필름의 LightTools 모델을 보여준다. 그림 3.38-(b)의 비구면 곡선을 모델링하고 라이브러리 요소로 저장한 후 두께 188 um의

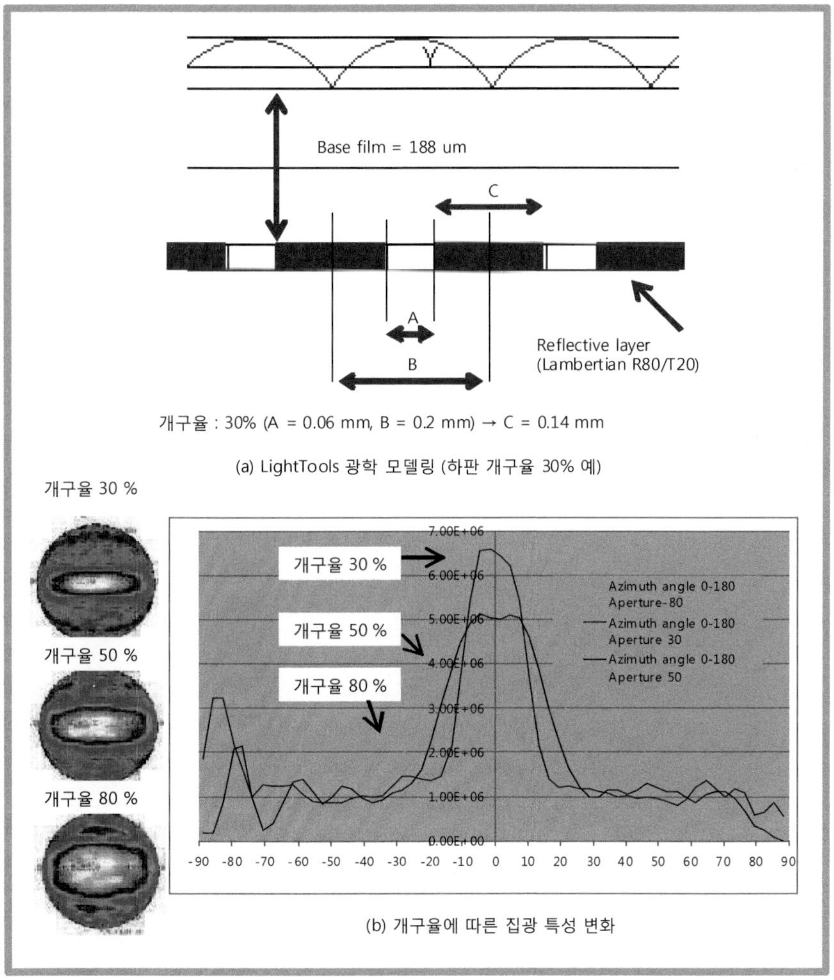


(a) LightTools 광학 모델링 (하판 개구율 30% 예)

(b) 개구율에 따른 집광 특성 변화

그림 3.39: 기능성 집광 복합필름 모델링 및 하판 개구율에 따른 광집광 결과

PET 윗면에 삼차원 텍스쳐링한다. 하면은 개구율 30%, 50%, 80%의 반사층으로 삼차원 텍스쳐링하고 반사율은 R80/T20의 램버시안 반사특성 부여한다. 그림 3.39-(b)의 개구율에 각휘도 결과가 예시되어 있다. 개구율이 작을 수록 정면 방향으로의 집광이 좋아짐을 알 수 있다. 추가적인 광학 해석을 통해, 초점 거리 영향, 반사층 반사율 및 BSDF 영향 등, 여러 가지 관점에서 조사가 가능하리라고 사료된다.

### 3.4.2 집광필름 모아레 시뮬레이션

3.4.3절에 예시된 기능성 복합 휘도 향상 필름은 양면 패터닝의 제조 공정상, PET 원단 두께에 의한 광학 설계 제약 등의 이유로 비구면 렌즈 어레이의 피치가 150 um 이상이 되어야 한다고 알려져 있다. 이 경우, 일정한 집광 주기를 갖는 입사광이 LCD 패널의 RGB BM (black matrix)에 의해 주기적으로 왜곡되어 픽셀 모아레가 발생할 수 있다. 그림 3.40은 LCD 구조의 픽셀 모아레에 대한 메커니즘을 예시하며 자세한 사항은 저자에 의해 쓰여진 LCD 픽셀 모아레 시뮬레이션 논문 [16]을 참고하기 바란다. 픽셀 모아레는 공간 앨리어싱 (spatial aliasing)으로 설명할 수 있다. 우선 그림 3.40-(a)의 단색광의 경우를 보자. 주기적인 집광된 입사광은 상위의 BM에 의해 주기적으로 왜곡된다. 왜곡된 형태는 $B_1$, $B_2$, $B_1$, $B_2$, $B_1$, $B_2$ 의 형태로 나타나며 사람의 눈은 미세한 주기 $P_{m,monochromatic}$를 느끼게 된다. 그림 3.40-(b)의 RGB의 경우 $P_{m,chromatic}$의 보다 긴 주기를 느끼게 되며, 모아레는 색상을 띄게 된다.

그림 3.41은 LCD 제품의 화질 검사 패턴을 예시한다. 만일 다양한 화질 검사 패턴에서 모아레가 발생할 때, 화질 불량으로 간주된다. 모아레를 회피할 수 있는 가장 간단한 방법은 렌즈 어레이 방향을 바이어싱 (biasing) 시키는 것이다. 즉, 특정 화질 검사 패턴에서 모아레가 시인된다면, 필름 상면 렌즈 결방향을 회전시키면 모아레를 회피할 수 있다. 그러나 그림 3.41에 보이는 다른 화질 검사 패턴에 대해서 모아레가 시인될 수 있다. 3.4.3절에 예시된 기능성 복합 휘도 향상 필름은 양면 패터닝의 제조 공정상, PET 원단 두께에 의한 광학 설계 제약등의 이유로 비구면 렌즈 어레이의 피치가 150~200 um 사이에 있어야 한다고 알려져 있다. 이 경우, 6가지 종류의 화질 검사 패턴에 대해서 모아레가 시인이 안되도록 하기 위해서 비구면 렌즈 피치는 얼마로 해야 하며, 바이어싱 각도는 어떻게 해야 하는지 찾아내야 한다.

픽셀 모아레는 영상 처리 기법 (image processing technique)을 이용하여 시뮬레이션 될 수 있다. 그림 3.42는 영상 처리 과정을 보여준다. 첫째, BEF에 의해 집광되고 바이어싱된 RGB 이미지를 만들고, 그 위에 LCD 패널 마스크를 올려 놓으면 된다. 그림 3.42-(c)는(a)와 (b)가 합쳐진 영상이며, 이 영상에을 보면 모아레를 느낄 수 있

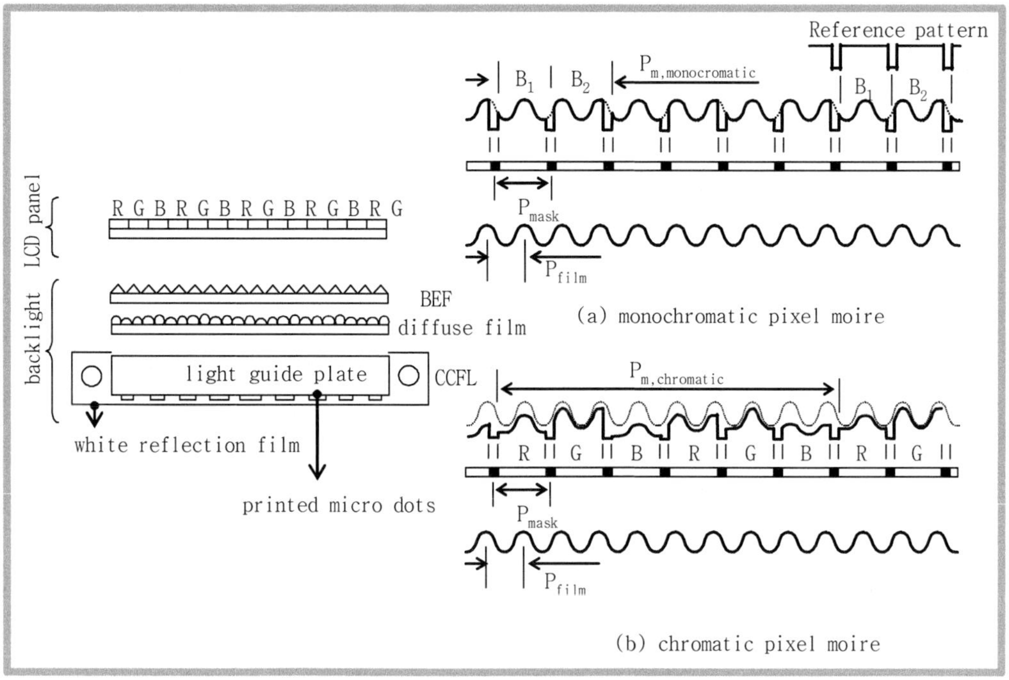


그림 3.40: LCD 픽셀 모아레 메커니즘 [16]

다. 여기서 BEF에 의한 집광을 하지 않은 모아레가 없는 이상적인 영상과 모아레 영상을 교차 상관 (cross-correlation)시키면 모아레를 추출할 수도 있다. 그림 3.43은 픽셀 모아레 시뮬레이션 기법으로 19"와이드 모니터 (RGB 픽셀 크기 283.5 × 283.5 $\mu m$) 패널에 대해 픽셀 모아레에 최적인 집광 필름의 피치 169 $\mu m$ 과 바이어싱 각도 28도를 찾은 예를 보여준다.

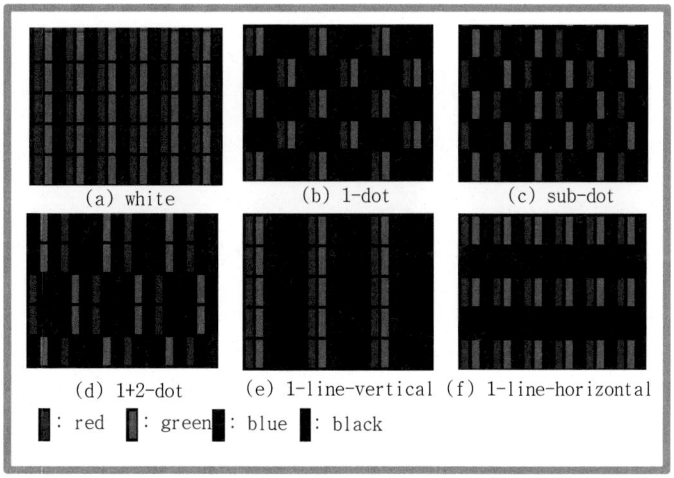


그림 3.41: LCD 제품의 화질 검사 패턴

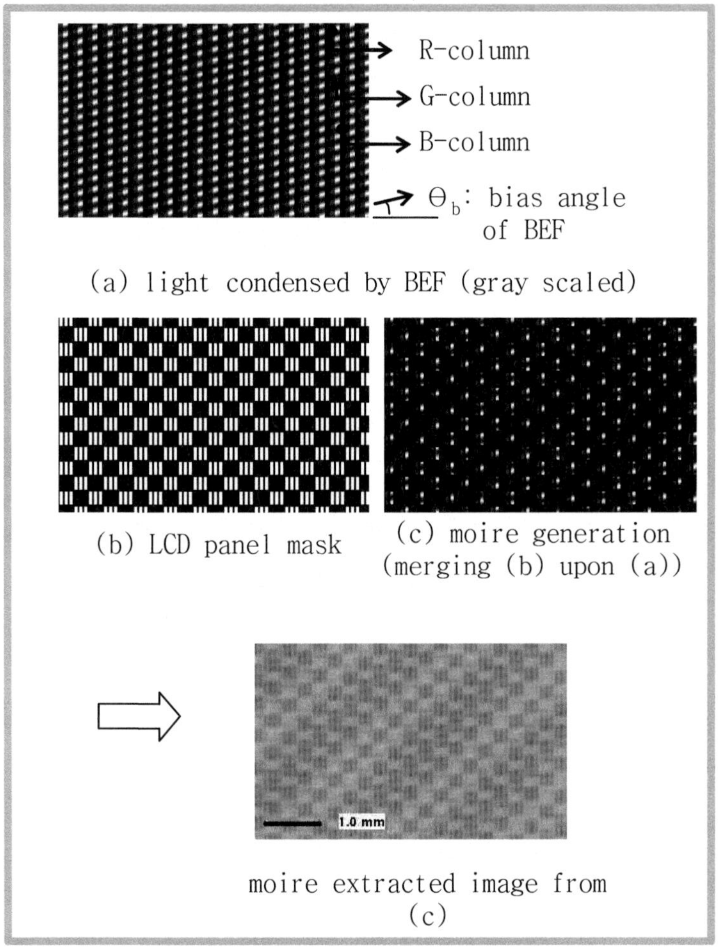


그림 3.42: LCD 제품의 화질 검사 패턴

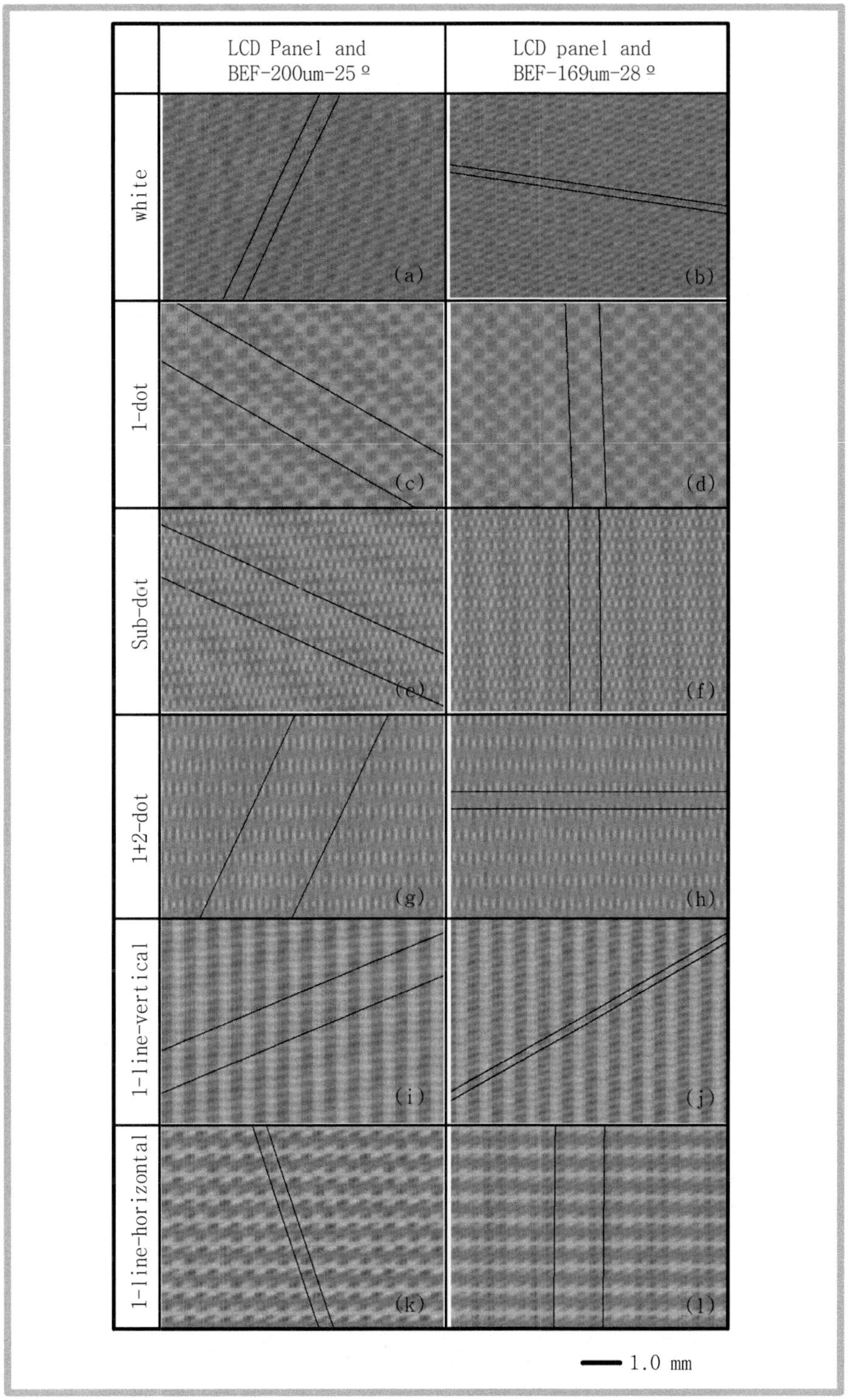


그림 3.43: 모아레 시뮬레이션에 의한 집광 필름의 피치 및 바이어싱 최적화

# 3.5 확산판 설계 기술

## 3.5.1 렌티큘러 패턴 확산판 광학 해석

그림 3.44는 일반 확산판의 확산제 중량비에 따른 직하형 백라이트의 램프 무라 제거 광해석 결과를 보여준다. 해석모델의 CCFL 간의 피치 P와 램프와 확산판 까지의 거리 G의 비율, "P/G 비율"은 1.33 이다. 확산제가 전혀 들어가 있지 않은 해석결과는 램프의 휘선이 극명하게 나타나지만 확산제를 5% 넣을 경우 램프 무라가 가려짐을 알 수 있다. 확산제를 10% 넣었을 경우도 램프 무라가 가려지지만 휘도가 저하된다. 이는 확산제 양이 증가할 수록 후방 산란이 많아지기 때문으로 사료되며, 과도한 확산제량 증가는 바람직하지 않음을 의미한다.

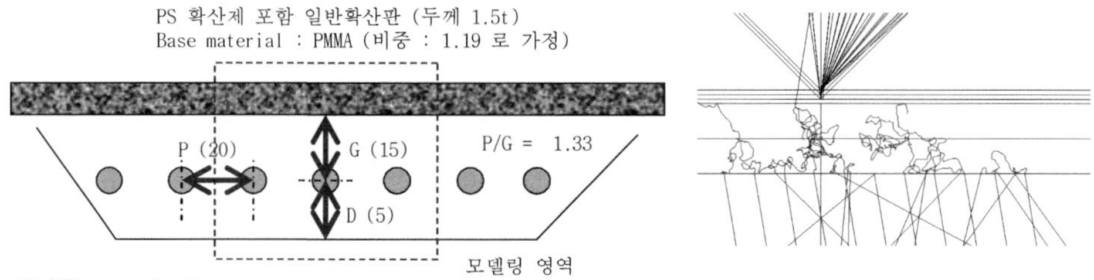

(a) 광학 모델

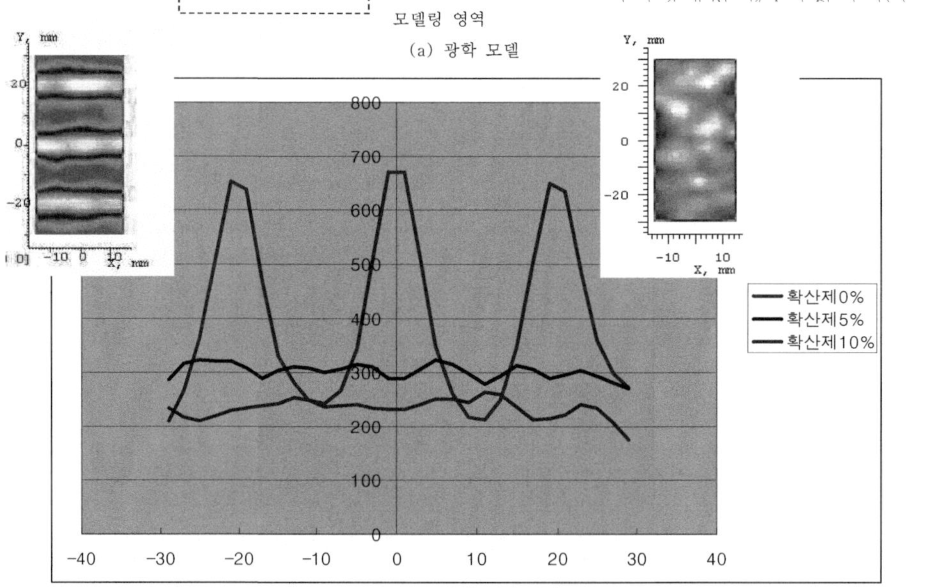

(b) 광학 해석 결과

그림 3.44: 확산제 농도에 따른 일반 확산판의 램프 무라 제거 광해석 결과

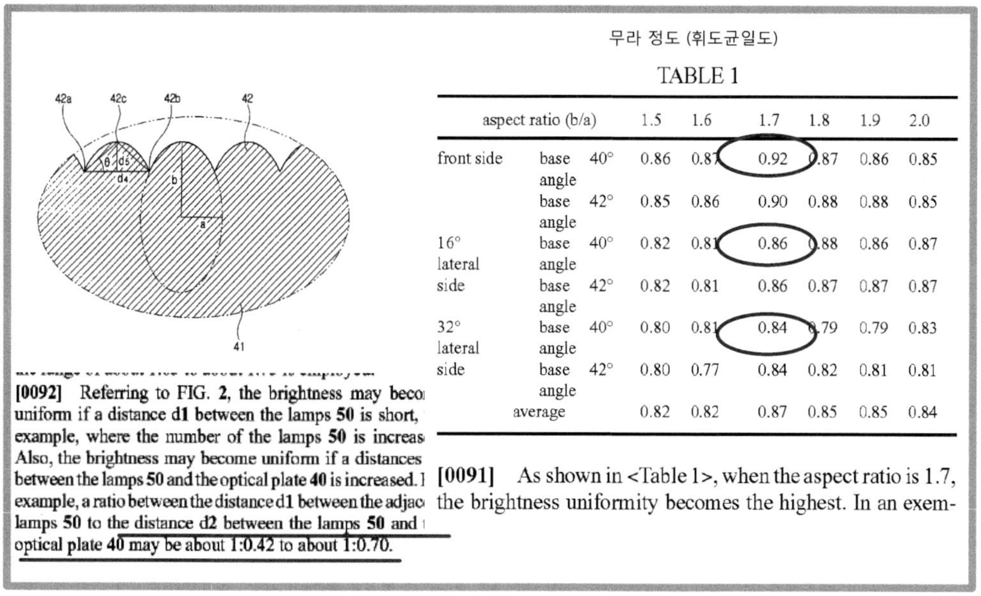


무라 정도 (휘도균일도)

TABLE 1

| aspect ratio (b/a) | | 1.5 | 1.6 | 1.7 | 1.8 | 1.9 | 2.0 |
|---|---|---|---|---|---|---|---|
| front side | base 40° angle | 0.86 | 0.87 | 0.92 | 0.87 | 0.86 | 0.85 |
| | base 42° angle | 0.85 | 0.86 | 0.90 | 0.88 | 0.88 | 0.85 |
| 16° lateral side | base 40° angle | 0.82 | 0.81 | 0.86 | 0.88 | 0.86 | 0.87 |
| | base 42° angle | 0.82 | 0.81 | 0.86 | 0.87 | 0.87 | 0.87 |
| 32° lateral side | base 40° angle | 0.80 | 0.81 | 0.84 | 0.79 | 0.79 | 0.83 |
| | base 42° angle | 0.80 | 0.77 | 0.84 | 0.82 | 0.81 | 0.81 |
| average | | 0.82 | 0.82 | 0.87 | 0.85 | 0.85 | 0.84 |

**[0092]** Referring to FIG. **2**, the brightness may beco uniform if a distance **d1** between the lamps **50** is short, example, where the number of the lamps **50** is increas Also, the brightness may become uniform if a distances between the lamps **50** and the optical plate **40** is increased. example, a ratio between the distance d1 between the adjac lamps **50** to the distance d2 between the lamps **50** and optical plate **40** may be about 1:0.42 to about 1:0.70.

**[0091]** As shown in <Table 1>, when the aspect ratio is 1.7, the brightness uniformity becomes the highest. In an exem-

그림 3.45: 렌티큘러 패턴 확산판 특허 내용 일부 [18]

2000년대 후반 직하형 LCD 백라이트의 램프 무라를 효과적으로 제거할 수 있는 패턴 확산판 기술 [18] 이 등장했다. 그림 1.7의 일반확산판이 CCFL 간의 피치 P와 램프와 확산판 까지의 거리 G의 비율, "P/G 비율" 이 대략 1.7 근방까지 램프 무라를 제거할 수 있는 반면 렌티큘러 패턴 확산판은 2.3~2.8까지 달성 가능하다. 그림 3.45는 패턴 확산판 기술 개발을 주도했던 개발사에서 출원한 특허 내용의 일부이다. 특허에서는 투명한 판에 형성된 타원 형상을 잘 설계하면 CCFL에의 발생하는 램프 무라를 효과적으로 개선할 수 있다고 주장 한다. 이 때, 타원의 형태는 패턴의 피치, 패턴의 높이에 의해 형성되는 삼각형의 사이각도와 타원의 장축/단축 비율로 제어한다.

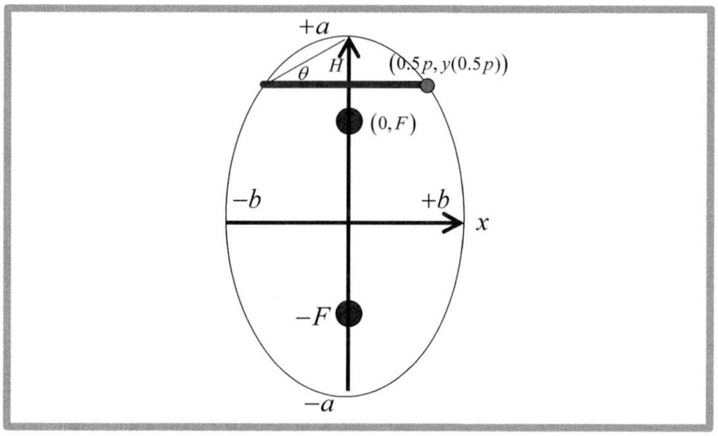


그림 3.46: 패턴 확산판 코닉 상수 계산용 타원 그림

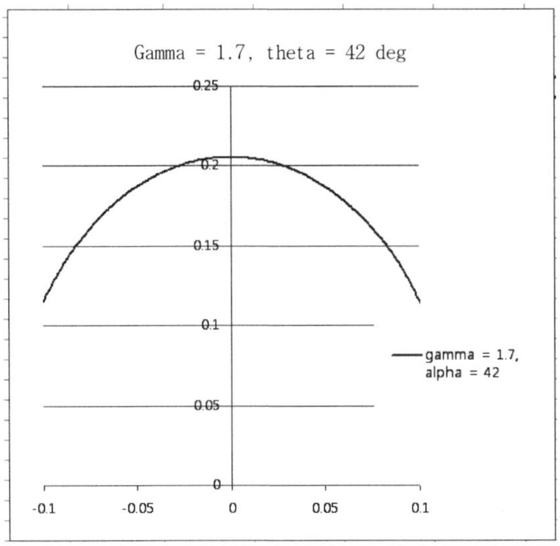


| | F = -165 um |
|---|---|
| k | -0.65397924 |
| Curvature (c) | 14.0630064 |
| Vertex radius | 0.07110855 |
| eccentricity | 0.80868983 |
| 렌즈높이 (height) | 0.0900404 |

그림 3.47: 패턴 확산판의 비구면 곡선 ($\gamma$= 42°, $\theta$=1.7)

그림 3.46을 참고하여, 특허 내용의 타원 형상 정의를 비구면 파라미터인 $c$와 $k$로 표현해 보도록 하자. 삼각형 사이각도인 $\theta$에 해당하는 파라미터를 $\alpha = 2H/p = \tan\theta$로 정의하고 타원의 장축/단축비를 $\gamma$=$a/b$라고 할 때, 식 (3.26) 이 성립한다. 여기서 $a$, $b$, $F$ 를 $\alpha$와 $\gamma$ 에 대해 나타내면 식 (3.27~29) 가 된다. 그림 3.48는 $\theta$=42°, $\gamma$=1.7 일때의 타원 비구면 곡선을 보여준다.

$$H = a - a\sqrt{1 - \frac{p^2}{4b^2}} \rightarrow \left(\frac{H}{p/2}\right)^2 + \left(\frac{a}{b}\right)^2 = \left(\frac{H}{p/2}\right)\frac{4a}{p} \tag{3.26}$$

$$a = \frac{p}{4\alpha}\left(\alpha^2 + \gamma^2\right) \tag{3.27}$$

$$b = \frac{p}{4}\left(\frac{\alpha}{\gamma} + \frac{\gamma}{\alpha}\right) \tag{3.28}$$

$$F = \frac{p}{4\alpha}\left(\frac{\alpha}{\gamma} + \frac{\gamma}{\alpha}\right)\frac{\sqrt{\gamma^2 - 1}}{\gamma} \tag{3.29}$$

그림 3.48은 P/G=2.22의 경우, 렌티큘러 패턴 확산판과 일반확산판에 의한 램프 무라 제거 특성에 대한 시뮬레이션 결과이다. 일반 확산판의 경우 확산제 중량비가 10%인 상황에서도 램프 윗단이 밝지만, 패턴 확산판의 경우 명암 반전이 발생함을 알 수 있다. 광시뮬레이션에서 사용한 비구면 렌즈 형상은 (그림 3.47) 백라이트 모델에 대

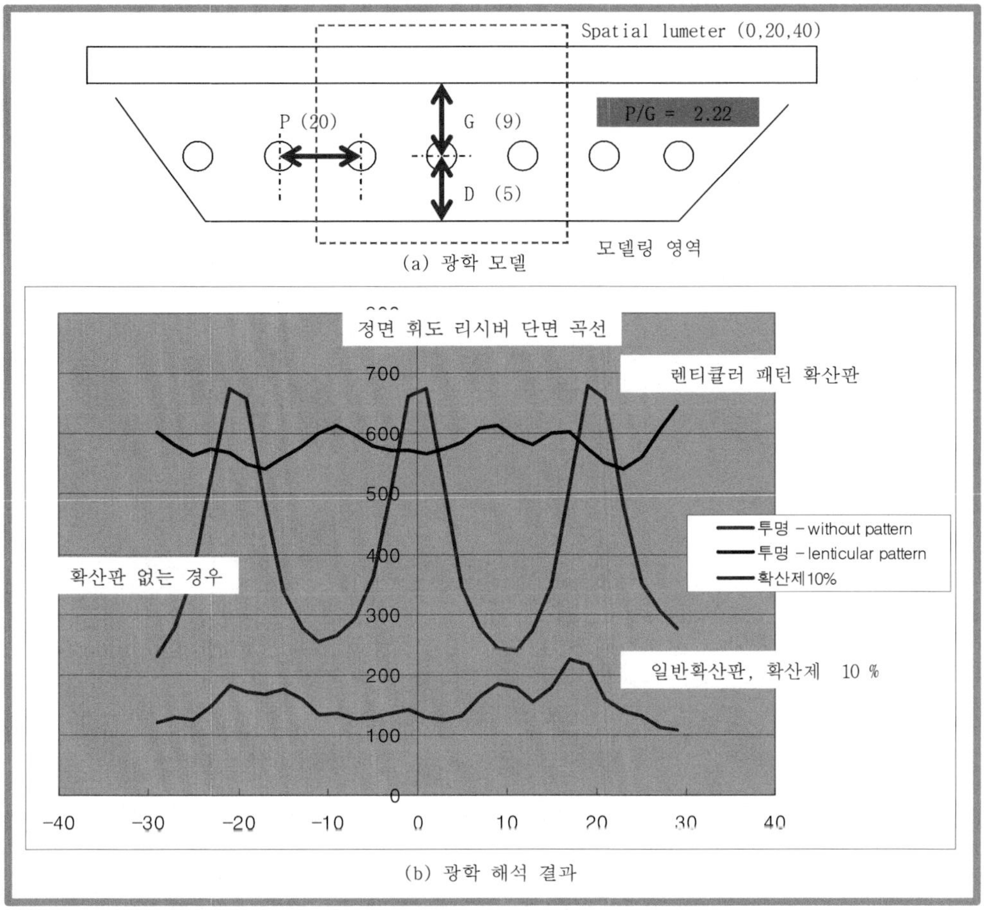


그림 3.48: 패턴 확산판에 의한 램프 무라 개선 가능성 예시 (광학해석 결과)

해 최적화가 안됐지만, 명암 반전 (램프 윗단이 어둡고 램프-램프 사이가 밝음)이 일어났음은 렌즈 형상 설계를 통해 램프 무라를 제거할 수 있음을 의미한다.

### 3.5.2 집광 필름 기술의 일체형 확산판 응용

토판 프린팅社 (Toppan printing)사는 2008년 직하형 백라이트에 쓰이는 확산판과 확산필름 3장을 일체형 확산판 [17] 이라고 하는 하나의 부품으로 대체할 수 있는 기술을 선보였다. 그림 3.44에 예시되어 있듯이, 일체형 확산판은 일반확산판에 3.4.2절에 논의된 집광 필름을 PSA (pressure-sensitive adhesive)를 이용하여 접착된 것이다. LightTools에 의한 광시뮬레이션 결과, 기존 구조와 일체형 확산판은 동등한 정면 휘도가 달성됨을 알 수 있다. 이 기술은 동등 휘도, 부품 수 감소, 명암비 증가등의 이유로 일본 SHARP社 TV 모델에 적용되었다고 알려져 있다.

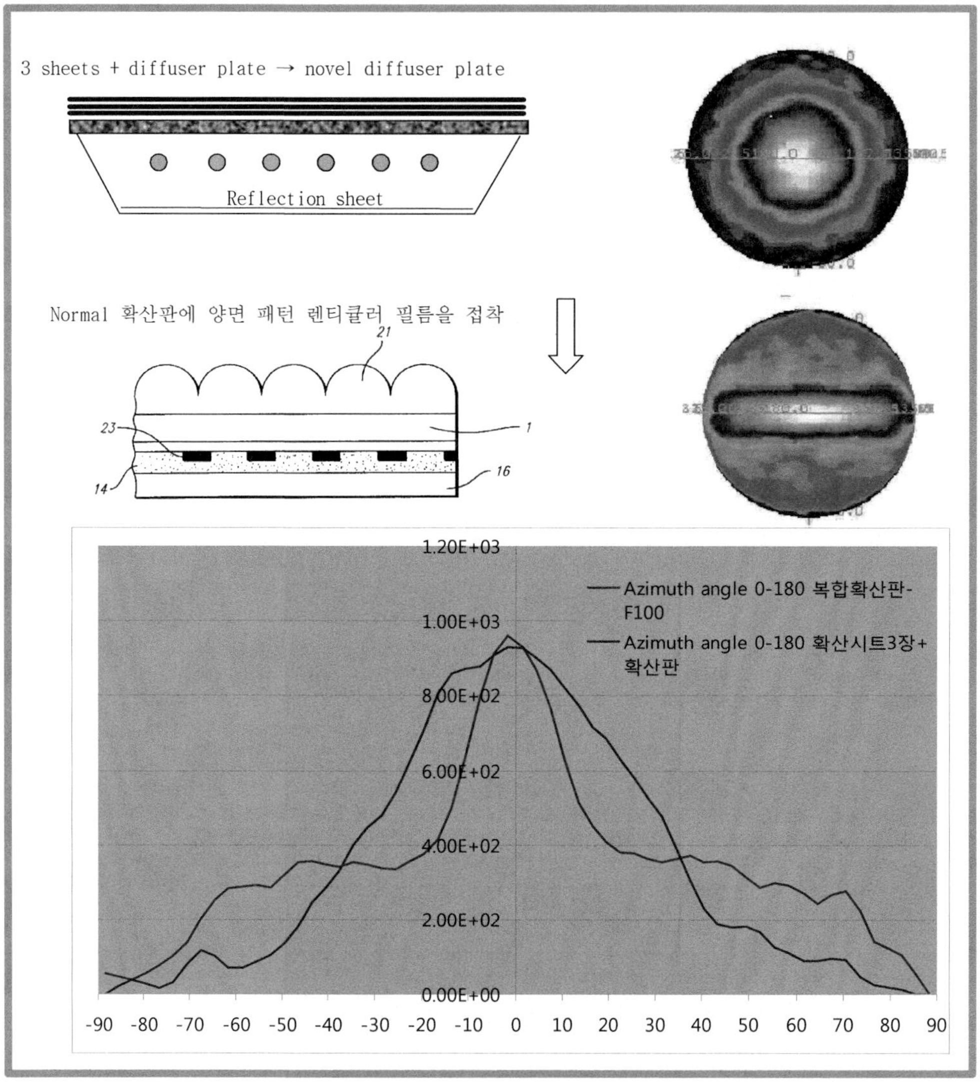


그림 3.49: 토판 프린팅에 의해 제안된 일체형 확산판 광해석 결과

# 04 광학시뮬레이터를 활용한 백라이트 광학 설계 실습

본 장에서는 광학시뮬레이터 (LightTools v.7.3)를 이용하여 백라이트 광학시뮬레이션 실습을 수행할 수 있는 내용을 담았으며, 각 절에서 소개되고 있는 예제들은 저자의 경험을 바탕으로 직접 재구성한 것임을 밝힌다.

## 4.1 LightTools 사용법 기초

### 4.1.1 프로그램 개요

그림 4.1.1은 LightTools v.7.3을 실행하면 보이는 화면이다. 프로그램은 메뉴바, 시스템 네비게이터, 윈도우 네비게이터, CAD view 창, 우측 아이콘들로 구성되어 있다. 우측 아이콘들을 이용하여 3D 모델링을 수행하고, 좌측 시스템 시스템 네비게이터에서 모델링된 객체의 속성을 정의 할 수 있다. 또 그림 4.1.2은 LightTools v.7.3의 메뉴 화면을 보여준다. 시스템 네비게이터의 항목에 대한 간략한 설명은 다음과 같다.

- Component
  오브젝트의 위치, 치수, 광학재료, 면속성에 담그기 관계가 표시된다.
- Illumination Manager
  광원 설정에 대한 정보, 리시버 설정에 대한 정보가 표시된다.
- Rays

Non-sequential Ray, Sequential Ray 등에 대한 정보가 표시된다.

- Optical Property Manager

  오브젝트의 광학 계면에 광학속성에 대한 정보가 표시된다.

- Optimization Manager

  최적화 변수, 오차함수 (Merit Function) 설정값이 표시된다.

- Parametric Controls

  픽업, alias 설정값이 표시된다.

- Studio Manager

  PRR (Photo Realistic Rendering) 설정값이 표시된다.

- User Materials

  광학 재료의 굴절율, 흡광도, 체적산란, 형광체에 대한 설정값이 표시된다.

- User Coating

  광학 계면 코팅 설정값이 표시된다.

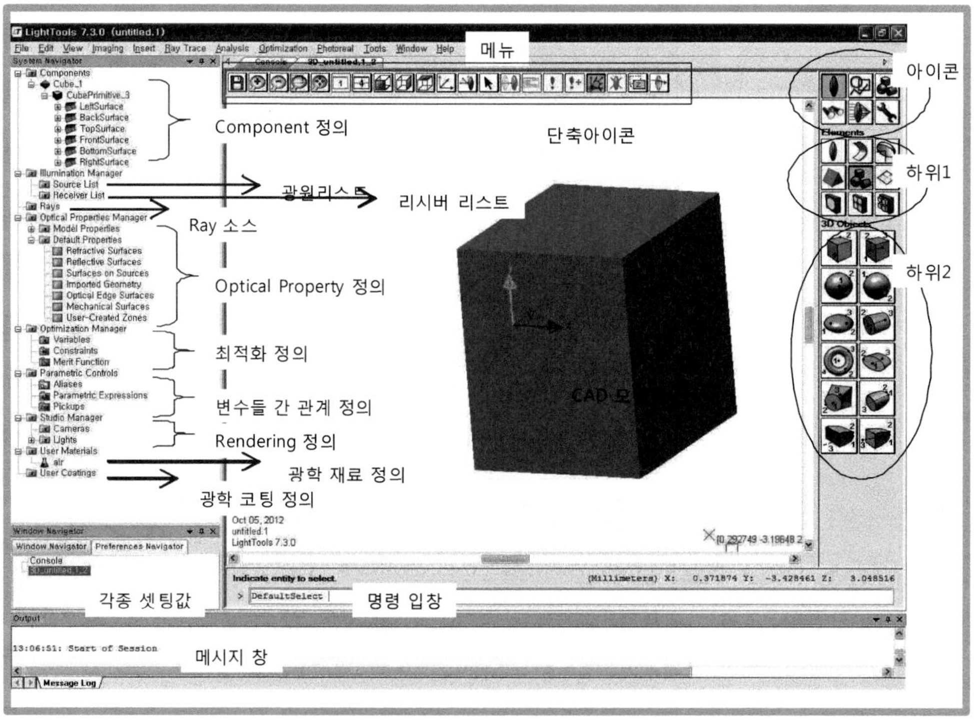


그림 4.1.1: 광학시뮬레이터 (LightTool v.7.3) 메인 화면

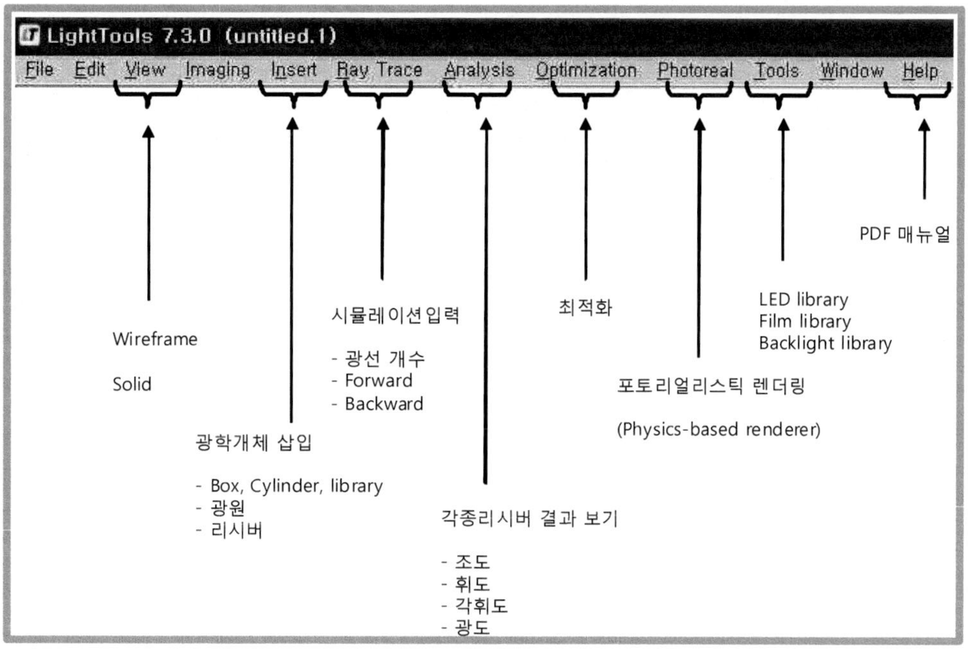


그림 4.1.2: 광학시뮬레이터 (LightTool v.7.3) 메뉴 화면

그림 4.1.3은 광학 개체 그리기에서 자주 쓰는 단축 아이콘들을 보여주고 있다. 단축 아이콘은 총 세단계로 이루어져 있으며 상위단계는 ① 3차원 개체 그리기 ② 2차원 개체 그리기 ③ 기구 개체 그리기 ④ 길이 및 각도 계측 ⑤ 광원 정의 및 NR-Ray 설정 ⑥ 복사, 이동, 담그기, 불린 와 같이 총 6개 기능들로 구성되어 있다. 중간 단계 메뉴는 상위 단계 메뉴에 대한 세부 메뉴로 구성되어 있고 하위 단계 메뉴는 중간

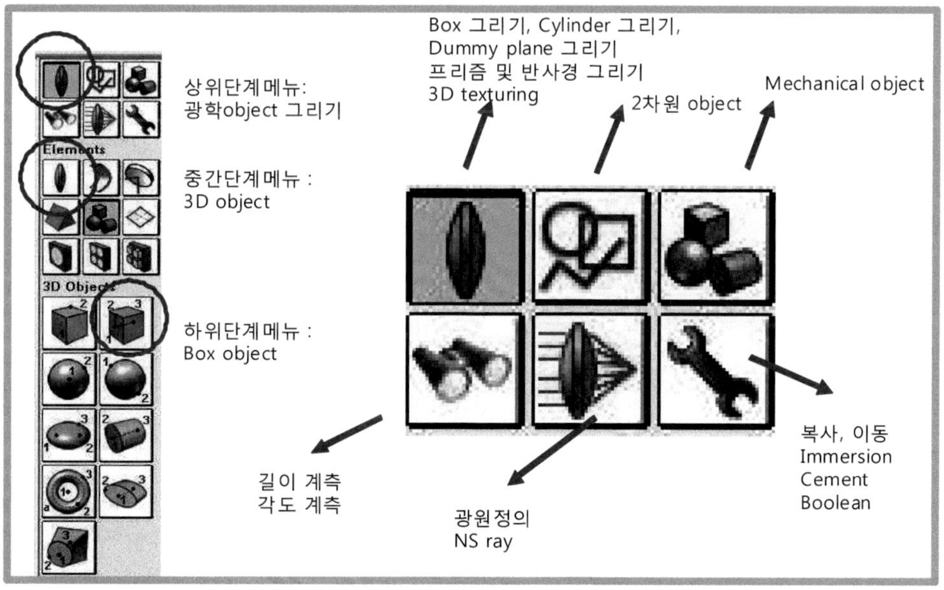


그림 4.1.3: 광학 개체 그리기에서 자주쓰는 단축 아이콘

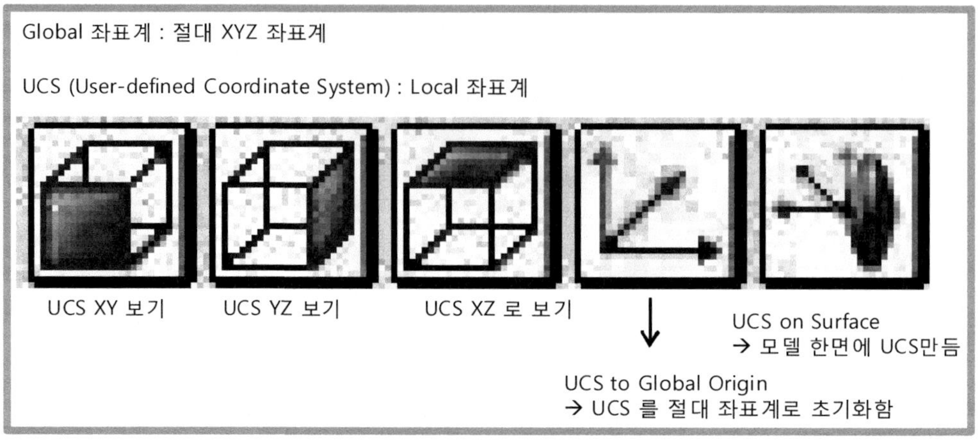


그림 4.1.4: LightTools 좌표계 및 Viewing

단계 메뉴에 대한 세부 메뉴로 구성되어 있다.. 예를 들면 3차원 개체도 Box, Cylinder, lens 등 다양한 개체가 있으며 Box를 그리는 방법도 2점 방법, 3점 방법이 있기 때문이다. LightTools 의 마우스기능을 설명하면 다음과 같다.

- 좌클릭 : 선택
- 우클릭 : 팝업메뉴
- 우클릭 + 마우스이동 : 3차원 개체 회전
- CTRL + 우클릭 + 마우스이동 : 3차원 개체 확대 및 축소
- SHIFT + 우클릭 + 마우스이동 : 윈도우 패닝 (Panning)
- CTRL + 좌클릭 : 다중선택
- SHIFT + 좌클릭 : 다중선택

그림 4.1.4에서와같이 LightTools의 좌표계는 절대좌표계와 UCS (User-defined System) 으로 나뉜다. XY, YZ, XZ 보기 버튼을 UCS에 대한 각 면을 보는 것이며, UCS를 절대 좌표계로 초기화할 수도 있고 개체의 특정면에 UCS를 설정할 수도 있다. 그림 4.1.5에서와 같이 광학소프트웨어는 관습적으로 +Z 방향을 지면에서 오른쪽으로 향하게 하고, +Y방향을 지면에서 위쪽으로 향하게 한다. 물리학 교재에서 렌즈 그리기를 상상하면 이해가 될 것이다. 이런식으로 Box의 경우 Left, Right, Top, Bottom, Front, Back 의 위치와, Lens에서 Front, Rear 면 위치를 이해할 수 있다.

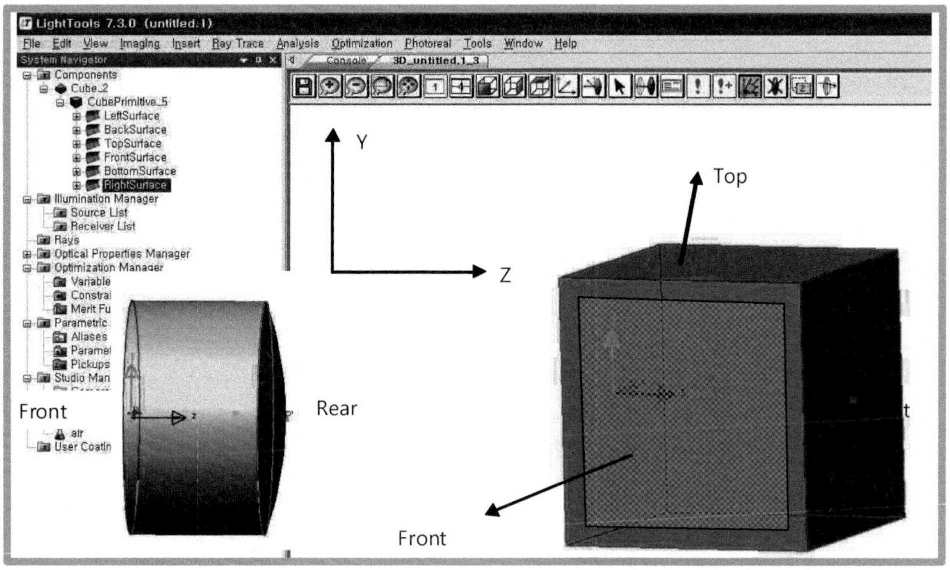


그림 4.1.5: LightTools 의 절대좌표계에 대한 고찰

그림 4.1.6에서 볼 수 있듯이 LightTools는 기본적인 형상을 시스템이 그려주고, 개체의 좌표계상에서의 위치, 개체의 치수등을 숫자로 설정하여 개체 모델링을 하며 이를 CAD 용어로는 파라메트릭모델링(Parametric modeling) 이라고 한다. 일반적으로 상용화되어 있는 타 CAD 프로그램 (예: SolidWors, Pro-E 등)은 삼차원 개체를 그리기 위해 점정의 → 신정의 → 면정의 → 체적정의 와 같은 식으로 솔리드 모델

LightTools 3D 모델링 방법 : Parametric modeling (광학설계시 큰 장점)

기본 형상을 수학적인 파라미터로 정의하고, 파라미터의 변경만으로 기하 형상을 정의함

→ 각 파라미터는 광학 설계시 최적화 변수 (Optimization variable)로 설정 가능함

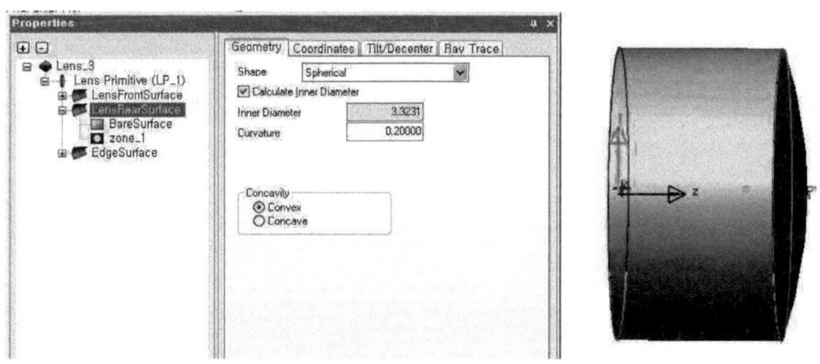

일반적인 3D CAD 모델링 : Solid modeling(점 → 선 → 면 → 체적)

예) SolidWorks, ProE, IDEAS, ...

그림 4.1.6: LightTools 캐드 모델링과 일반적인 CAD 모델링의 차이

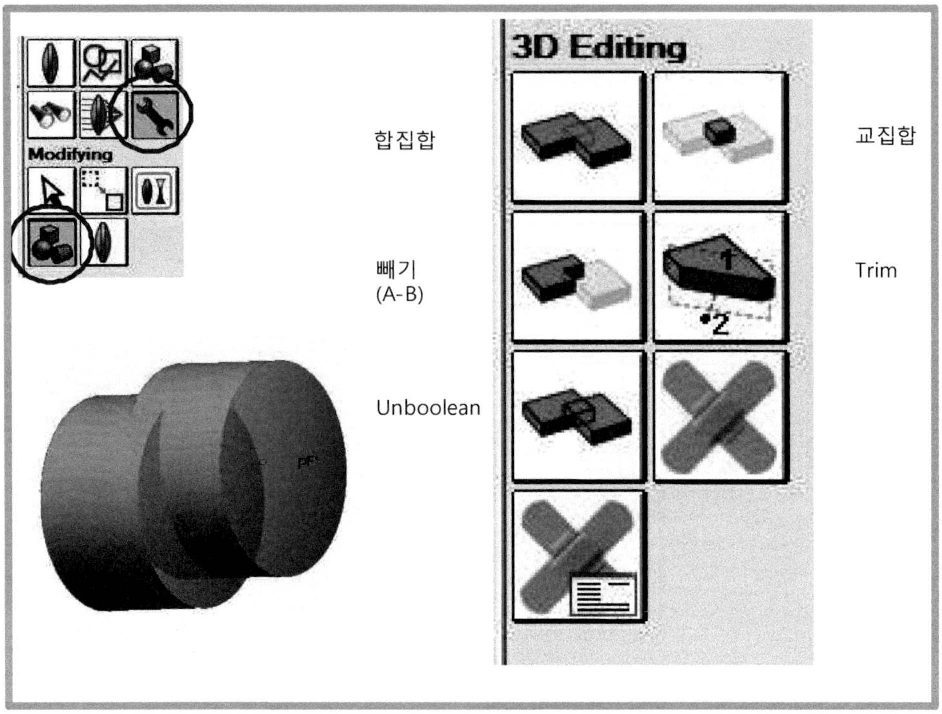


그림 4.1.7: Boolean Operation : 파라메트릭 모델링의 한계를 어느정도 극복함

링을 한다. 솔리드 모델링으로 아무리 복잡한 형상의 삼차원도 구현 가능하지만 파라메트릭모델링 방법으로는 제한된 모델링만 가능하다. 그러나 광학소프트웨어에서 파라메트릭모델링을 사용하는 이유는 파라메타들 간의 수학적인 관계를 이용하여 광학 설계에서의 최적화가 가능하기 때문이다. 이는 솔리드 모델링으로는 불가능하다.

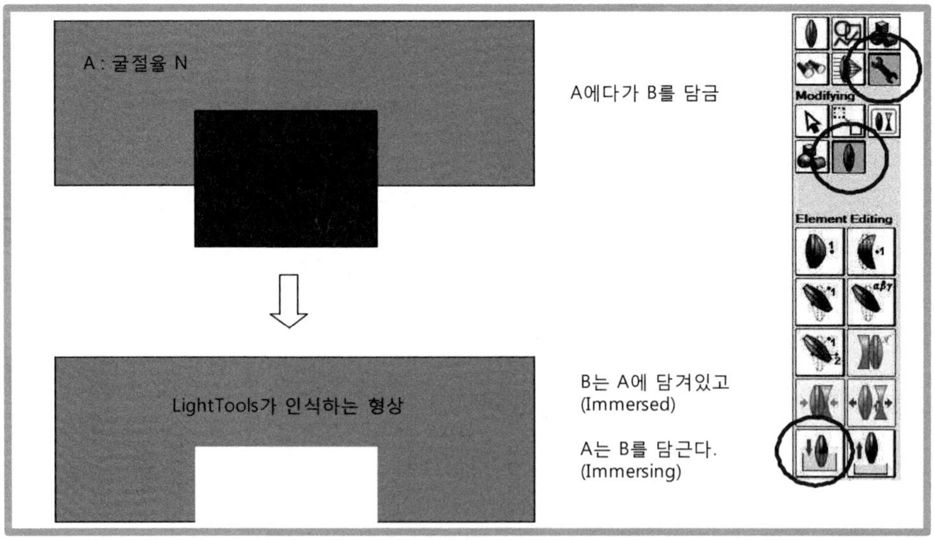


그림 4.1.8: Immersion (담그기) 기법 개념 소개

파라메트릭 모델링의 제약은 그림 4.1.7과 같이 Boolean 기법을 이용하여 어느정도 극복 가능하다. 두개의 집합 A, B가 있다고 할 때, 교집합, 합집합, 차집합 시켜 새로운 개체를 모델링 할 수 있기 때문이다.

또한 그림 4.1.8과같이 두개의 개체 A, B가 있을 때 A에대가 B를 담그기 할 수 있다. 만일 A의 굴절율이 N이고 B의 굴절율이 1 (공기재료) 이라고 할 때 A에다가 B를 담그면 그림 A 하면에 B 형상의 홈이 파여 있는 것처럼 모델링이 가능하다. 담그기 기능은 이종 재료 산란, 복잡한 3D Texture 모델링에서 매우 유용하게 사용된다.

### 4.1.2 CAD 모델링 기초 (단순한 도광판 형상 그리기)

그림 4.1.9부터 4.1.14까지를 따라하면서 단순한 도광판 형상을 그려보는 실습을 수행해라. 여기서는 도광판과 스토퍼 3개를 모델링하고 불린 차집합 기능을 이용하여 도광판에서 스토퍼 형상을 잘라낸다.

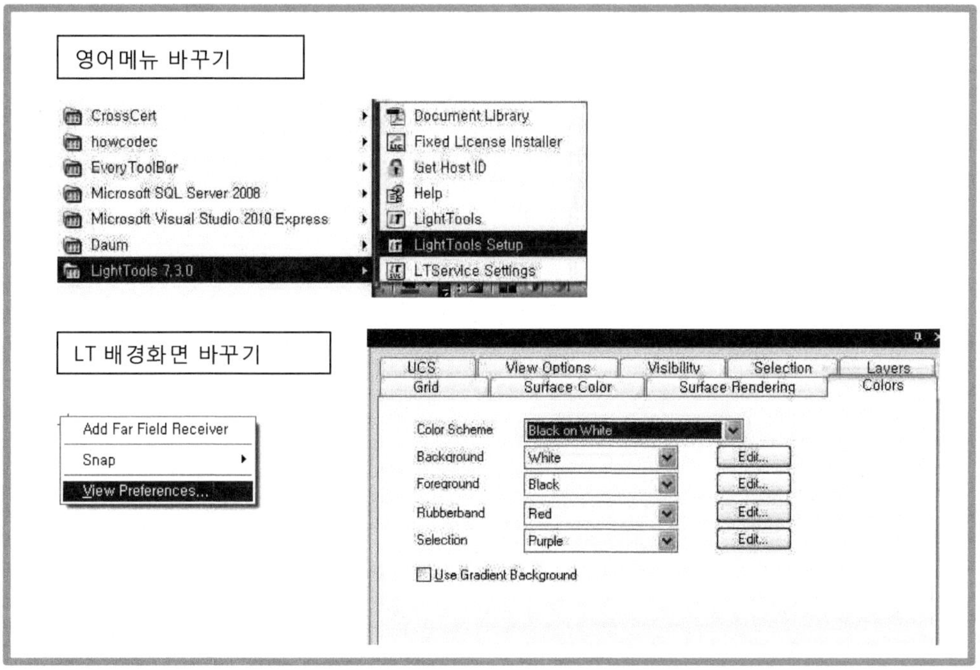


그림 4.1.9: 도광판그리기 순서 1 (LightTools 7.3 시작하기)

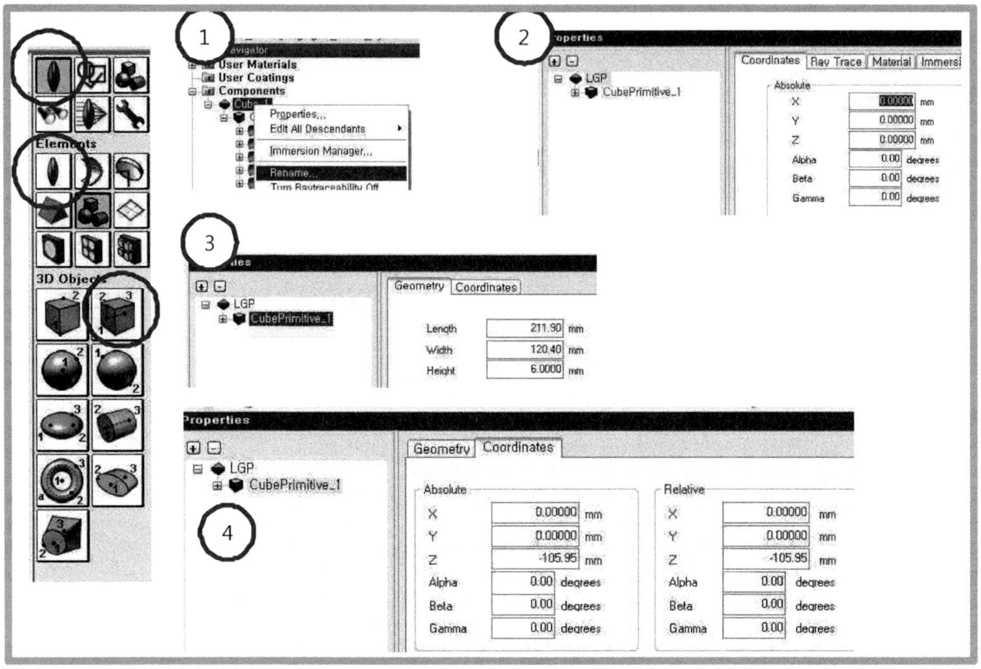


그림 4.1.10: 도광판그리기 순서 2 (도광판 정의)

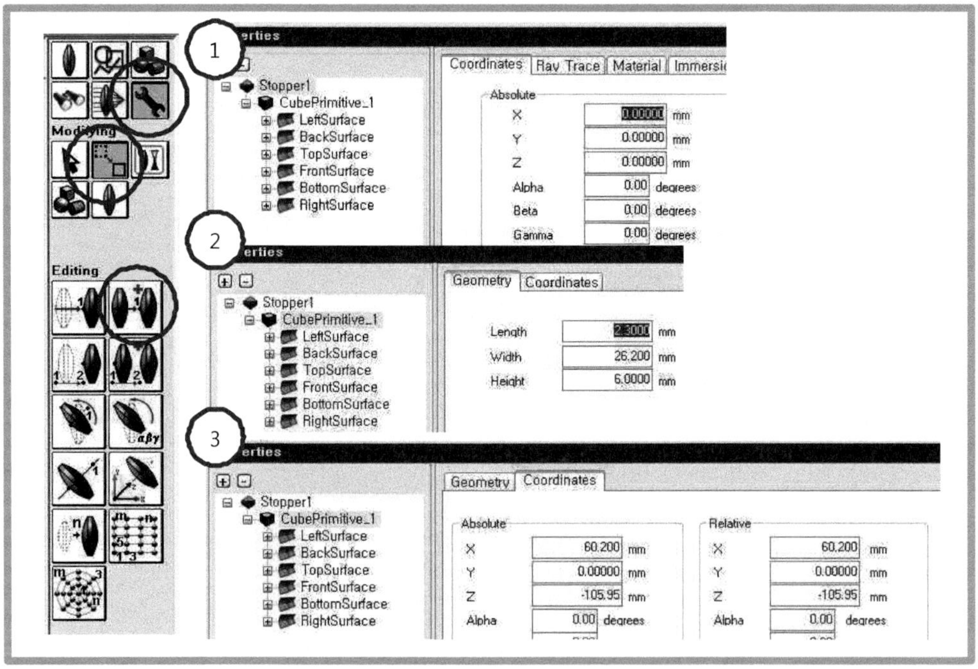


그림 4.1.11: 도광판그리기 순서 3 (스토퍼 1 정의)

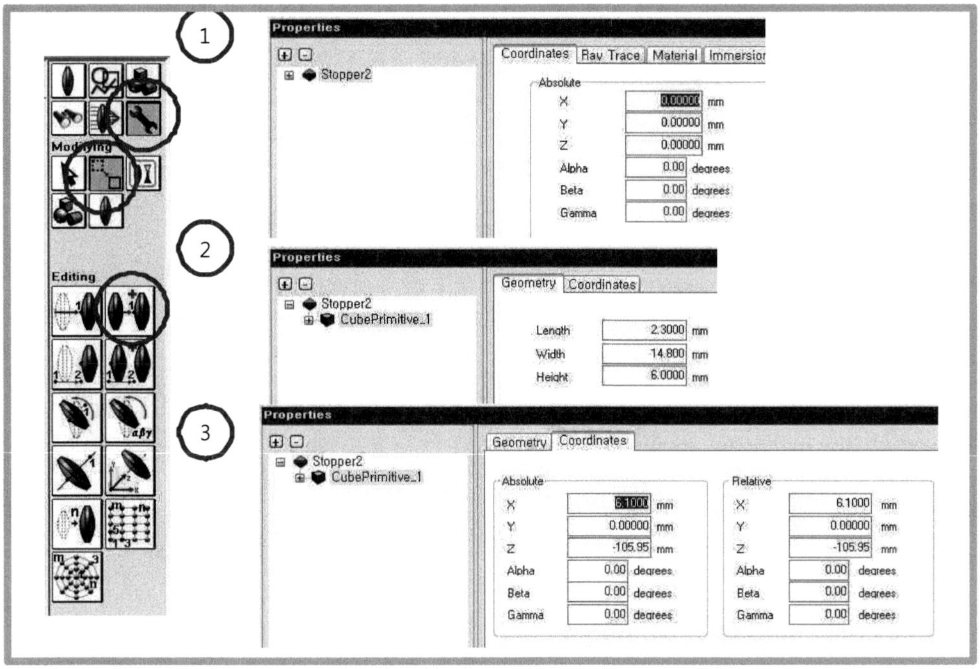


그림 4.1.12: 도광판그리기 순서 4 (스토퍼 2 정의)

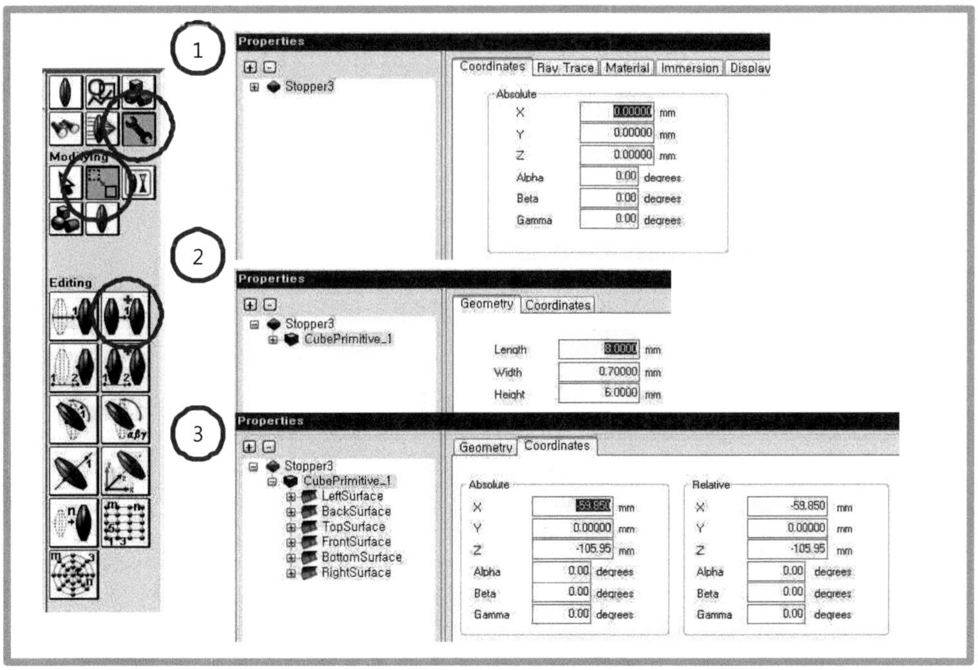


그림 4.1.13: 도광판그리기 순서 5 (스토퍼 3 정의)

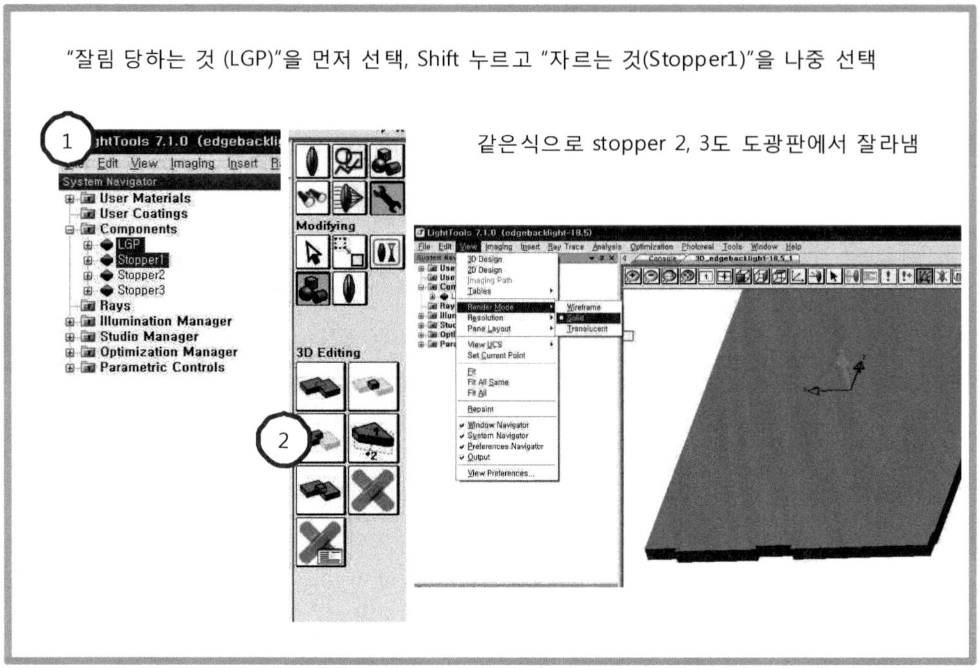


그림 4.1.14: 도광판그리기 순서 6 (불린 차집합기능 활용)

## 4.1.3 리시버 설정 기초 실습

평면 리시버는 더미 플레인 (Dummy plane), 개체의 한면을 선택한 후 우클릭하여 "Add Surface Receiver"를 선택하면 그림 4.1.15와 같은 평면 리시버가 생긴다. 평면 리시버를 만들면 기본값으로 조도리시버와 광도리시버가 만들어지며, 휘도리시버와 각휘도리시버를 만들기 위해서는 체크를 하고 적용을 눌러야 한다. 파필드 리시버를 달기 위해서는 그림 4.1.16과 같이 CAD창 빈곳을 한번 찍고 우클릭하여 "Add Far-Field Receiver"를 선택하면 된다.

이번 절에서는 얇은 공기 실린더 광원을 만들고 광원의 한면에서 550 nm 단파장의 Lambertian 평면 광원을 발생시키고 더미평면에 조도, 광도, 각휘도 리시버를 달고 이를 관찰하는 실습을 수행할 것이다.

그림 4.1.17에서 광원의 ③의 의도는 Rear surface에서만 발생시키고 나머지 면에서는 발광을 안한다는 의미이다. 또한 이미 모델링 되어 있는 삼차원 개체의 면이름이 모호할 때는 View → Render Mode 를 Solid 또는 Translucent로 하고 원하는 면을 찍으면 면이 활성화되고 면의 이름이 보여 진다. 이 때 여러 개의 Component로

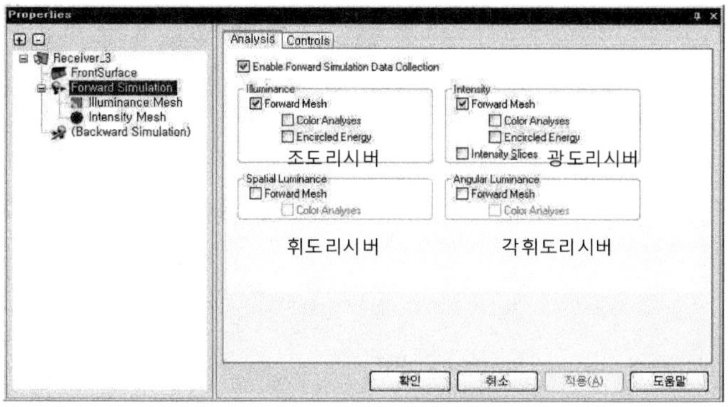


그림 4.1.15: LightTools 상에서 Receiver 정의 (평면 Receiver)

구성된 복잡한 모델경우 Show/Hide를 적절히 이용하면 편리하다.

그림 4.1.18은 광원 설정값 관찰 예이다. 우선 광원을 Radiometry 관점에서 기술할 것인지 Photometry 관점에서 기술할 것인지 선택한다. Measured Over는 Aim Region을 선택한다. Aim Sphere 탭에는 발광되는 각도의 Upper, Lower 범위를 지정할 수 있고, Alpha, Beta를 변경하며 발광콘의 방향을 바꿀 수 있다. 특히 완전평행광을 만들 때에는 Upper, Lower 모두 0으로 한다. 그림 4.1.19는 광원 설정값 중 발광스펙트럼에 관한 것이다. 현재 설정에서는 550 nm 의 단파장만을 발광시키는 것이다. 만일 흑체온도 (Black body temperature) 6500 K로 설정하고 적용을 누르면 각 파장별로 intensity weight 가 다른 표가 자동 생성될 것이다. 표의 weight 컬럼을 선택하고 우클리하여 "Create Chart"를 선택하면 발광 스펙트럼 그래프가 그려진다. 이런식으로 White LED의 발광스펙트럼도 인위적으로 지정할 수 있다. 그림 4.1.20은 광원 실린더의 광학 재료로 공기를 설정하고 광원의 Rear 면에서 발광되는 광도 분포를 램버시안 설정하는 것이다.

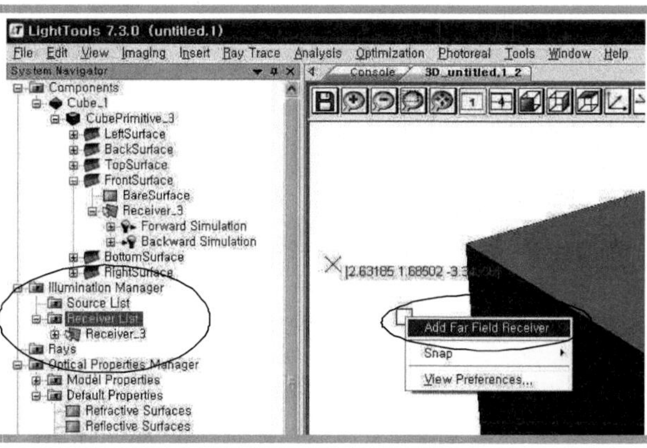


그림 4.1.16: LightTools 상에서 Receiver 정의 (파필드 Receiver)

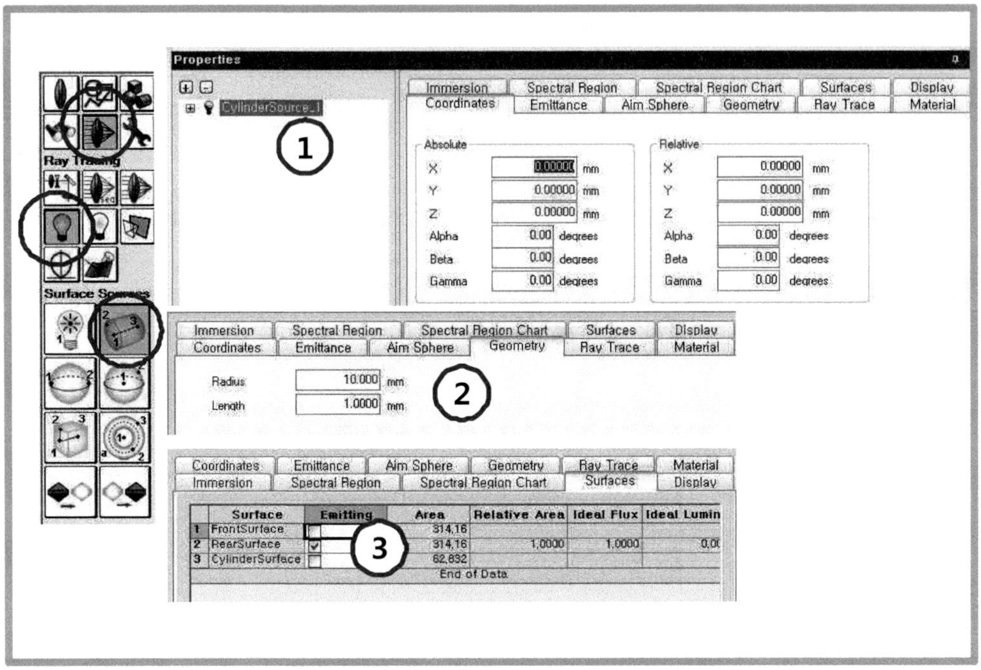


그림 4.1.17: 리시버 설정 실습 순서 1 (얇은 실린더 광원정의하기)

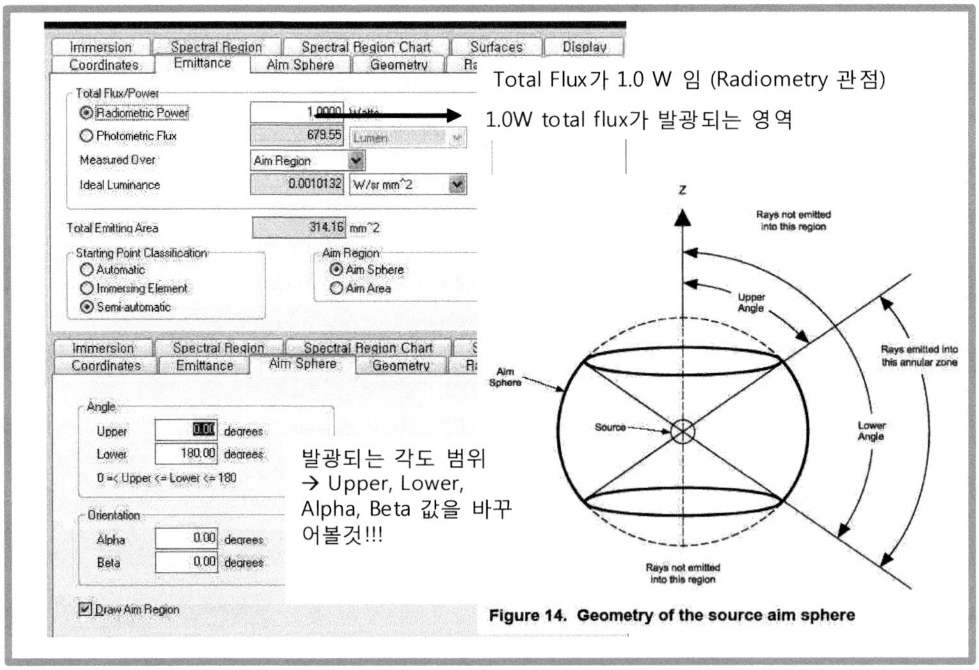


그림 4.1.18: 리시버 설정 실습 순서 2 (광원설정값 관찰1)

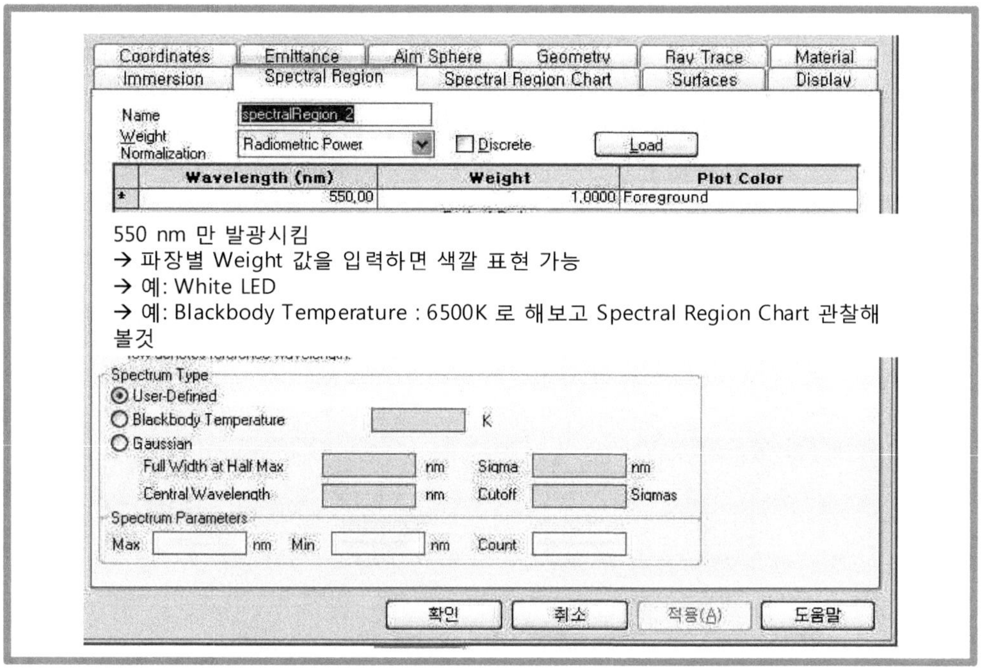


그림 4.1.19: 리시버 설정 실습 순서 3 (광원설정값 관찰2)

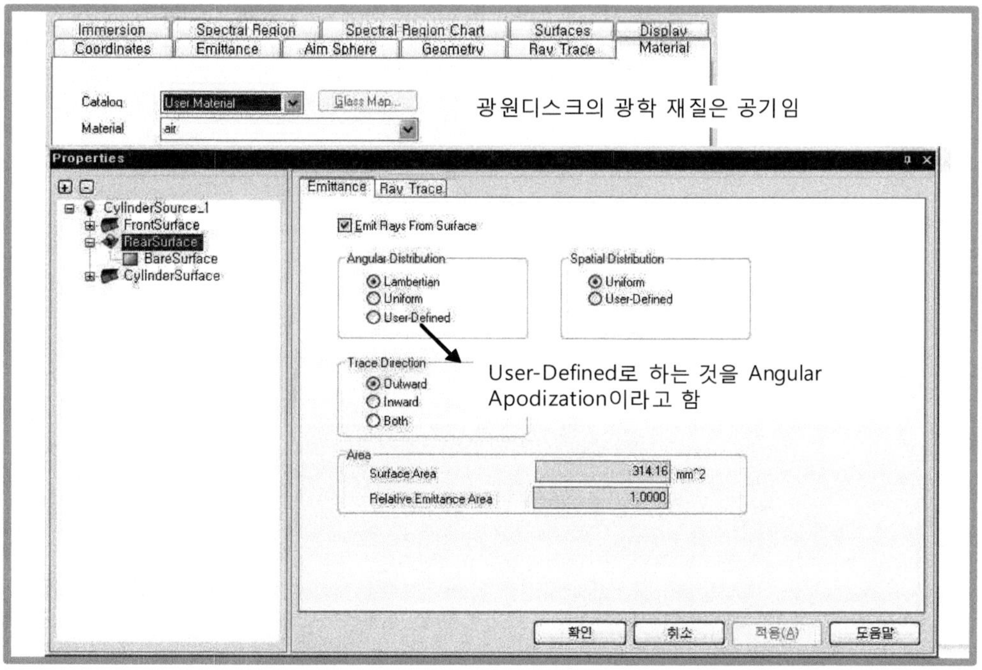


그림 4.1.20: 리시버 설정 실습 순서 4 (광원설정값 관찰2)

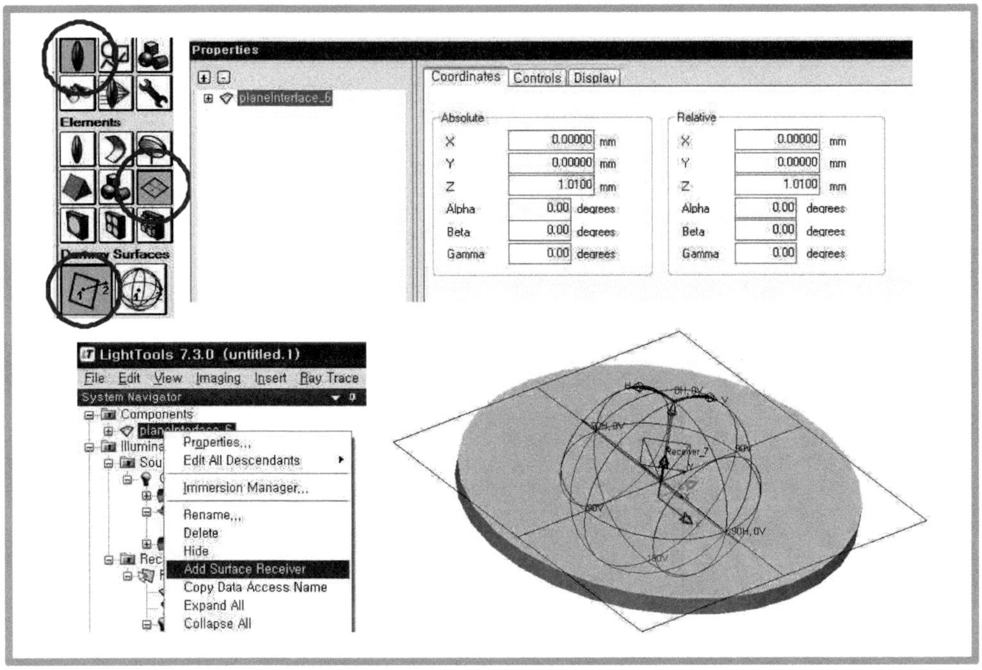

그림 4.1.21: 리시버 설정 실습 순서 5 (더미 평면 만들고 평면 리시버 만들기)

그림 4.1.21은 더미 평면을 만들고 평면 리시버를 만드는 과정을 보여준다. 그 이후는 그림 4.1.15와 같이 조도, 광도, 각휘도, 휘도 리시버를 모두 체크한 후 적용을 누르면 그림 4.1.22부터 4.1.25와 같은 리시버 설정창을 볼 수 있다. 리시버를 선택하면 Properties 탭에서 리시버의 단위를 Radiometry 단위계와 Photometry 단위계 중 택일을 하고 Defocus 탭에서 리시버가 설정된 초기 면 위치에 대해 수직 거리를 바꿀 수 있다. 또한 Orientation 탭에서 리서버가 설정된 초기 면 위치에 대해 회전할 수도 있다.

그림 4.1.22의 조도 리시버의 경우 평면 리시버 가로, 세로 데이터 방(bin) 의 개수가 21개로 설정되어 있다. 이 값은 리시버의 분해능을 의미하는 것이고 값이 너무 크면 시뮬레이션 ray 수를 급격히 늘려야 한다. 한편 Mesh boundary의 의미는 평면 리시버 가로, 세로의 최소, 최대 값을 의미한다. 이 값은 더미 평면의 값보다 조금 작은 값으로 초기 설정되어 있으나 사용자가 바꾸어도 된다. 조도 리시버의 경우 Show Simulation Data를 체크하면 시뮬레이션 후에 Main 화면에 조도 리시버 결과가 3차원 개체와 연동되어 디스플레이된다.

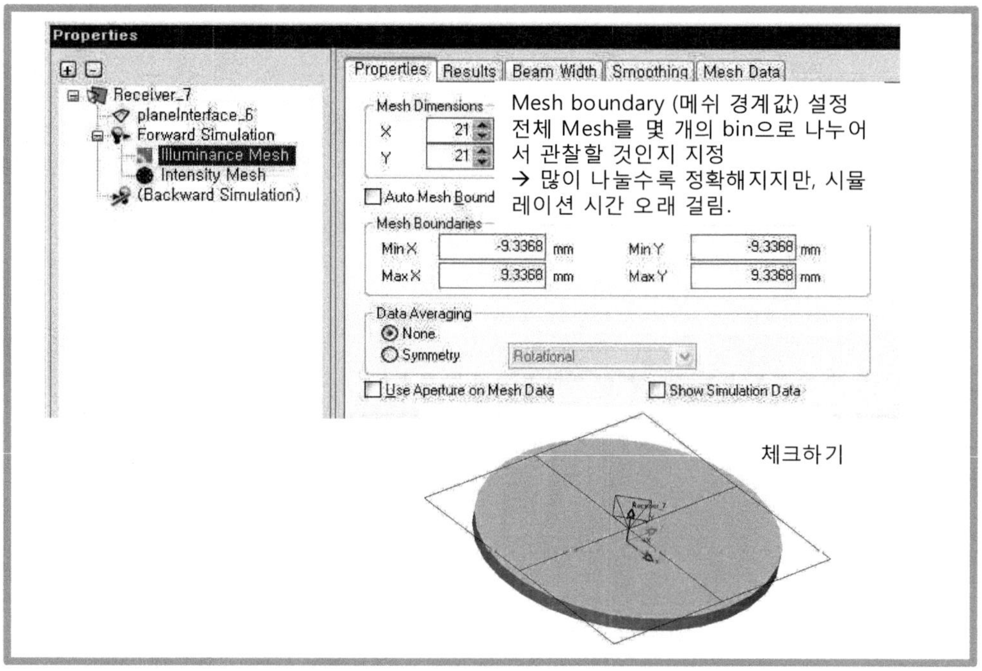


그림 4.1.22: 리시버 설정 실습 순서 6 (조도 리시버 설정값 관찰)

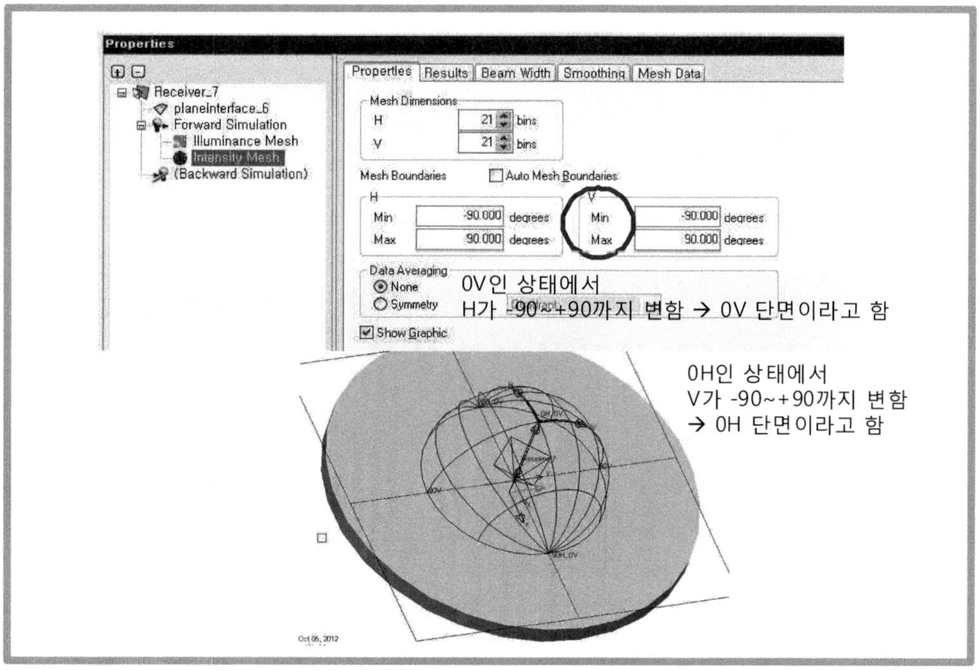


그림 4.1.23: 리시버 설정 실습 순서 7 (광도 리시버 설정값 관찰)

그림 4.1.23의 광도 리시버의 경우 수평축 (H), 수직축 (V)으로 고체각 영역을 정의한다. (H, V는 리시버 orientation의 IES Type B 기준이다.) 여기서 H와 V의 min, max를 각각 -90도, +90도로 설정한다. 이때 0V 단면에서는 H가 -90도 부터 +90도까지 변하게 되고, 0H 단면에서는 V가 -90도부터 +90도 까지 변하게 되어 반구를 형성한다. 반구 형상을 디스플레이 하려면 "Show Graphic" 을 체크한다. 또는 Bin의 개수는 H축, V축에 따른 데이터 분해능을 의미한다. 현재 설정값이 21, 21개 이므로 -90도~+90도인 180도를 21등분 하면 한 등분의 각도 간격은 8.57143도 이다. Bin 값을 적절히 조정하면 정수배의 간격을 설정할 수 있다.

4.1.24의 각휘도 리시버 설정도 광도 리시버 설정과 유사하다. 단 반구 형상 디스플레이는 Angular lum meter의 "Show Graphic" 체크 버튼을 이용한다. 또한 Angular lum meter에는 각휘도 리시버 반구의 크기와 평면 리시버 중심 위치대비 상대 위치를 지정할 수 있다.

4.1.25는 휘도 리시버 설정창을 보여준다. 평면 리시버의 위치, 빈 개수 지정방법은 조로 리시버와 동일하지만 휘도 리시버는 Spatial Lum meter에서 고체반각(Half cone angle) 을 지정해 주어야 한다. BM7과 같은 휘도 계측기는 고체반각의 크기가 0.5도~1도 범위이지만, 그렇다고 해서 휘도 리시버의 고체반각 크기를 이렇게 작은 값을 지정하면 전방 시뮬레이션시 과도한 Ray 수가 필요하게 된다. LightTools에서는 초기값으로 10도가 설정되어 있다. 또한 Longitude 또는 Latitude 값을 바꾸면

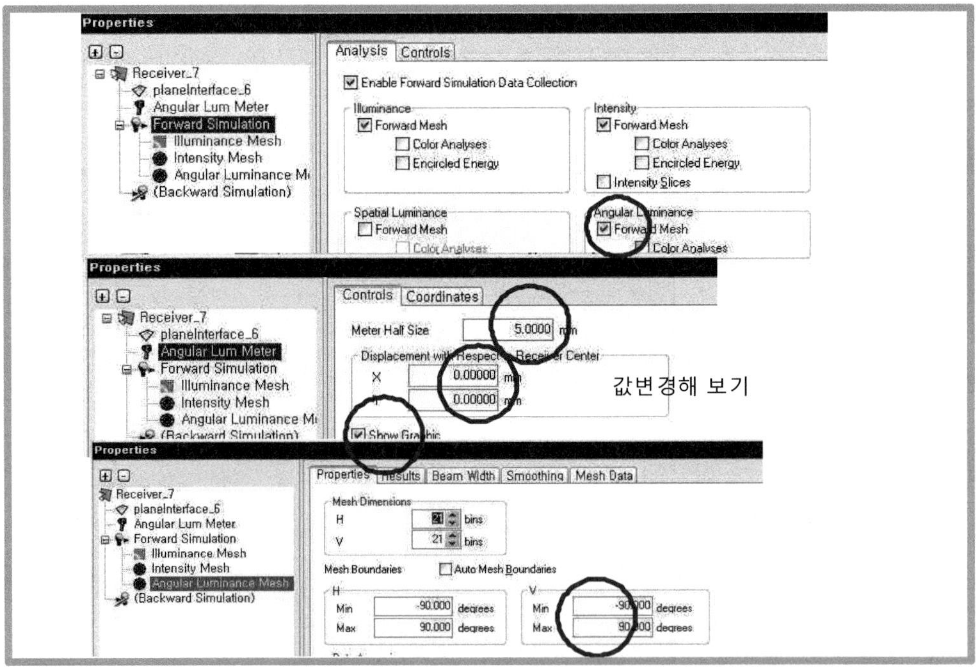


그림 4.1.24: 리시버 설정 실습 순서 8 (각휘도 리시버 설정값 관찰)

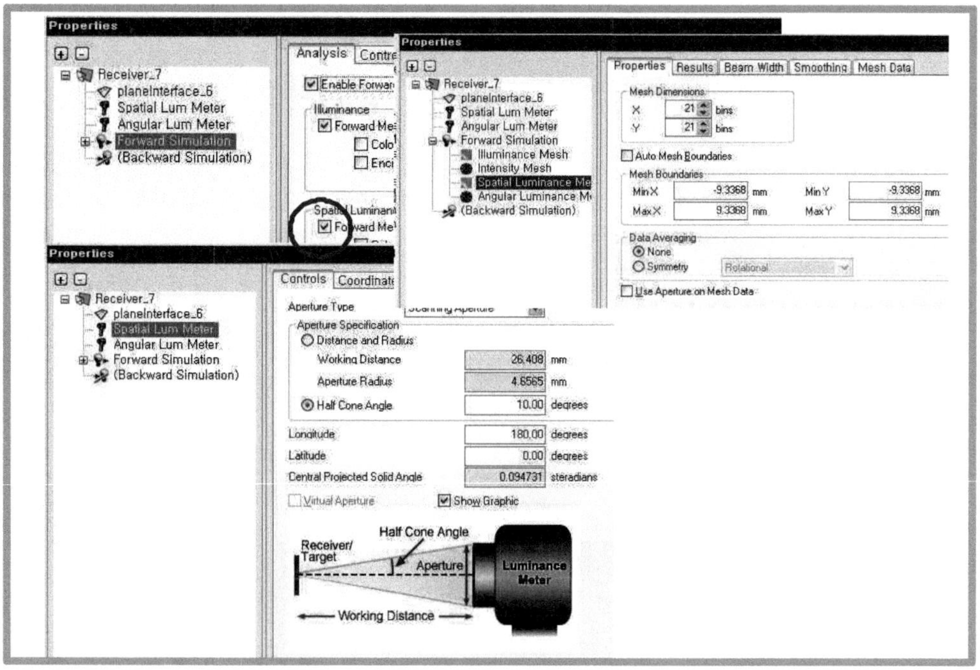

그림 4.1.25: 리시버 설정 실습 순서 9 (휘도 리시버 설정값 관찰)

고체각 콘 자체를 기울일 수도 있다. 이는 그림 2.32-d에서 볼 수 있듯이 직하 확산판 광학시뮬레이션시 관찰 각도에 따른 휘도 리시버를 여러개 달 경우 유용하게 쓰인다.

그림 4.1.26은 전방 시뮬레이션을 하는 방법을 보여 주고 있다. Total Ray to Trance에서 전방 시뮬레이션에서 발광하는 Ray수를 지정한다. Ray 분석 방법으로는 두가지가 있는데, Preview를 누르고 Ray수를 적으면 시뮬레이션에서 Ray가 어떤식으로 진행하는지 개괄적인 상황을 파악할 수 있다. 그러나 이것은 어디까지나 정성적인 관찰만 가능하다. Show Ray Report를 선택하면 시뮬레이션을 수행한 후 리시버상에서 어떤 도달하는 Ray에 대한 Ray Path Analysis를 할 수 있다. 참고로 Ray Path Analysis는 ghost 시뮬레이션서 유용하게 사용된다.

그림 4.1.27은 가로 세로 방향 Bin 개수 21개인 상황에서의 조도 리시버 결과를 보여주고 있다. 시뮬레이션을 돌리지 않고 단순히 Bin 개수를 X, Y각각 100개로 하면 2D Raster Chart에서 보다 정확한 조도를 얻을 수 있다. 이것이 가능한 것은 Forward simulation의 Control 탭에 Save Ray Data가 체크되어 있기 때문이다. 일반적으로 Save Ray Data는 리시버에 맺혀지는 Ray의 history를 모두 저장하는 방식이어서 post processing 관점에서 유용할 수 있다. 그러나 시뮬레이션 Ray 수가 과도하게 많을 경우 이 방식은 메모리를 계속 필요하게 되어 종종 시뮬레이션 도중 메

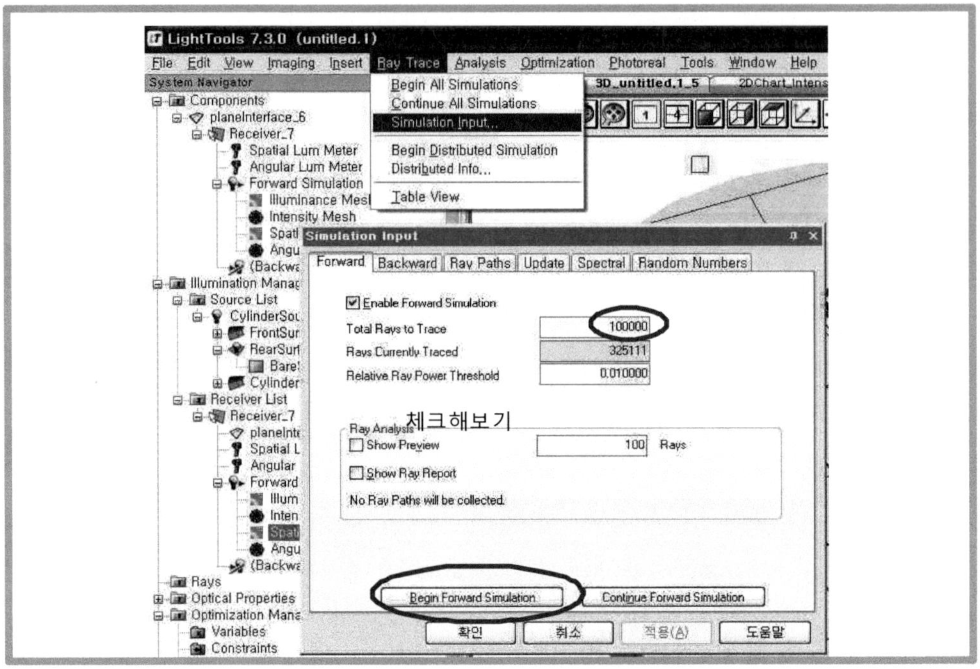


그림 4.1.26: 리시버 설정 실습 순서 10 (전방시뮬레이션 수행하기)

모리 에러가 발생하기도 한다. Save Ray Data를 사용하지 않으면 Bin의 개수를 바꾸어 결과를 보고 싶다면 시뮬레이션을 다시 수행해야 한다. 그림 4.1.28과 같이 2D Raster Chart에 있는 메쉬 데이터 전체를 복사하여 MS-Excel 과 같은 프로그램에서 그래프도 그리고 분석해 볼 수도 있다.

그림 4.1.28과 그림 4.1.29는 램버시안 평면 발광원에 대한 광도 및 각휘도에 대한 결과를 보여주고 있다. 그림 2.6에서 설명되었 듯이 램버시안 발광원을 광도 리시버로 관찰하면 발광각도에 따라 cosine 형태로 광도 감소가 발생하지만 각휘도 리시버로 관찰하면 발광각도에 따라 uniform 형태가 관찰된다.

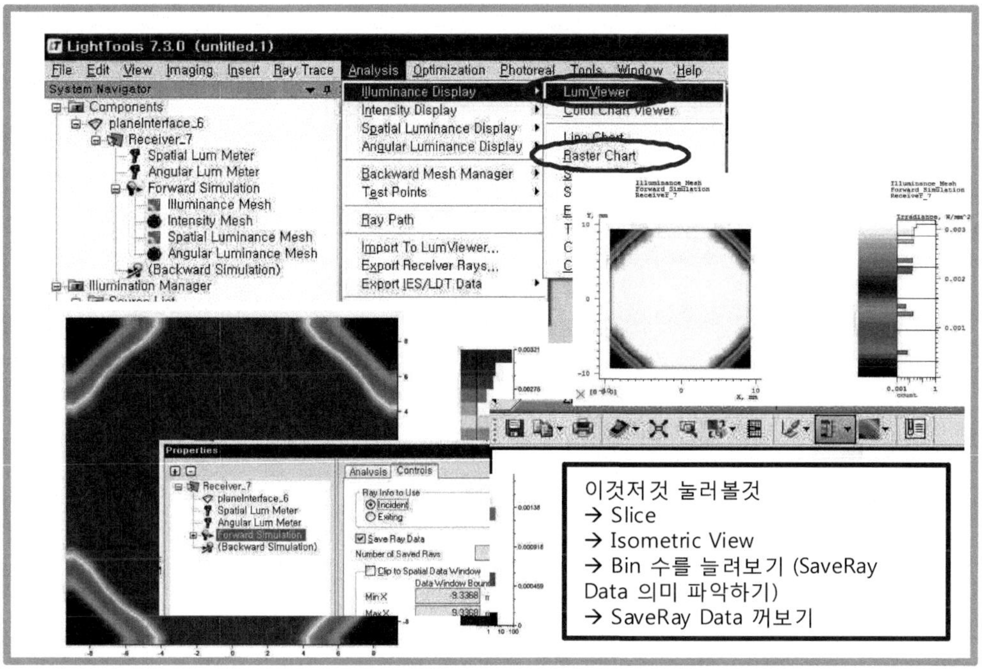


그림 4.1.27: 리시버 설정 실습 순서 11 (조도 리시버 결과값 관찰1)

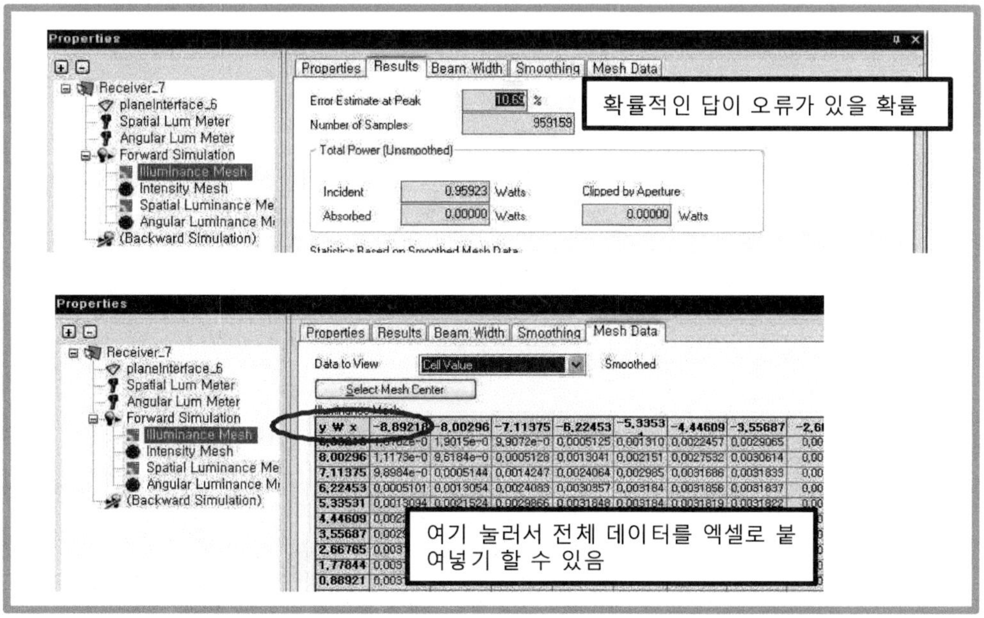


그림 4.1.28: 리시버 설정 실습 순서 11 (조도 리시버 결과값 관찰2)

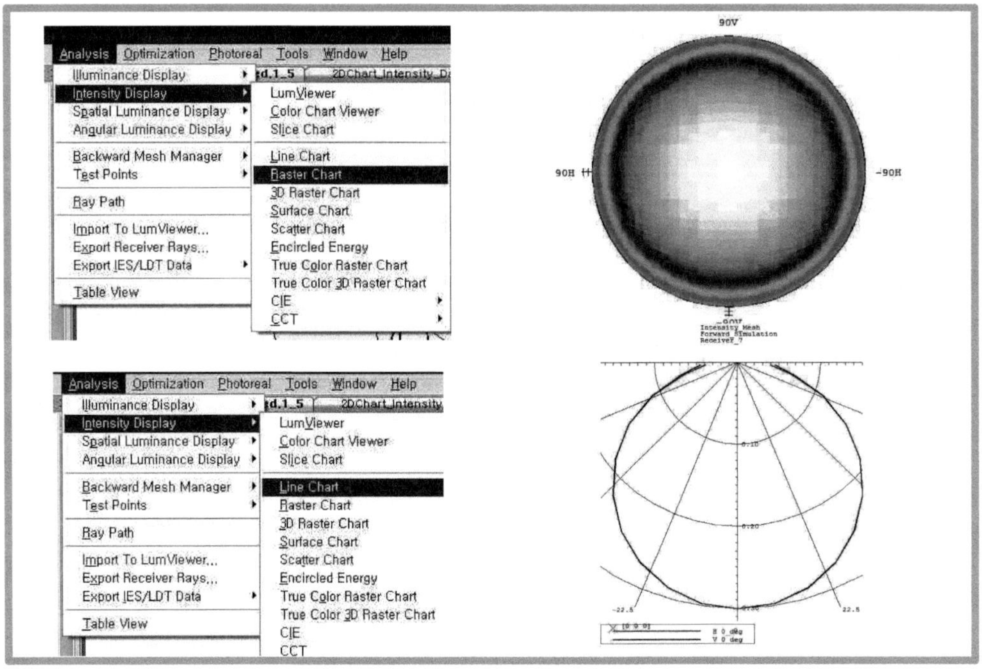


그림 4.1.29: 리시버 설정 실습 순서 12 (광도리시버 결과값 관찰)

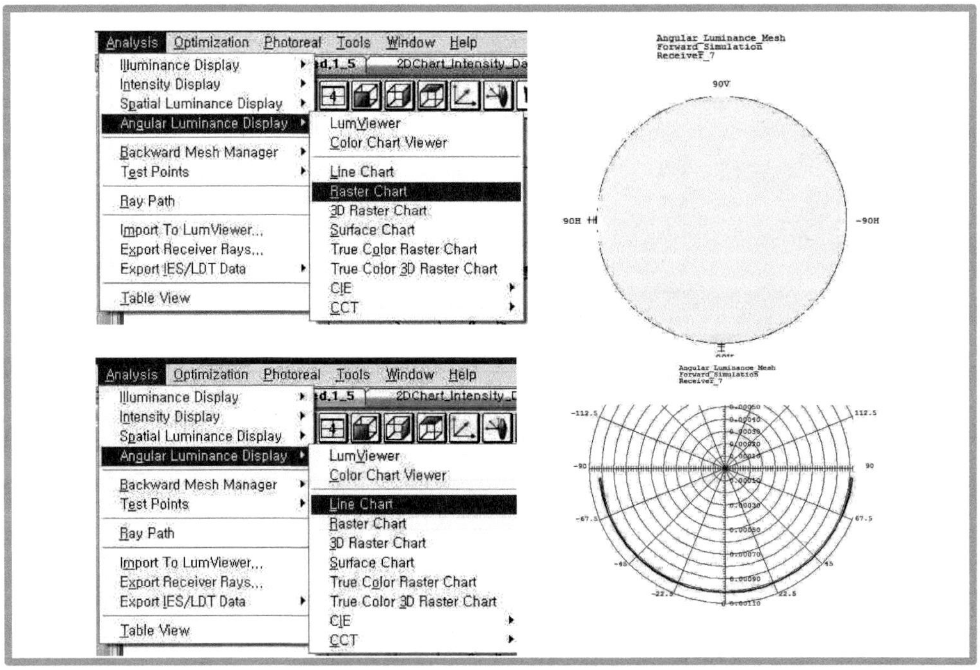


그림 4.1.30: 리시버 설정 실습 순서 13 (각휘도리시버 결과값 관찰)

## 4.2 LED 광원 모델링 실습

### 4.2.1 Angular Apodization 실습

그림 4.2.1는 LightTools v.7.3에 내장되어 있는 LED 라이브러리의 한 모델을 로딩한 예이다. 모델들 로딩하는 방법은 크게 3가지이다.

① Mechanical model only
② Angular apodization
③ Ray data file 방법이다.

이중 ①은 LED 패키지 형상에 대한 캐드 모델만 부르는 방식으로 광원이 되는 것은 아니다. ②는 이번 절에서 다룰 내용으로 배광각도별로 나오는 광도값을 미리 정의되어 있는 텍스트 파일 형태로 로딩하는 것이다. ③은 4.2.3절에서 설명할 예정이다. 이번 절에서는 ②번을 선택한다.

우선 그림 4.2.2와 같이 Far-Field 리시버를 달고 전방시뮬레이션을 한 후 광도 시뮬레이션 결과를 관찰한다. 여기서는 3D Raster Chart를 선택하는데 Chart 그림을 마우스 피킹으로 선택한 후 창 오른쪽에 있는 사람눈 모양의 아이콘을 클릭하면 3D Charg를 적절한 방향으로 회전시킬 수 있다. 그림 4.2.3은 Far-Field 리시버 설정에서 중요한 사항을 지적해주고 있다. 그림 4.2.3-(a)는 LED 정면 방향으로 Triangular bin 이 있고, 그림 4.2.3-(b)는 Triangular bin 이 없다. Triangular bin은 구형 그리드를 그리다보면 필연적으로 나오는 기하 형상이며, 고체각 계산등에서 오류를 범할 수있기 때문에 되도록 피하는 것이 좋다. 따라서 그림 4.2.3-(b)와 같이 Far-Field 리시버를 회전시킨다. 마지막으로 그림 4.2.4은 시뮬레이션 후 광도 관찰값을 보여주고 있다. 본 예제는 지향각 120도 짜리의 전형적인 LED 배광특성을 보여주고 있다.

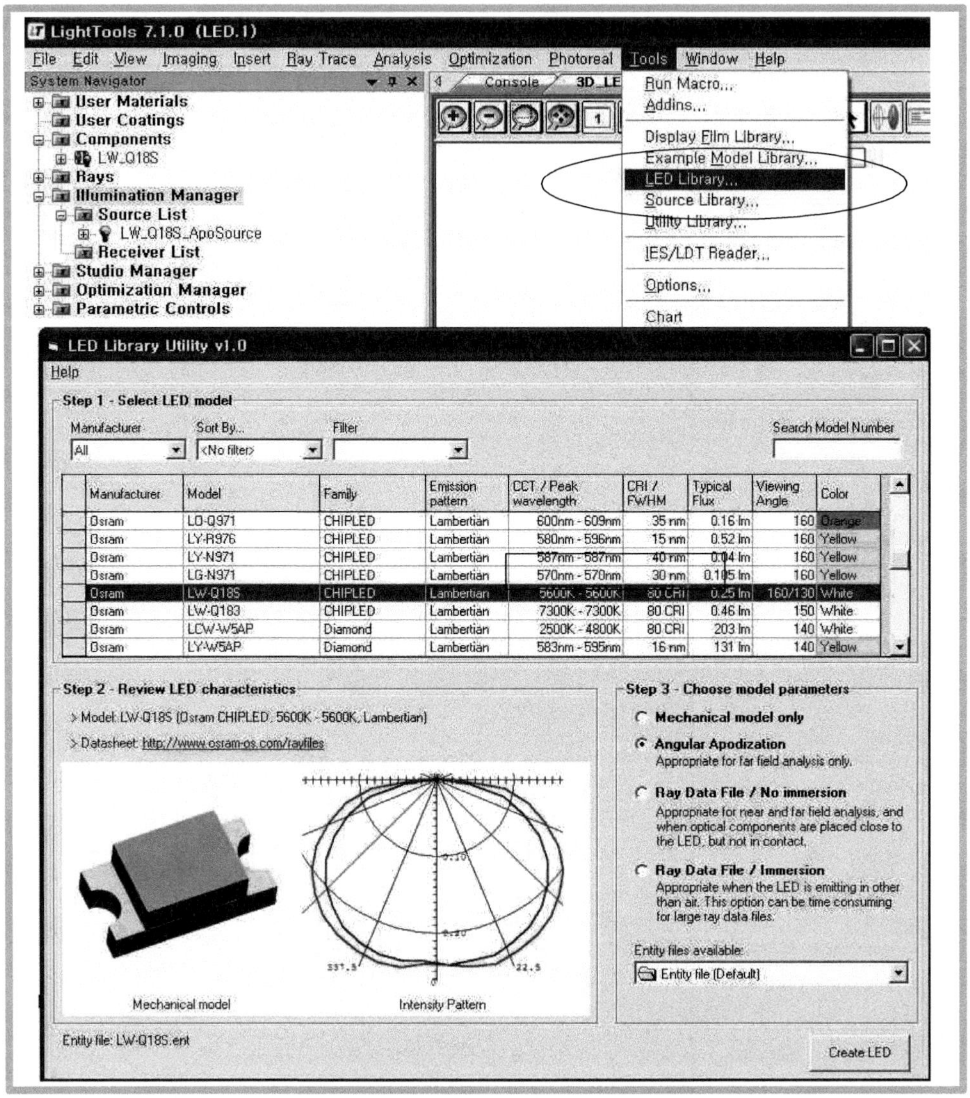

그림 4.2.1: LightTools 내장 LED 라이브러리로부터 모델 불러오기 예시

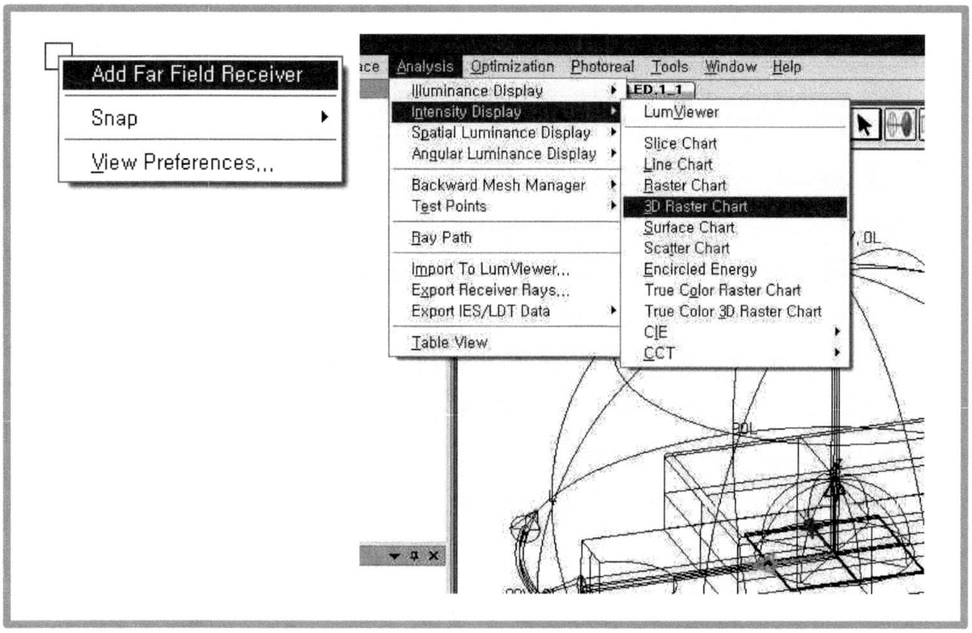


그림 4.2.2: Far-Field 리시버 달고 전방시뮬레이션 후 광도 결과 관찰하기

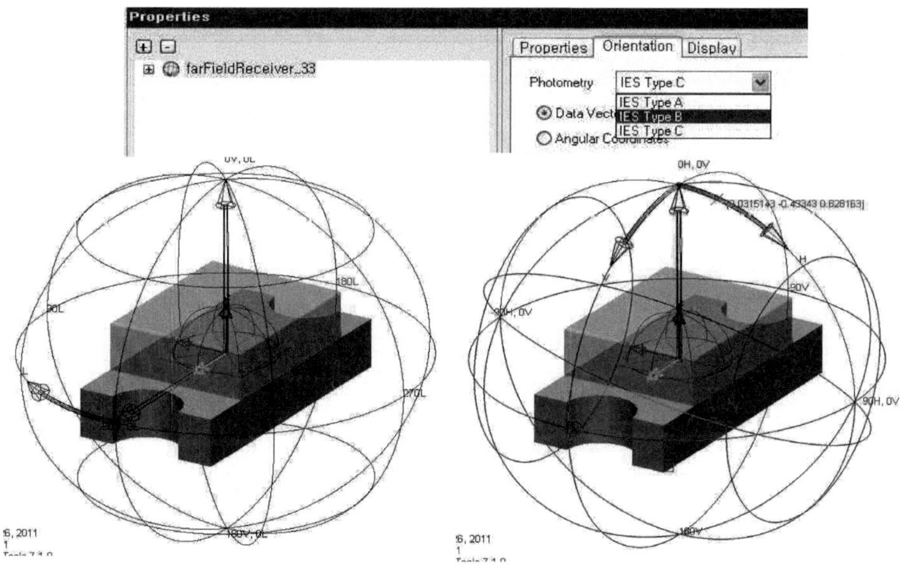


(b) 정면방향 Triangular bin 이 있는 경우 (b) 정면 방향 Triangular bin을 피한 경우

그림 4.2.3: Far-Filed 리시버 orientation 변경 Triangular bin 피하기

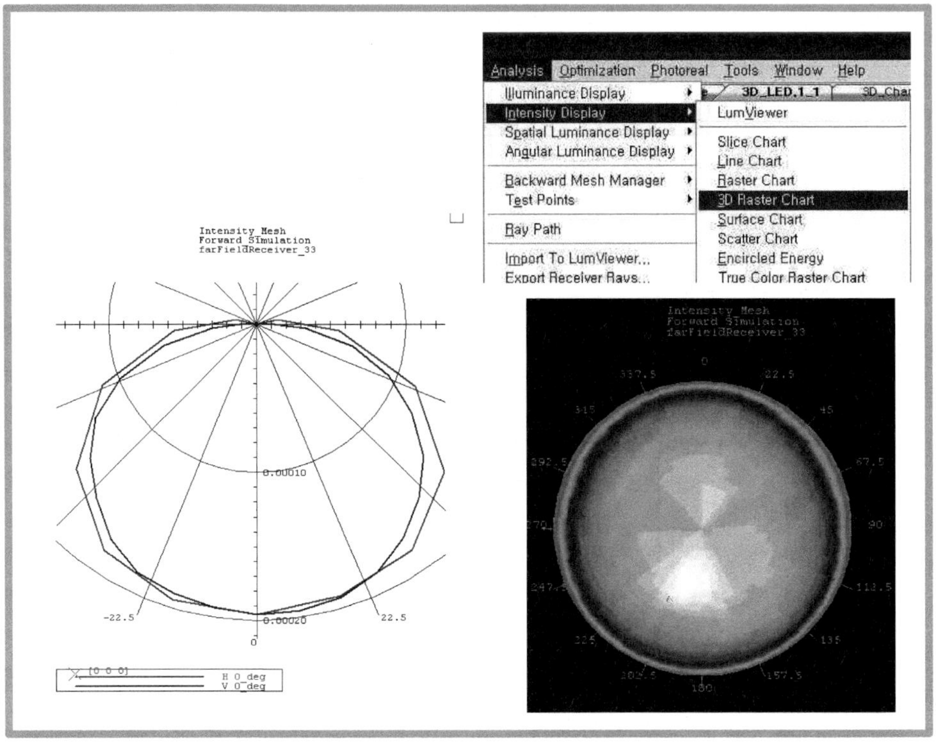


그림 4.2.4: Angular apodized 광원의 시뮬레이션 후 광도 관찰 값

| 배광 각도 | 방위각0도 배광곡선 | 방위각90도 배광곡선 |
|---|---|---|
| -90 | 0 | 0 |
| -80 | 0.4 | 0.4 |
| -70 | 1 | 0.55 |
| -60 | 0.5 | 0.5 |
| -50 | 0.32 | 0.4 |
| -40 | 0.24 | 0.3 |
| -30 | 0.2 | 0.2 |
| -20 | 0.16 | 0.15 |
| -10 | 0.12 | 0.12 |
| 0 | 0.1 | 0.1 |
| 10 | 0.12 | 0.12 |
| 20 | 0.16 | 0.15 |
| 30 | 0.2 | 0.2 |
| 40 | 0.24 | 0.3 |
| 50 | 0.32 | 0.4 |
| 60 | 0.5 | 0.5 |
| 70 | 1 | 0.55 |
| 80 | 0.4 | 0.4 |
| 90 | 0 | 0 |

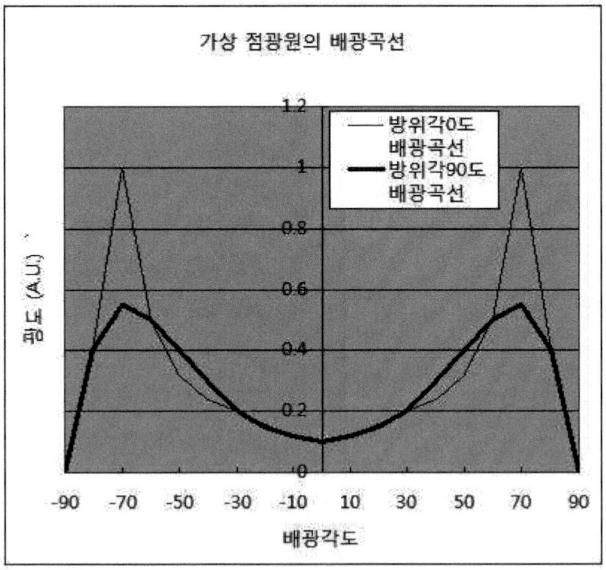


그림 4.2.5: 가상 점광원의 방위각0도, 방위각90도 배광곡선 예시

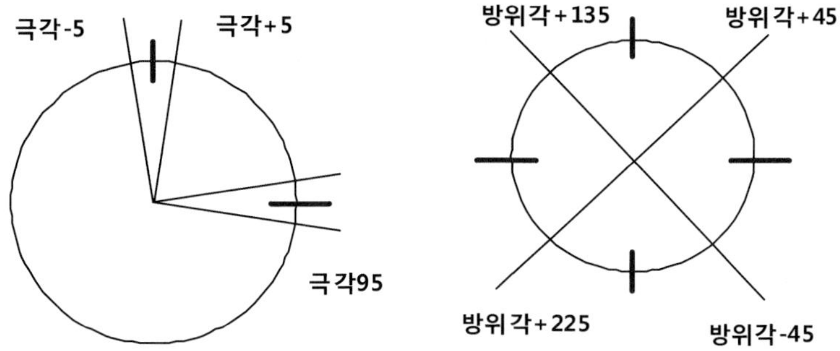


Column 개수 4개
Row 개수 10개

방위각 min,max : -45도, 315도
극각 min, max : -5도, 95도

| | SPHEREMESH: 4 10 -45 -5 315 95 | | | |
|---|---|---|---|---|
| 극각90도 데이터 | 0 | 0 | 0 | 0 |
| 극각80도 데이터 | 0.4 | 0.4 | 0.4 | 0.4 |
| 극각70도 데이터 | 1 | 0.55 | 1 | 0.55 |
| 극각60도 데이터 | 0.5 | 0.5 | 0.5 | 0.5 |
| 극각50도 데이터 | 0.32 | 0.4 | 0.32 | 0.4 |
| 극각40도 데이터 | 0.24 | 0.3 | 0.24 | 0.3 |
| 극각30도 데이터 | 0.2 | 0.2 | 0.2 | 0.2 |
| 극각20도 데이터 | 0.16 | 0.15 | 0.16 | 0.15 |
| 극각10도 데이터 | 0.12 | 0.12 | 0.12 | 0.12 |
| 극각 0도 데이터 | 0.1 | 0.1 | 0.1 | 0.1 |
| | 방위각 0도데이터 | 방위각 90도데이터 | 방위각 0도데이터 | 방위각 90도데이터 |

그림 4.2.6: 가상 점광원의 단축, 장축 배광곡선에 대한 Angular apodization 파일 설명

지금부터 Angular apodization 기법으로 배광곡선을 정의하는 방법에 대해 알아보도록 하겠다. 그림 4.2.5에는 가상 점광원의 방위각0도, 방위각90도에대한 배광곡선이 나와 있다. 일반적으로 LED는 방위각도별로 대칭인 배광 특성을 보이나 Laser Diode의 경우 광축별 배광이 틀리므로 현재의 예제를 생각하였다. 이 데이터를 계측된 값이라고 가정하고 LightTools에서 읽힐 수 있는 apodization 파일 포맷으로 변환시켜주는 것이 이번 실습의 목표이다. 그림 4.2.6에 아포다이제이션 텍스트 파일 내용이 보이고 있다. 헤더에는 column의 개수가 4개, row의 개수가 10개임을 의미하고 방위각의 범위는 −45도부터 315도, 극각의 범위는 −5도부터 +95도 까지이다. 이처럼 방위각과 극각의 범위가 다소 혼동될 수 있는데 이는 계측값은 특정 각도에 대한 center value 이고 LightTools에서는 Bin의 Min, Max 개념이 적용되기 때문이다. 또 row의 데이터는 최하단부가 극각 0도일때의 계측 데이터이고, 최상단부가 극각 90도

일때의 계측 데이터이다.

상기의 데이터를 메모장에 key-in 하여 "배광곡선테스트.txt"로 저장하고 Surface coordinate를 선택한다. (그림 4.2.7 참고) 여기서 테스트 모델은 그림 4.2.4에서 사용했던 LED 라이브러리에서 로딩했던 모델에서 초기값으로 들어있던 배광곡선을 "배광곡선테스트.txt"파일로 대체하면 된다. Ray수를 약 100만개 설정한 후 전방 시뮬레이션 하고 Intesnity-Lum View를 관찰하면 그림 4.2.8과 같다.

마지막으로 4.2.1절에서 유도하였던 $I(\theta)=I(0)/\cos^3\theta$ 점광원에 대한 광학 두께 27mm 상에서의 조도 균일도에 대한 관찰을 해 보면 그림 4.2.9와 같고 램버시안 광원에 비해 조도 균일구간이 매우 넓은 것을 확인할 수 있다. 이 예제는 지금까지 실습했던 예제를 약간만 응용해서 수행할 수 있다.

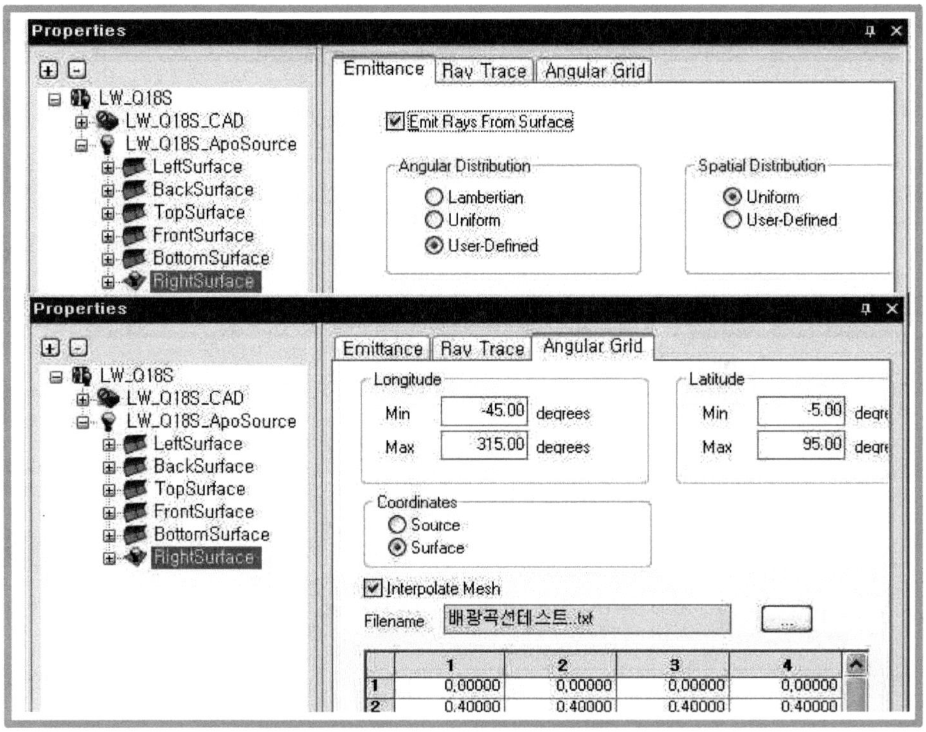

그림 4.2.7: Angular apodization 파일 로딩

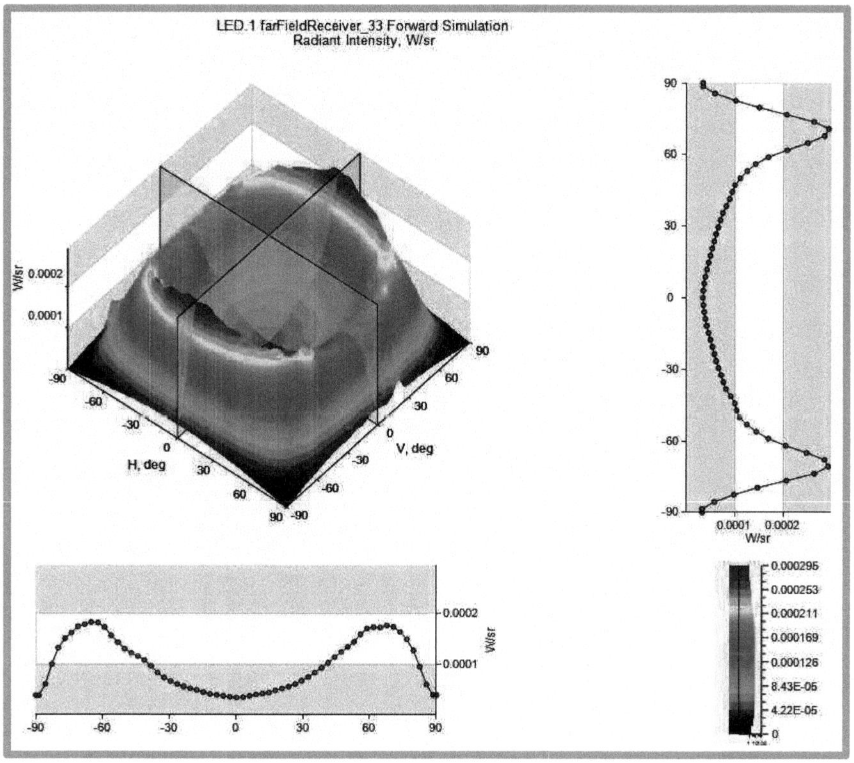


그림 4.2.8: “배광곡선테스트.txt” 적용 후 광도 결과 관찰 (3D Cartesian Plot)

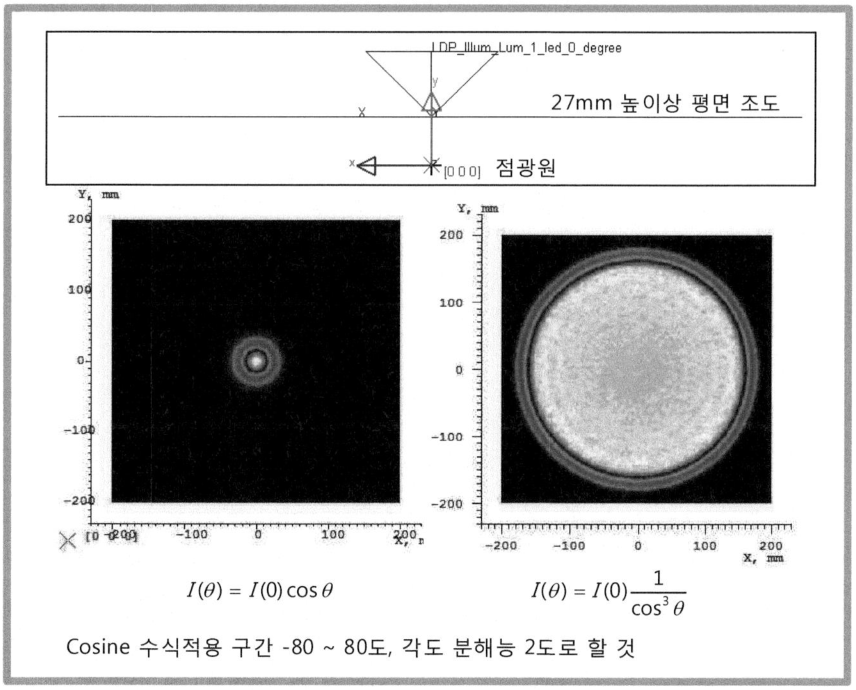


그림 4.2.9: 램버시안 광원과 inverse cosine 3승 점광원의 조도 균일도 부여 능력

### 4.2.2 Ray data source를 이용한 LED 광원 모델링

시뮬레이션을 수행할 때 리시버에 Save Ray Data를 체크하면 리시버에 도달하는 Ray들에 대한 모든 정보가 누적된다. 시뮬레이션 종료 후 리시버에 누적되어 있는 Ray 정보를 Export 할 수 있고 Import 할 수 도 있다. LED 제조사에서 형광체 레벨까지 아주 정확한 광시뮬레이션 모델을 만들고 이 때 나온 광원에 대한 모사 정확도가 아주 높다고 하자. 만일 LED 제조사에서 시뮬레이션 모델을 배포하지 않고 Ray 정보만 타인에게 배포하고자 할 때 Ray data source 는 매우 유용하다. 이러한 관점에서 Ray data source는 4.2.2 절에서 실습한 apodization 에 비해 훨씬 정확한 광원 모델링이 가능하다. 그러나 제조사에서 수행한 시뮬레이션 Ray 수 그 이상에 대한 Ray를 사용할 수 없다. 본 절에서는 세가지 관점에서 Ray Data Source 활용법에 대한 주제를 선정하였다. ① 리시버에 저장되어 있는 Ray 정보를 export 하는 방법 (배포자 관점) ② Ray Data Source의 Best Focus 찾는 방법 (사용자 관점), ③ 렌즈, 돔 같은 LED optic이 모델링 되어 있는 상태에서 만들어진 Ray Data Source 를 갖고 LED optic 내부의 광원 상태를 유추하는 방법 (사용자 관점)

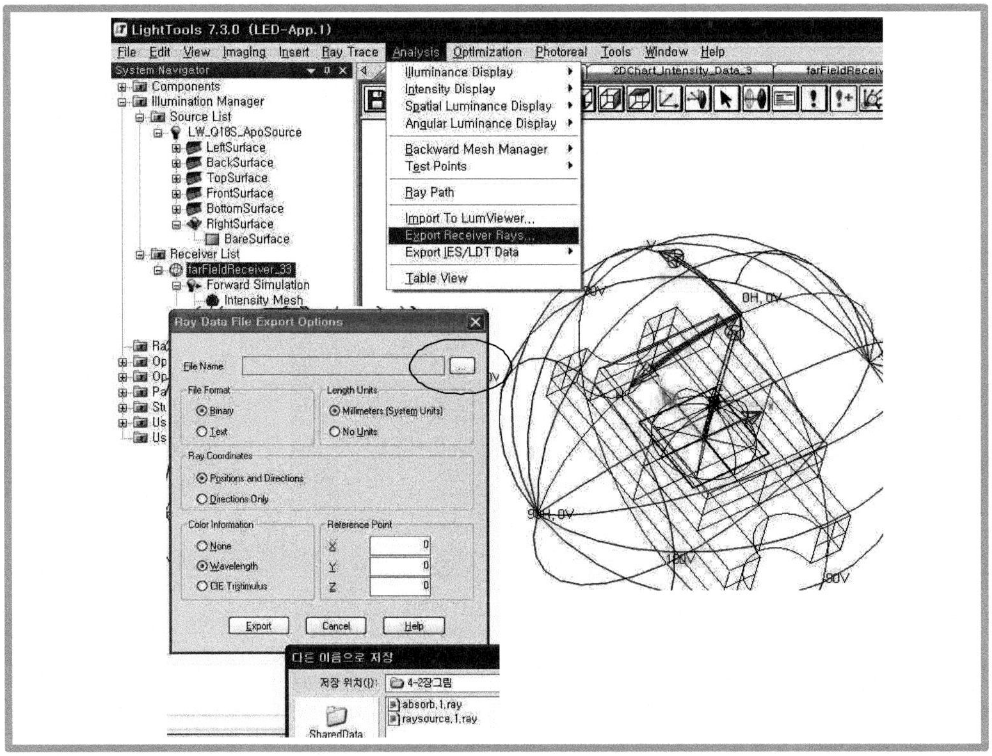


그림 4.2.10: Ray Data Source 만드는 방법

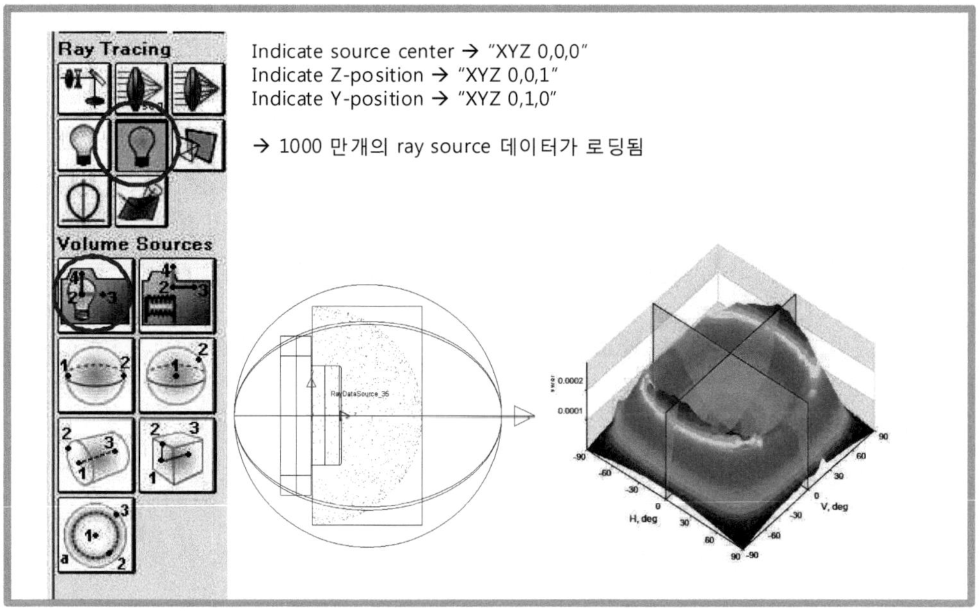


그림 4.2.11: Ray Data Source 로딩후 시뮬레이션 결과 관찰

① 리시버에 저장되어 있는 Ray 정보를 export 하는 방법 (배포자 관점)

그림 4.2.8의 "테스트배광곡선.txt"의 Angular apodization이 정의된 모델에 대해 전방 시뮬레이션 일천만개를 수행했다고 하자. 그림 4.2.10과같이 파필드 리시버를 선택하고 Analysis - Export Receiver Rays를 선택하면 Ray Data Source 파일을 만들 수 있다. "raysource-10M.1.ray"

② Ray Data Source의 Best Focus 찾는 방법 (사용자 관점)

사용자 관점에서는 Ray Data Source 를 로딩하고 Ray Data Source의 best focus 지점을 찾을 필요가 있다. 이제 이전 실습파일에서 apodization 이 적용되어 있는 광원부를 disable 시키고 Ray Data Source (raysource-10M.1.ray) 를 로딩한다. (그림 4.2.11 참고) 이때 prompt 창에 그림 4.2.10 명령어를 key in 해야 한다. 데이터가 성공적으로 로딩되면 구름모양의 Ray source들이 보일 것이다. 만일 내가 의도하는 방향으로 Ray가 위치하지 않으면 Ray Data Souce 의 Property 탭에서 공간상의 위치와 회전을 해주면 된다. 이는 Ray Data Souce 배포자의 광원 모델링이 어떤 축을 기준으로 했는지 알수 없기 때문이다. Rayd Data Souce 로딩 후 시뮬레이션을 수행하면 정확하게 1,000만개 시뮬레이션이 수행되고 종료된다. 그때의 광도 결과는 4.2.8

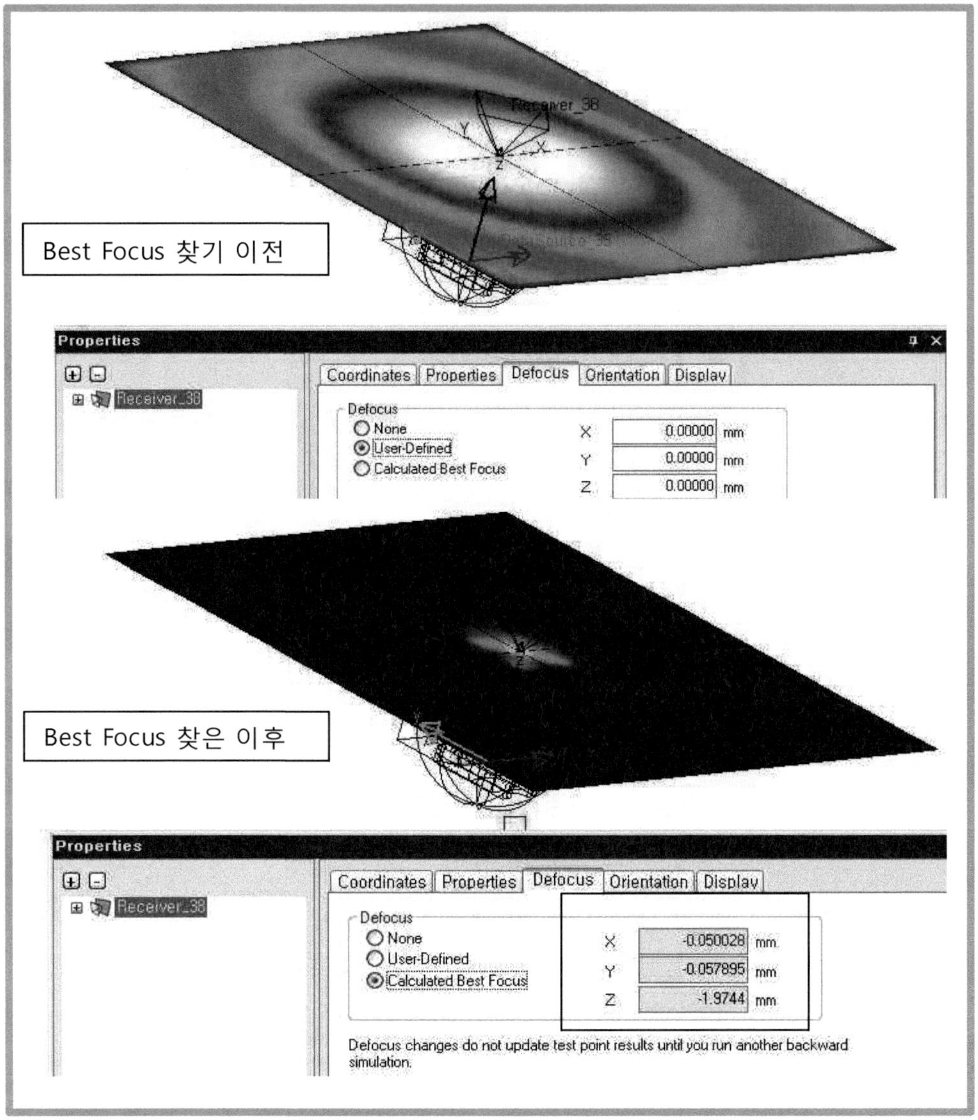


그림 4.2.12: Ray Data Source에서 Best Focus에 대한 조도 결과

의 apodization과 동일한 결과를 얻을 수 있다.

사용자 관점에서 한가지 모호한 것이 바로 Ray Data Souce 와 같은 체적광원의 best focus 지점이 어디인지 결정하는 것이다. 현재의 실습 예제는 평면 광원 apodization으로 만들어진 Ray Data 이므로 구름 모양에서 명확한 경계가 나타나지만 일반적으로 제조사가 배포하는 Ray Data Souce는 경계가 모호하기 때문이다. 이 문제를 해결과정을 실습하기 위해 그림 4.2.12와 같이 Z위치 2 mm 상에 더미평면을 만들고 조도 리시버를 설정한 후 전방시뮬레이션을 수행한다. 시뮬레이션 종료 후 리시버 탭의 Defocus에서 "Calculate Best Focus"를 선택하면 -1.9744mm 인 지점이

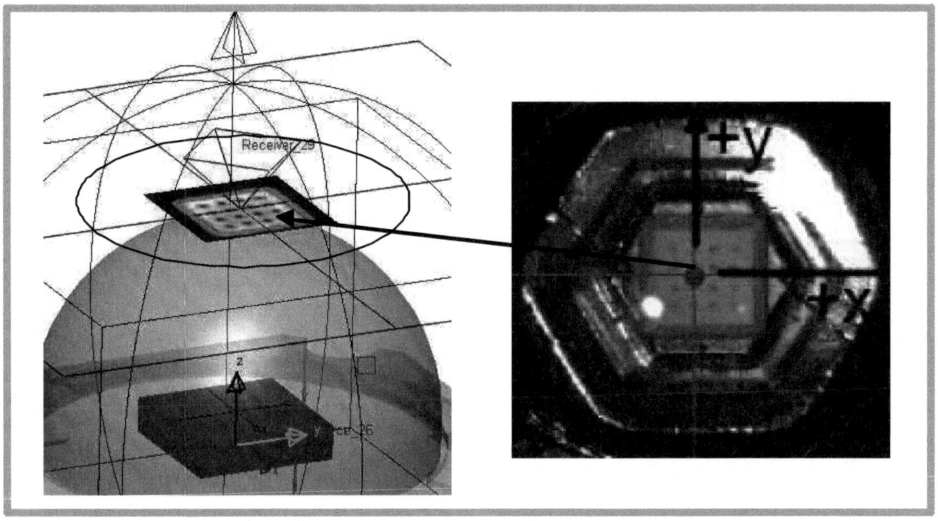


그림 4.2.13: 실제 제조사 Ray Data Source의 Best Focus에 대한 조도 결과 예시

Best Focus 높이라고 찾아 준다. 실제 Ray Data Source에 대해 Best Focus 지점에서 조도 관찰해 보면 Chip Image 가 놀라울 정도로 정확하게 모사되고 있어 있다. (그림 4.2.13 참고)

③ 렌즈, 돔 같은 LED optic이 모델링 되어 있는 상태에서 만들어진 Ray Data Source 를 갖고 LED optic 내부의 광원 상태를 유추하는 방법 (사용자 관점)

만일 제조사가 배포한 Ray Data Source 가 LED Bulb 와 같은 Optic 을 거쳐서 나온 Ray Data Source 이고 사용자는 LED Optic 내부의 광원 상태를 알고 싶을 때는 어떻게 할까? 이 문제를 해결하기 위해 LightTools에서는 불러들여진 Ray Data Source의 Ray Trace 탭에 "Reverse Ray Direction" 체크 버튼이 있다. 이것을 이용하면 Ray 발광 방향이 한 영역으로 모여 들게 된다. 만일 LED Bulb 또는 Dome 형상과 같은 optic 형상 및 광학재질을 알고 있고 모델링 되어 있다면 LED 내부에 작은 Mechanical Sphere와 같은 Absorber 용도의 개체를 모델링하고 구 표면에 Surface Receiver를 추가한 후 시뮬레이션 수행하면 Surface Receiver의 면에 저장된 Ray Data Source를 다시 Export 한다. 이때 Absorber sphere는 LED Optic안에 담그기를 수행한다. 이렇게 만들어진 Ray Data Source는 LED optic 내부의 광원 상태에 가깝게 되고 다른 광원 모델링에서 Ray Data Source를 제대로 적용하기 위해서 "Reverse Ray Direction" 체크 버튼을 켜야 한다. 상기 약술한 과정은 그림 4.2.14에 개념적으로 도식화 되어있다.

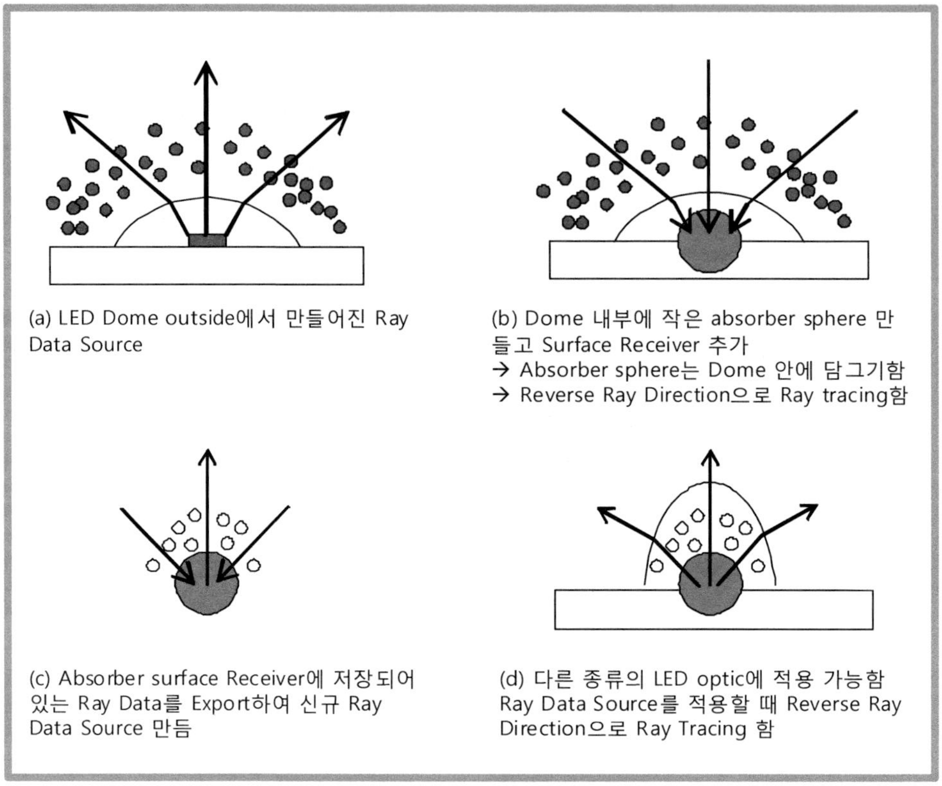


그림 4.2.14: LED optic 내부에서의 Ray Data Source 만드는 방법

### 4.2.3 Spatial Apodization 실습

4.2.2절에서 논의된 Angular apodization은 평면상 모든 점에서 동일한 광속이 나오되 배광이 다른 상황을 모사하는 것이다. 이번 절에서 논의될 Spatial apodization은 평면에 있는 점들의 상대 위치에 따라 광속 자체가 달리 나오는 상황을 모사할 수 있다. 그림 4.2.15에서 볼 수 있듯이 LED 다이에서의 전극부 컨택 또는 전극부 패턴의 비발광영역 모사를 하기 위해서 Spatial apodization을 해야 한다. 또는 CCFL광원의 양끝단 전극부와 중앙부의 밝기 차이도 Spatial apodization으로 모사 가능하다. Spatial apodization 텍스트 파일은 발광부 사진 영상을 판독하여 발광부 영역별 빛의 강도의 상대값에 대한 정보가 들어가야 한다. 그림 4.2.16은 흑백 이미기로부터 밝기 화소값 (0 – 255)을 텍스트로 추출해 낼 수 있는 MATLAB 코드를 보여 주고 있으며 이를 이용하여 Spatial apodization text 파일을 만들어 낼 수 있다.

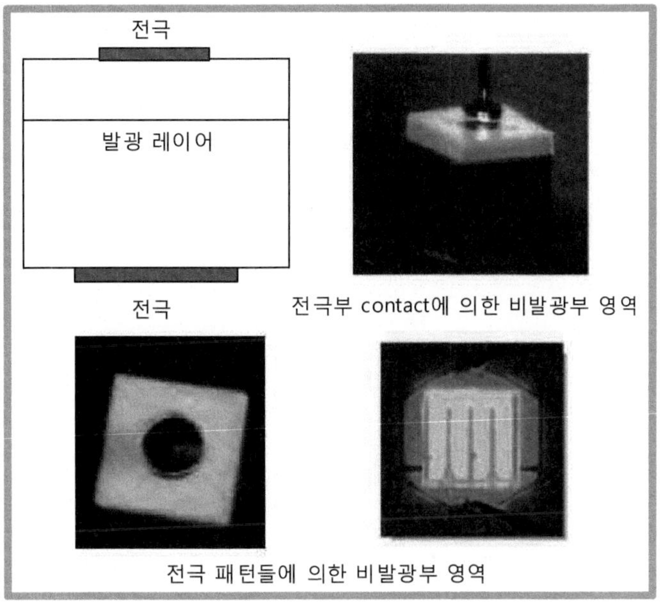


그림 4.2.15: Spatial Apodization을 해야 하는 이유

이번 절에서는 그림 4.2.15의 우측 하단에 있는 이미지를 이용하여 Spatial apodization 피일을 만드는 실습을 수행해 보겠다. 독자들도 독자들만의 이미지를 이용하여 실습해 보길 바란다. 그림 4.2.17은 발광 영역에대한 카메라 이미지를 이미지 편집기상에서 흑백 이미지로 변환한 과정을 보여준다. 이를 "Image.bmp"로 저장하고 그림 4.2.16의 MATLAB code를 실행하면 이미지 화소값 (0-255사이)에 대한 정보가 "Image-화소값.txt"에 저장된다. 그림 4.2.18에서 볼 수 있듯이 "Image-화소값.txt" 상단에 "MESH: 200 200"의 헤더를 추가하면 LightTools에서 인식 가능한 Spatial apodization 파일이 된다.

```
clear;
clc;

f = double ( ( imread ( 'Image.bmp' , 'bmp' ) ) );

[fx fy] = size (f);

save -ascii 'image-화소값.txt' ;
```

그림 4.2.16: bitmap 이미지에서 화소값 추출 가능한 MATLAB 코드

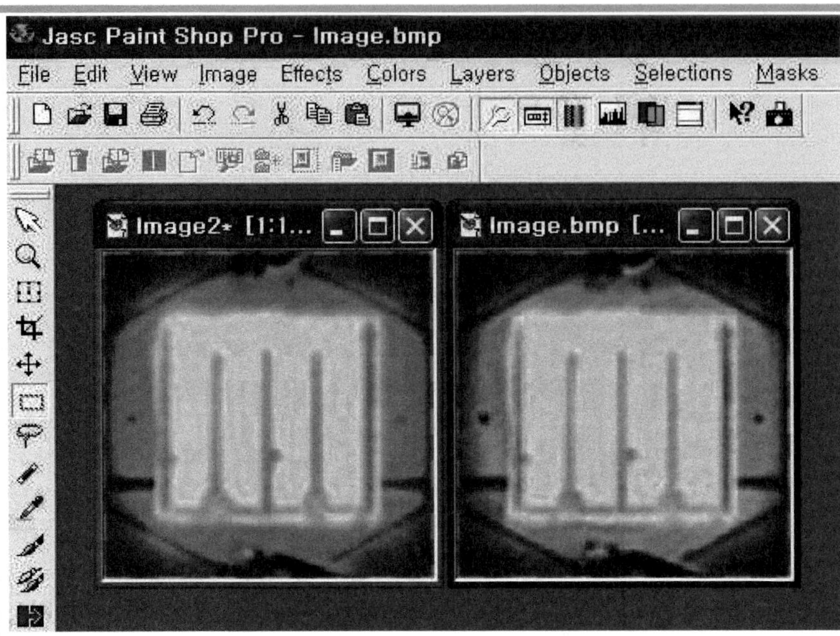


전극부 패턴 이미지
→ 200 x 200 이미지

Gray scale 이미지
→ Image.bmp로 저장
→ Matlab 이용하여 Image-화소값.txt 추출

그림 4.2.17: Spatial apodization 순서 1 (전극부 패턴 이미지에 대한 화소값 추출)

Spatial apodization 파일의 Header
→ 가로, 세로 방향으로 200, 200개의 데이터가 있다는 의미

그림 4.2.18: Spatial apodization 순서 2 (Spatial apodization 헤더 추가)

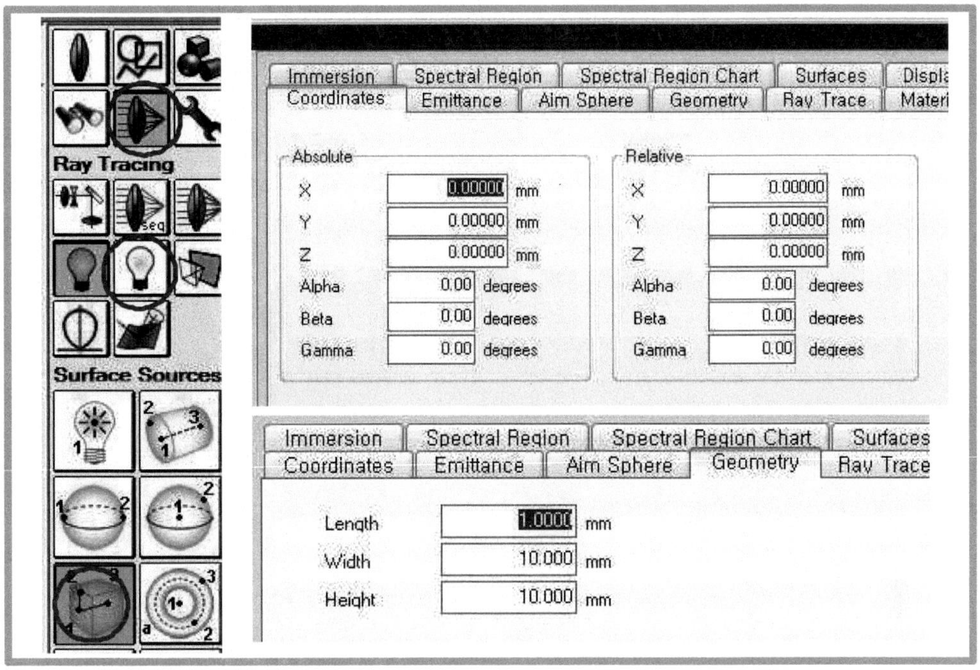


그림 4.2.19: Spatial apodization 순서 3 (Box형 Surface Source 만들기)

Spatial apodization 을 테스트 해 보기 위해 그림 4.2.19와 같이 Box 형태의 면광원을 제작해 본다. Box 면광원의 여섯 면 중 RightSurface에서만 발광시키고 나머지 다섯 면은 발광시키지 않는다 (그림 4.2.20). Spatial apodization을 User-Defined로 설정하면 그림 4.2.21의 화면이 나오고 "Image-화소값.txt"를 로딩한다. RightSurface 선택 후 우클릭하여 "Add Surface Receiver"를 선택하면 평면 리시버가 만들어진다. 여기서 조도리시버의 bin 분해능을 200×200으로 설정한다 (그림 4.2.21). 시뮬레이션 Ray 수를 충분히 크게 하고 광선추적을 수행하면 그림 4.2.22와 같이 원본 이미지와 동일한 조도 결과를 얻을 수 있다. 이때 조도 결과를 흑백 이미지로 관찰하기 위해서는 Rendering 설정값을 바꿔주면 된다.

일반적으로 2차렌즈 광학설계시 LED 발광면에서의 위치별 광속 차이에 대한 정보는 중요할 수 있으며, 따라서 LED Spatial apodization 기법이 적절히 사용되어야 한다.

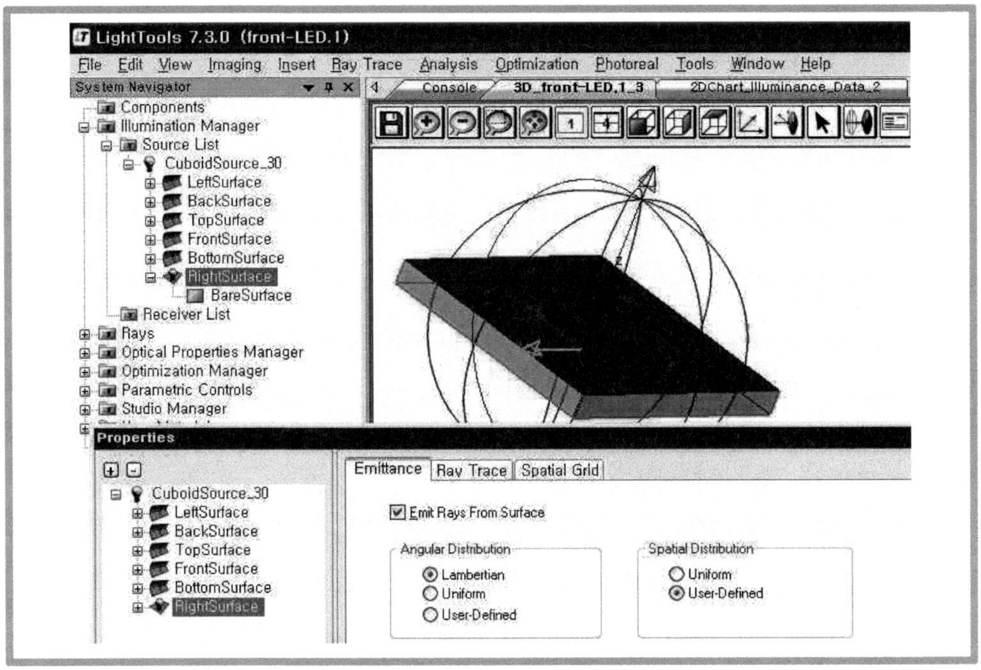


그림 4.2.20: Spatial apodization 순서 4 (Spatial Distribution 사용자 정의)

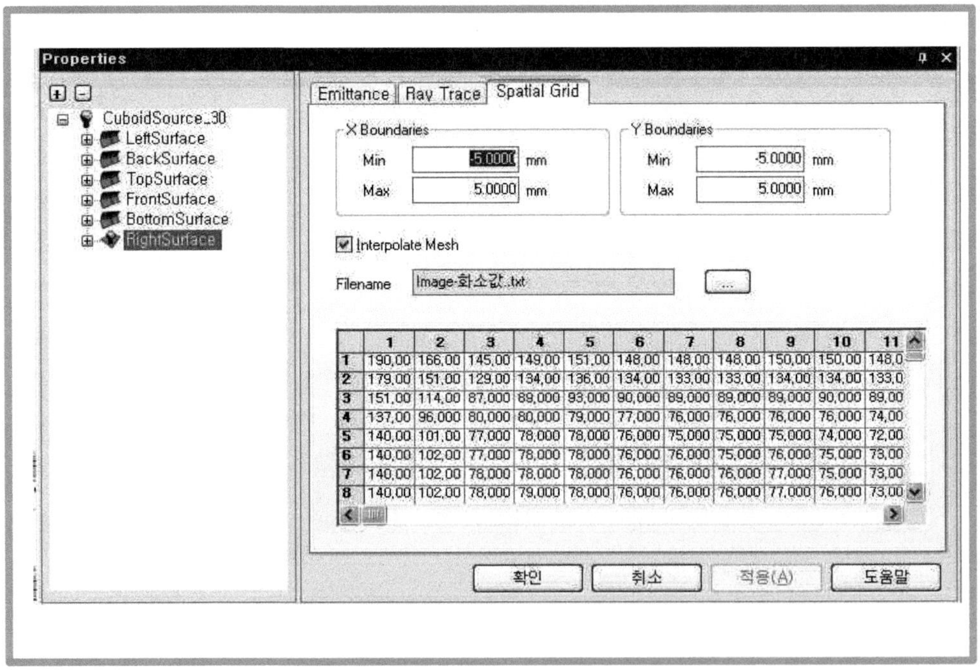


그림 4.2.21: Spatial apodization 순서 5 (아포다이제이션 파일 로딩하기)

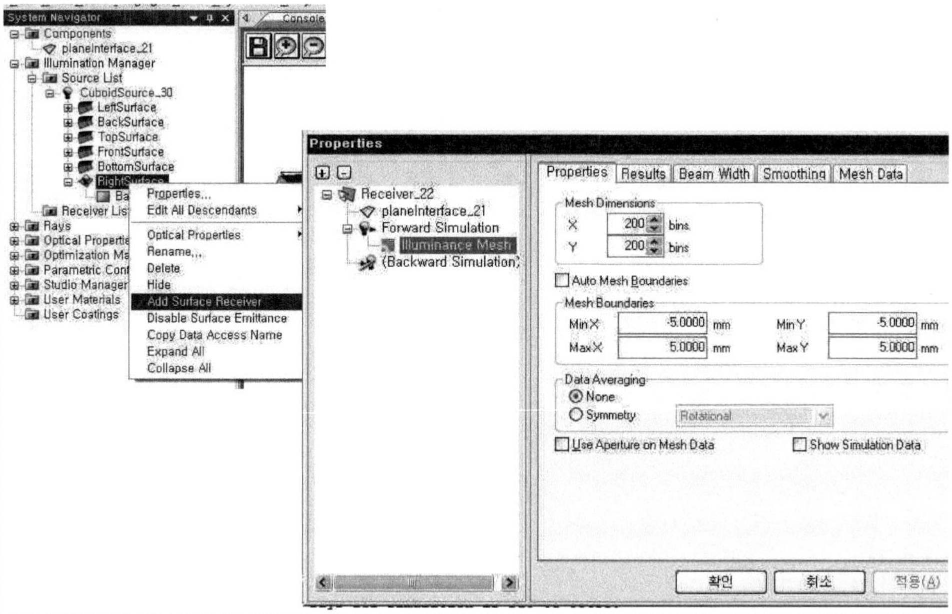


그림 4.2.22: Spatial apodization 순서 6 (조도 bin 개수 조정하기)

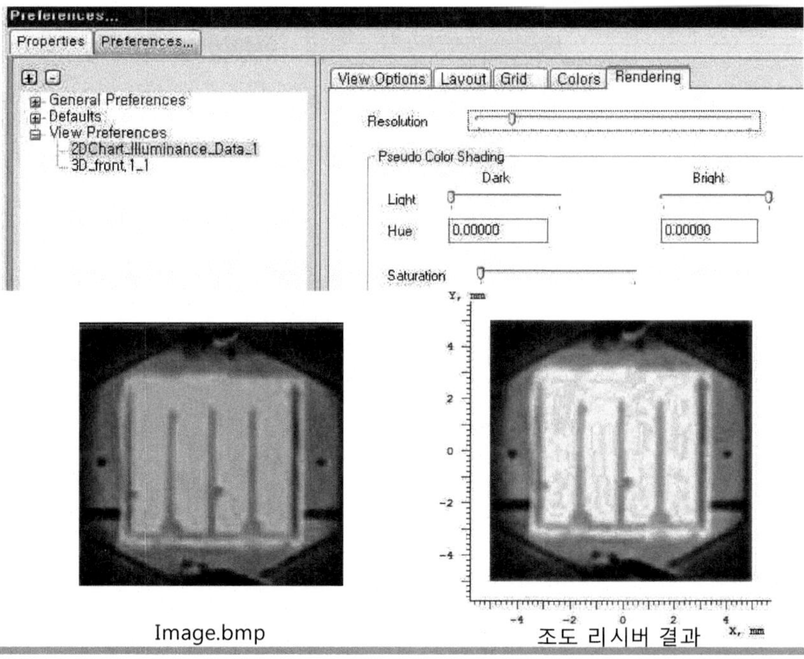


그림 4.2.23: Spatial apodization 순서 7 (조도 결과 관찰하기)

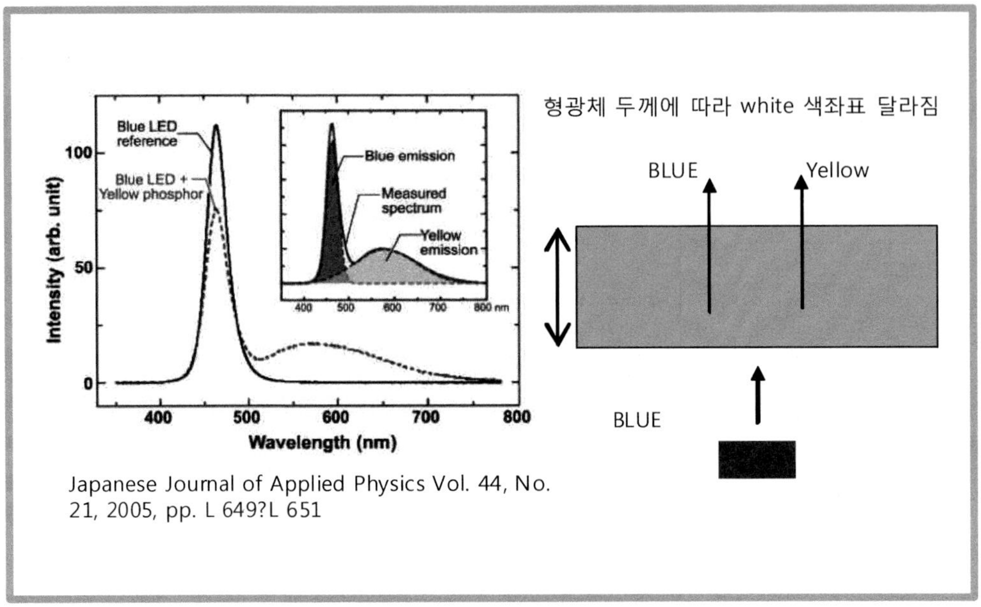


그림 4.2.24: 형광체 기반 백색 LED의 백색 구현 방법

## 4.2.4 백색 LED용 형광체 모델링 실습

이번 절에서는 백색 LED용 형광체 모델링에 대한 기초 실습을 수행하고자 한다. 그림 4.2.24에서 볼 수 있듯이 형광체 기반 백색 LED는 청색 광원위에 황색 형광체막을 적절히 도포시켜 청색과 황색을 혼색하여 백색을 구현하는 것이다. 따라서 이번 절 실습에서는 그림 4.2.24의 우측 그림과 같이 Blue 광원을 설정하고 그 위에 형광체 블록을 만들고 YAG 형광체 정보를 입력한 후 칼라 리시버의 결과를 관찰할 것이다. 이번 절 실습을 통해 LightTools의 칼라 분석 방법, 광학 굴절율 및 형광체 정의에 대한 기초 개념을 이해할 수 있을 것이다. 실습에 사용되는 광학 재료 파라미터는 저자가 임의로 가정한 것임을 밝힌다.

그림 4.2.25부터 4.2.27의 과정을 통해 청색 평행광을 만든다. 이때 청색 파장은 455 nm 기준으로 대한 가우시안 분포를 갖게 한다. 여기서 FWHM을 바꾸면 가우시안 분포의 모양을 제어할 수 있다. 그림 4.2.26의 Spectral Region을 선택한 후 우클릭하고 그래프를 그려서 청색 발광원의 파장분포를 확인한다. 평행광선을 만들기 위해 "Emittance" 탭과 "Aim Sphere" 탭의 설정값을 그림 4.2.29과 같이 변경한다.

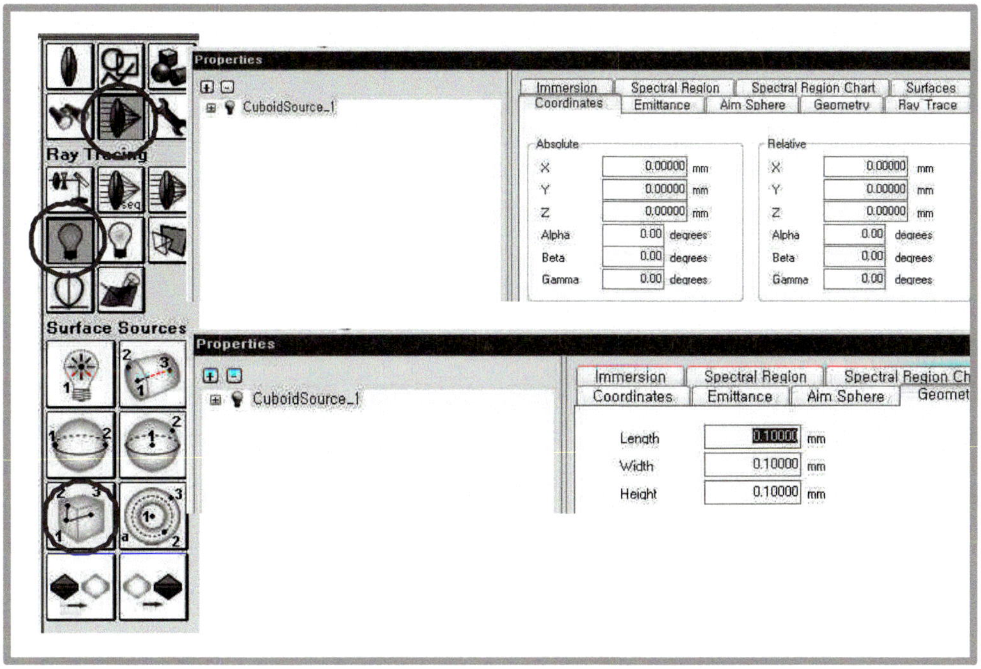

그림 4.2.25: LED 형광체 실습 순서 1 (Blue 광원 설정하기)

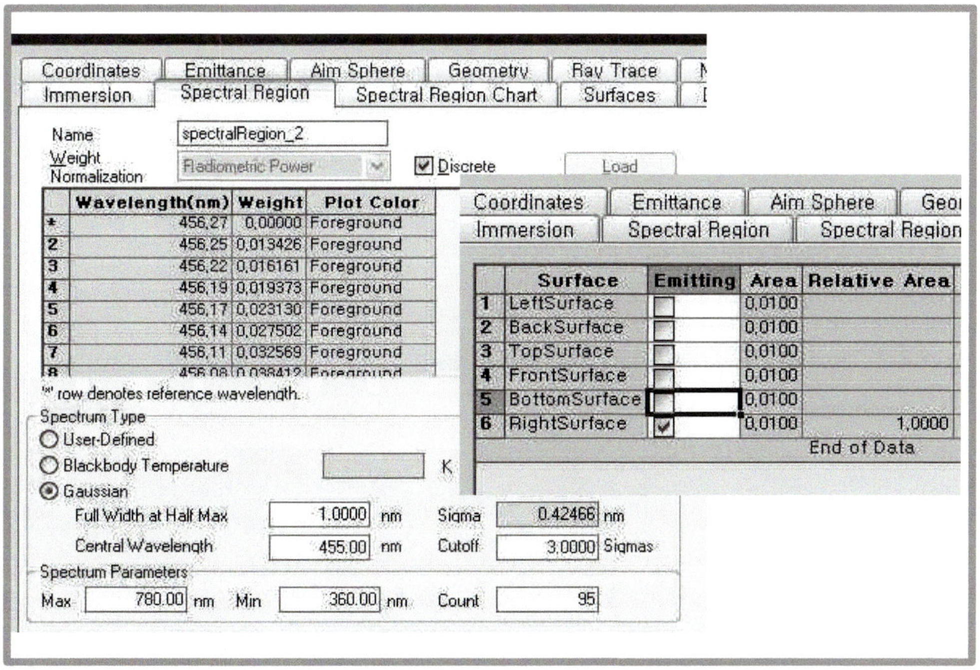

그림 4.2.26: LED 형광체 실습 순서 2 (Blue 광원 설정하기)

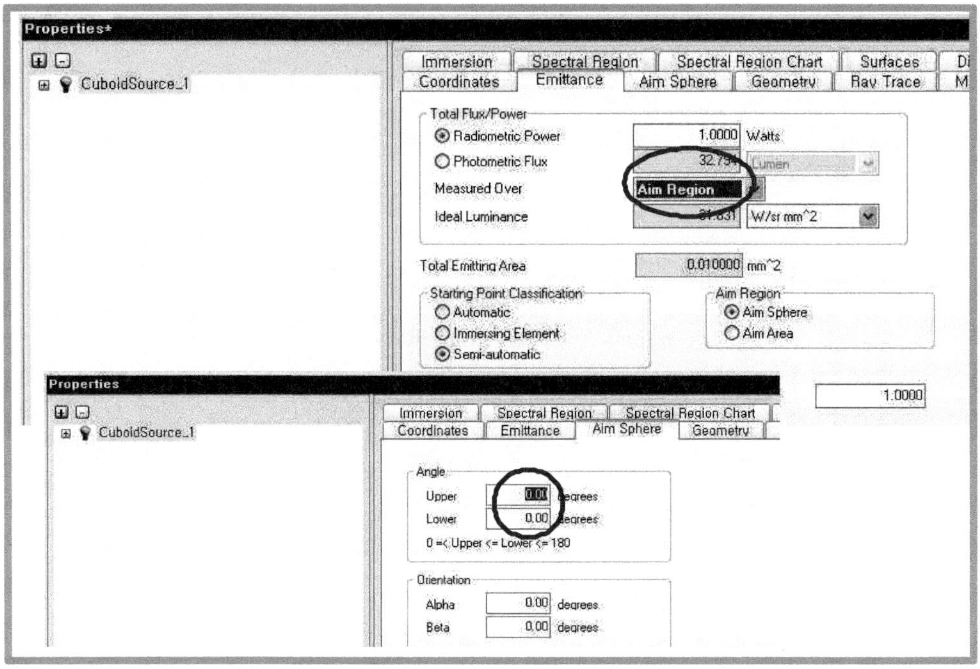

그림 4.2.27: LED 형광체 실습 순서 3 (Blue 광원 평행광 만들기)

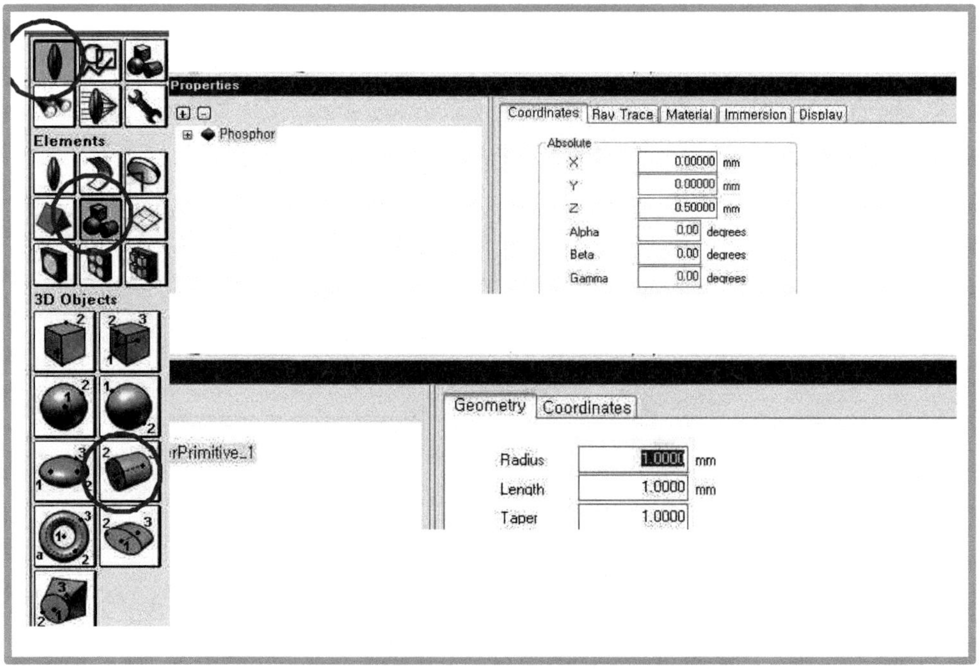

그림 4.2.28: LED 형광체 실습 순서 4 (형광체 블록 설정하기)

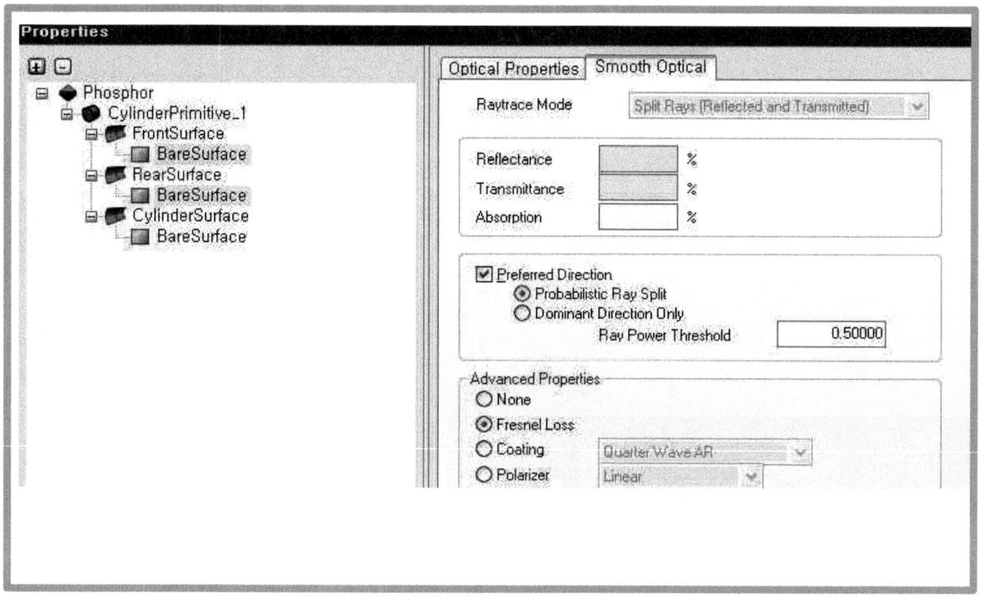


그림 4.2.29: LED 형광체 실습 순서 5 (형광체 블록 설정하기)

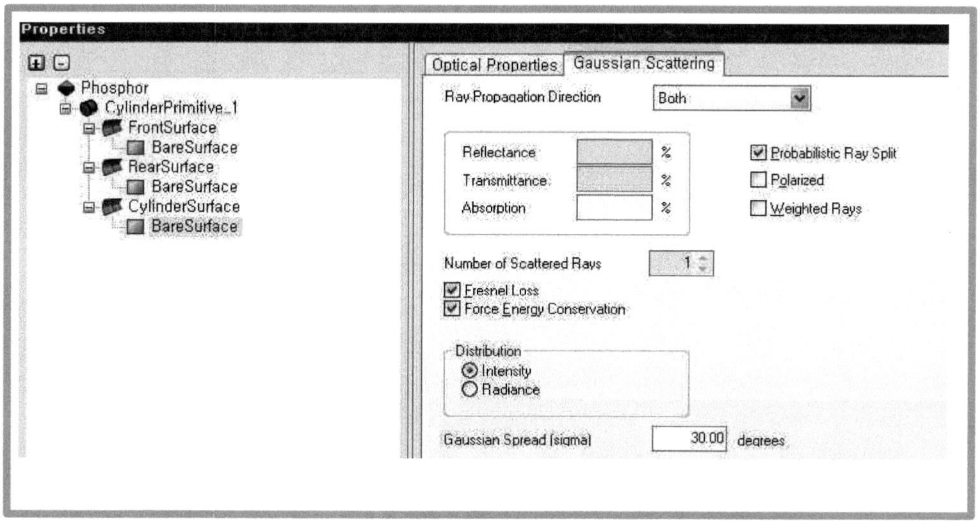


그림 4.2.30: LED 형광체 실습 순서 6 (형광체 블록 설정하기)

다음으로, 그림 4.2.28부터 4.2.30의 과정을 통해 형광체 블록을 만들것이다. 여기서는 일단 형광체 정의는 하지 않고 기하 형상만을 모델링 한다. 그림 4.2.31과 같이 "Far-Field Rececciver"를 달고 그림 4.2.32의 과정을 통해 "Color Receiver"를 설정한다. 이제 50,000 개의 광선에 대해 시뮬레이션을 수행하면 "Color Triangle" 결과를 관찰하면 청색 광선이 리시버에 도달함을 알 수 있다.

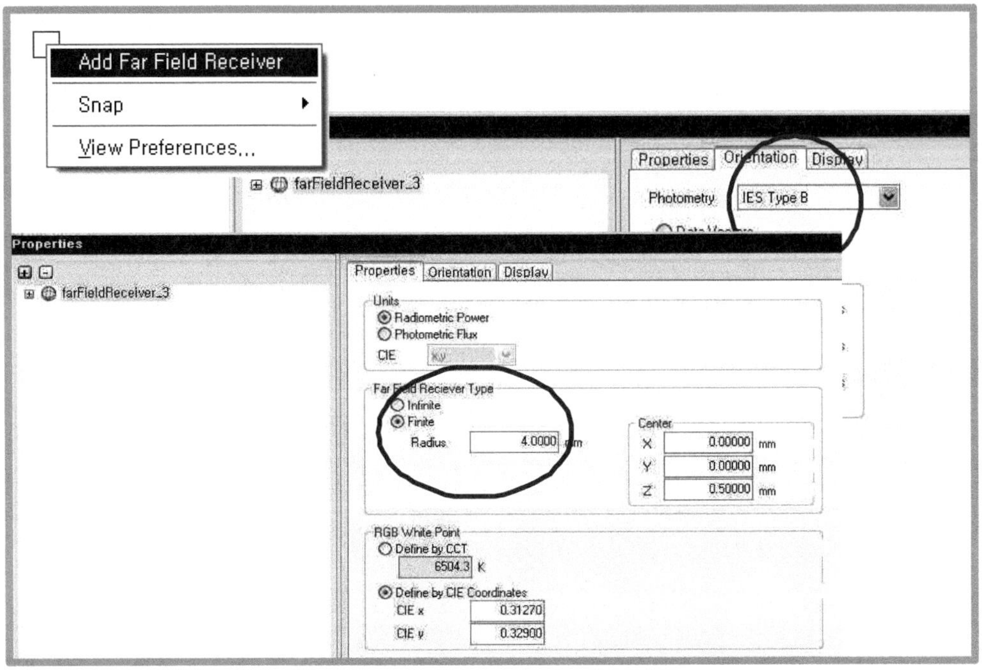

그림 4.2.31: LED 형광체 실습 순서 7 (형광체 블록 설정하기)

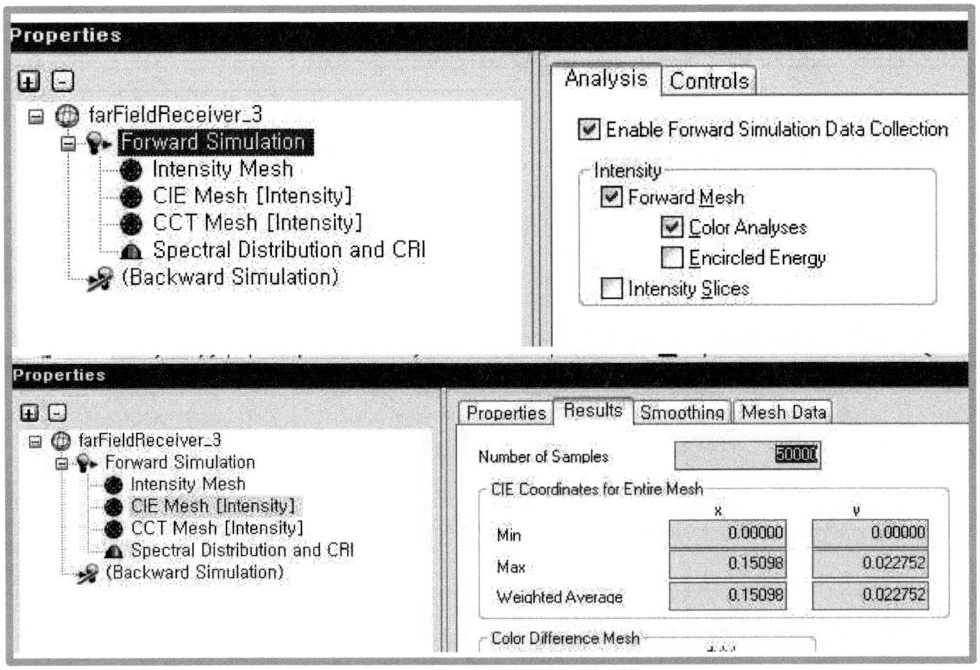

그림 4.2.32: LED 형광체 실습 순서 8 (Color 리시버 설정하기)

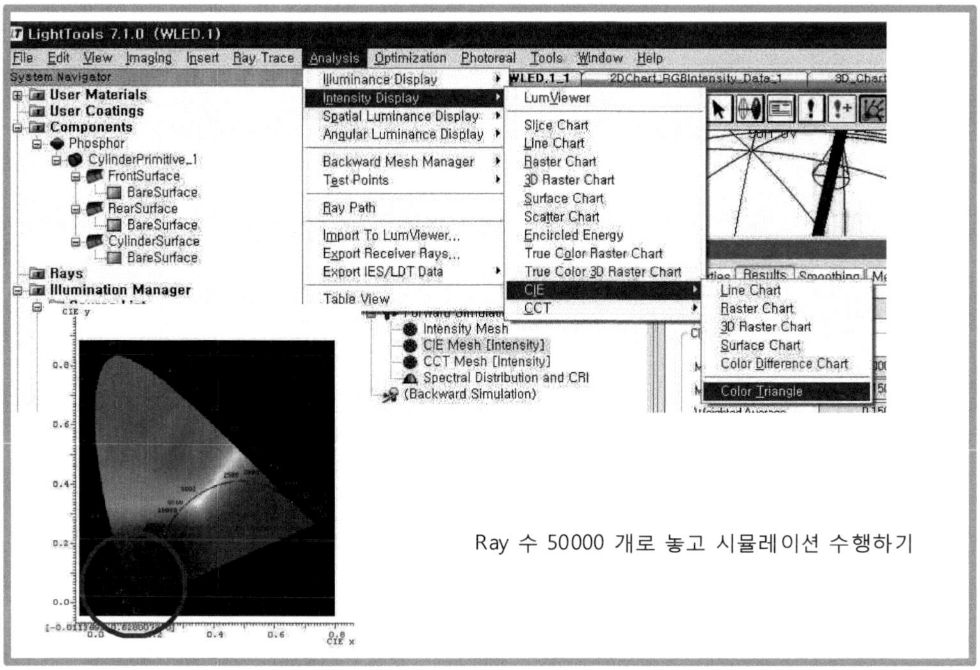


그림 4.2.33: LED 형광체 실습 순서 9 (Blue 광원에 대한 시뮬레이션 수행하기)

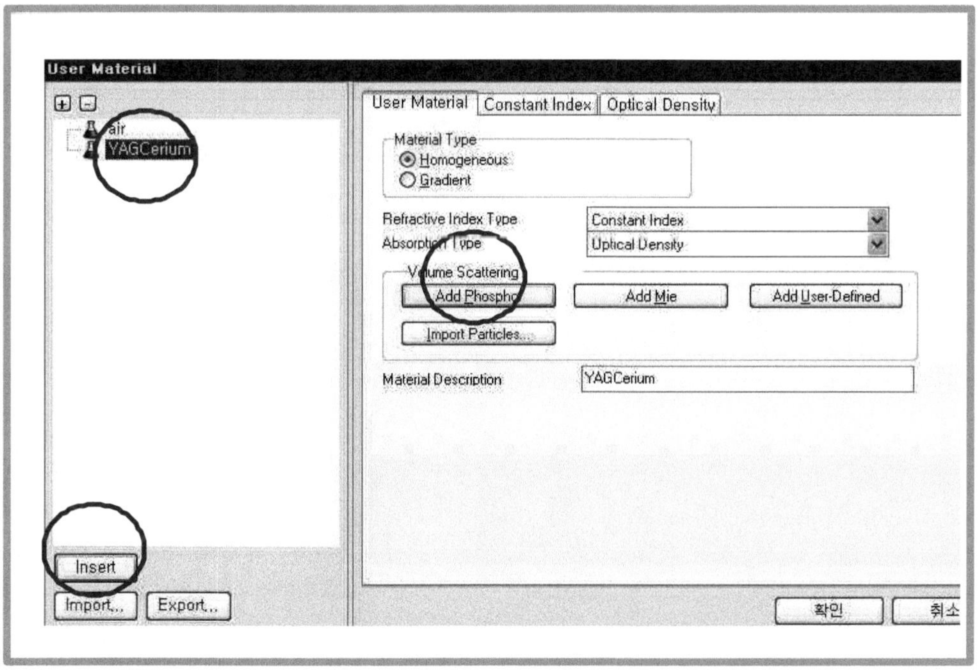


그림 4.2.34: LED 형광체 실습 순서 10 (형광체 물성 정의 하기)

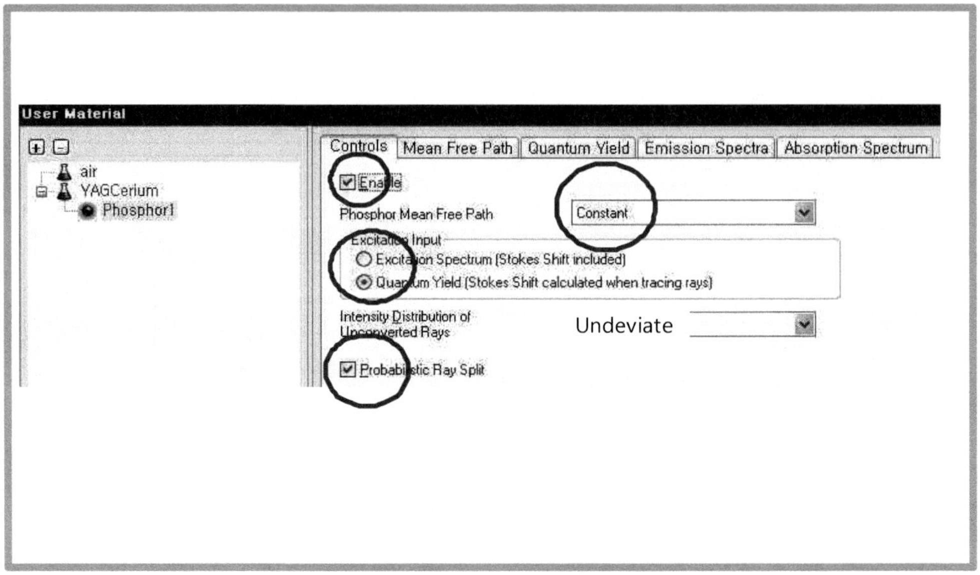


그림 4.2.35: LED 형광체 실습 순서 11 (형광체 물성 정의 하기)

이제 형광체 블록에 형광체 물성을 정의한다. 그림 4.2.34과 같이 User Material에서 새로운 재료를 하나 만들고 "Add Phosphor"를 누른다. 형광체 재료의 평균자유물체거리는 0.1$mm$로 고정하고 여기효율은 양자수율 (Quantum Yield)를 선택하고

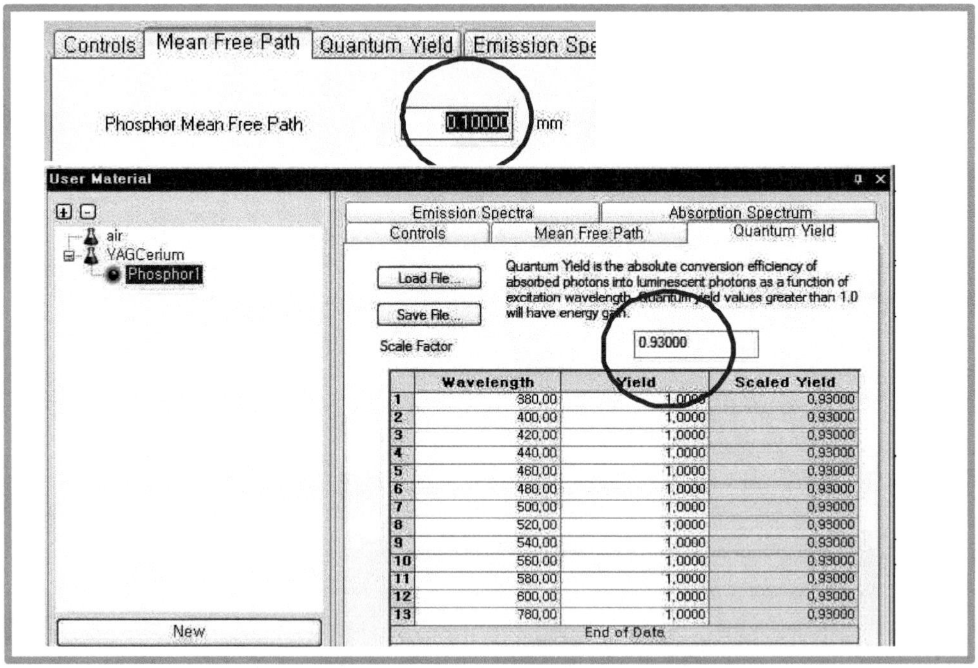


그림 4.2.36: LED 형광체 실습 순서 12 (형광체 물성-평균자유물체거리)

```
dfat version 1.0
dataname: Emission Spectra
DATAPAIRS: wv inten
DATASETS: 1
                455
450          0.0055
460          0.0055
470          0.0055
480          0.0110
490          0.0575
500          0.2438
510          0.5178
520          0.7726
530          0.9342
540          0.9836
550          0.9863
560          0.9726
570          0.9589
580          0.9342
590          0.8658
600          0.7699
610          0.6849
620          0.6000
630          0.5068
640          0.4137
650          0.3288
660          0.2712
670          0.2438
680          0.1918
690          0.1753
700          0.1400
```

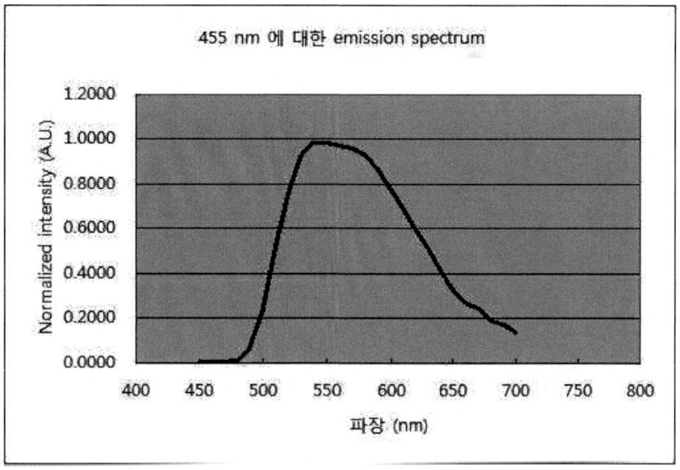


그림 4.2.37: LED 형광체 실습 순서 13 (형광체 물성–Emission 스펙트럼 예시)

0.93 으로 가정한다. 또 흡광되지 않은 광선의 산란분포 "Intensity Distribution of Unconverted Rays"는 "Undeviate"를 선택한다. 시뮬레이션 속도를 위해 "Probabilistic Ray Split"을 켠다.

Emission 스펙트럼으로서 그림 4.2.37 좌측 텍스트를 메모장에 그대로 입력한 후 "emission.1.txt"로 저장한다. 이는 YAG형광체의 455nm의 주 여기파장에 대한 emission 스펙트럼에 대한 알려진 데이터이다. 4.2.38과 같이 Emission 탭에 텍스트 파일을 로딩한다. 흡광스펙트럼은 LightTools에 이미 로딩되어 있는 Excitation 스펙트럼과 Emission 스펙트럼 데이터를 갖고 자동 계산한다. (그림 4.2.39)

이제 형광체 모재의 굴절율을 그림 4.2.40와 같이 정의하고, 이미 그려져 있는 형광체 블록의 광학 재질로서 형광체 재료를 명시해준다.

시뮬레이션 광선 수를 50,000개로 설정하고 시뮬레이션을 수행한 후 리시버상의 "Color Triangle" 결과를 관찰하면 일부는 청색광, 일부는 황색이 혼재되어 있는 것을 알 수 있다. 또 "Spectral Distribution" 결과를 그래프로도 관찰해 볼 수 있다. 형광체 블록의 두께를 바꿔보거나, 형광체 평균자유물체거리를 독자 임의로 변경하여 광선 추적 후 "Spectral Distribution" 결과를 관찰해 보기 바란다.

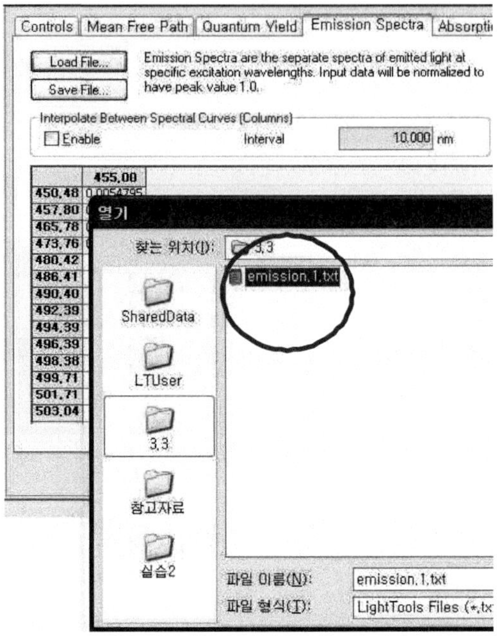


그림 4.2.38: LED 형광체 실습 순서 14 (형광체 물성–Emission 스펙트럼 열기)

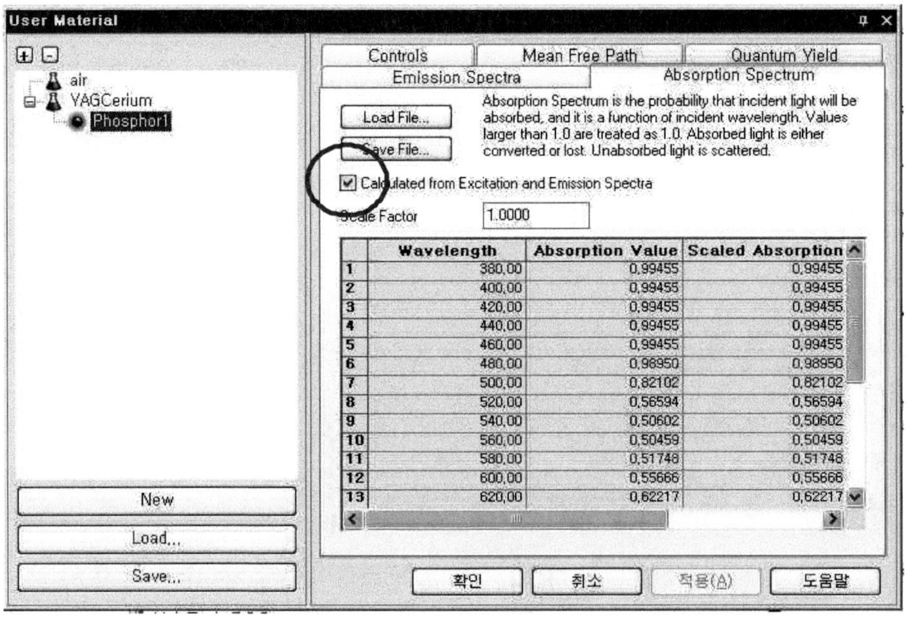


그림 4.2.39: LED 형광체 실습 순서 15 (형광체 물성–흡광 스펙트럼 자동계산)

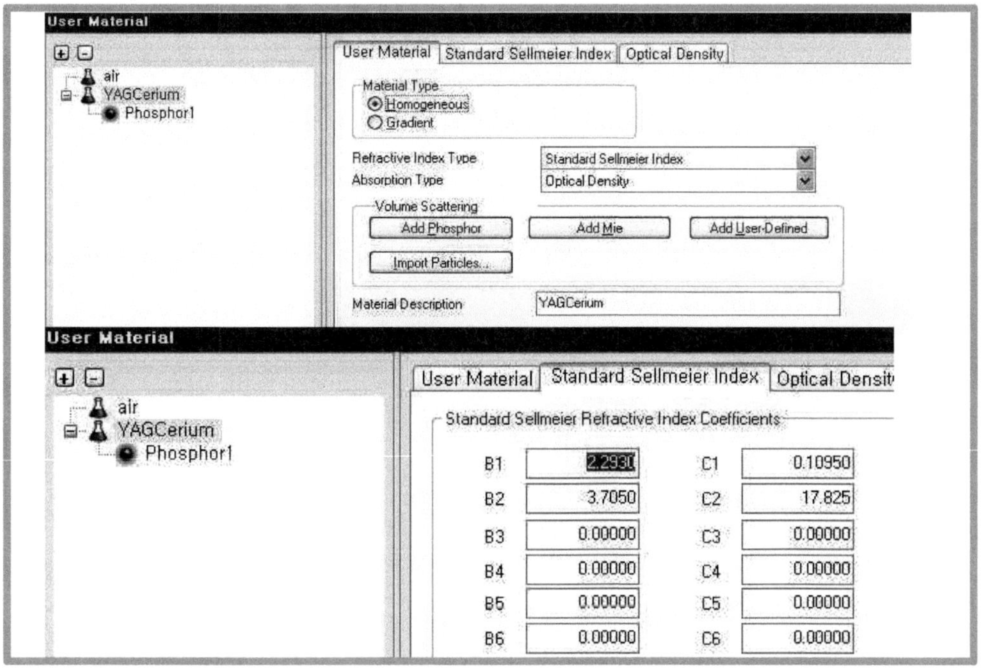


그림 4.2.40: LED 형광체 실습 순서 16 (형광체 물성 – 형광체 블록 굴절율 정의)

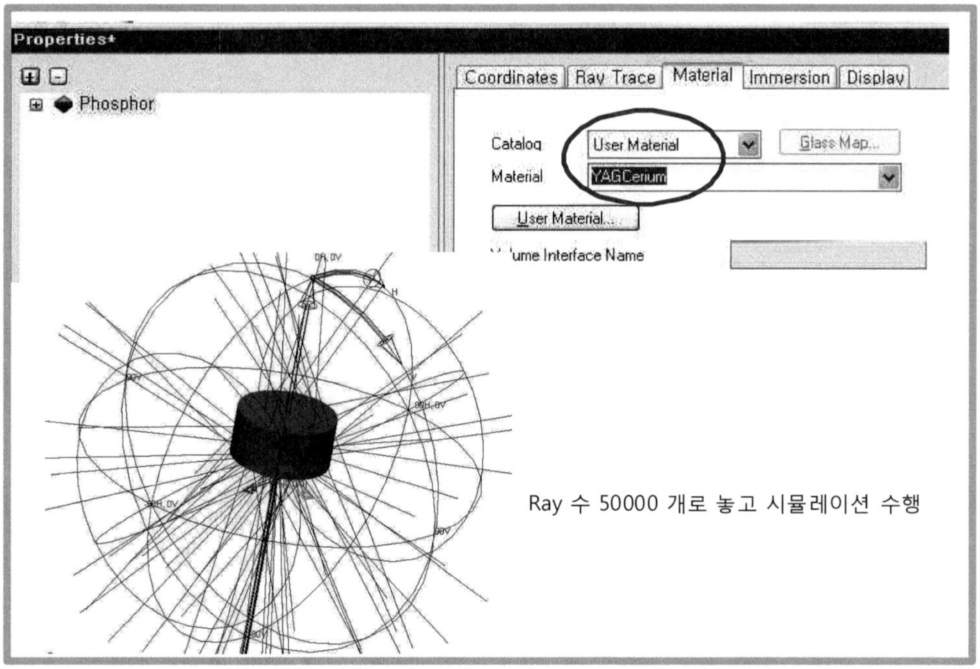


그림 4.2.41: LED 형광체 실습 순서 17 (시뮬레이션수행 하기)

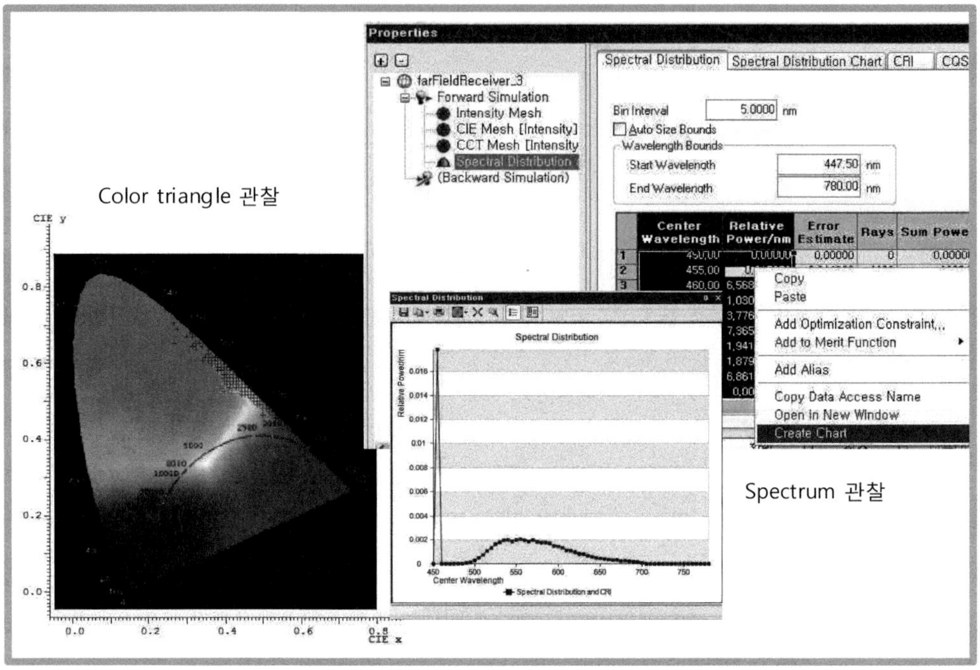


그림 4.2.42: LED 형광체 실습 순서 18 ( Color 리시버 결과 관찰하기)

실제 LED 형광체 모델 파라미터는 대단히 복잡하다. 우선 형광체 레진 재료로서 과거는 고굴절 에폭시가 많이 사용되었으나 최근들어 내열성 등의 이유로 실리콘 재질로 바뀌고 있는 추세이다. 봉지재의 파장별 굴절율, 파장별 흡광율을 알아야 한다. 또한 고색재현을 위해 2종 형광체가 사용되기도 한다. 형광체의 흡광스펙트럼, 여기스펙트럼, 발광스펙트럼도 모두 계측된 값을 입력해야 한다. 형광체의 입도 분포 정보도 필요하며 (LightTools에서는 입도 반지름별 개수 분포도가 필요함), 레진에 대한 무게비 정보도 필요하다. Unconverted Ray의 광산란 정도는 Mie산란 기반으로 시뮬레이션 되어야 한다.

상기의 모든 데이터가 잘 맞는 경우 그림 4.2.43과 같이 형광체 기반 백색 LED의 배광각도별 색온도가 차이에 대한 시뮬레이션 결과를 신뢰할 수 있게 된다. 형광체 기반의 백색 LED의 색깔은 형광체 막 두께에 의존하게 되며 방사각도가 증가할 수록 Yellowish 해진다. 이는 정면 방향으로 나오는 빛이 형광체 내부에서 진행하는 광학거리와 측면 방향으로 나오는 빛이 형광체 내부에서 진행하는 광학거리가 틀리기 때문이다.

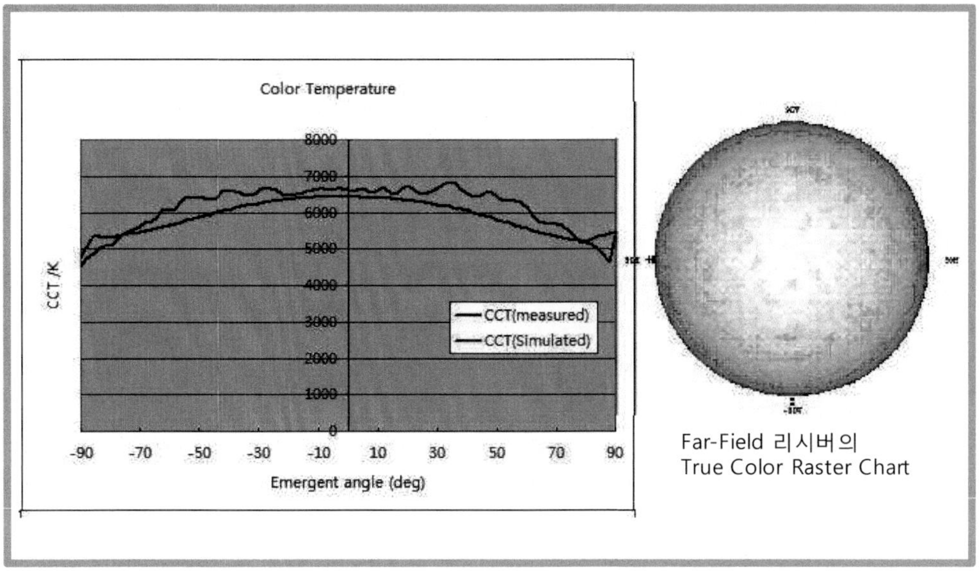


그림 4.2.43: 형광체 기반 백색 LED 배광각도별 색온도 계측 및 시뮬레이션 결과

## 4.2.5 광지향각용 2차렌즈 곡면 모델링 실습

이번 절에서는 광지향각 LED용 2차렌즈 CAD 모델링 방법을 소개하고자 한다. 그림 4.2.44에서 볼 수 있듯이 총 네 개의 부품들 ① Lens_Outer, ② Lens_Core, ③ Cylinder, ④ Lens_Top 을 그린 후 Boolean 작업을 통해 모델링을 완료 한다. 참고로 본 절에서 소개되는 렌즈 곡면 파라미터는 저자가 임의로 가정한 것임을 밝힌다.

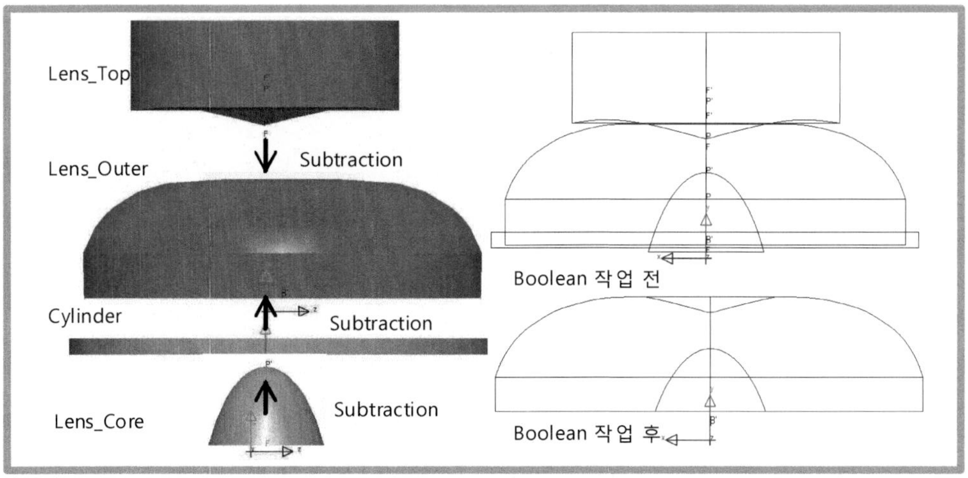


그림 4.2.44: LED 광지향각용 2차렌즈 CAD 모델링 전략

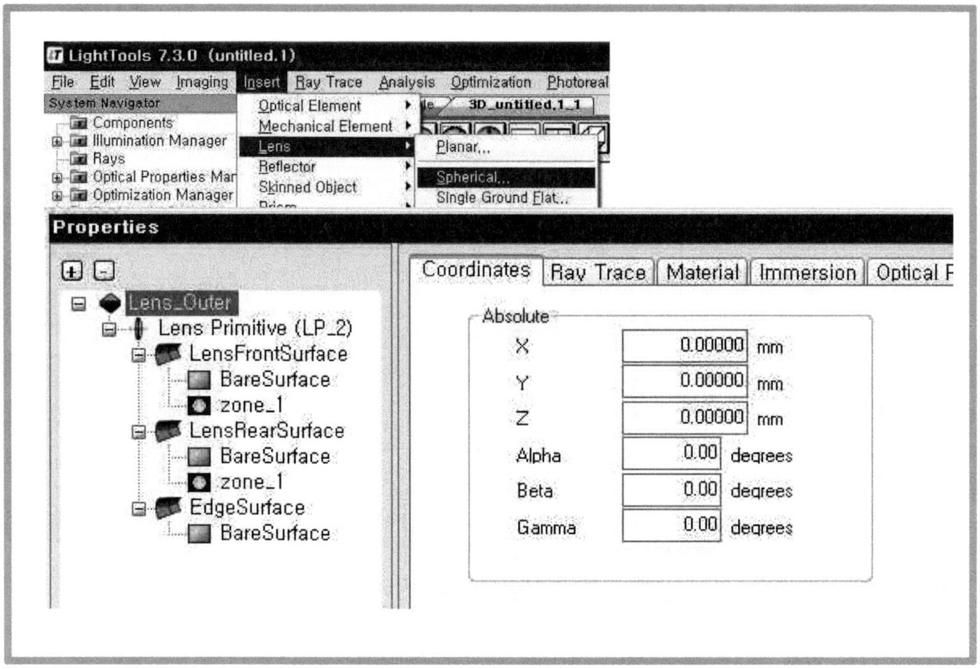

그림 4.2.45: 2차렌즈 그리기 순서 1 (Lens_Outer)

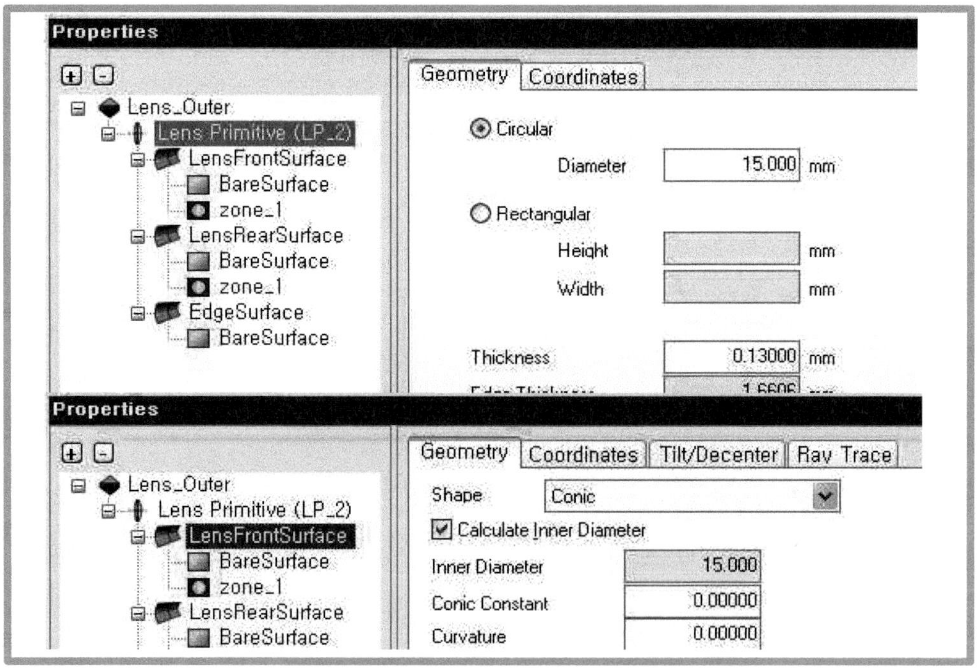

그림 4.2.46: 2차렌즈 그리기 순서 2 (Lens_Outer)

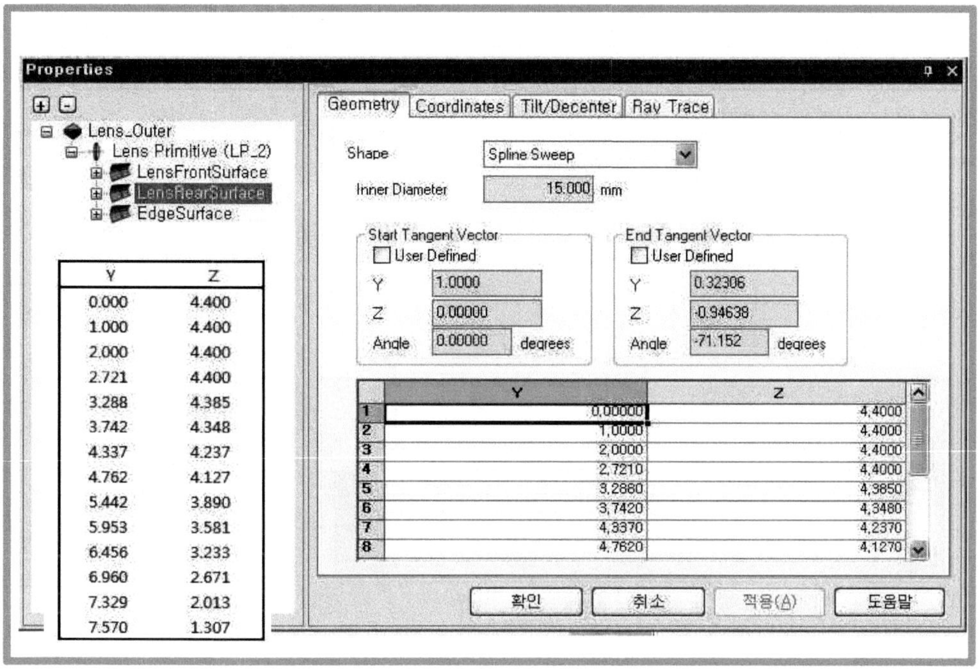


그림 4.2.47: 2차렌즈 그리기 순서 3 (Lens_Outer)

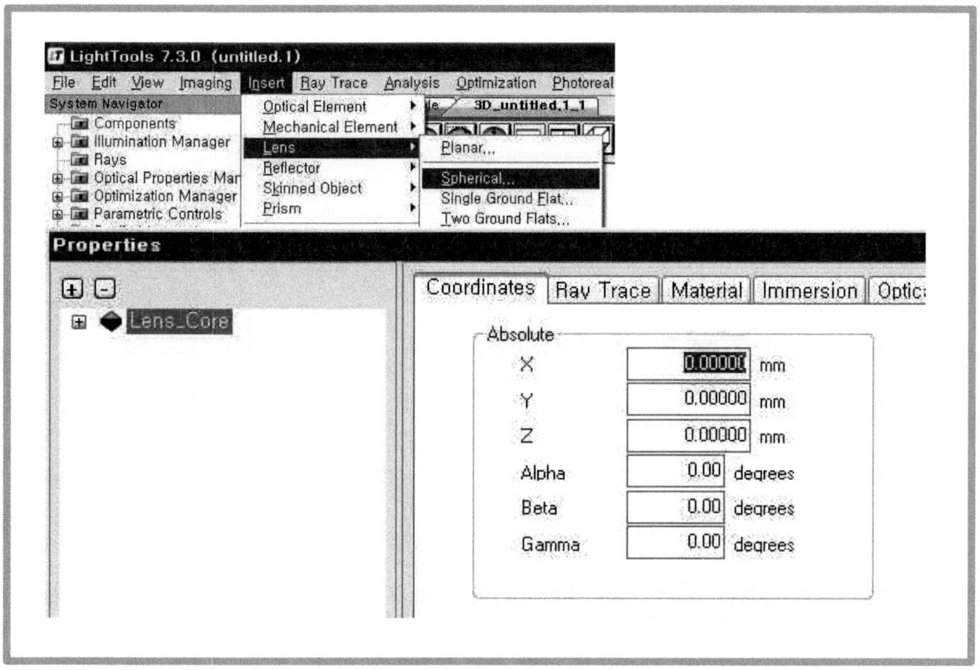


그림 4.2.48: 2차렌즈 그리기 순서 4 (Lens_Core)

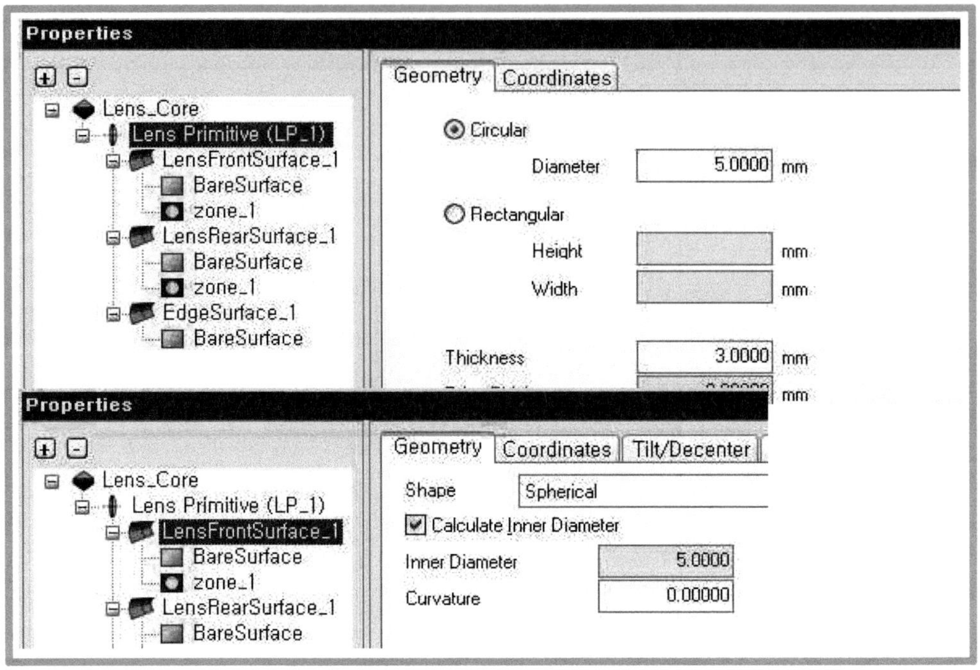


그림 4.2.49: 2차렌즈 그리기 순서 5 (Lens_Core)

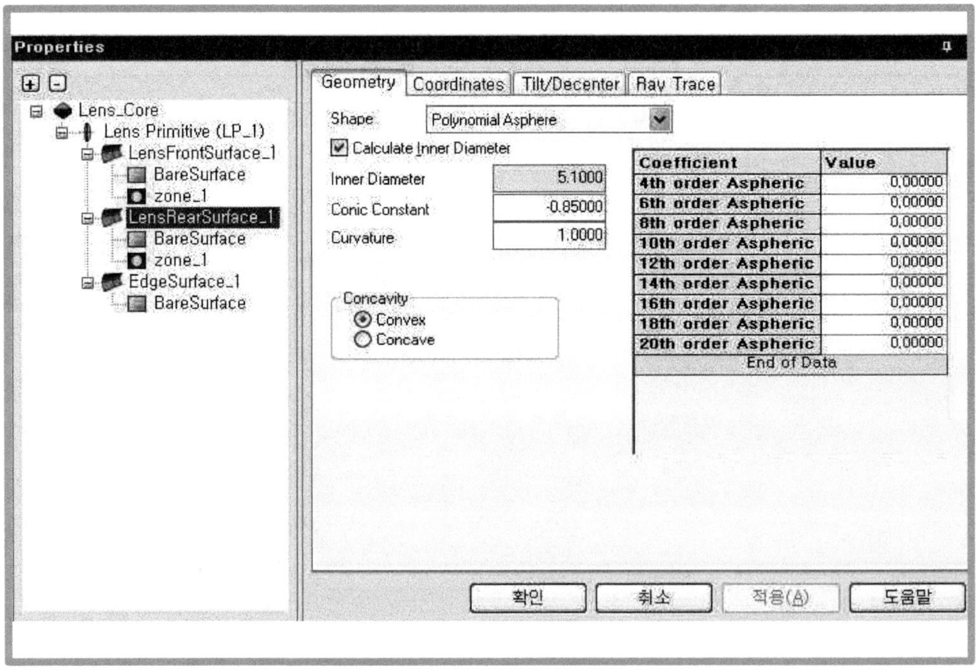


그림 4.2.50: 2차렌즈 그리기 순서 6 (Lens_Core)

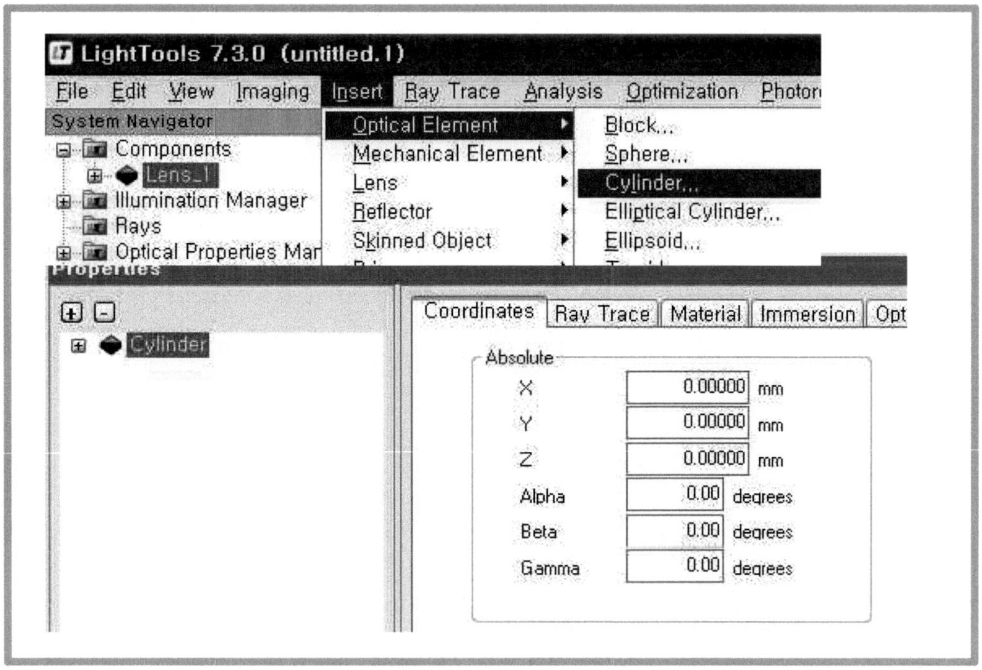


그림 4.2.51: 2차렌즈 그리기 순서 7 (Cylinder)

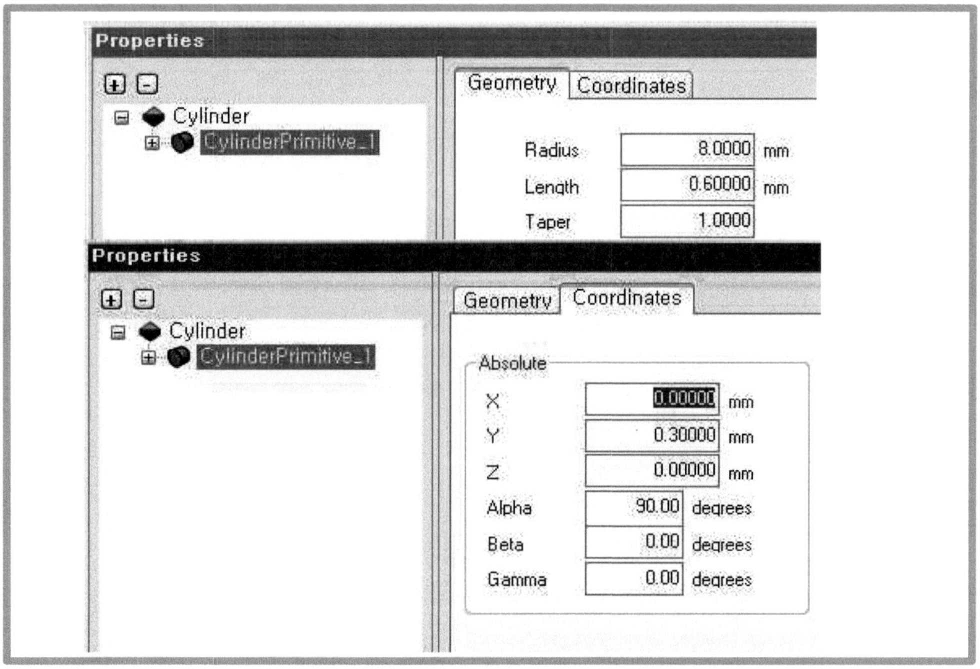


그림 4.2.52: 2차렌즈 그리기 순서 8 (Cylinder)

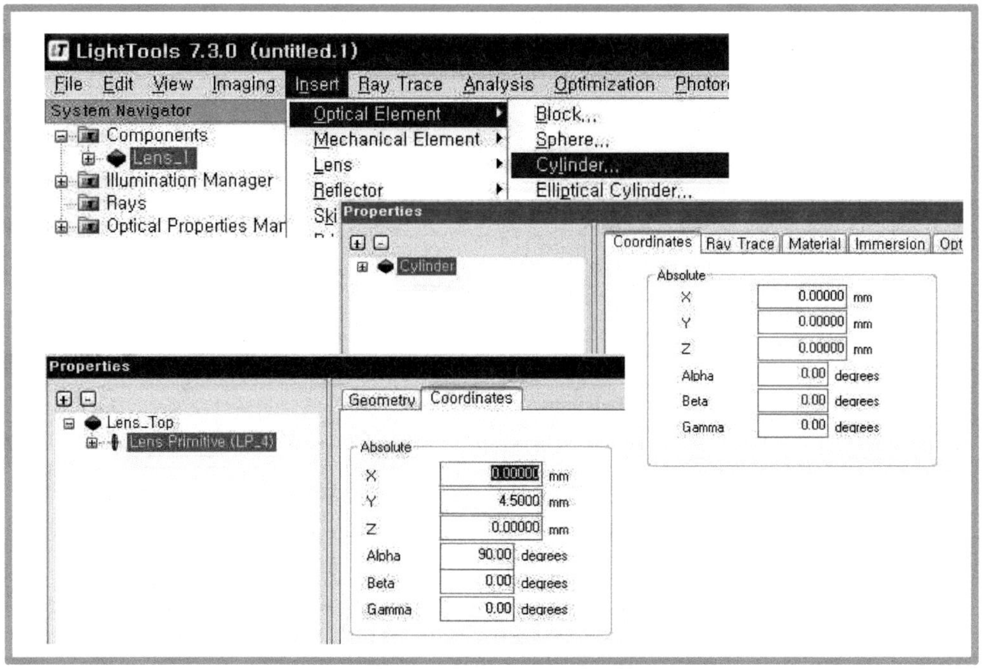

그림 4.2.53: 2차렌즈 그리기 순서 9 (Lens_Top)

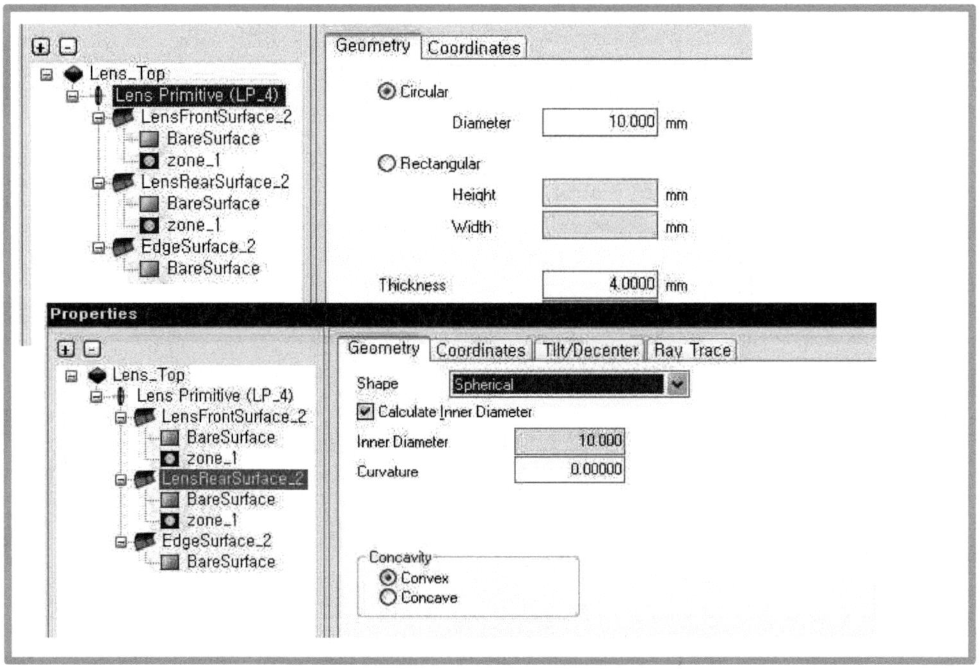

그림 4.2.54: 2차렌즈 그리기 순서 10 (Lens_Top)

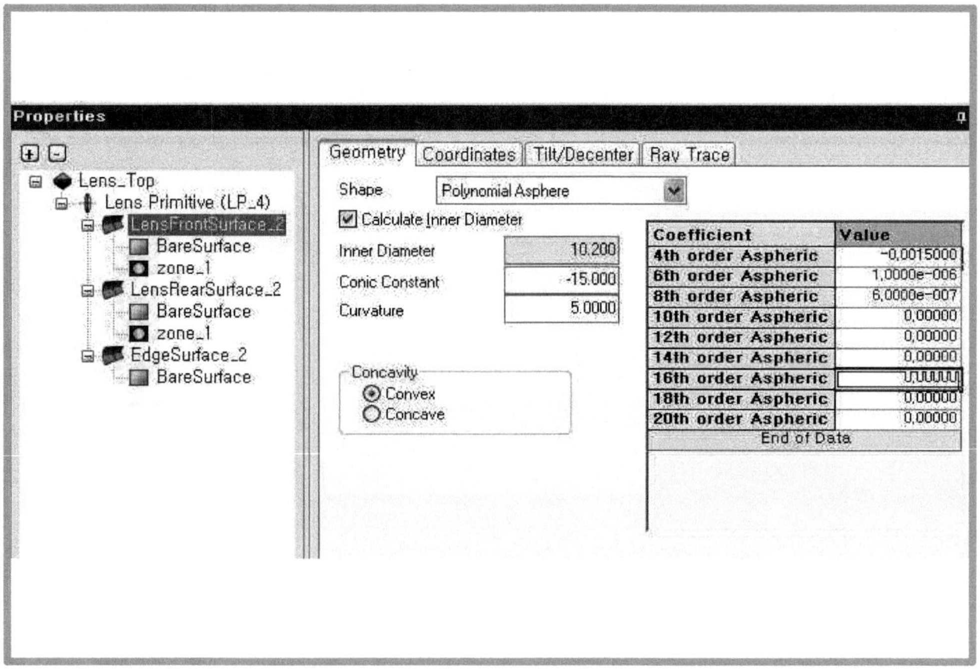


그림 4.2.55: 2차렌즈 그리기 순서 11 (Lens_Top)

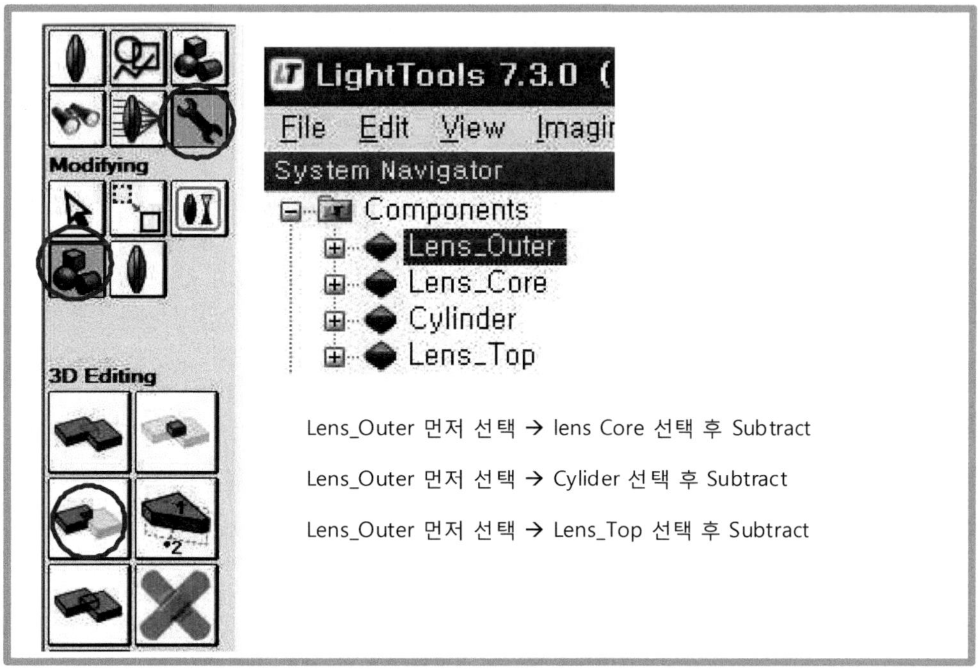


그림 4.2.56: 2차렌즈 그리기 순서 12 (Boolean operation)

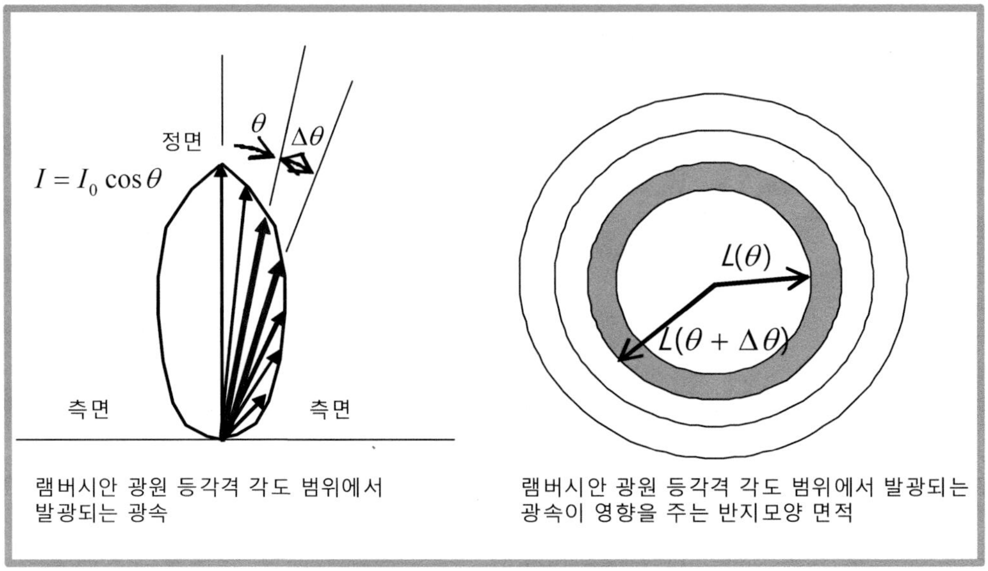


그림 4.2.57: 램버시안 광원의 등간격 각도 범위에서 발광되는 광속과 평면적

### 4.2.6 광지향각용 2차렌즈 곡면 생성 알고리듬 소개

이번 절에서는 램버시안 점광원에 대한 광지향각 LED용 2차렌즈의 곡면을 구하는 알고리듬을 소개하려고 한다. 물론 이 알고리듬도 점광원, 램버시안 광원에 대한 가정이 있지만 수학적인 접근을 한다는 점에서 의미가 있기 때문이다. 우선 그림 4.2.57에서 볼 수 있듯이 램버시안 광원에서 등간격 $\Delta\theta$범위에서 방출되는 광속 $\Delta\Phi$를 을 광도 $I(\theta)$로 나타내면 식 (4.7)과 같다.

$$\begin{aligned} \Delta\Phi &= I(\theta)\,\Delta\Omega = I(0)\cos\theta\,\Delta\Omega \\ &= I(0)\cos\theta\,(2\pi\sin\theta\,\Delta\theta) \\ &= \pi I(0)\sin 2\theta\,\Delta\theta \end{aligned} \tag{4.7}$$

또한 램버시안 광원으로부터 임의의 높이 $H$ 위에 형성된 평면상 (그림 4.2.57) 에 입사되는 조도 $E$로 나타내면 식 (4.8)과 같다. 이때 조도 $E$는 상수라고 가정한다.

$$\Delta\Phi = E\,\Delta A \tag{4.8}$$

식 (4.7)과 식 (4.8)은 같으므로 식 (4.9)가 성립한다.

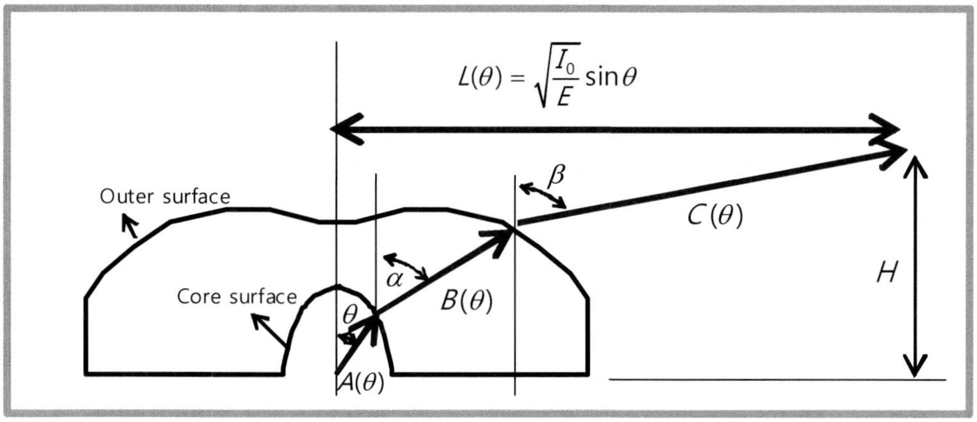

그림 4.2.58: 균일한 평면 조도 달성 가능한 2차렌즈 형상의 기하광학적 관계

$$\Delta\Phi = \pi I(0)\sin 2\theta\,\Delta\theta = E\Delta A \tag{4.9}$$

여기서 식 (4.9)를 정리하면 식 (4.10)부터 식 (4.11), (4.12), (4.13)를 거쳐 식 (4.14)의 $L(\theta)$를 구할 수 있다.

$$\lim_{\Delta\theta\to 0}\frac{A(\theta+\Delta\theta)-A(\theta)}{\Delta\theta} = \sin 2\theta\frac{\pi I(0)}{E} \tag{4.10}$$

$$\frac{d(A(\theta))}{d\theta} = \sin 2\theta\frac{\pi I(0)}{E} \tag{4.11}$$

$$A(\theta) = \frac{\pi I(0)}{E}\int_0^\theta \sin 2\theta'\,d\theta' = \frac{\pi I(0)}{2E}(1-\cos 2\theta) \tag{4.12}$$

$$\pi(L(\theta))^2 = \frac{\pi I(0)}{2E}(2\sin^2\theta) \tag{4.13}$$

$$L(\theta) = \sqrt{\frac{I(0)}{E}}\,sin\theta \tag{4.14}$$

이상에서 식 (4.14)가 의미하는 바는 램버시안 광원의 등간격 각도 범위 $\Delta\theta$에서 발광되는 광속이 $L(\theta)$로 정의되는 반지모양의 영역에 입사되도록 도와주는 2차렌즈가 있다면 균일한 조도가 달성된다고 할 수 있다. 이와 같은 논리로 그림 4.2.58과 같은 기하광학적인 관계를 유도할 수 있고 이는 식 (4.15)와 식 (4.16)와 같다.

$$A(\theta)\sin\theta + B(\theta)\sin\alpha + C(\theta)\sin\beta = L(\theta) \tag{4.15}$$

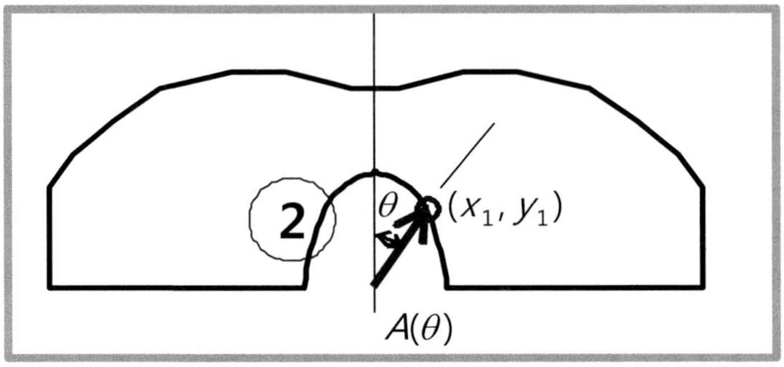


그림 4.2.59: 2차렌즈 곡면 설계 과정 2 설명 (Core 곡면 가정 그림)

$$A(\theta)\cos\theta + B(\theta)\cos\alpha + C(\theta)\cos\beta = H \tag{4.16}$$

상기의 관계를 시작으로 해서 다음과 같이 5단계 알고리듬으로 2차렌즈의 코어와 외곽 곡면 형상을 구할 수 있다.

**단계 ①** : $\sqrt{(I(0)/E)}$ 가정하기

이 값은 $\theta$,max 일때의 $L(\theta)$의 가정값으로 정할 수 있다. 예를 들어 식 (4.14)를 참고하여 식 (4.17)과 같이 가정할 수 있다.

$$\sqrt{\frac{I(0)}{E}} = \frac{L(\theta)}{\sin\theta} = \frac{100\,mm}{\sin 70^\circ} \tag{4.17}$$

이것은 램버시안 광원의 방사각 70도에서 균일한 조도 구간이 100 mm 를 달성하는 2차렌즈를 설계하고자 하는 의도이다.

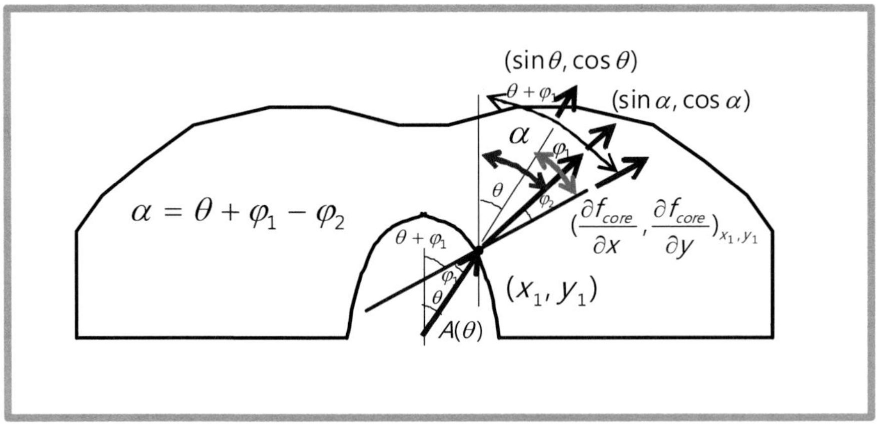


그림 4.2.60: 2차렌즈 곡면 설계 과정 3 설명 (Core 곡면에서의 굴절각 구하기)

**단계 ② : 코어 곡면 가정하기**

코어 곡면의 식 (4.18)의 코닉 비구면 식으로 가정한다. 여기서 식 (4.19)의 직선과 코닉 비구면과의 교점 $x_1$은 식 (4.20)을 풀어서 구할 수 있다. 따라서 $y_1$은 식 (4.19)를 이용하여 구할 수 있다.

$$y = y_0 - \frac{cx^2}{1+\sqrt{(1-(1+k)c^2x^2}} \tag{4.18}$$

$$y = \frac{x}{\tan\theta} \tag{4.19}$$

$$y = y_0 - \frac{cx^2}{1+\sqrt{(1-(1+k)c^2x^2}} = \frac{x}{\tan\theta} \tag{4.20}$$

**단계 ③ : 코어 곡면에서의 굴절각 $\alpha$ 구하기**

세 번째 단계로서 코어 곡면에서의 굴절각 $\alpha$를 구해야 한다. 그림 4.2.43에서 볼 수 있듯이 $\alpha$에 대해 식 (4.21)이 성립한다.

$$\alpha = \theta + \varphi_1 - \varphi_2 \tag{4.21}$$

따라서 $\alpha$를 구하기 위해서 우선 $\varphi_1$을 구해야 하며 이들은 벡터 내적을 이용하여 식 (4.22), 식 (4.23)으로 각각 구할 수 있다.

$$\sqrt{\left(\frac{\partial f_{core}}{\partial x}\right)^2 + \left(\frac{\partial f_{core}}{\partial y}\right)^2}\cos\varphi_1 = \sin\theta\frac{\partial f_{core}}{\partial x} + \cos\theta\frac{\partial f_{core}}{\partial y} \tag{4.22}$$

$$\varphi_1 = \cos^{-1}\left(\left(\sin\theta\frac{\partial f_{core}}{\partial x} + \cos\theta\frac{\partial f_{core}}{\partial y}\right) \Big/ \left(\sqrt{\left(\frac{\partial f_{core}}{\partial x}\right)^2 + \left(\frac{\partial f_{core}}{\partial y}\right)^2}\right)\right) \tag{4.23}$$

여기서 $f_{core}(x,y)$는 식 (4.18)을 정리하여 나온 식 (4.24)로 쓸 수있다.

$$f_{core}(x,y) = cx^2 + (1+k)cy^2 + (2-2y_0(1+k)c)y + y_0^2(1+k)c - 2y_0 \tag{4.24}$$

또한 $f_{core}(x,y)$의 $x,y$에 대한 편미분값은 식 (4.25), 식 (4.26)와 같다.

$$\left.\frac{\partial f_{core}(x,y)}{\partial x}\right|_{x_1,y_1} = \left.2cx\right|_{x_1,y_1} = 2cx_1 \tag{4.25}$$

$$\left.\frac{\partial f_{core}(x,y)}{\partial y}\right|_{x_1,y_1} = \left.2(1+k)cy + (2-2y_0(1+k)c)\right|_{x_1,y_1} \tag{4.26}$$

$$= 2(1+k)cy_1 + (2-2y_0(1+k)c)$$

$\varphi_2$ 는 스넬의 법칙으로 식 (4.27)과 같이 구한다. 여기서 $N$은 2차렌즈 재질의 굴절율이다.

$$\sin\varphi_1 = N\sin\varphi_2 \tag{4.27}$$

**단계 ④-1 : $\varphi_3$ 가정하기**

네 번째 단계로서 외곽 곡면 방정식을 구해야 한다. 우선 $\varphi_3$를 임의의 값으로 가정한다. $\varphi_3$ 가정의 타당성은 추후 단계 ⑤에서 수치적으로 도출된 $\varphi_3$와의 차이를 통해 검증되고 오차가 크면 반복법에 의해 찾아질 것이다.

**단계 ④-2 : $\varphi_4$ 구하기**

식 (4.28)의 외곽 곡면에서의 스넬의 법칙으로부터 $\varphi_4$를 구할 수 있다.

$$\varphi_4 = \sin^{-1}(N sin\varphi_3) \tag{4.28}$$

**단계 ④-3 : $\beta$ 구하기**

그림 4.2.41에서 $\alpha$, $\beta$, $\varphi_3$, $\varphi_4$ 사이에 식 (4.29)이 유도되므로 이전단계에서 구한 $\alpha$, $\varphi_3$, $\varphi_4$를 이용하여 $\beta$를 구한다.

$$\beta = \alpha - \varphi_3 + \varphi_4 \tag{4.29}$$

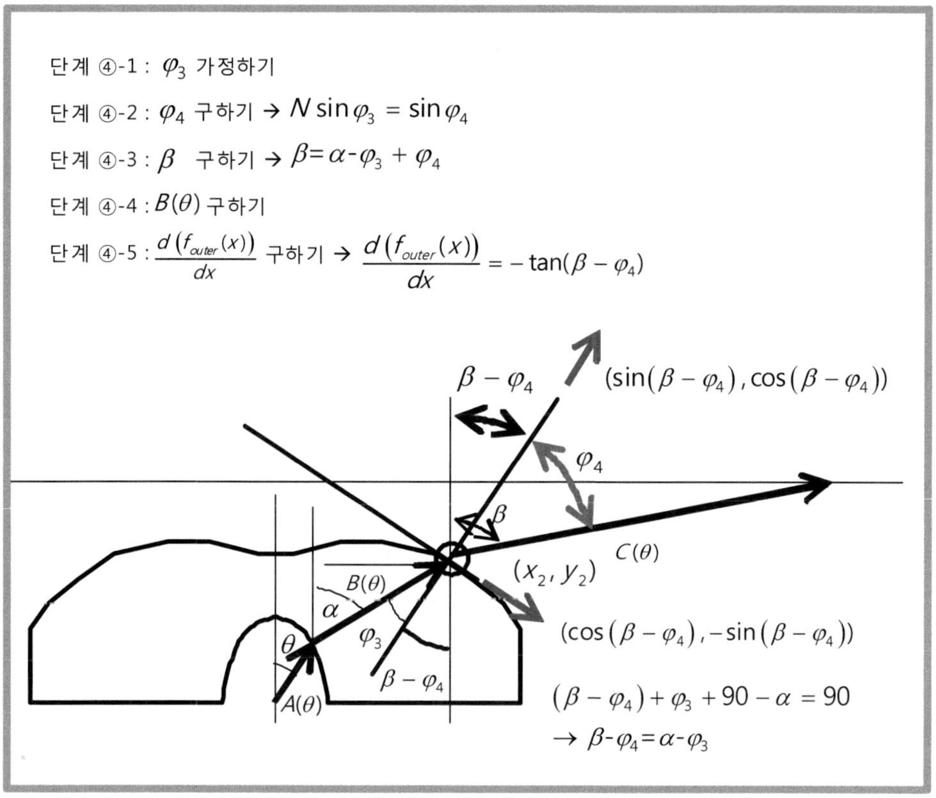


그림 4.2.61: 2차렌즈 곡면 설계 과정 4 설명

**단계 ④-4 : $B(\theta)$ 구하기**

식 (4.15), 식 (4.16)을 변형하여 식 (4.30), 식 (4.31)과 같이 만들고 $C(\theta)$를 소거하면 식 (4.32)과 같이 되고 이를 정리하면 식 (4.33)과 같이 $B(\theta)$를 구할 수 있다. 이때 $B(\theta)>0$ 이어야 한다.

$$C(\theta)\sin\beta = L(\theta) - A(\theta)\sin\theta - B(\theta)\sin\alpha \quad (4.30)$$

$$C(\theta)\cos\beta = H - A(\theta)\cos\theta - B(\theta)\cos\alpha \quad (4.31)$$

$$\tan\beta = \frac{L(\theta) - A(\theta)\sin\theta - B(\theta)\sin\alpha}{H - A(\theta)\cos\theta - B(\theta)\cos\alpha} \quad (4.32)$$

$$B(\theta) = \frac{L(\theta) - A(\theta)\sin\theta - \tan\beta(H - A(\theta)\cos\theta)}{\sin\alpha - \tan\beta\cos\alpha} \quad (4.33)$$

**단계 ④-5 : 외곽곡면 $f_{outer}(x)$의 $x$에 미분값 구하기**

그림 4.2.64로부터 외곽곡면 $f_{outer}(x)$의 $x$에 대한 기울기는 식 (4.34)로 구할 수 있다.

$$\left.\frac{d(f_{outer}(x))}{dx}\right|_{\theta} = -\tan(\beta - \varphi_4) \tag{4.34}$$

**단계 ⑤** : 단계 ④에서 구한외곽곡면 $f_{outer}(x)$의 $x$에 미분값 적합성 검증

단계 ②의 식 (4.19), 식 (4.20)으로부터 $A(\theta)$를 구하면 식 (4.35)가 된다.

$$A(\theta) = \sqrt{x_1(\theta)^2 + y_1(\theta)^2} \tag{4.35}$$

또한 식 (4.33)에서 구한 $B(\theta)$를 이용하면 식 (4.36), 식 (4.37)과 같이 외곽곡면 좌표 $(x_2, y_2)$를 구할 수 있다. 여기서 $\alpha$는 식 (4.21)에 의해 구할 수 있었다.

$$x_2(\theta) = A(\theta)\sin(\theta) + B(\theta)\sin(\alpha) \tag{4.36}$$

$$y_2(\theta) = A(\theta)\cos(\theta) + B(\theta)\cos(\alpha) \tag{4.37}$$

이제 식 (4.36)과 식 (4.37)을 이용하면 외곡곡면의 $x$ 에 대한 기울기를 수치적으로 구할 수 있으며 이는 식 (4.38)과 같다.

$$\left.\frac{d(f_{outer}(x))}{dx}\right|_{\theta} = \frac{y_2(\theta + \Delta\theta) - y_2(\theta)}{x_2(\theta + \Delta\theta) - x_2(\theta)} \tag{4.38}$$

마지막으로 식 (4.38)의 결과와 식 (4.34)의 결과를 비교하여 차이가 충분히 작다면 단계 ④에서 가정한 $\varphi_3$가 타탕한 것이고 따라서 우리가 가정한 외곽곡면이 타당하게 된다. 만일 차이값이 크다면 다른 $\varphi_3$에 대해 상기 과정을 되풀이 해야 한다. 이 과정은 컴퓨터 프로그램으로 구현 가능하다. 그림 4.2.62는 제안된 알고리듬으로 얻은 렌즈와 상용렌즈와의 형상 차이, 광학 성능 차이를 보여주고 있다.

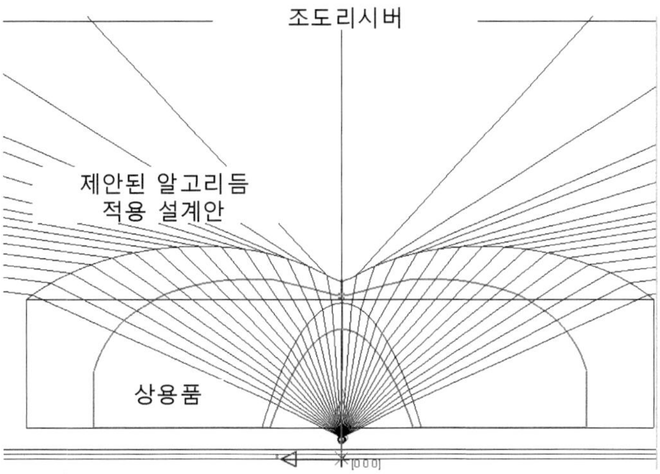


| | 광학두께 27mm 상 조도 | 광학두께 13mm 상 조도 |
|---|---|---|
| 제안된 알고리듬 적용 설계안 | 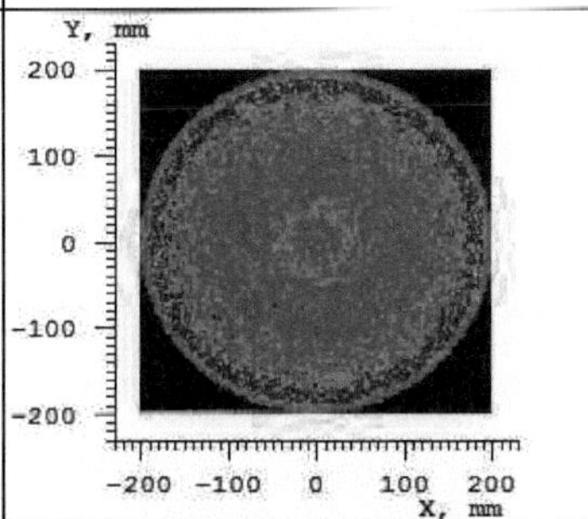 | 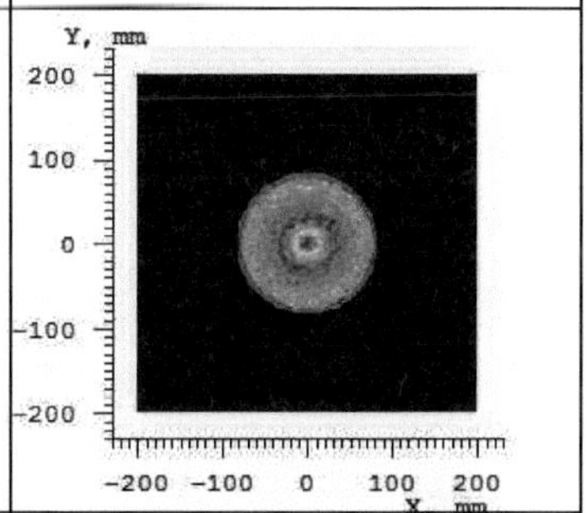 |
| 상용렌즈 | 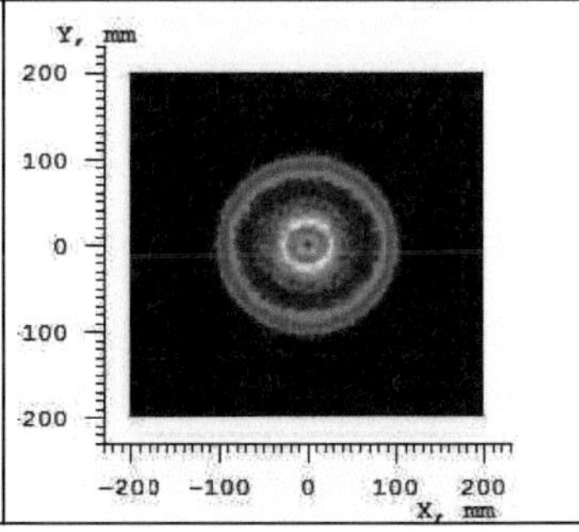 | 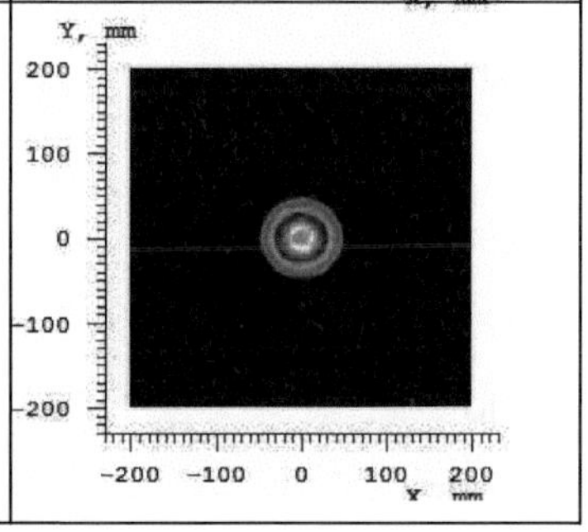 |

그림 4.2.62: 광지향각 LED용 이차렌즈 형상 및 광특성 차이 비교

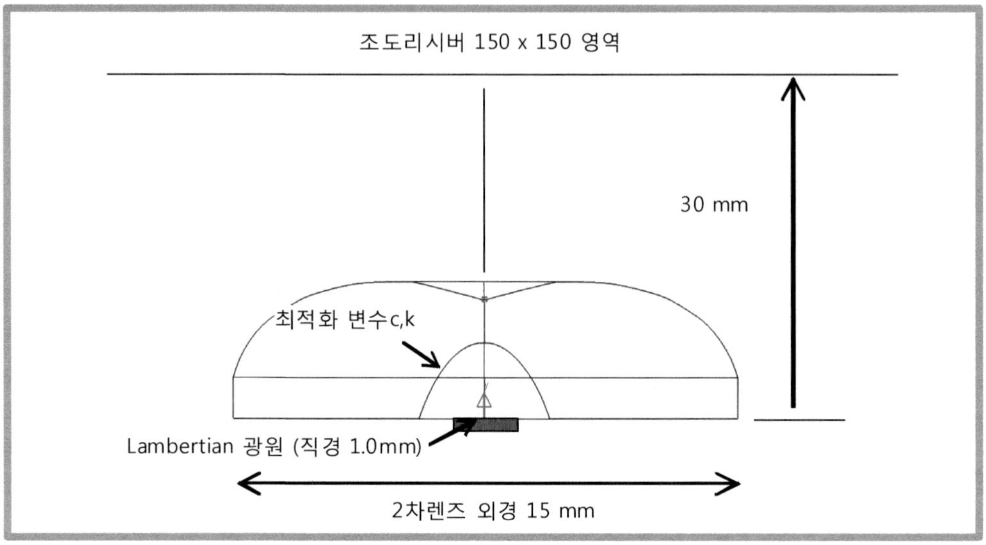


그림 4.2.63: 2차렌즈 Core 곡률 최적화 예제 설명

### 4.2.7 최적화기법 이용한 2차렌즈 설계 실습

이번 절에서는 LightTools의 최적화(Optimization)기법을 이용해서 2차렌즈의 Core 곡률 최적화하는 실습을 수행해 보겠다. 최적화에 대한 문제 정의는 그림 4.2.63과 같다. 4.2.6절의 실습에서 그린 2차렌즈의 Core 비구면 곡률은 $k=-0.85$ $c=1.0$,이었다. 발광직경 $1.0mm$의 Lambertian 광원이 있을 때 2차렌즈에 의해 수직거리 $30mm$상의 $150\times150mm^2$ 영역에 대해 얻을 수 있는 조도 균일도 보다 더 우수한 균일도를 얻기 위해서 Core 렌즈 비구면 곡률이 어떻게 바뀌어야 하는가에 대한 문제이다. 비구면 곡률 값의 여러 가지로 바꾸어 가면서 우수한 파라미터를 찾기란 쉽지 않기 때문에 LightTools에서 제공하는 최적화 기법을 이용해 보겠다.

우선 4.2.6절 실습에서 그린 2차렌즈를 원점 이동 시키고, 렌즈 광학 계면을 정의한다. (그림 4.2.64~그림 4.2.65) 발광부 직경 $1.0mm$의 램버시안 광원을 만들고 2차렌즈 중심에 위치시킨다. (그림 4.2.66~그림 4.2.67) 수직 거리 $30mm$상에 $150\times150mm^2$ 영역에 대한 조도리시버를 만들고 시뮬레이션을 수행한 후 결과를 관찰한다. (그림 4.2.68~그림 4.2.70)

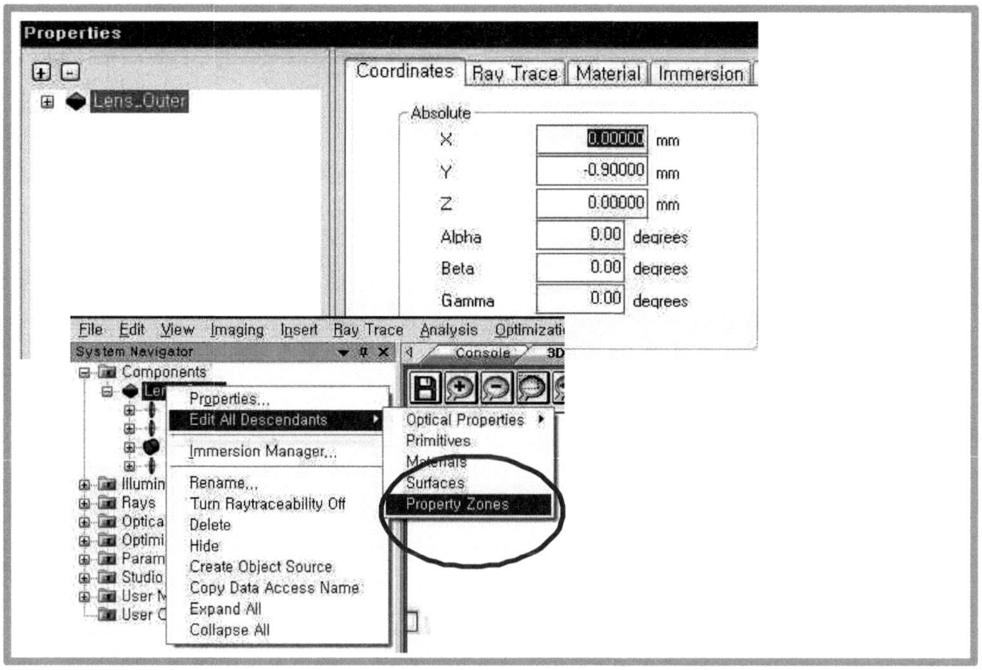


4.2.64: 최적화기법이용 렌즈설계 순서1 (Lens 위치 이동)

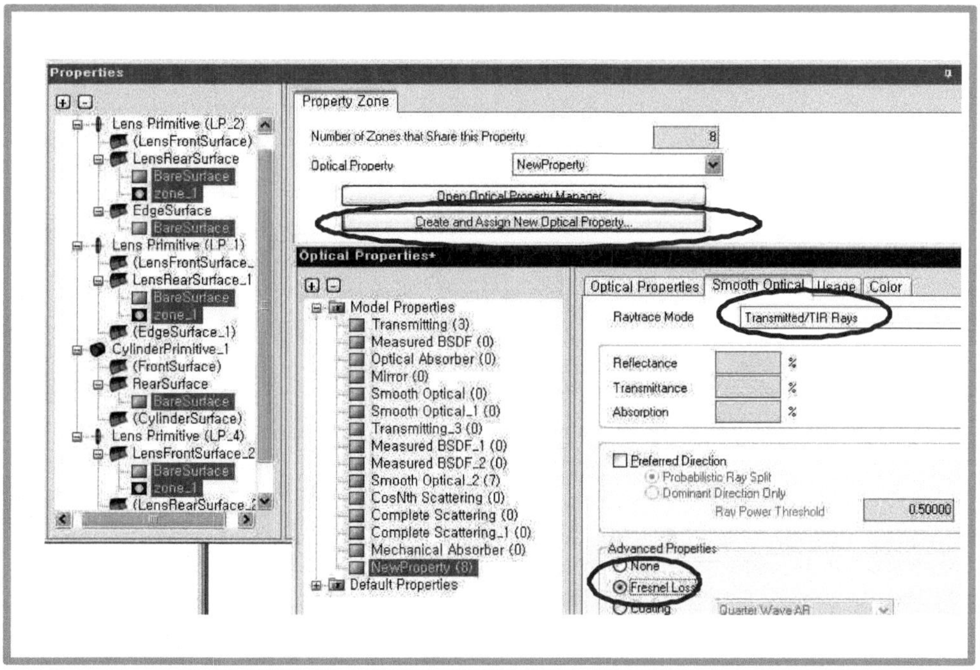


그림 4.2.65: 최적화기법이용 렌즈설계 순서2 (렌즈 광학계면 속성정의)

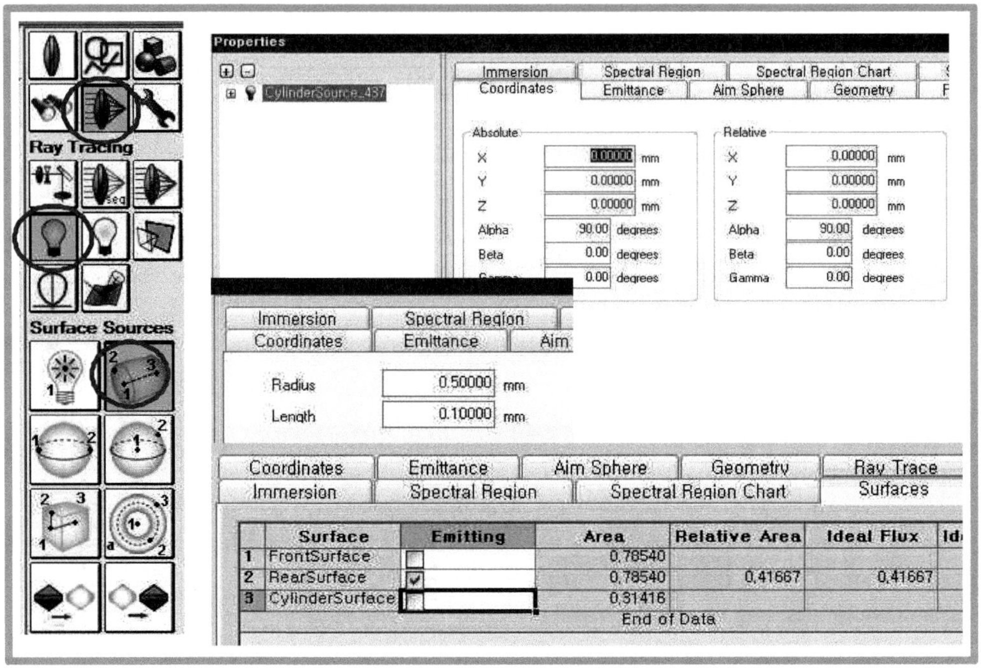

그림 4.2.66: 최적화기법이용 렌즈설계 순서3 (LED 광원 만들기)

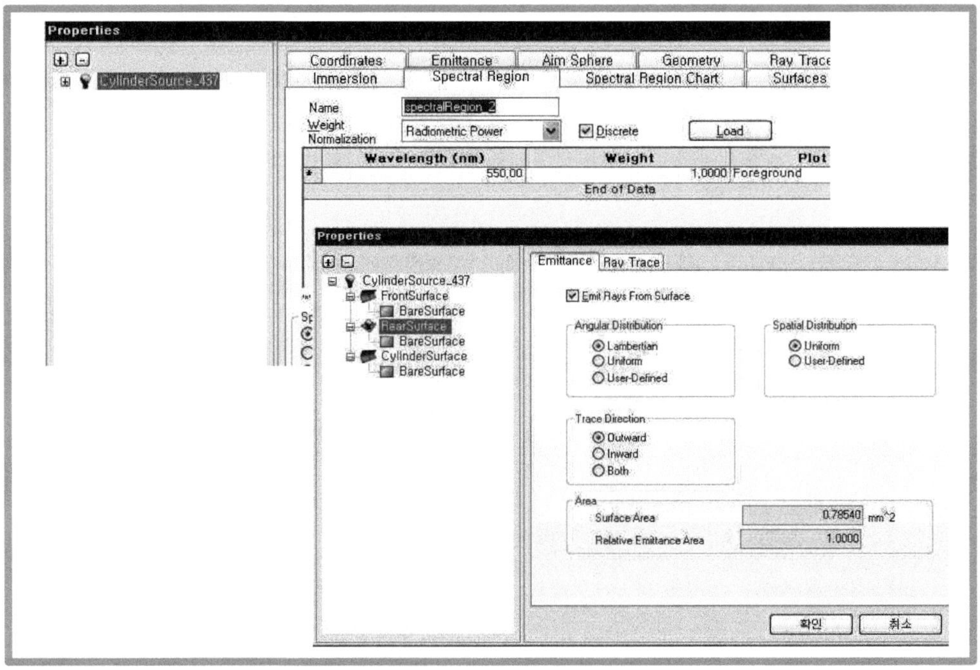

그림 4.2.67: 최적화기법이용 렌즈설계 순서4 (LED 광원 만들기)

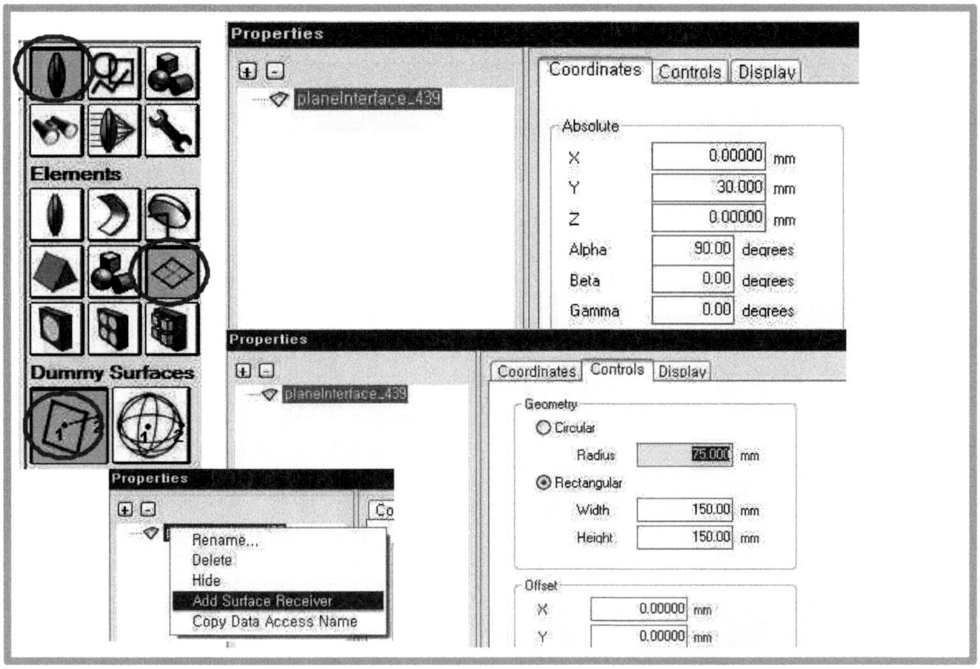


그림 4.2.68: 최적화기법이용 렌즈설계 순서5 (Dummy 평면 만들기)

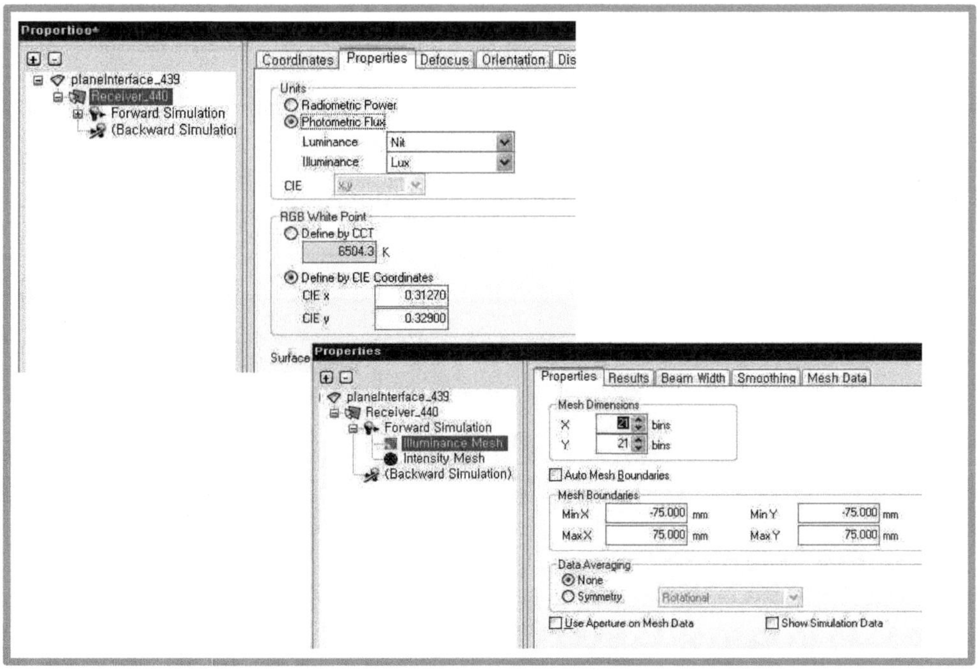


그림 4.2.69: 최적화기법이용 렌즈설계 순서6 (평면조도리시버 설정)

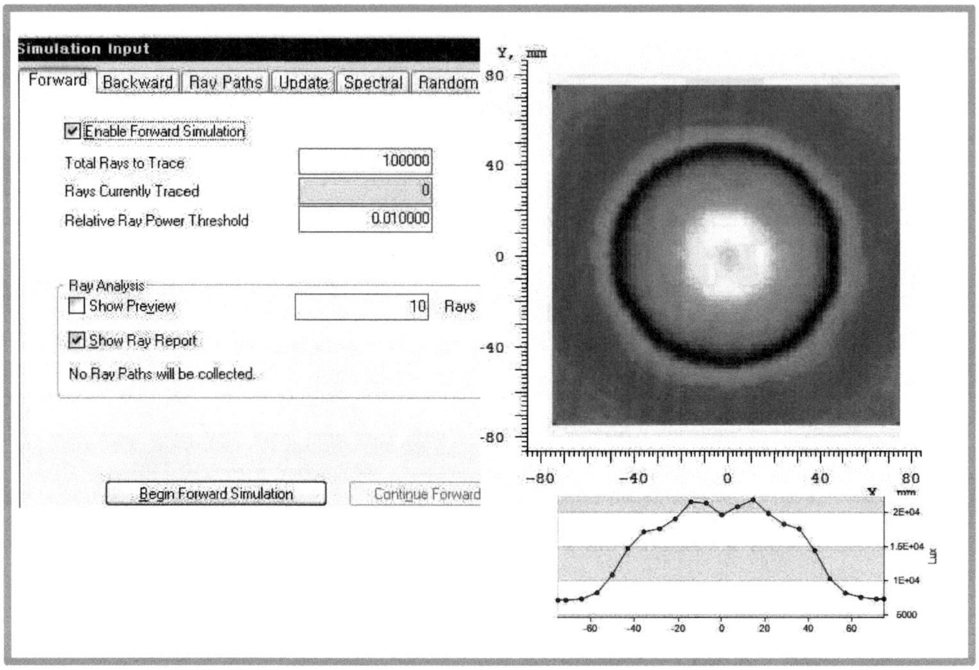


그림 4.2.70: 최적화기법이용 렌즈설계 순서7 (평면조도결과 관찰)

최적화 기법을 적용하기 위해서는 최적화변수, 최적화제약조건, 메리트함수(오차함수)를 정의해야한다. 그림 4.2.71에서와 같이 Core 비구면의 $k,c$를 최적화 변수로 설정한다. 또 그림 4.2.72에서와 같이 조도 리시버에 대한 Mesh Merit Function을 추가한다. Mesh Merit Function에 대한 Target으로 모든 bin의 조도값이 1로서 동일하게 한다. 그림 4.2.73부터 그림 7.2.74의 과정을 거쳐 최적화를 수행하면 그림 7.2.75과 같이 Merit Function의 값이 줄어듬을 알 수 있다. 최적화 전후의 Core 렌즈 형상과 조도분포에 대한 결과는 그림 7.2.76와 같다.

실제 2차 렌즈 설계에서는 Core곡률, Outer곡률, 렌즈 직경, 렌즈 두께등 고려되어야 할 변수가 매우 많다. 모든 변수를 최적화 변수로 잡거나, 반복회수를 많이 한다고 해서 최적해가 쉽게 구해지는 것은 아니다. 적절한 기법을 이용하여 Inital Guess를 선정하고 최적화 루틴을 실행하는 노력이 필요하다.

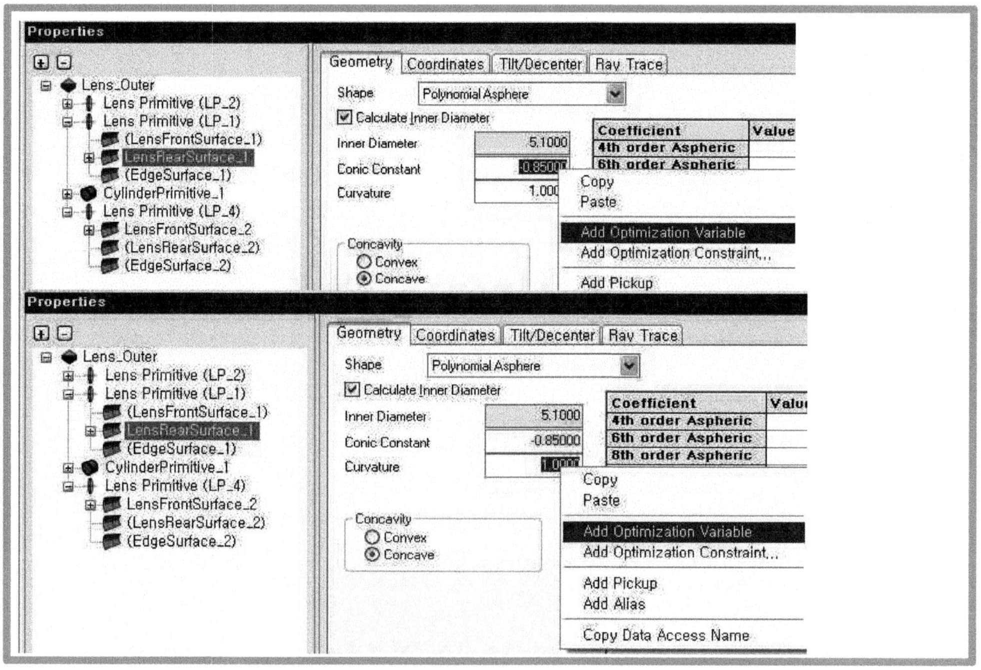


그림 4.2.71: 최적화기법이용 렌즈설계 순서8 (Core곡률 최적화 변수 선언)

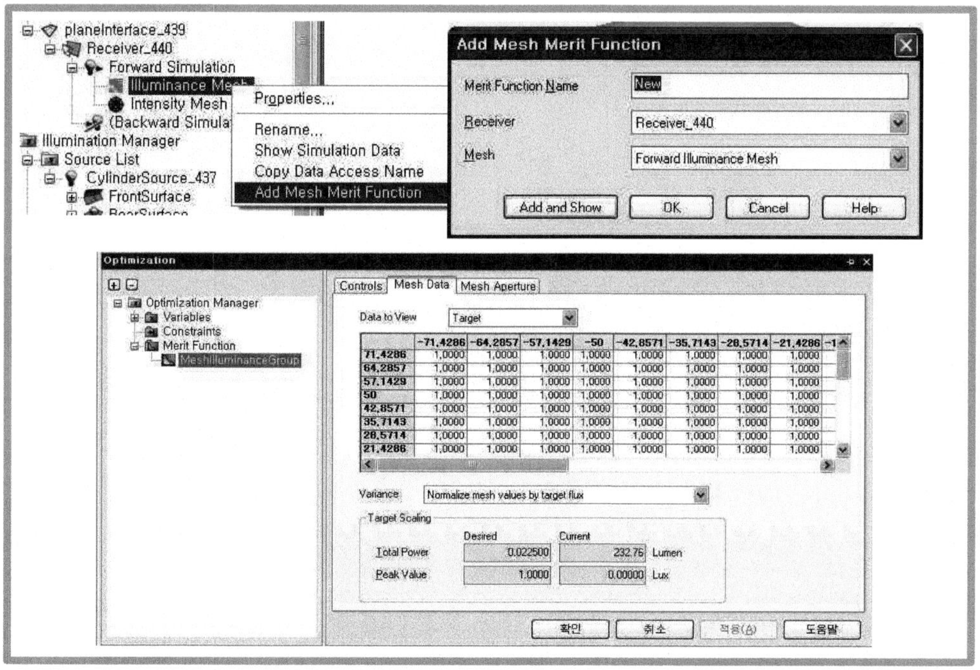


그림 4.2.72: 최적화기법이용 렌즈설계 순서9 (Mesh Merit Function 정의)

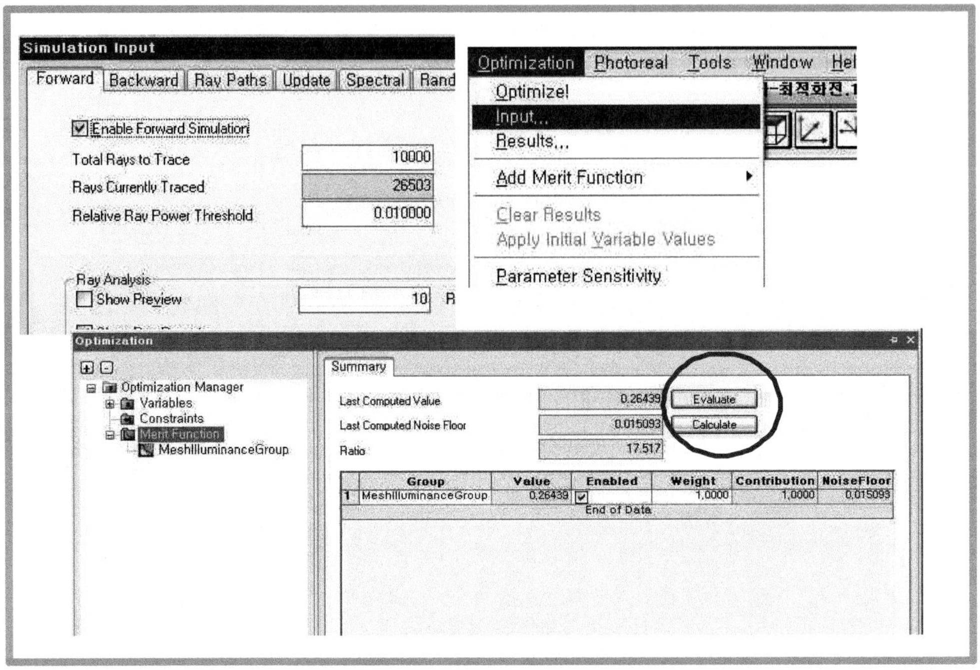

그림 4.2.73: 최적화기법이용 렌즈설계 순서10 (최적화 조건 설정)

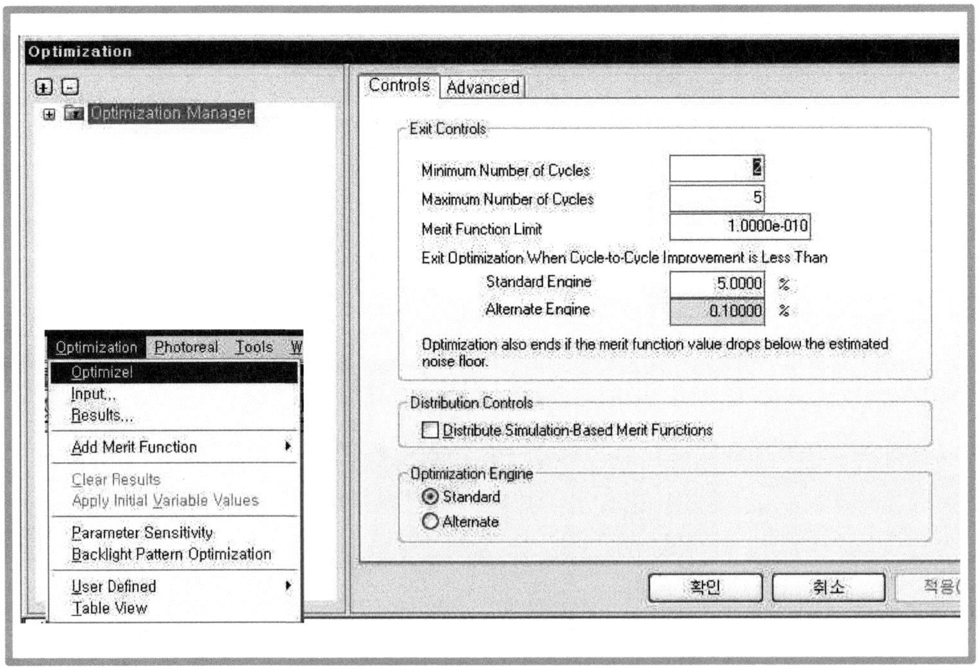

그림 4.2.74: 최적화기법이용 렌즈설계 순서11 (최적화 조건 설정)

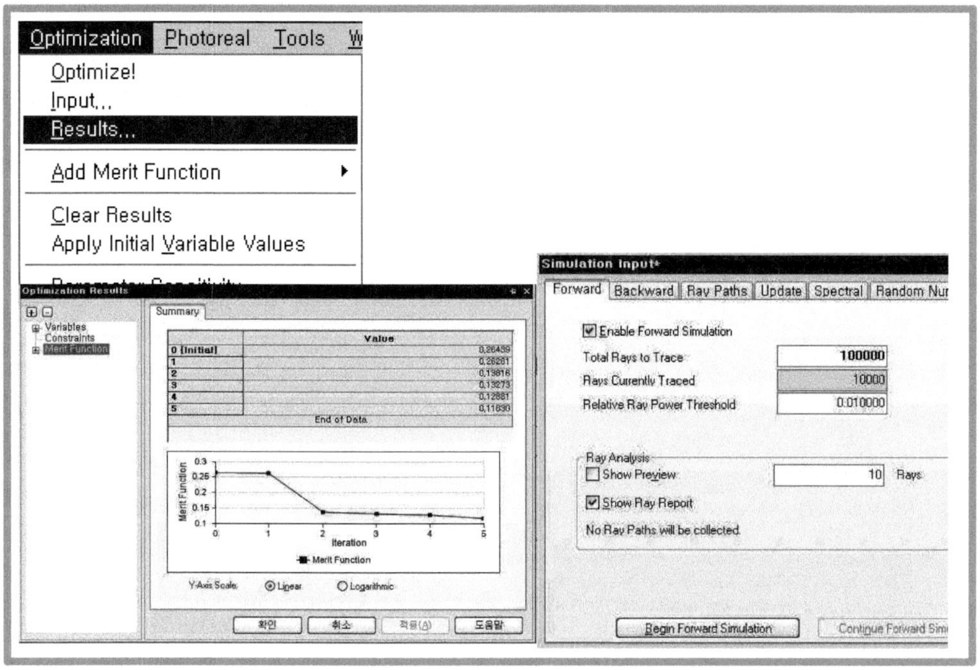


그림 4.2.75: 최적화기법이용 렌즈설계 순서12 (최적화 실행 및 결과 관찰)

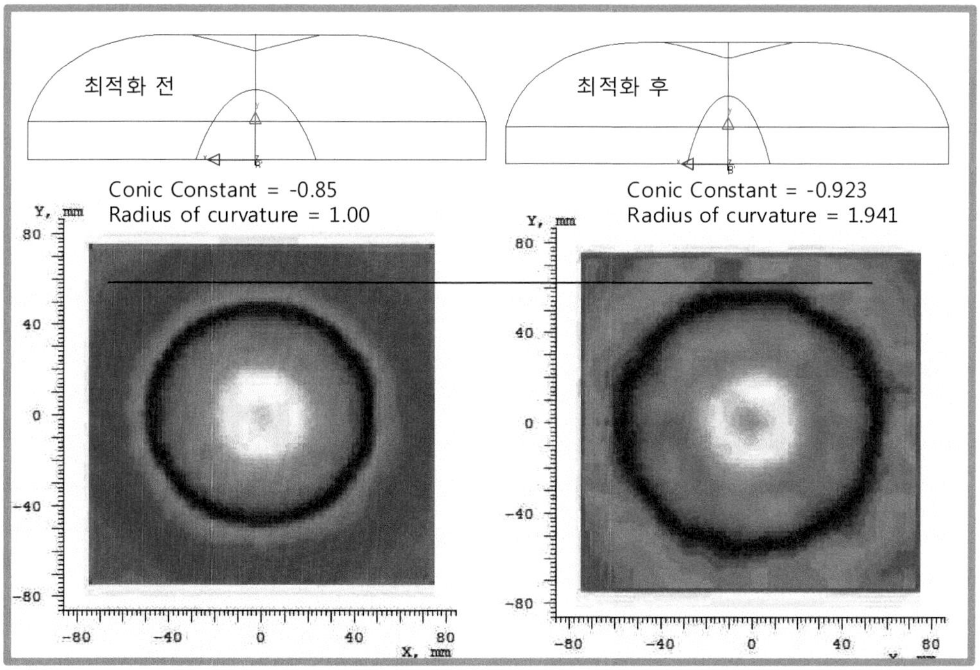


그림 4.2.76: 최적화기법이용 렌즈설계 순서13 (최적화 전후 결과 관찰)

## 4.3 광학필름 BSDF 모델링 실습

LightTools에서 구현 가능한 BSDF 종류는 하기의 ① 1D Slice BSDF, ② 2D Cartesian BSDF, ③ 2D Polar BSDF 의 세가지 종류가 있다. 4.3.1 절에서는 1D 슬라이스 데이터에 대한 실습을 수행하고, 4.3.2 절에서는 LightTools에서 제공되는 Database로부터 2D polar mesh를 로딩하는 실습을 할 것이다.

### 4.3.1 일차원 슬라이스 데이터

1D Slice BSDF는 방위각을 고정해 놓고 극각에 대해서만 투과, 또는 반사에 대해 입사각도별로 BSDF를 계측하여 LightTools의 BSDF 데이터로 활용하는 것이다. 그림 4.3.1은 1D 슬라이스 데이터로서 필요한 세가지 텍스트 파일을 보여준다. 첫째는 마스터 파일로서 현재 BSDF의 산란 데이터로서 "slice_final.txt"를 사용하겠다는 의미고, “DATATYPE = Reflect”의 의미는 산란 데이터가 BRDF 데이터라는 것을 의미한다. 투과를 하고 싶을 때에는 "DATATYPE = Transmit"를 써주면 된다.

그림. 4.3.1의 좌측 하단에는 산란 데이터 파일 “slice_final.txt"가 보여진다. 총 3개의 AOI (Angle of Incidence)에 대한 각각의 슬라이스 데이터가 있다는 의미이고, 각 슬라이스 데이터 개수는 -90도~+90도 까지 10도 간격으로 총 19개의 데이터가 있다는 의미이다. 여기서 반드시 0도 데이터는 있어야 한다. 1D 슬라이스 데이터에서 매우 중요한 사항은 1D 슬라이스 데이터는 CCBSDF (Cosine-Corrected BSDF) 모드가 지원되지 않는다는 점이다. 즉, 1D 슬라이스 데이터는 BSDF의 정의에 맞게 휘도/조도 데이터가 들어가야 한다. 참고로 2D 에서는 CCBSDF 모드의 입력이 가능하다.

그림 4.3.1의 우측 하단에는 RT 파일이 예시되고 있다. RT 파일은 입사각도별 절대 반사율에 대한 정보이며, BSDF 적용시 너무나도 중요한 파일이다. 일반적으로 입사각도별로 절대 반사율을 계측하기느 쉽지 않기 때문에 산란데이터 파일을 LightTools에 로딩하면 계산되는 TIS (Total Integrated Scatter)의 상대적인 비율과 특정 각도에서 계측된 절대 반사율 (예를 들어, 적분구형 분광계에서 입사각 8도 일때의 절대 반사율 계측 가능함)을 이용하여 나머지 입사각에 대한 상대적인 반사율을 구하는 것이 합리적인 방법이라고 생각된다. 그림 4.3.2부터 그림 4.3.5까지는 1D 슬라이스 데이터의 LightTools 입력 방법으로 실습 하기 바란다. 4.3.6과 4.3.7는 BSDF 적용 옵션에 대한 간략한 설명이다.

```
#UDOP AngGridSlice 1.0
NumFiles=1
FileName = ..₩slice_final.txt
Lambda = 550

DATATYPE = Reflect
```

Master.txt

```
#slice data comments
#AOI Data Format: <AOI1> <AOI2> <AOI3>
#Data Format: <ANGLE> <BSDF1> <BSDF2> <BSDF3>
Scatter_Type: RAVG
Number_of_AOI: 3
                  0       30      60
Number_of_Points: 19
     -90      0       0       0
     -80      0.166   0.111   0.035
     -70      0.218   0.139   0.041
     -60      0.275   0.162   0.047
     -50      0.299   0.187   0.050
     -40      0.345   0.213   0.050
     -30      0.398   0.224   0.050
     -20      0.500   0.229   0.049
     -10      0.812   0.236   0.049
       0      0.957   0.264   0.051
      10      0.951   0.268   0.051
      20      0.769   0.345   0.057
      30      0.477   0.612   0.068
      40      0.384   1.000   0.091
      50      0.333   0.674   0.148
      60      0.306   0.420   0.345
      70      0.271   0.305   0.929
      80      0.223   0.268   0.800
      90      0.000   0.000   0.000
```

slice_final.txt

```
DFAT        Version       1
DATANAME: AOI_Master.1.txt
ABSORBING: YES
INDEX:          1
DATAITEMS:          TAVG      RAVG
WV            550
AOI             0      0      0.97
AOI             5      0      0.97
AOI            10      0      0.98
AOI            15      0      0.98
AOI            20      0      0.98
AOI            25      0      0.98
AOI            30      0      0.98
AOI            35      0      0.98
AOI            40      0      0.98
AOI            45      0      0.98
AOI            50      0      0.98
AOI            55      0      0.97
AOI            60      0      0.97
AOI            65      0      0.97
AOI            70      0      0.97
AOI            75      0         1
AOI            80      0      0.88
AOI            85      0      0.83
```

RT.txt

그림 4.3.1: 1D 슬라이스 BSDF 데이터에서 필요한 세 개의 텍스트 파일

→ 특정한면에서 optical property를 정의한다.
→ Load from library에서 Surface finish를 선택
→ Drop down menu에서 Measured_BSDF_1DSlice.opr 선택
→ User-defined 로 자동 넘어간다.

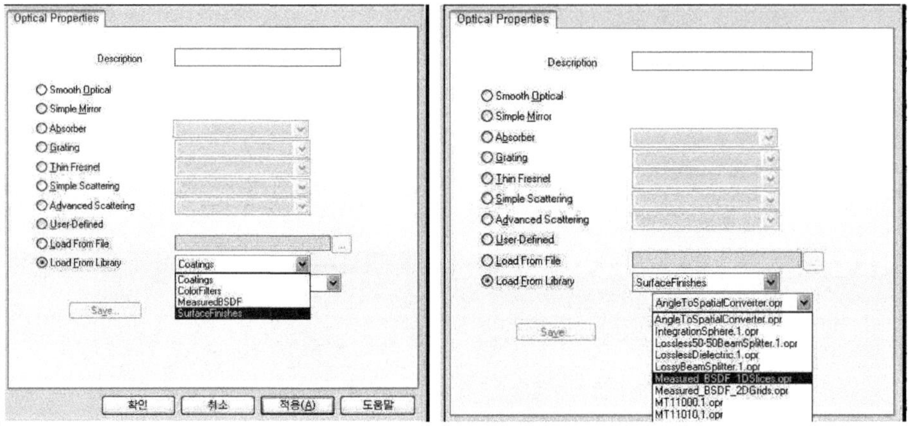


그림 4.3.2: 1D 슬라이스 BSDF 실습 순서 1 (1D 슬라이스 지정)

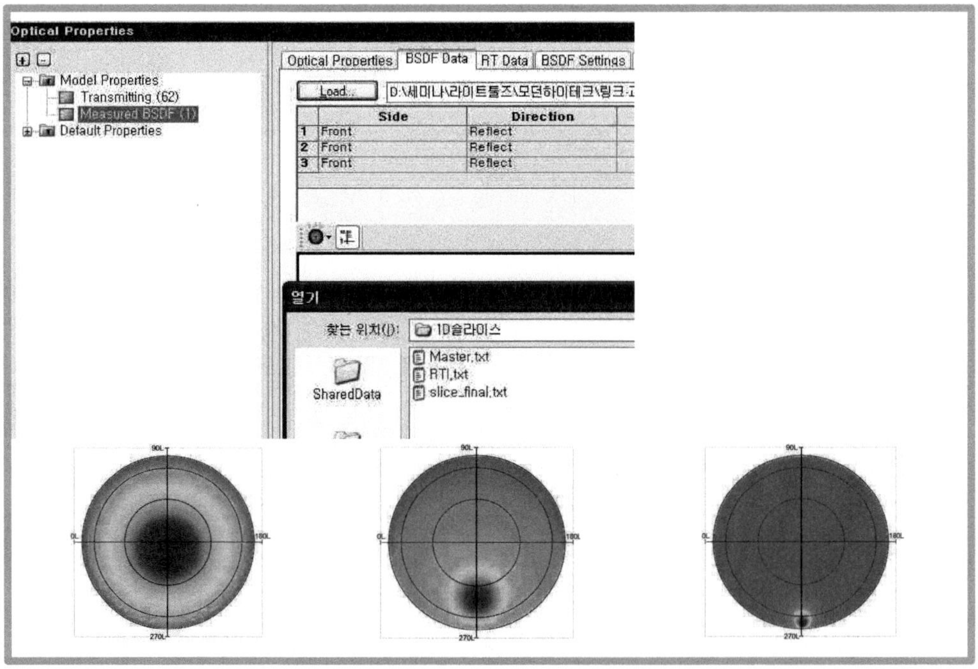


그림 4.3.3: 1D 슬라이스 BSDF 실습 순서 2 (마스터 파일 로딩)

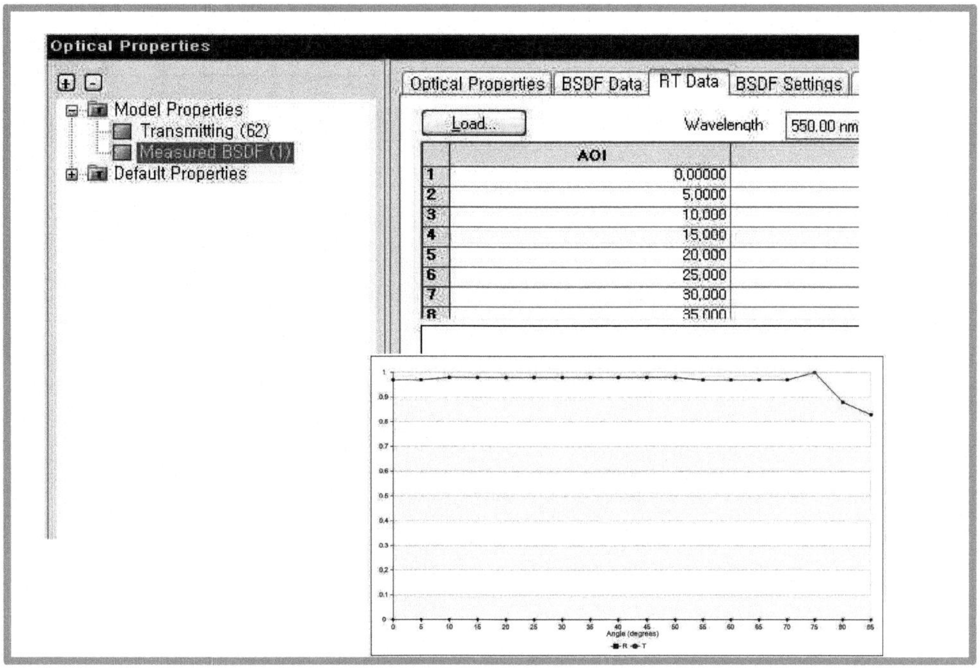

그림 4.3.4: 1D 슬라이스 BSDF 실습 순서 3 (RT 파일 로딩)

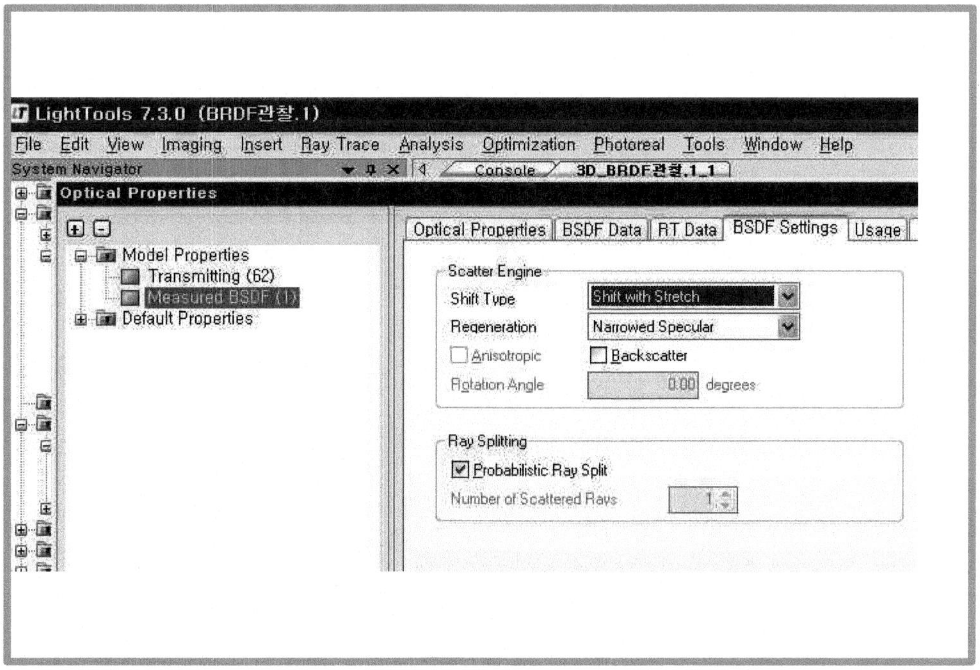

그림 4.3.5: 1D 슬라이스 BSDF 실습 순서 4 (BSDF 옵션 적용 방법)

Shift invariant - This option is best for fairly narrow BSDF

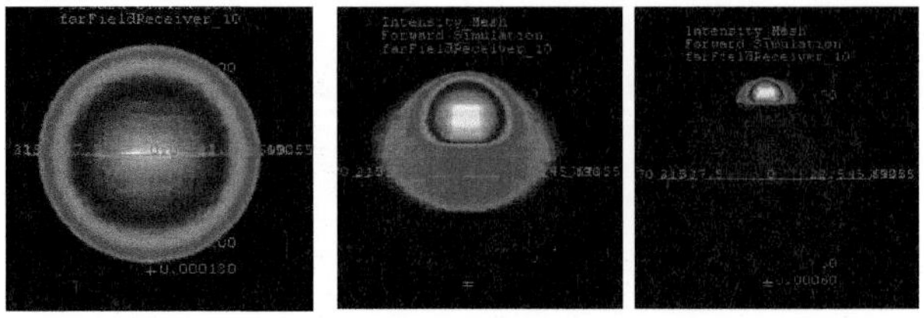

측정되지 않은 AOI값에 대한 BSDF 에 대해 empty 데이터를 그대로 남겨둠

Hybrid invariant - This option is best for BSDFs that contains significant diffuse and near specular

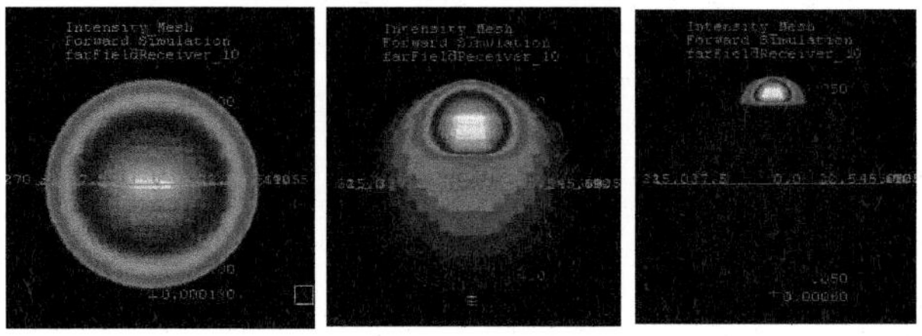

측정되지 않은 AOI값에 대한 BSDF를 채워줌

그림 4.3.6: BSDF 적용 옵션 1 (1D, 2D 데이터 모두 적용)

Narrow specular - Measured distribution과 비슷한 형태 (narrower) 로 만들어줌 (default)

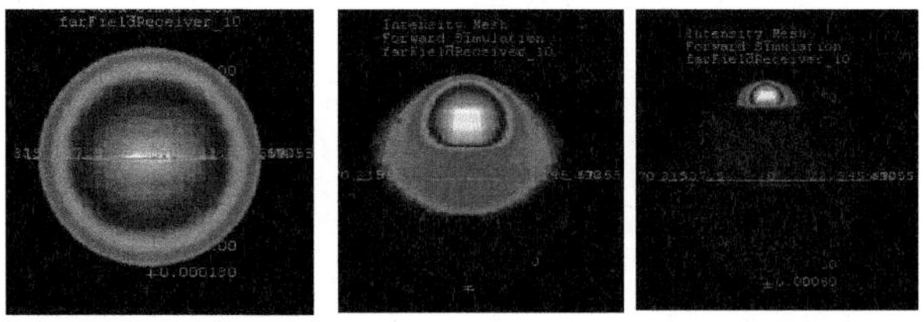

Regeneration - Attempts to generate another random ray, up to 10 times, and then ray is lost

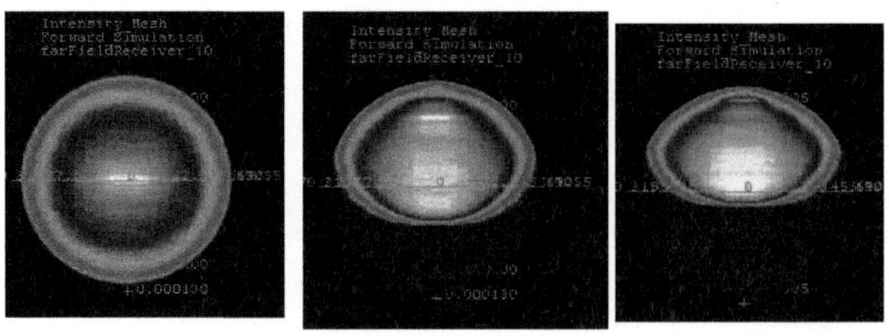

그림 4.3.7: BSDF 적용 옵션 2 (1D, 2D 데이터 모두 적용)

## 4.3.2 이차원 BSDF 데이터

그림 4.3.8은 LightTools 2D BSDF 데이터 종류인 Cartesian mesh 와 Polar mesh 에 대한 입사평면 및 위도(Latitude), 경도 (Longitude)에 대한 정의를 보여주고 있다. 양쪽 데이터 모두 입사 평면은 경도 90도 상에서 정의되어 있는 평면을 필요로 한다. 여기서 Cartesian이라고 하는 것의 의미는 경도범위와 위도범위를 마치 가로, 세로의 Cartesian 데이터로 인식하여 데이터를 입력한다는 것이다. 그림 4.3.9에서 볼 수 있듯이 "50"이라는 숫자만 빛이 통과하고 나머지 영역은 빛이 통과하지 않는 BTDF가 있다고 가정해 보자. 여기서 “50"이라는 숫자는 경도 범위 70-110도, 위도 범위 30-70도 사이에 있다. 이와같은 BTDF의 경우 지구본 모든 경도와 위도 범위의 데이터를 넣어 줄 필요 없이 직각좌표 범위의 Cartesin 데이터만 넣어주면 된다.

그림 4.3.10은 2D-Cartesian BSDF 포맷에 대한 마스터 파일과 산란데이터 파일을 보여준다. 마스터 파일에는 산란데이터의 개수, 각 산란데이터의 파일 이름, 데이터 포맷 (Cartesian), 데이터 유형 (BTDF 인지 BRDF인지), 파장, 입사각 (AOI)가 정의되어 있다. 각 산란데이터 내에는 산란데이터 원본과 경도, 위도 범위에서의 데이터 개수, 데이터의 최소, 최대값이 지정되어 있다.

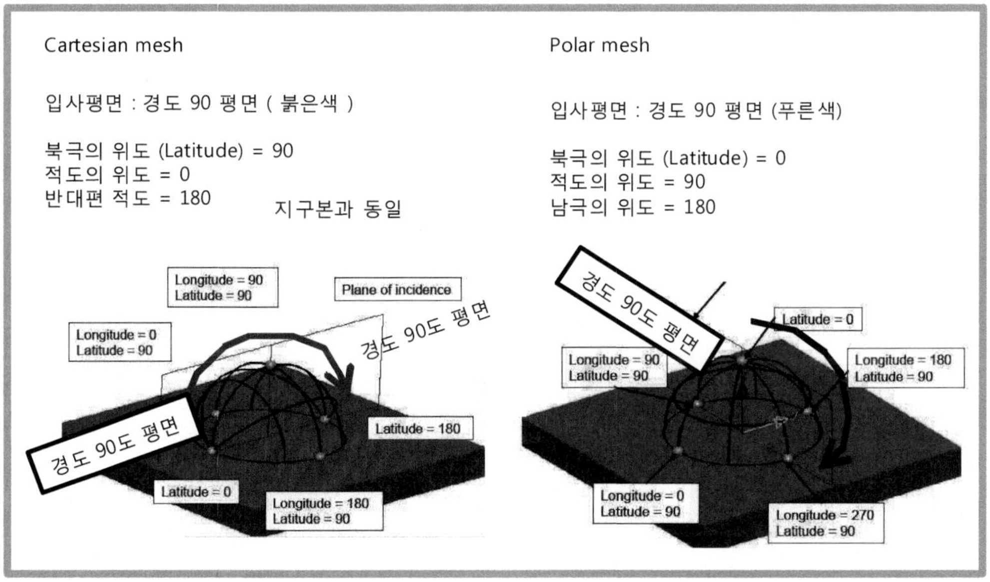


그림 4.3.8: 2D BSDF 설명 (2D Cartesian, 2D Polar)

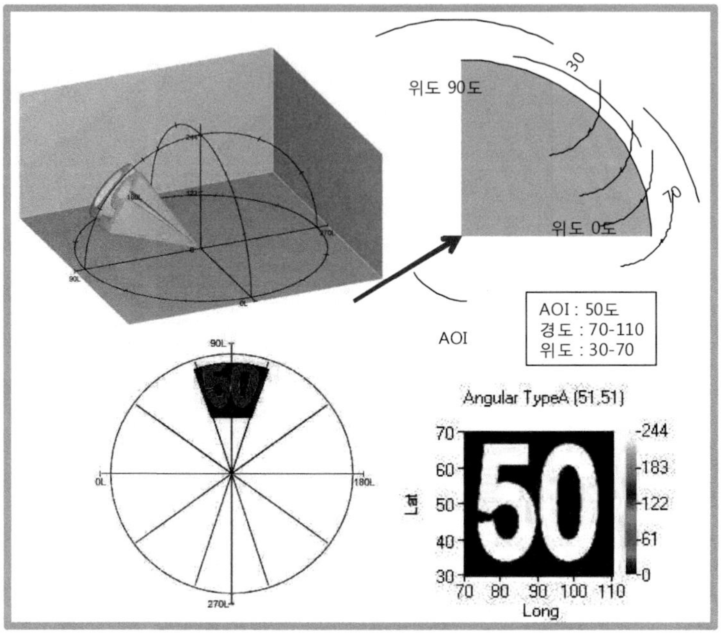


그림 4.3.9: 2D BSDF – Cartesian 데이터 적용 예시

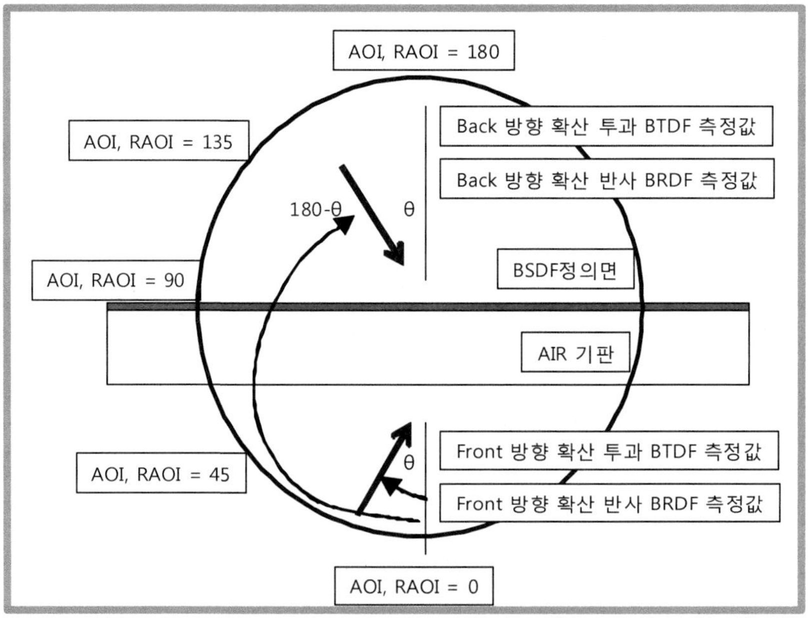


그림 4.3.11: BSDF 데이터 적용 방향 설명

백라이트 광학 필름용 BSDF 데이터로서 가장 많이 사용되는 데이터 포맷은 2D-Polar 포맷이다. LightTools 2D Polar 포맷은 대부분의 BSDF 계측장비에서 자

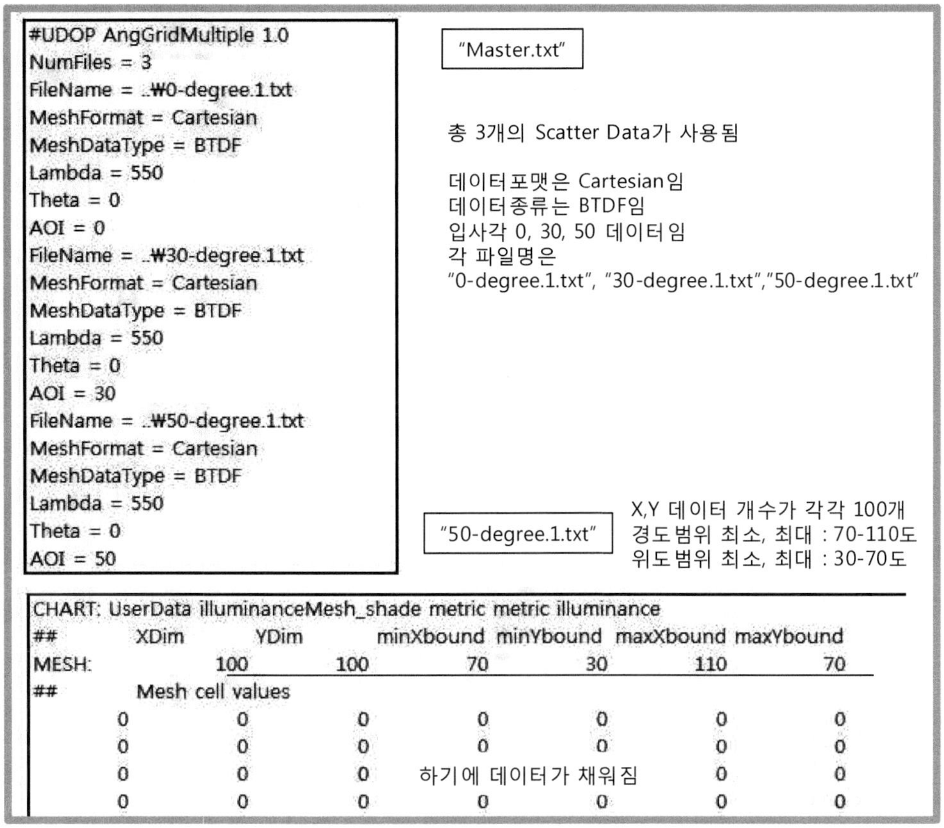


그림 4.3.10: 2D BSDF – Cartesian의 마스터 파일과 산란데이터 예시

동 변환해 주므로 데이터 적용 시 큰 어려움은 없다. 그러나 이는 산란데이터에 해당하는 것이고, 마스터 파일의 사용법은 숙지해야 한다. 이 사용법을 모르면 애써 계측한 데이터가 원치 않는 방식으로 적용될 수 있기 때문이다. 그림 4.3.11은 BSDF 데이터의 적용 방향에 대한 설명이며 하기의 사항을 기억해라. 하기에서 설명된 사항을 숙지하고 그림 4.3.12과 4.3.13을 보면 이해에 도움이 될 것이다.

① Front direction 과 Back direction의 개념

LightTools에서 필름 모델링은 기판의 한면에 BSDF를 적용하는 것이다. 이때 광이 기판으로부터 BSDF면으로 입사되는 상황을 Front direction 이라고 하며, BSDF면으로부터 기판으로 입사되는 상황을 Back direction이라고 부른다. 실제로 산란데이터들이 있을 때 이것이 Front direction에 대한 산란데이터인지 Back direction에 대한 산란데이터인지 명확하게 구분지어야 하며, 이것에 대한 방법은 입사각 AOI (또는 RAOI)에 대해 $0 \le AOI < 90$ 을 만족하면 Front direction을 의미하고

| | |
|---|---|
| #UDOP AngGridMultiple 1.0<br>NumFiles = 8 | MeshFormat = 2D Polar 임<br>Cosine-Corrected BSDF 임 |
| FileName = ..₩my_bsdf_polar_T30.txt<br>MeshFormat = Polar<br>MeshDataType = CCBSDF<br>AOI = 30 | Front 방향입사조건에서 계측 데이터임<br>입사각 30도 이며, 투과 데이터임 |
| FileName = ..₩my_bsdf_polar_T60.txt<br>MeshFormat = Polar<br>MeshDataType = CCBSDF<br>AOI = 60 | Front 방향입사조건에서 계측 데이터임<br>입사각 60도 이며, 투과 데이터임 |
| FileName = ..₩my_bsdf_polar_T120.txt<br>MeshFormat = Polar<br>MeshDataType = CCBSDF<br>AOI = 120 | Back 방향입사조건에서 계측 데이터임<br>입사각 60도 이며, 투과 데이터임 |
| FileName = ..₩my_bsdf_polar_T150.txt<br>MeshFormat = Polar<br>MeshDataType = CCBSDF<br>AOI = 150 | Back 방향입사조건에서 계측 데이터임<br>입사각 30도 이며, 투과 데이터임 |
| FileName = ..₩my_bsdf_polar_R30.txt<br>MeshFormat = Polar<br>MeshDataType = CCBSDF<br>RAOI = 30 | Front 방향입사조건에서 계측 데이터임<br>입사각 30도 이며, 반사 데이터임 |
| FileName = ..₩my_bsdf_polar_R60.txt<br>MeshFormat = Polar<br>MeshDataType = CCBSDF<br>RAOI = 60 | Front 방향입사조건에서 계측 데이터임<br>입사각 60도 이며, 반사 데이터임 |
| FileName = ..₩my_bsdf_polar_R120.txt<br>MeshFormat = Polar<br>MeshDataType = CCBSDF<br>RAOI = 120 | Back 방향입사조건에서 계측 데이터임<br>입사각 60도 이며, 반사 데이터임 |
| FileName = ..₩my_bsdf_polar_R150.txt<br>MeshFormat = Polar<br>MeshDataType = CCBSDF<br>RAOI = 150 | Back 방향입사조건에서 계측 데이터임<br>입사각 30도 이며, 반사 데이터임 |

그림 4.3.12: 2D Polar BSDF 적용위한 마스터 파일 예시

$180 \geq AOI > 90$을 만족하면 Back direction이다. 또한 LightTools에 내장되어 있는 필름의 BSDF를 사용할 때에도 Front direction, back direction에 대한 구별을 반드시 해주어야 한다. 내장된 BSDF는 모델링이 Front direction으로 되어 있다고 가정하고 만들어진 것이다, 만일 여러분이 만든 모델링에서 광입사 방향이 틀릴 경우는 마스터 파일을 따로 저장하여 입사각 값을 수정해 주고 BSDF를 적용해야 한다.

② BRDF와 BTDF의 구별

각 입사각도별로 사용하는 산란데이터가 반사에 대한 산란 데이터인지 투과에 대

"my_bsdf_polar_T30.txt"

X 방향 : Azimuth (경도, Longitude), 데이터 개수 37개
Y 방향 : Polar (위도, Latitude), 데이터 개수 41
X범위 최소, 최대 : 0-360도
Y범위 최소, 최대 : 0-80도

| CHART: | UserData | illuminanceN | metric | metric | illuminance | | |
|---|---|---|---|---|---|---|---|
| ## | XDim | YDim | minXbound | minYbound | maxXbound | maxYbound | |
| MESH: | 37 | 41 | 0 | 0 | 360 | 80 | |
| ## | Mesh cell values | | | | | | |
| 468.3285 | 442.9346 | 449.7484 | 459.2843 | 467.357 | 475.9622 | 260.1851 | 203.835437 |
| 689.6212 | 634.0984 | 616.4307 | 597.8515 | 601.699 | 599.8029 | 594.9487 | 490.0945 |
| 823.1443 | 767.1195 | 766.0648 | 745.8872 | 724.5144 | 720.6662 | 709.6954 | 631.1948 |
| 982.1386 | 882.1019 | 852.9077 | 832.0689 | 818.7067 | 778.7394 | 791.9077 | 777.83 |
| 1020.272 | 947.4498 | 883.4907 | 842.5128 | 840.2126 | 804.1406 | 795.1373 | 887.534 |
| 1025.497 | 942.279 | 917.4775 | 867.5269 | 839.2675 | 807.0657 | 798.5547 | 835.5433 |
| 1046.787 | 983.1448 | 945.5642 | 901.3381 | 868.8083 | 832.6036 | 812.9682 | 812.5367 |
| 1075.751 | 1025.451 | 978.4701 | 929.9006 | 885.4522 | 854.5527 | 835.2561 | 817.8466 |

그림 4.3.13: 2D Polar BSDF 적용위한 마스터 파일 예시

한 산란 데이터인지 구별해야 한다. 입사각을 RAOI라고 쓰면 산란데이터가 BRDF를 의미하고 입사각을 AOI라고 쓰면 산란데이터가 BTDF임을 의미한다.

③ 데이터 포맷 유형

산란데이터가 2D Cartesian인지 2D Polar 인지 구별해야 한다. "DataFormat = Cartesian"과 “DataFormat = Polar" 로서 구별한다.

④ 데이터 종류

산란데이터가 BSDF 인지 CCBSDF (Cosine-Corrected BSDF) 인지 구분지어야 한다. BSDF는 조도분에 휘도 데이터이고, CCBSDF데이터는 조도분에 광도데이터이다. 이것에 대한 구별은 매우 중요하며, 어떤 BSDF 계측기는 데이터를 두가지 형태로 출력할 수도 있고, 광도형태로만 출력할 수도 있기 때문이다. 참고로 1D 슬라이스 데이터는 CCBSDF는 지원하지 않는다.

반사와 투과 데이터가 있을 경우 입사각도별 절대반사율, 절대투과율 데이터를 만드는 방법을 소개하면 그림 4.3.14와 같다. 즉 광학계면에서 흡광을 0으로 가정하고 특정 입사각에서의 반사와 투과율의 합이 1이라고 가정한다. 여기서 특정 입사각에 대한 반사율은 전체 TIS (Total Integrated Scatter)에 대한 반사 TIS에 대한 비율로 간주될 수 있고, 특정 입사각에 대한 투과율도 전체 TIS에 대한 투과 TIS의 비율로 간주 될 수 있다. 이 방법은 입사각에 대한 절대 반사율, 투과율을 구할 수 있는 좋은

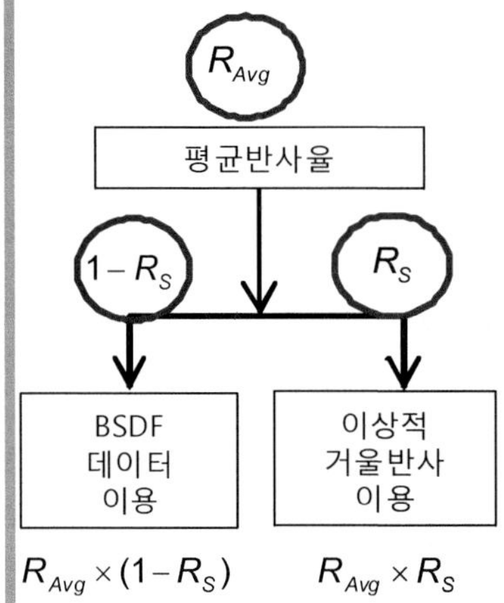


DFAT Version 1
DATANAME: AOI_Master.1.txt
ABSORBING: YES
INDEX: 1

| DATAITEMS: | | TAVG | RAVG | RelRs | RelTs |
|---|---|---|---|---|---|
| wv | 550 | | | | |
| AOI | 0 | 0 | 0.97 | 0 | 0 |
| AOI | 5 | 0 | 0.97 | 0 | 0 |
| AOI | 10 | 0 | 0.97 | 0 | 0 |
| AOI | 15 | 0 | 0.97 | 0 | 0 |
| AOI | 20 | 0 | 0.97 | 0 | 0 |
| AOI | 25 | 0 | 0.97 | 0 | 0 |
| AOI | 30 | 0 | 0.97 | 0 | 0 |
| AOI | 35 | 0 | 0.97 | 0 | 0 |
| AOI | 40 | 0 | 0.97 | 0 | 0 |
| AOI | 45 | 0 | 0.97 | 0 | 0 |
| AOI | 50 | 0 | 0.97 | 0 | 0 |
| AOI | 55 | 0 | 0.97 | 0 | 0 |
| AOI | 60 | 0 | 0.97 | 0 | 0 |
| AOI | 65 | 0 | 0.97 | 0 | 0 |
| AOI | 70 | 0 | 0.99 | 0 | 0 |
| AOI | 75 | 0 | 0.99 | 0 | 0 |
| AOI | 80 | 0 | 0.99 | 0.05 | 0 |
| AOI | 85 | 0 | 0.99 | 0.13 | 0 |

그림 4.3.15: Specular Peak Scaling 기능 소개

논리가 되며, 이렇게 해서 만들어진 입사각도별 투과율 반사율 그래프 개형은 LightTools에 내장되어 있는 다른 데이터와 크게 틀리지 않다.

그림 4.3.15는 LightTools의 고급 기능 중 하나인 Specular peak 스케일링에 의한 것이다. 일반적으로 BSDF를 계측하면 Specular peak이 관찰되는데, Specular peak이 주변 확산보다 10배 이상 큰 경우 Specular peak intensity 계측값 자체를 신뢰할 수 없을 경우도 있다. 이 경우 임의로 $R_s$ 비율 값을 정하여 $R_s$ 만큼은 이상적인 거울반사 내지는 거울 투과를 수행하고 나머지 $1-R_s$ 에 해당하는 비율만큼은 BSDF 데이터를 이용하여 Ray-Tracing을 수행하며, 필자의 경험상 이 기능은 70도 이상 고입사각 반사 BSDF가 중요한 응용예에서 계측값과 시뮬레이션값의 보정을 위한 매우 유용한 기능이라고 생각된다.

## 4.4 엣지 백라이트 모델링 실습

이번 절에서는 도광판을 이용하는 엣지형 백라이트에 대한 모델링 실습을 수행할 것이다. 대상 모델은 그림 4.4.1에서 보이는 18.5인치 모니터이며 4분의 1 대칭 모델이다. 도광판은 인쇄 도광판이 사용되며 광학 필름으로 확산필름과 BEF가 있다. 또

CCFL광원이 달려있다.이번 절의 실습을 통해 하기의 사항에 대해 연습이 가능할 것으로 생각된다.

- 광학 재료 정의 방법 정의
- 3D Texture 정의 방법
- 광학 광학계면 정의 방법
- 광학 필름 BSDF 정의 방법
- 도광판 잉크 BSDF 계측 방법 및 정의에 대한 개념 (Immersion 기능)
- 대칭 형상 시뮬레이션에 방법에 대한 개념
- CCFL광원 모델링 (광원 모델링 방법은 LED와 유사함)
- 전방 시뮬레이션과 후방 시뮬레이션 개념 이해

### 4.4.1 도광판 모델링

도광판 형상은 4.1.2절 "CAD 모델링 기초 (단순한 도광판 형상 그려보기)"에서 실습 했던 형상을 그대로 이용해 보도록 하겠다. 실습은 하기의 단계를 따른다.

① 도광판 광학 재료로 PMMA 설정 방법 (그림 4.4.2)
② 대칭 형상 시뮬레이션에 대한 개념 소개 (그림 4.4.3)
③ 도광판 광학 계면 속성 정의 방법 (그림 4.4.4부터 그림 4.4.8까지)
④ NS (Non-Sequential Ray)로 도광 확인해보기 (그림 4.4.9)
⑤ 도광판 인쇄 패턴 3D Texture 형상 정의 및 BSDF 정의 (그림 4.4.10부터 그림 4.4.22까지)
⑥ 도광판 인쇄 패턴면 속성으로 계측된 BSDF 적용 과정 (그림 4.4.23부터 그림 4.4.32까지)

① 도광판 광학 재료로 PMMA 설정 방법

도광판 이름을 "LGP"로 바꾸고 그림 4.4.2을 참고하여 도광판 광학 재료로서 PMMA를 설정한다. PMMA 재료에는 파장별 굴절율과 파장별 흡광도 (Transmittance/Lenght )이 내장되어 있다. PMMA 재료를 설정하면 Mie 산란이 생성되는데 이번 실습에서는 Disable 시킨다.

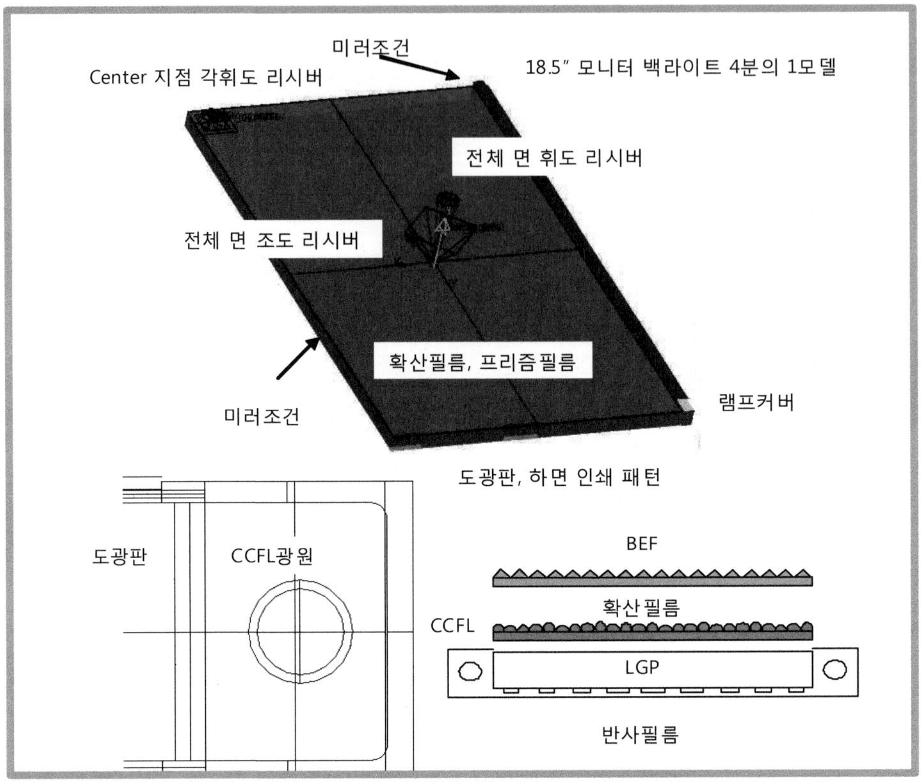


그림 4.4.1: 엣지 백라이트 실습 모델 소개 (모니터 백라이트 4분의 1모델)

② 대칭 형상 시뮬레이션에 대한 개념 소개

그림 4.4.3은 대칭 형상에 대한 시뮬레이션 방법을 보여주고 있다. 1광원과 2광원에서 확률적으로 동일한 방향으로 광선이 나온다고 하자. 이 경우 그림 (a)에서 대칭면에서 광선이 통과하는 상황을 관찰해 보면 이것은 마치 그림 (b)와같이 1광원만 있고 대칭면이 이상적인 거울면인 것과 같다. 그림 4.4.1에서 미러조건이라고 명시되어 있는 면은 대칭형상 조건을 의미한다.

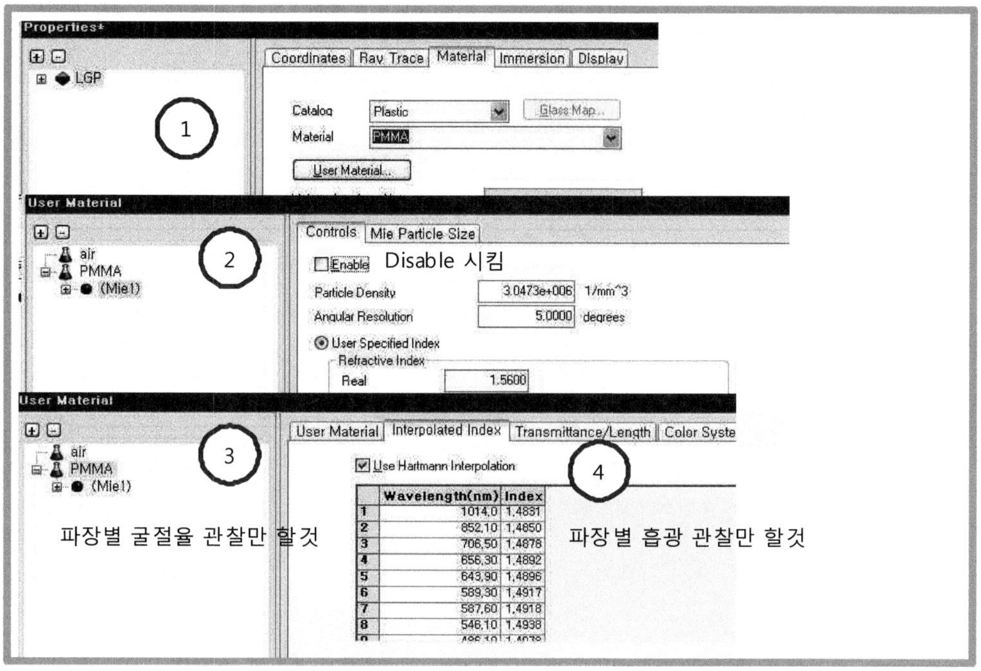


그림 4.4.2: 엣지백라이트 실습 순서1 (도광판 광학 재료 설정)

③ 도광판 광학 계면 속성 정의 방법

그림 4.4.4와 그림 4.4.5는 광학계면설정방법으로서 LightTools v.7.3부터 도입된 OPM (Optical Property Manager)에 대한 그림이다. LightTools에서는 광학계면 속성 자체는 OPM에서 정의해주고, 개별 컴포넌트 광학면들의 속성은 OPM상의 이름만 링크시켜주게 된다.

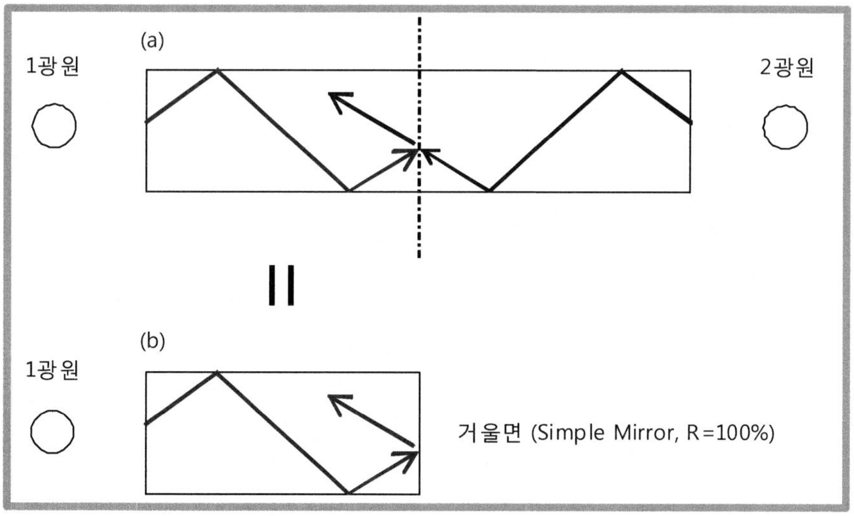


그림 4.4.3: 대칭 형상 시뮬레이션 개념 소개

콤포넌트 한면의 BareSurface를 선택하고 우클릭하면 OPM상에 링크되어있는 광학속성이름이 표시된다. 이 상태에서 "Open"을 누르면 광학속성을 열람할 수 있고, "Create“를 누르면 새로운 광학속성을 지정할 수도 있다. OPM에 정의되어 있는 특정 광학속성을 선택한 후 Usage 탭을 누르면 이 광학 속성이 정의된 컴포너트의 Surface 이름이 색깔과 함께 표시되어 편리하고 일목요연하게 부여된 광학속성을 관찰할 수 있다.

그림 4.4.6부터 그림 4.4.8 까지는 도광판 대칭 미러면, 도광판 측면부 화이트 반사 테이프 부착면, 그리고 나머지 투명한 광학 계면에 대한 속성값을 보여준다.

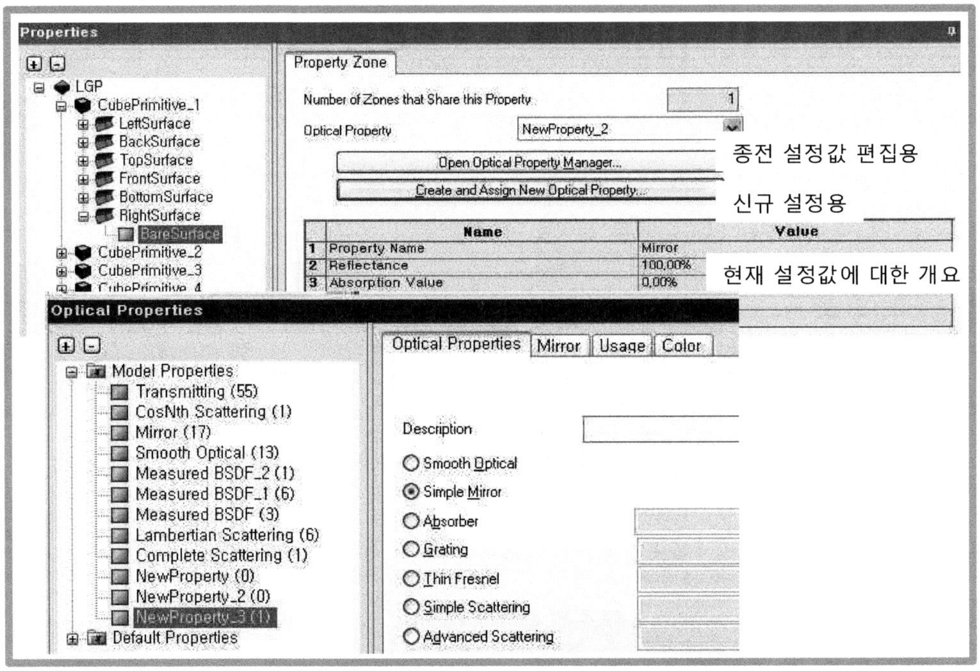


그림 4.4.4: 엣지백라이트 실습 순서2 (OPM 설정 방법)

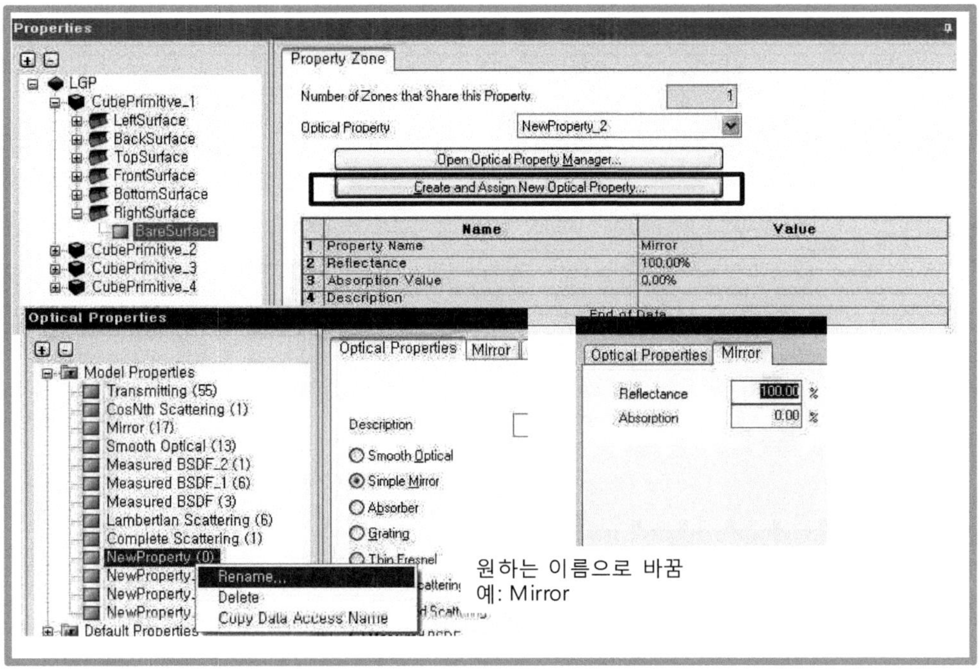


그림 4.4.5: 엣지백라이트 실습 순서3 (OPM 설정 방법)

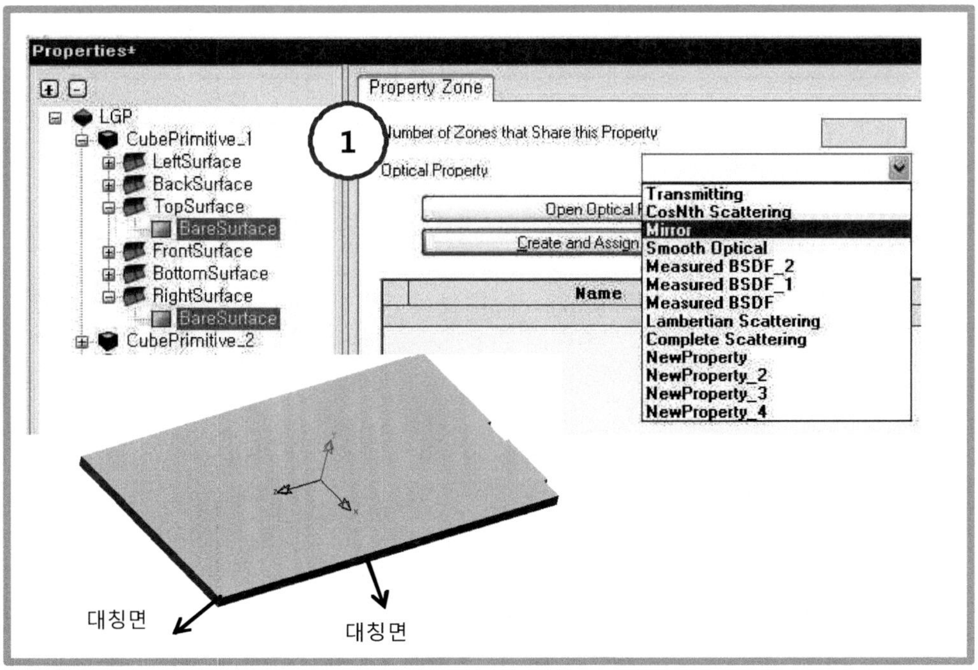


그림 4.4.6: 엣지백라이트 실습 순서4 (도광판 대칭 미러면 조건 설정)

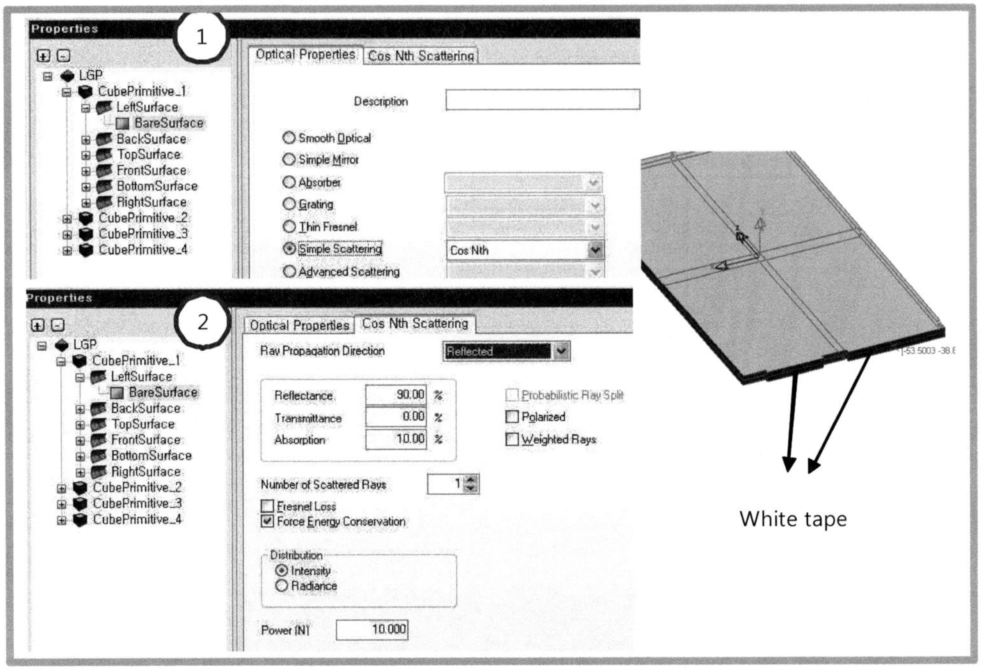


그림 4.4.7: 엣지백라이트 실습 순서5 (도광판 백색 테이프 부착면 조건 설정)

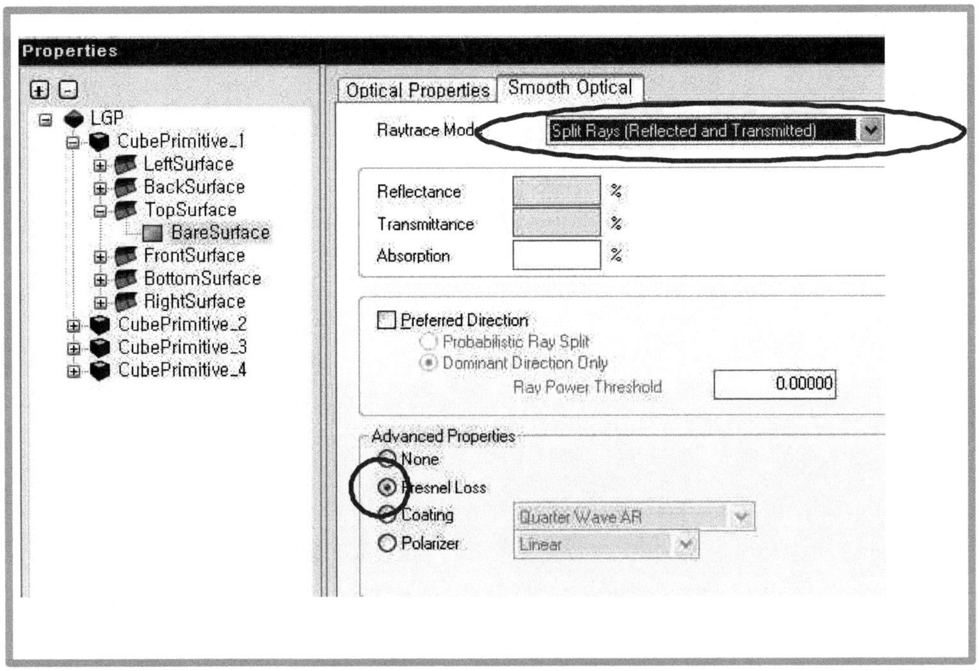


그림 4.4.8: 엣지백라이트 실습 순서6 (도광판 투명 광학 계면 속성 설정)

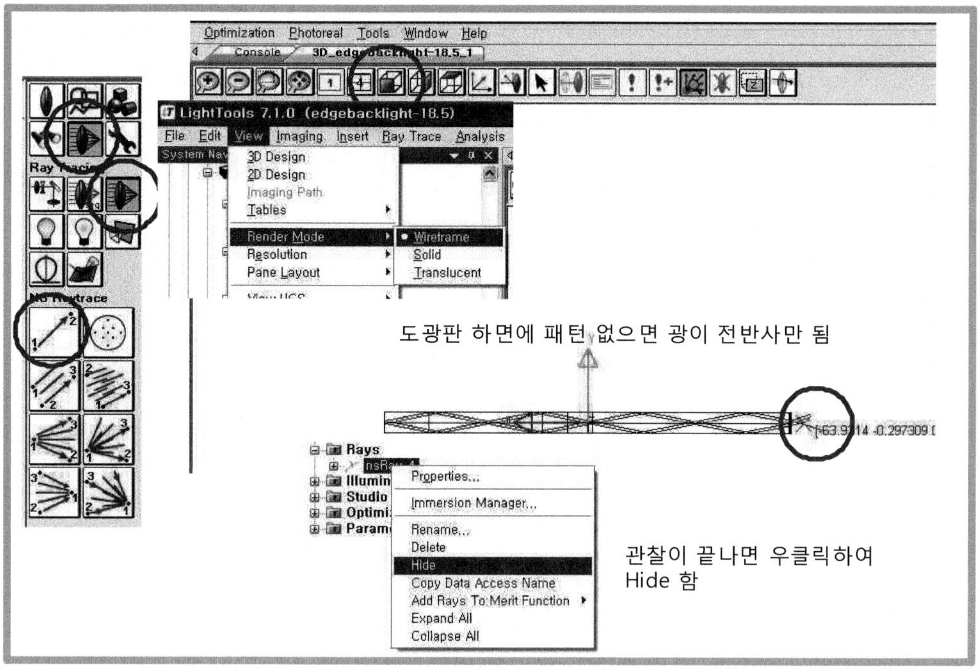


그림 4.4.9: 엣지백라이트 실습 순서7 (NS (Non-Sequential Ray)로 도광 확인)

④ NS (Non-Sequential Ray)로 도광 확인해보기

그림 4.4.9는 NS Ray를 이용하여 도광판 측면에 광선을 입사하여 실제로 도광이 되는지 확인해 보는 작업이다. 그림에서 볼 수 있들이 전반사가 일어남을 알 수 있다. NS Ray를 클릭하면 각 Ray의 반사, 투과시 발생하는 Power 변화도 관찰 가능하다.

⑤ 도광판 인쇄 패턴 3D Texture 형상 정의 및 BSDF 정의

그림 4.4.10은 도광판 인쇄 패턴을 정의하기 위해 별도의 얇은 공기 플레이트를 모델링하는 과정을 보여 준다. 여기서는 도막 두께 0.001 mm의 3D 콘텍스처를 실습해 볼 것이다 (그림 4.4.11참고). 한가지 주의할 사항은 추후 얇은 공기 플레이트가 도광판 하면에 "담그기"될 것이므로 3D 콘텍스쳐는 음각(hole)이어야 한다.

도광판 인쇄 패턴 설계의 의미가 수만에서 수백만개의 텍스쳐의 X,Y 좌표와 텍스쳐 크기에 대한 데이터를 만드는 것이며, 이는 반드시 LightTools와 같은 광학시뮬레이터로 설계하지 않을 수 있다. 즉, 이것에 대한 텍스트 데이터가 있을 때에는 그림 4.4.13부터 그림 4.4.16까지의 List 기법을 이용하는 것이 효과적이다. 또한 DXF파일과 같은 AutoCad 파일이 있을 경우는 그림 4.4.17과 같이 DXF Import Utility를

이용하면 된다. 이번절 실습에서는 그림 4.4.18과 같은 식으로 Rectangle 배열 초기값과 상수 반지름값을 설정한다. 또한 인쇄 도막 BSDF는 최종적으로 그림 4.4.22와 같이 설정한다.

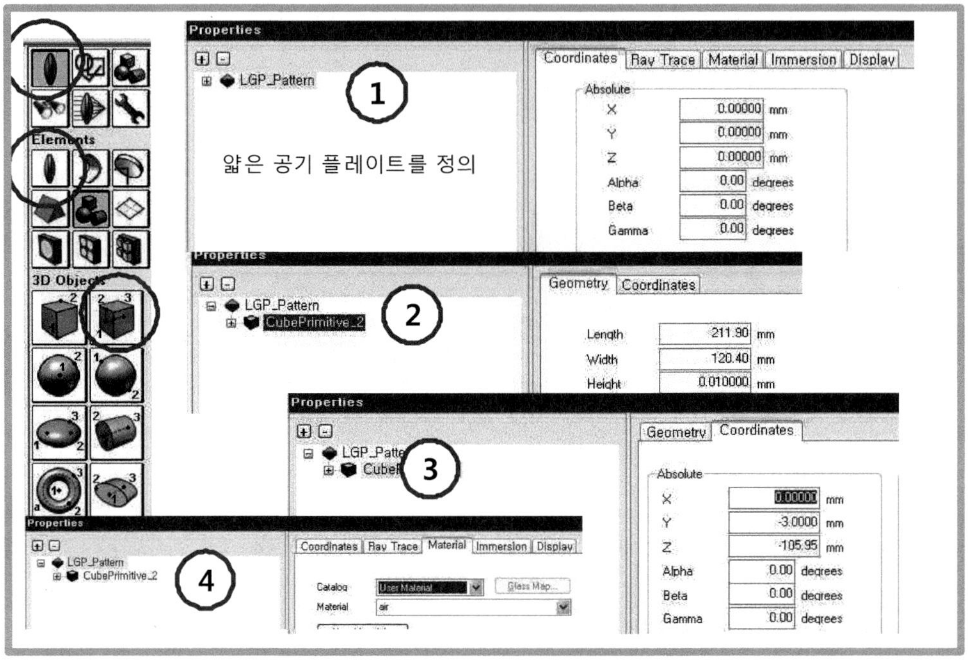


그림 4.4.10: 엣지백라이트 실습 순서8 (인쇄 패턴 정의용 공기 플레이트 모델링)

얇은 공기 플레이트의 상면에 3D texturing함.
→ 추후 도광판 하면에 공기플레이트를 immersion (담그기) 할 것이므로 3D texture는 음각이 되어야 함.

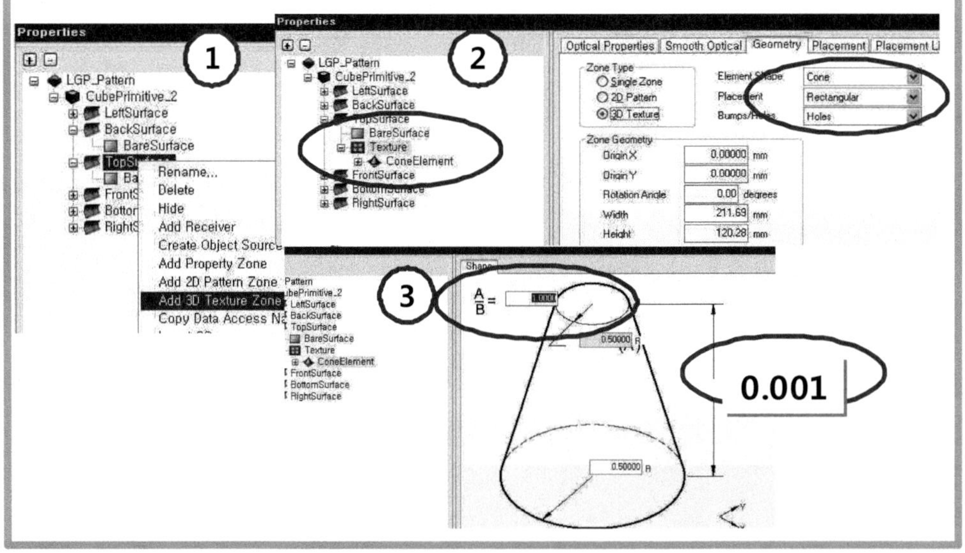


그림 4.4.11: 엣지백라이트 실습 순서9 (인쇄 패턴 정의용 3D 콘텍스처)

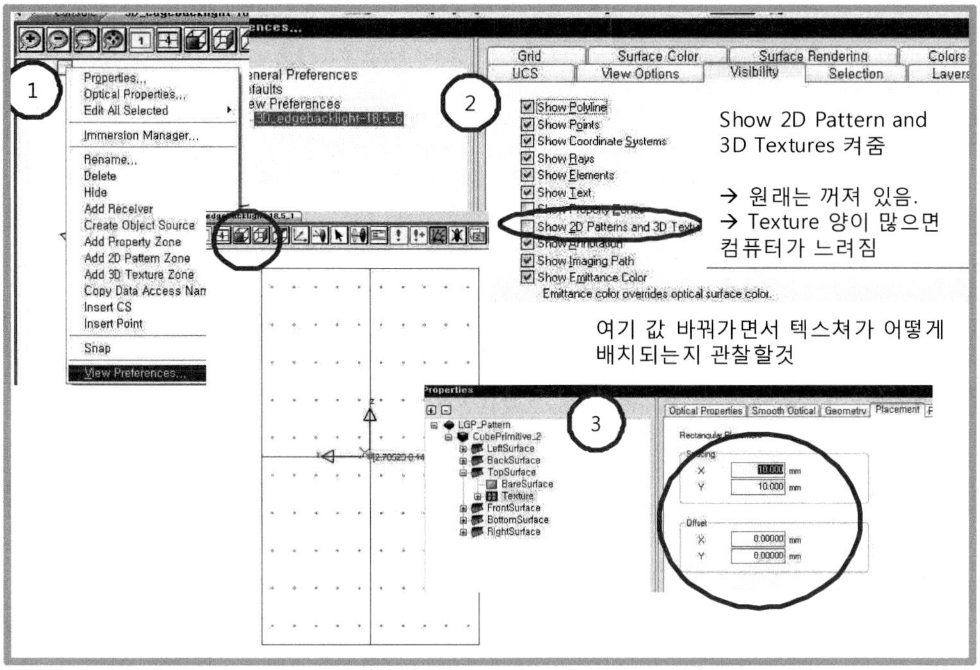


그림 4.4.12: 엣지백라이트 실습 순서10 (3D 텍스쳐 보기 속성 설명)

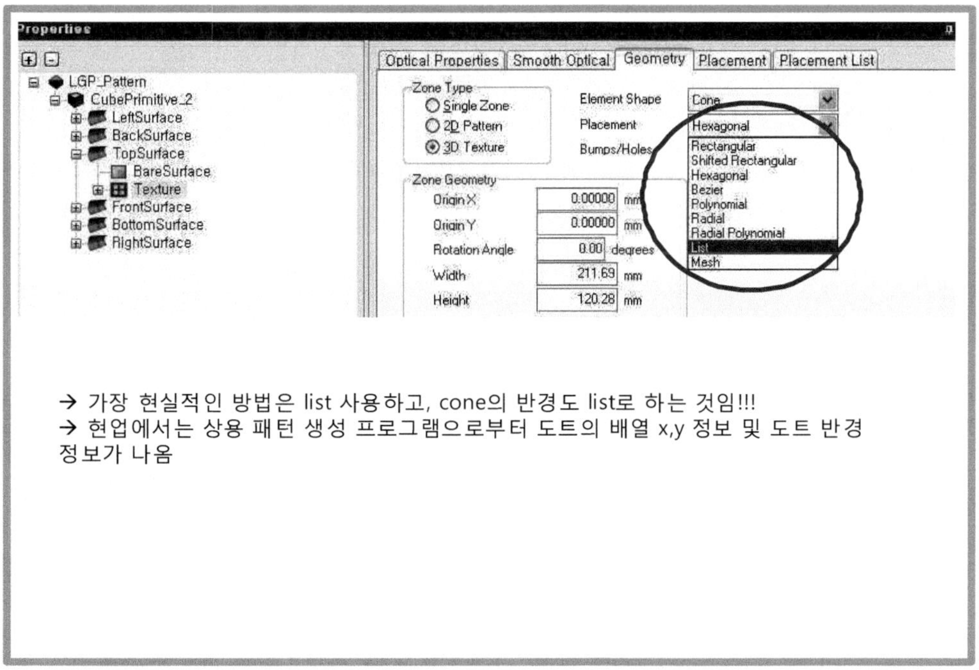


그림 4.4.13: 엣지백라이트 실습 순서11 (List 기법을 이용한 3D 텍스쳐 좌표설정)

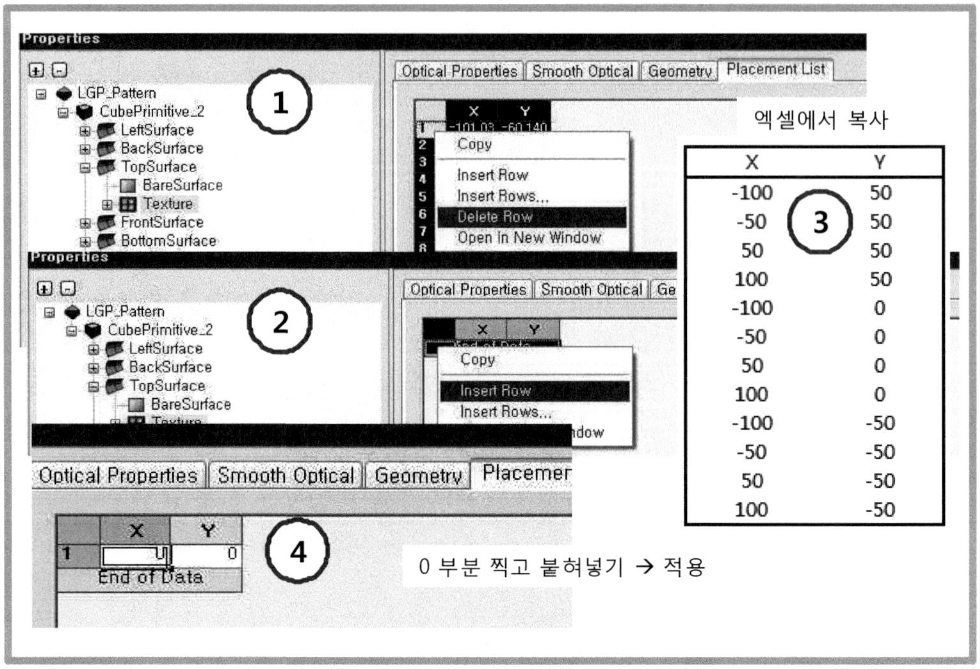


그림 4.4.14: 엣지백라이트 실습 순서12 (List 기법을 이용한 3D 텍스처 좌표설정)

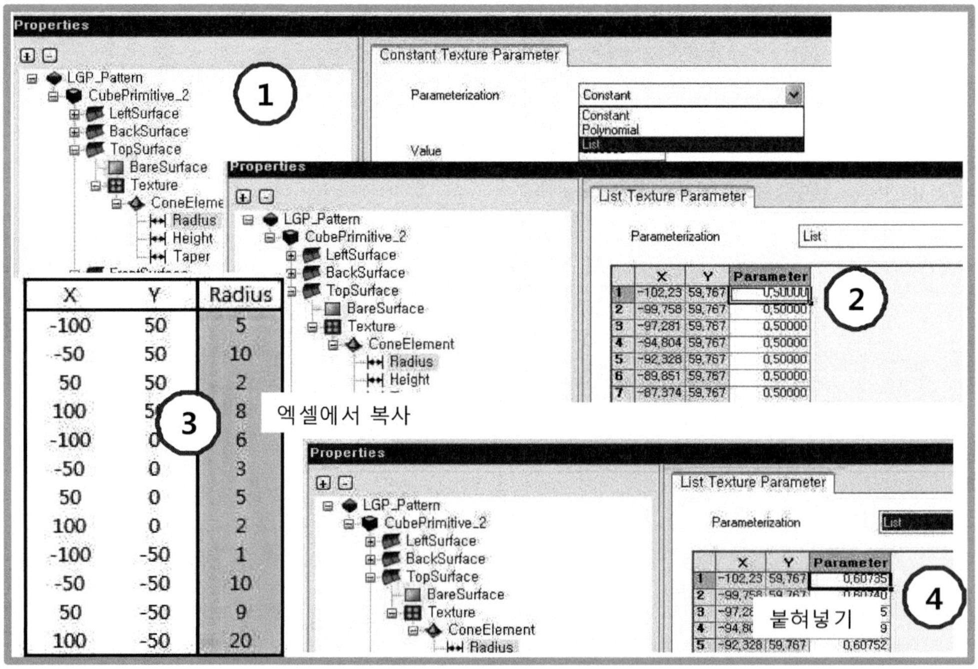


그림 4.4.15: 엣지백라이트 실습 순서13 (3D 콘 텍스처 반지름 리스트 설정 예시)

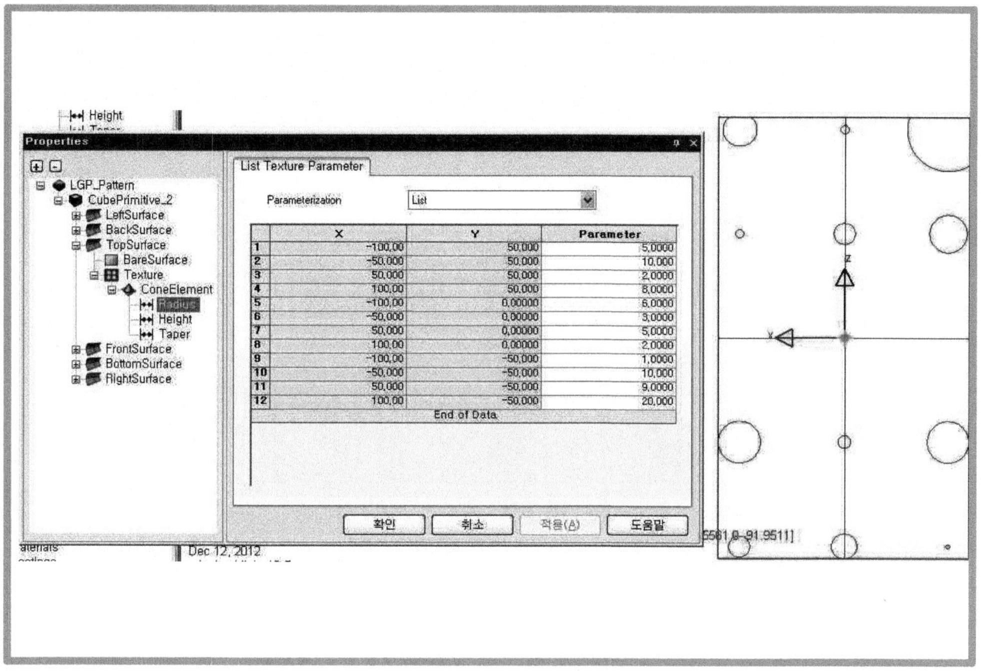


그림 4.4.16: 엣지백라이트 실습 순서14 (3D 콘 텍스쳐 반지름 리스트 설정 예시)

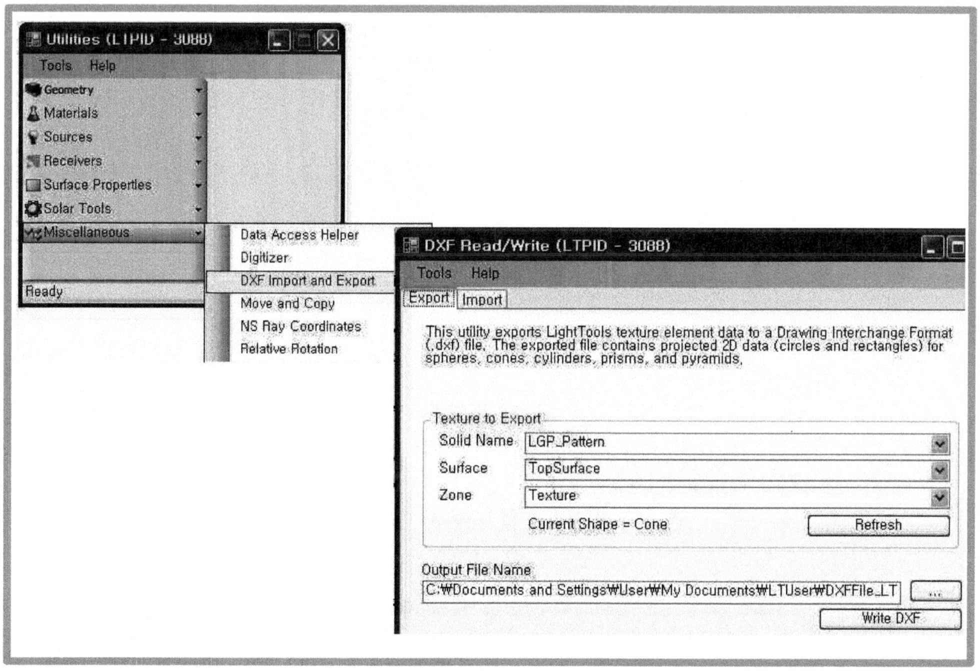


그림 4.4.17: 엣지백라이트 실습 순서15 (DXF Import Utility 활용)

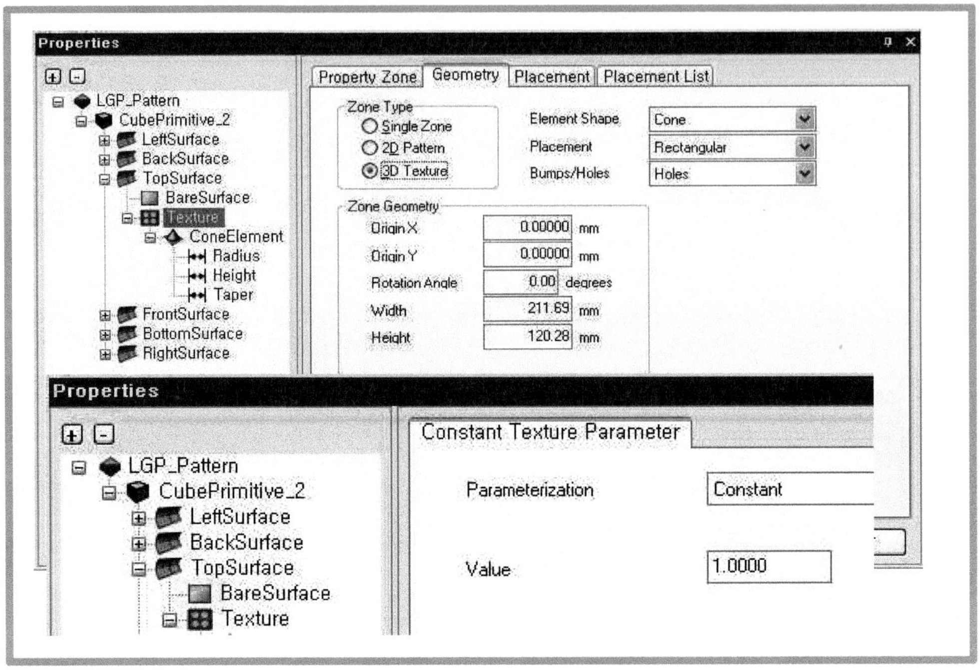


그림 4.4.18 엣지백라이트 실습 순서16 (3D 콘 텍스쳐 반지름 상수값 설정 예시)

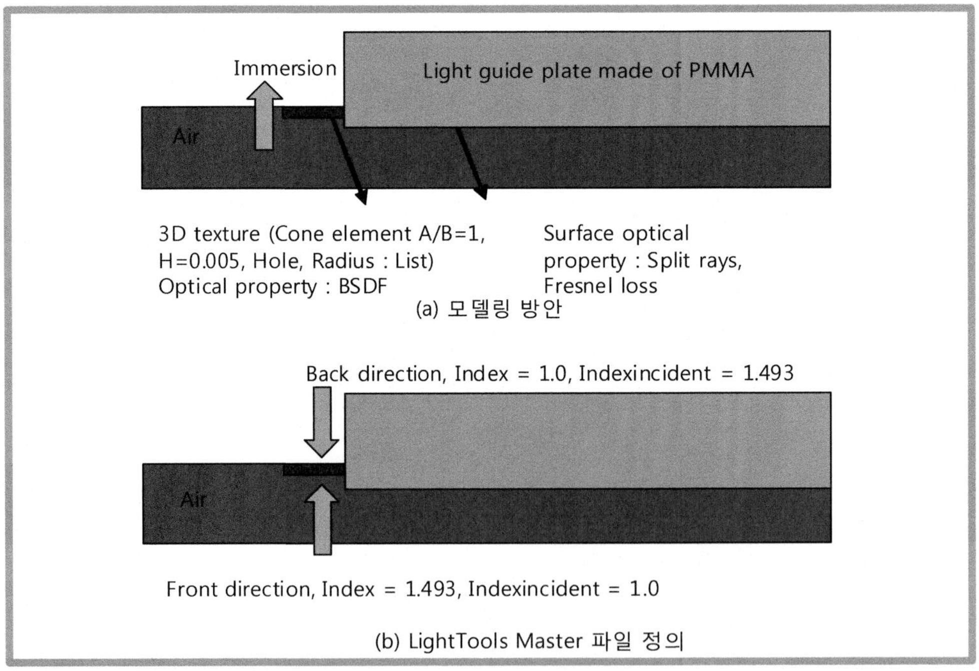


(a) 모델링 방안

(b) LightTools Master 파일 정의

그림 4.4.19: 엣지백라이트 실습 순서17 (인쇄패턴 공기막 플레이트 담그기 개념)

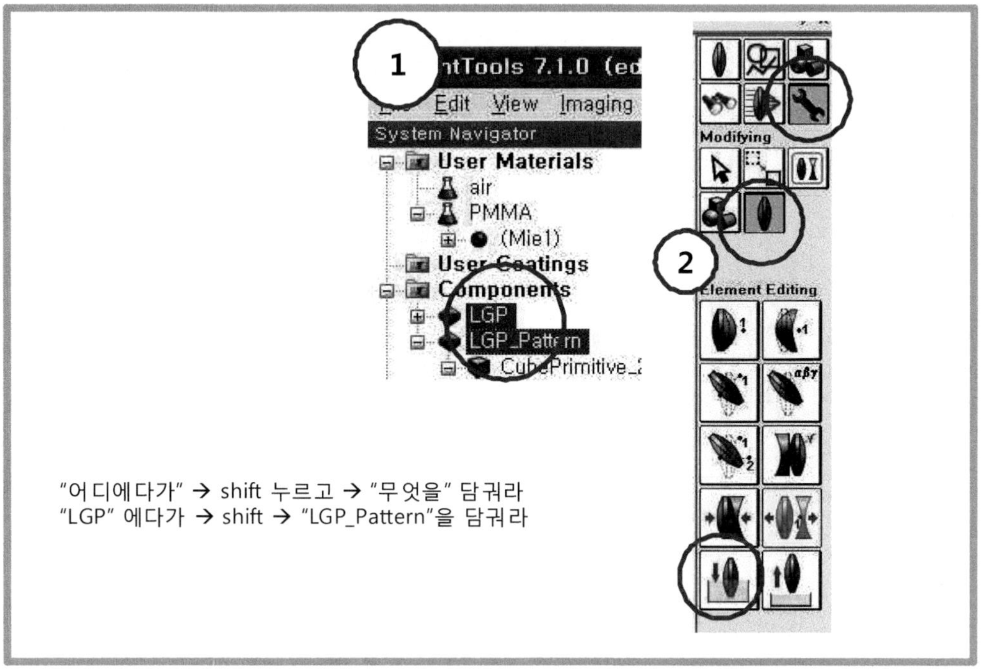


그림 4.4.20: 엣지백라이트 실습 순서18 (인쇄패턴 공기막 플레이트 담그기 실습)

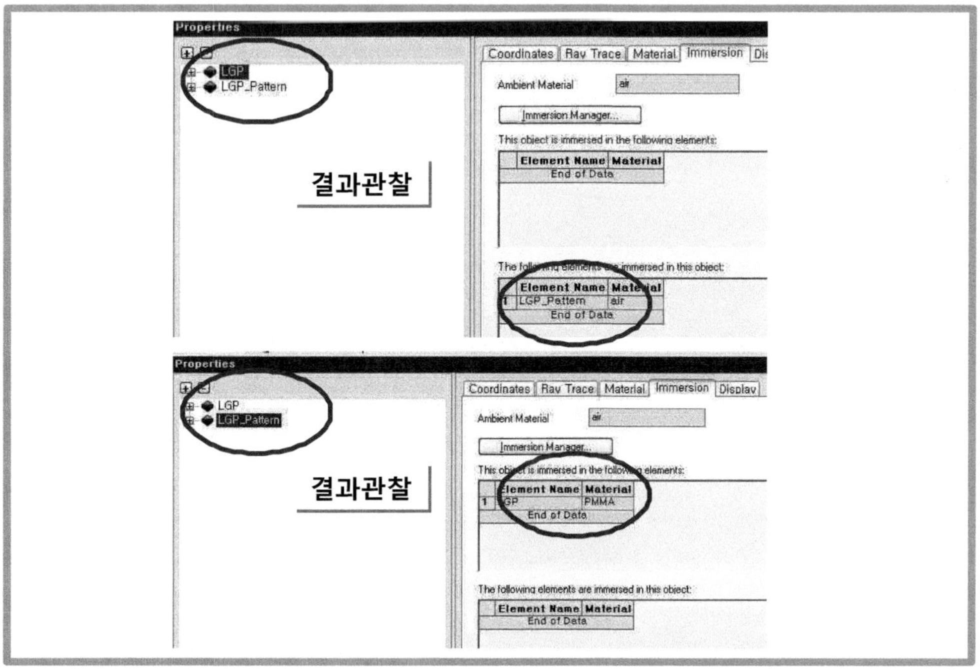


그림 4.4.21: 엣지백라이트 실습 순서19 (인쇄패턴 공기막 플레이트 담그기 실습)

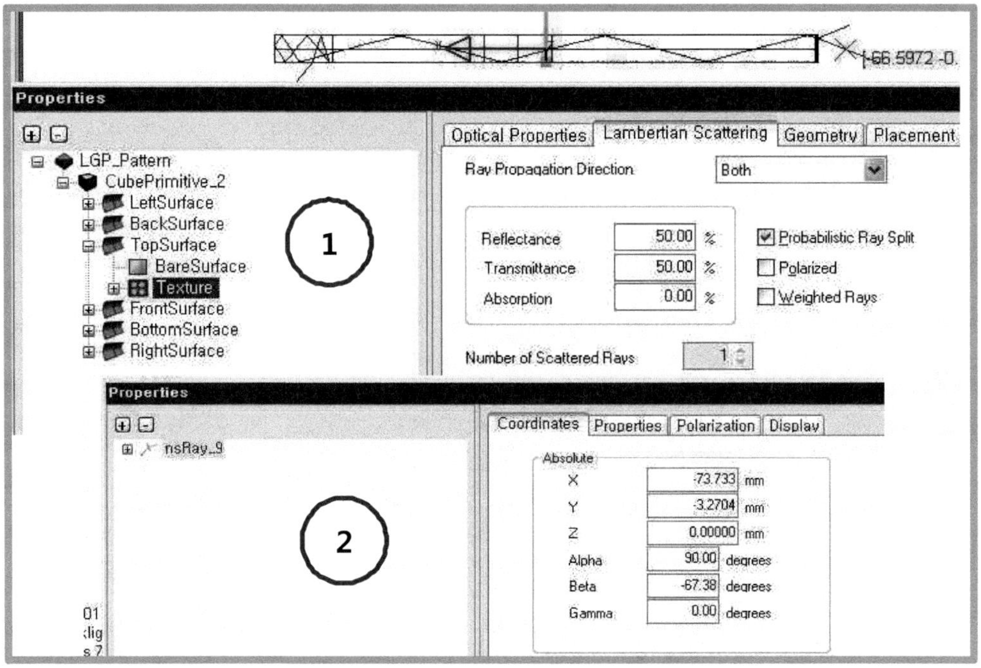


그림 4.4.22: 엣지백라이트 실습 순서20 (인쇄도막 BSDF 설정 실습)

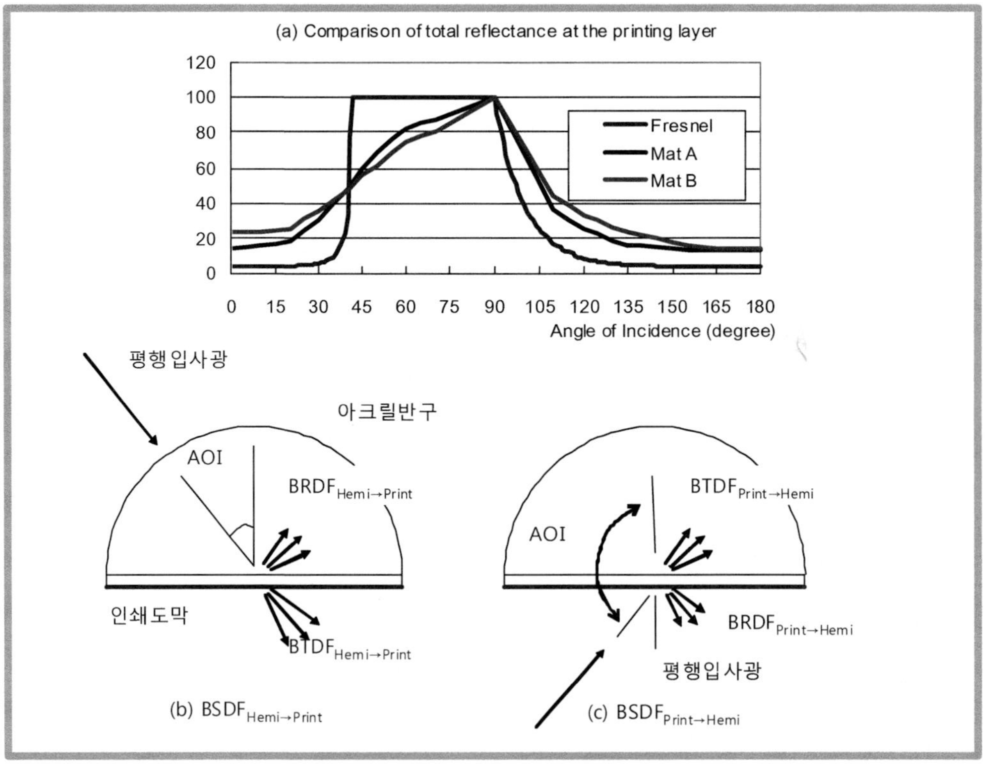


그림 4.4.23: 엣지백라이트 실습 순서21 (잉크 BSDF 계측및 입사각별 반사율)

⑥ 도광판 인쇄 패턴면 속성으로 계측된 BSDF 적용 과정

그림 4.4.23은 아크릴 반구를 이용하여 인쇄 도막의 BSDF를 계측하는 방법을 도시하고 있다. 총 4개의 데이터 세트가 필요하며 이는 도막 → 반구 방향과, 반구 → 도마 방향에 대한 각각의 BTDF, BRDF 이다. 그림 4.4.24는 두가지 종류의 잉크 재료에 대한 BSDF 계측 결과를 보여주고 있으며, 여기서 재료 B가 재료 A에 비해 확산성이 더 크다.

도광판내에서의 도광 및 출광에 대한 의미있는 반사율 그래프가 그림 4.2.23에 보여진다. 여기서 입사각 0도부터 90도까지는 광선의 입사방향이 도광판 안에서 공기층이며, 입사각 90도부터 180도 까지는 광선의 입사방향이 공기층으로부터 도광판 내부의 방향이다. Fresnel은 도광판에 텍스쳐가 없는 경우의 광학 계면을 의미하며, 입사각이 임계각부터 전반사 도광 (반사율 100%)이 되지만, 잉크에 의해 출광되면서 프레넬 반사 커브가 왜곡된다는 것이며, 왜곡정도는 잉크의 확산성이 클수록 더 심해진다는 것이다.

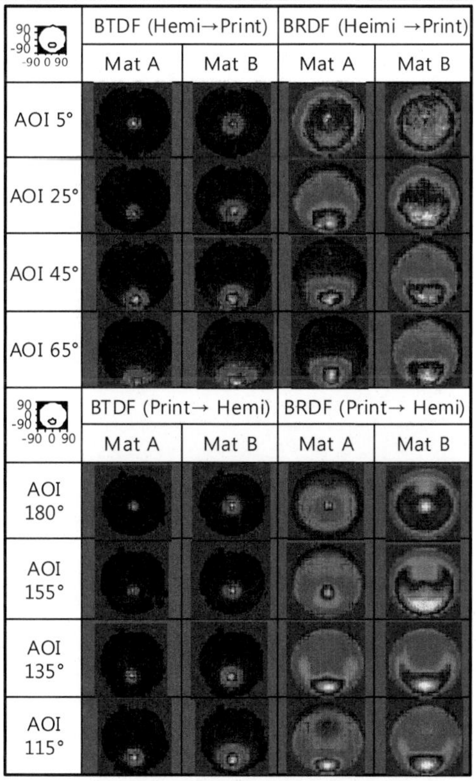


Measured BSDF of printed scatter materials.

그림 4.4.24: 엣지백라이트 실습 순서22 (잉크 A, B의 BSDF 계측값 관찰)

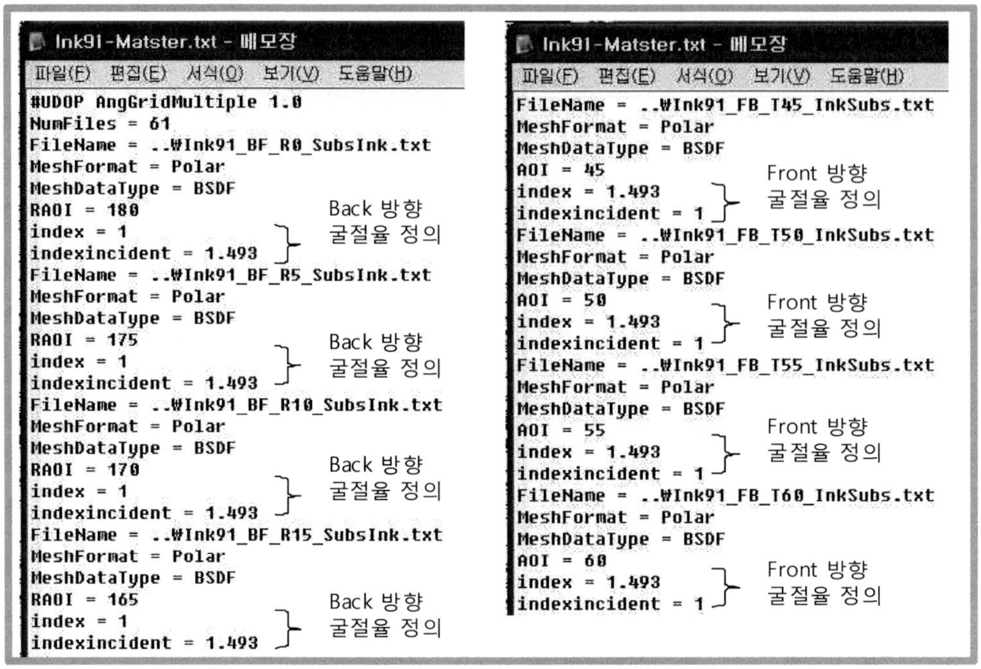

Ink91-Matster.txt - 메모장

파일(F) 편집(E) 서식(O) 보기(V) 도움말(H)

```
#UDOP AngGridMultiple 1.0
NumFiles = 61
FileName = ..₩Ink91_BF_R0_SubsInk.txt
MeshFormat = Polar
MeshDataType = BSDF
RAOI = 180
index = 1
indexincident = 1.493
FileName = ..₩Ink91_BF_R5_SubsInk.txt
MeshFormat = Polar
MeshDataType = BSDF
RAOI = 175
index = 1
indexincident = 1.493
FileName = ..₩Ink91_BF_R10_SubsInk.txt
MeshFormat = Polar
MeshDataType = BSDF
RAOI = 170
index = 1
indexincident = 1.493
FileName = ..₩Ink91_BF_R15_SubsInk.txt
MeshFormat = Polar
MeshDataType = BSDF
RAOI = 165
index = 1
indexincident = 1.493
```

Back 방향 굴절율 정의 (×4)

Ink91-Matster.txt - 메모장

파일(F) 편집(E) 서식(O) 보기(V) 도움말(H)

```
FileName = ..₩Ink91_FB_T45_InkSubs.txt
MeshFormat = Polar
MeshDataType = BSDF
AOI = 45
index = 1.493
indexincident = 1
FileName = ..₩Ink91_FB_T50_InkSubs.txt
MeshFormat = Polar
MeshDataType = BSDF
AOI = 50
index = 1.493
indexincident = 1
FileName = ..₩Ink91_FB_T55_InkSubs.txt
MeshFormat = Polar
MeshDataType = BSDF
AOI = 55
index = 1.493
indexincident = 1
FileName = ..₩Ink91_FB_T60_InkSubs.txt
MeshFormat = Polar
MeshDataType = BSDF
AOI = 60
index = 1.493
indexincident = 1
```

Front 방향 굴절율 정의 (×4)

그림 4.4.25: 엣지백라이트 실습 순서23 (잉크 BSDF 마스터 파일 예시)

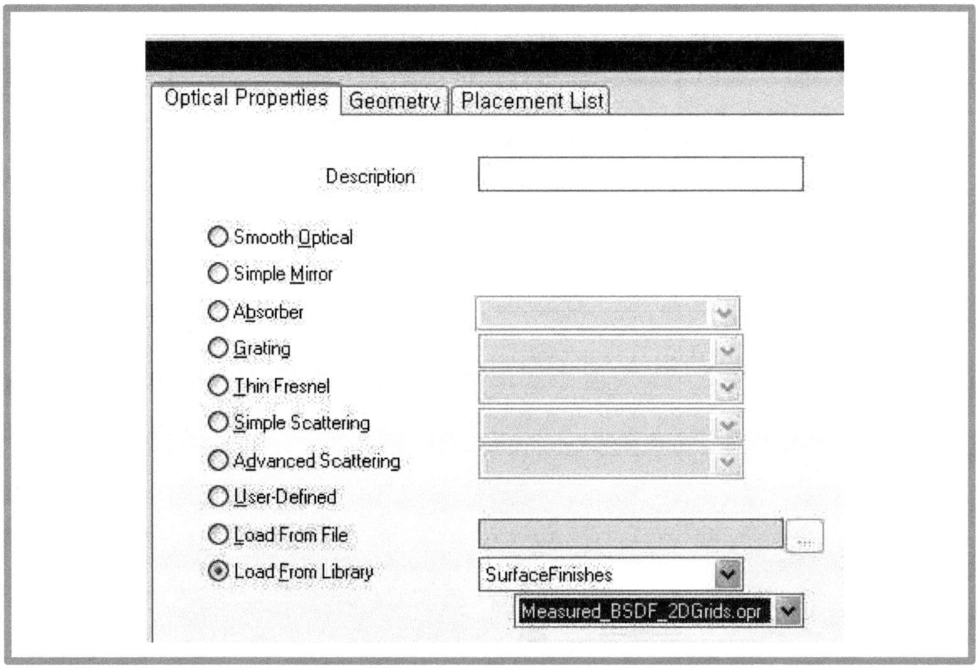


그림 4.4.26: 엣지백라이트 실습 순서24 (잉크 BSDF 설정 방법)

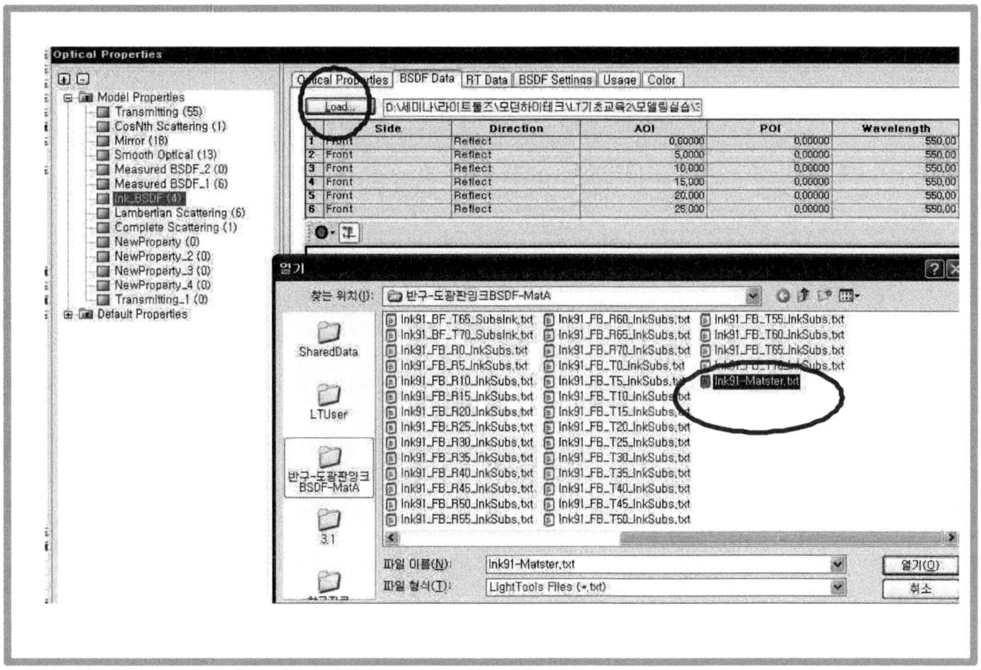

그림 4.4.27: 엣지백라이트 실습 순서25 (잉크 BSDF 설정 방법)

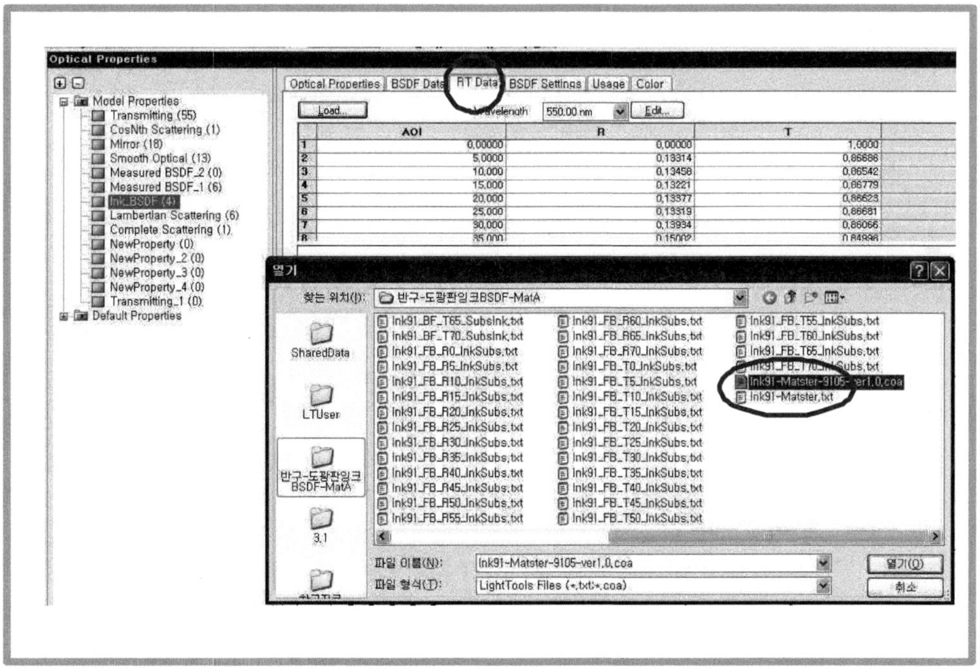

그림 4.4.28: 엣지백라이트 실습 순서26 (잉크 BSDF 설정 방법)

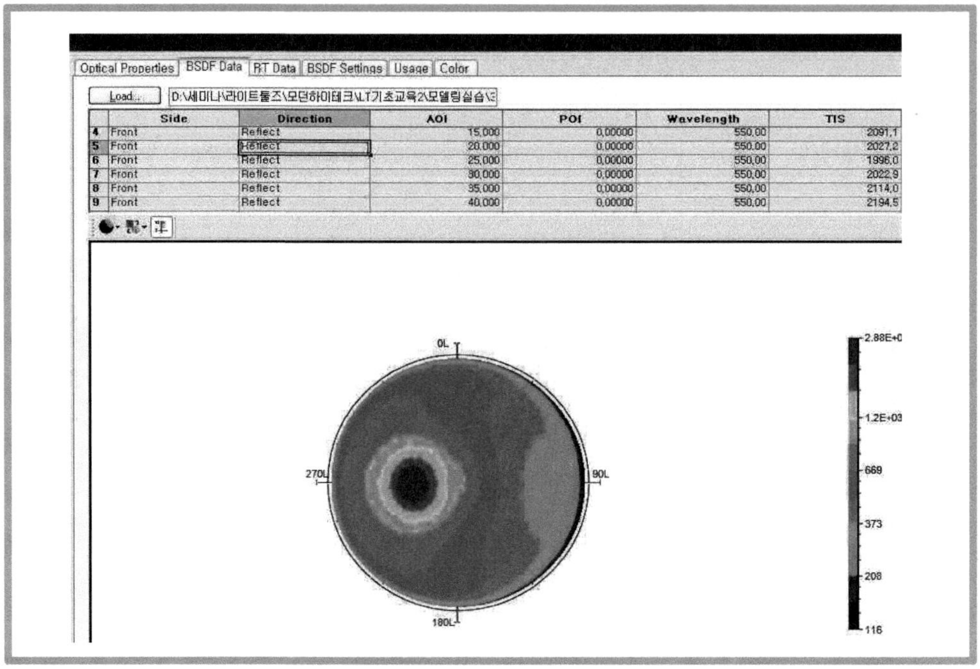


그림 4.4.29: 엣지백라이트 실습 순서27 (설정된 잉크 BSDF 설정 결과 관찰)

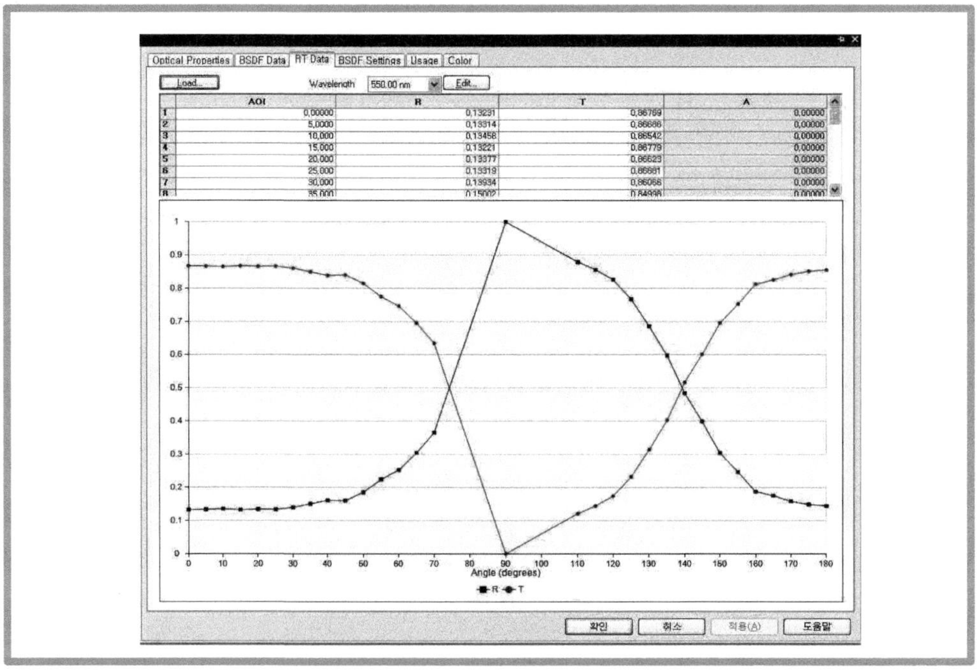


그림 4.4.30: 엣지백라이트 실습 순서28 (설정된 잉크 BSDF 설정 결과 관찰)

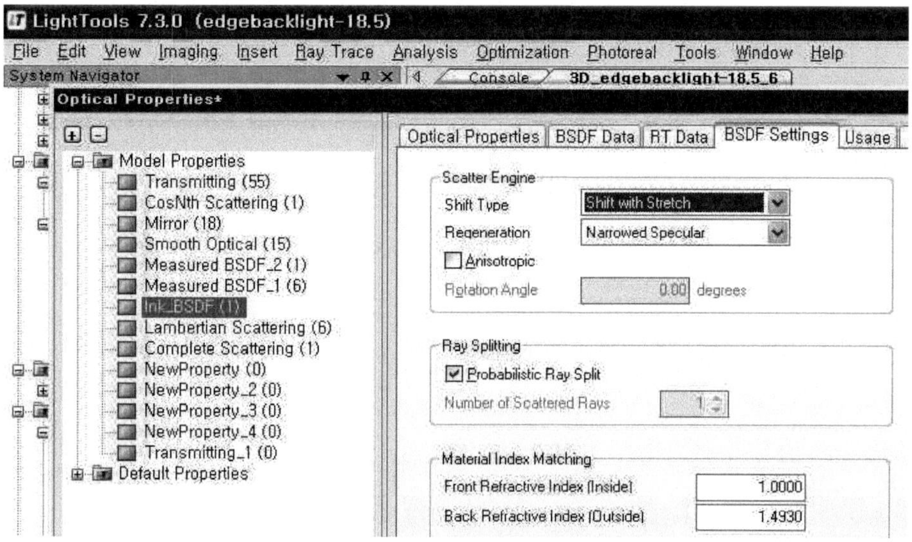


그림 4.4.31: 엣지백라이트 실습 순서29 (광학 계면에 잉크 BSDF 설정치 연결)

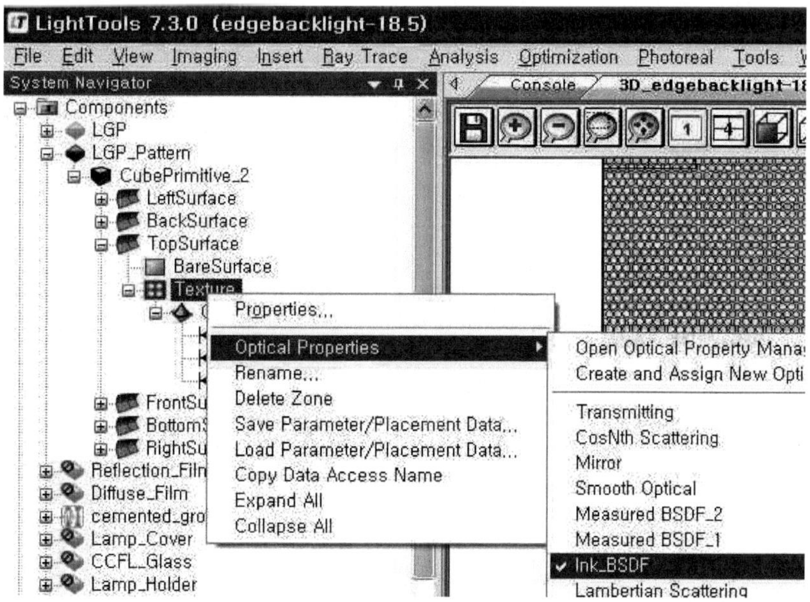


그림 4.4.32: 엣지백라이트 실습 순서30 (광학 계면에 잉크 BSDF 설정치 연결)

## 4.4.2 광학 필름 모델링

이번 절에서 모델링 되어야 하는 광학 필름은 반사필름, 확산 필름, 프리즘 필름이다. 그림 4.4.33부터 4.4.35을 참고하여 반사필름을 모델링 할 수 있다. LightTools에 내장되어 있는 Toray E6SV반사필름 데이터를 이용하여 반사면에 BRDF를 정의한다. 이때, 반사필름 자체의 광학 재료는 공기로한다.

그림 4.4.36부터 그림 4.4.38까지 참고하여 확산필름을 모델링 할 수 있다. 반사필름과 마찬가지로 확산필름 광학 재료는 공기로 하고 LightTools에 내장되어있는 ShinHwa SD743을 이용하여 확산필름의 윗면에 BSDF를 정의한다.

그림 4.4.39부터 그림 4.4.44 까지 참고하여 프리즘 필름을 모델링 할 수 있다. 우선 PET 베이스 필름을 모델링하고, 아크릴 레진층을 모델링한 후 아크릴 레진층 한면을 피치 0.05 mm의 마이크로 프리즘을 모델링한다. PET 베이스 필름의 윗면과 아크릴 레진층 아랫면을 부착(cement)시킨다.

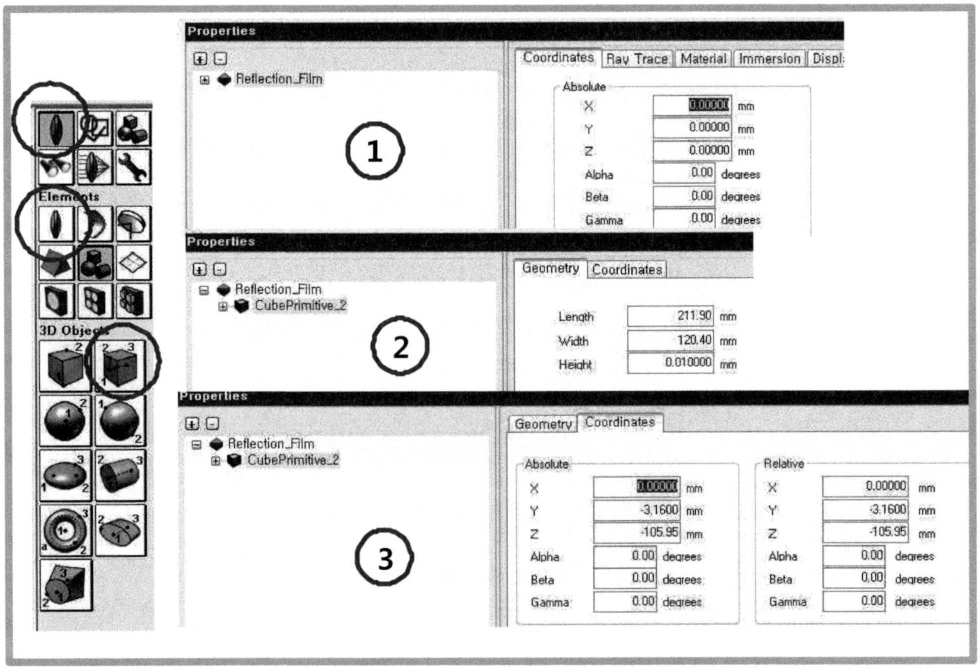


그림 4.4.33: 엣지백라이트 실습 순서31 (반사필름 형상 모델링)

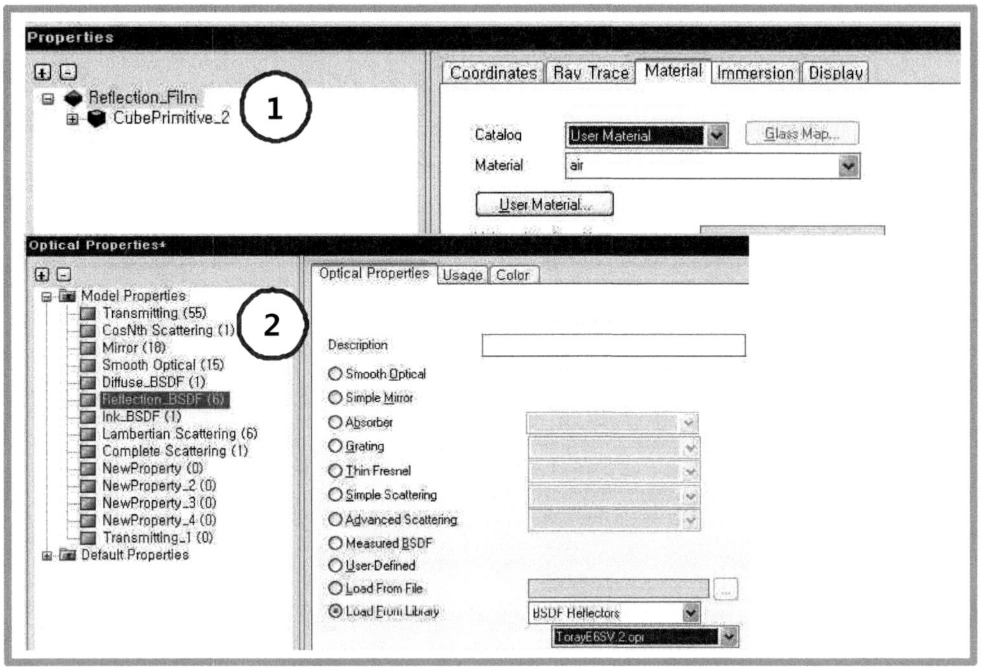


그림 4.4.34: 엣지백라이트 실습 순서32 (반사필름 BSDF 정의)

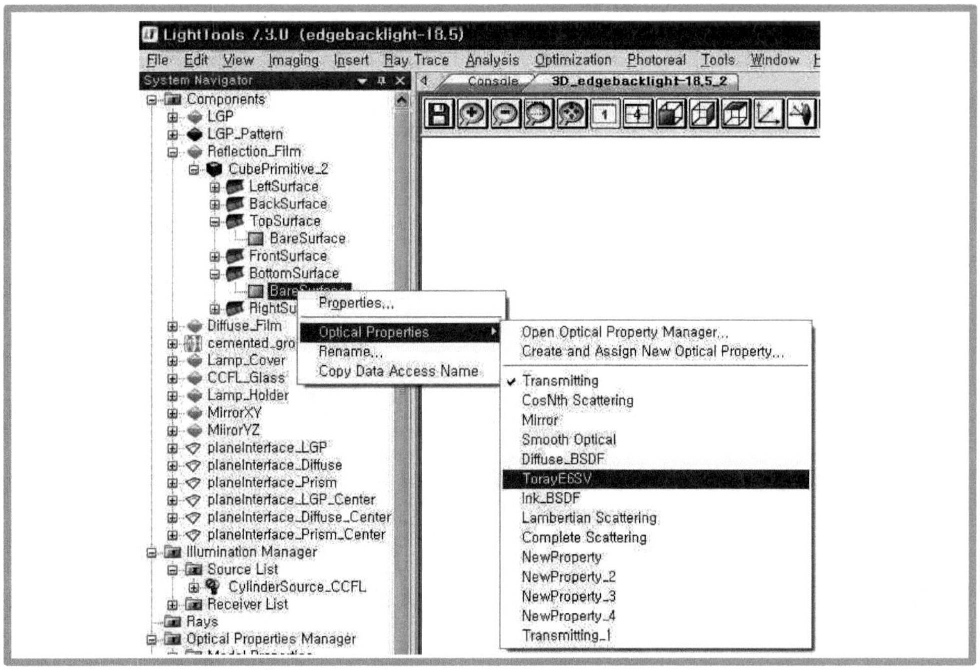


그림 4.4.35: 엣지백라이트 실습 순서33 (반사필름 BSDF 정의)

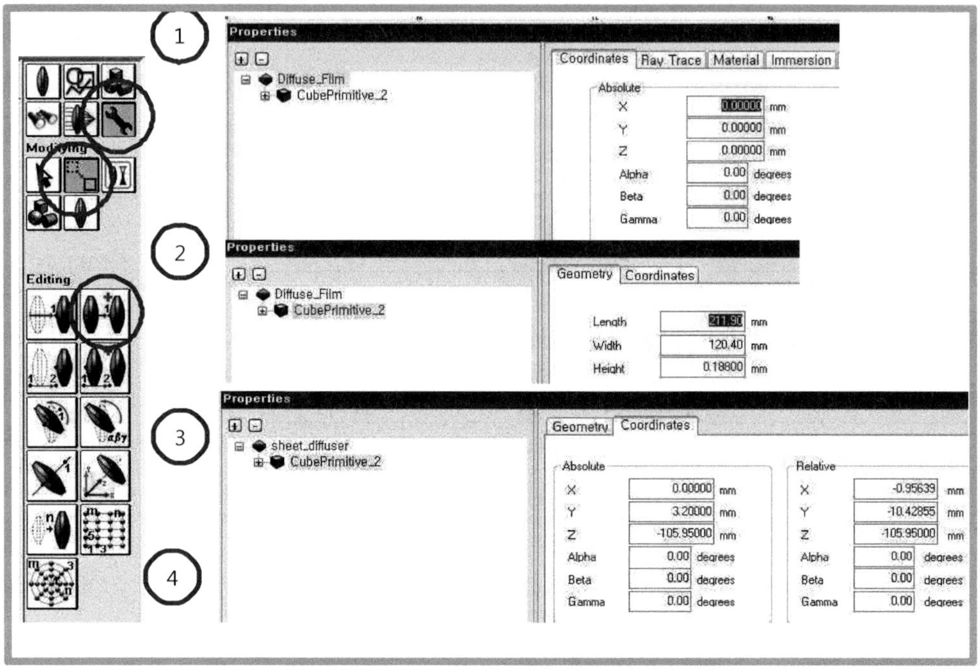

그림 4.4.36: 엣지백라이트 실습 순서34 (확산 필름 형상 모델링)

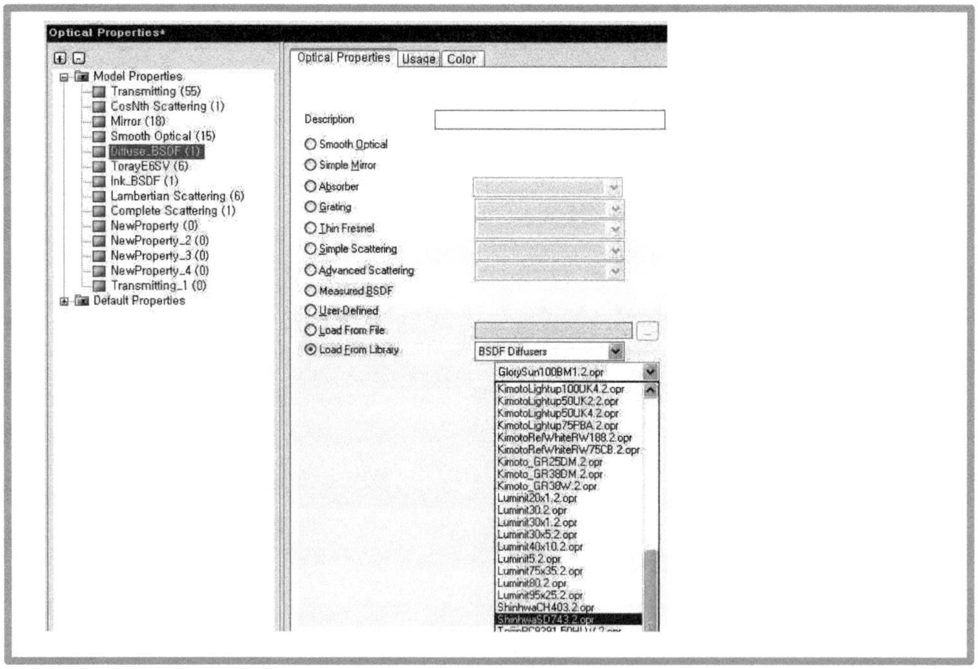

그림 4.4.37: 엣지백라이트 실습 순서35 (확산필름 BSDF 정의)

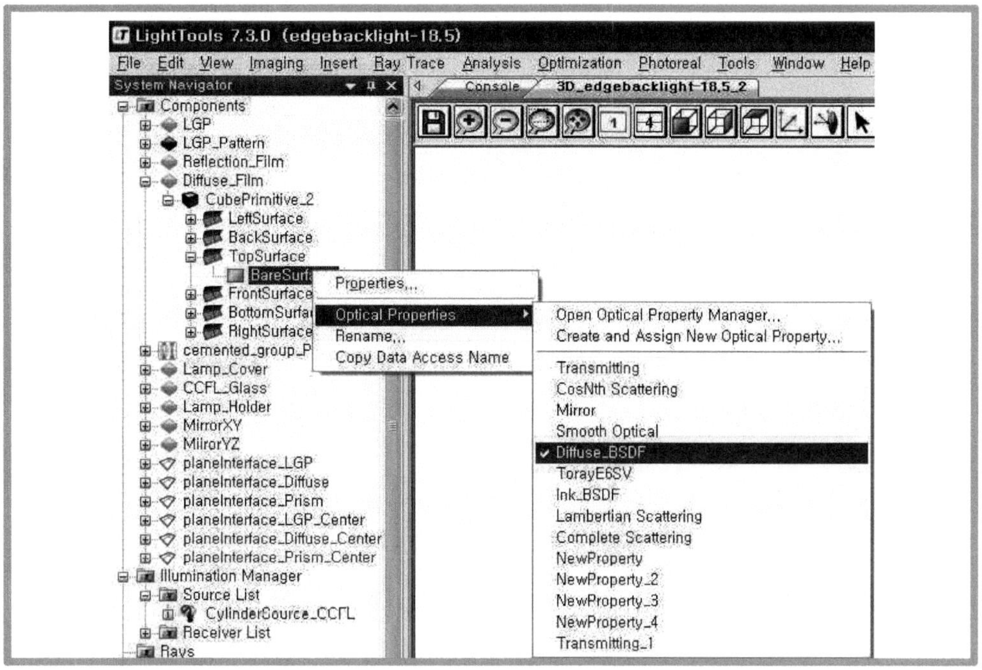


그림 4.4.38: 엣지백라이트 실습 순서36 (확산필름 BSDF 정의)

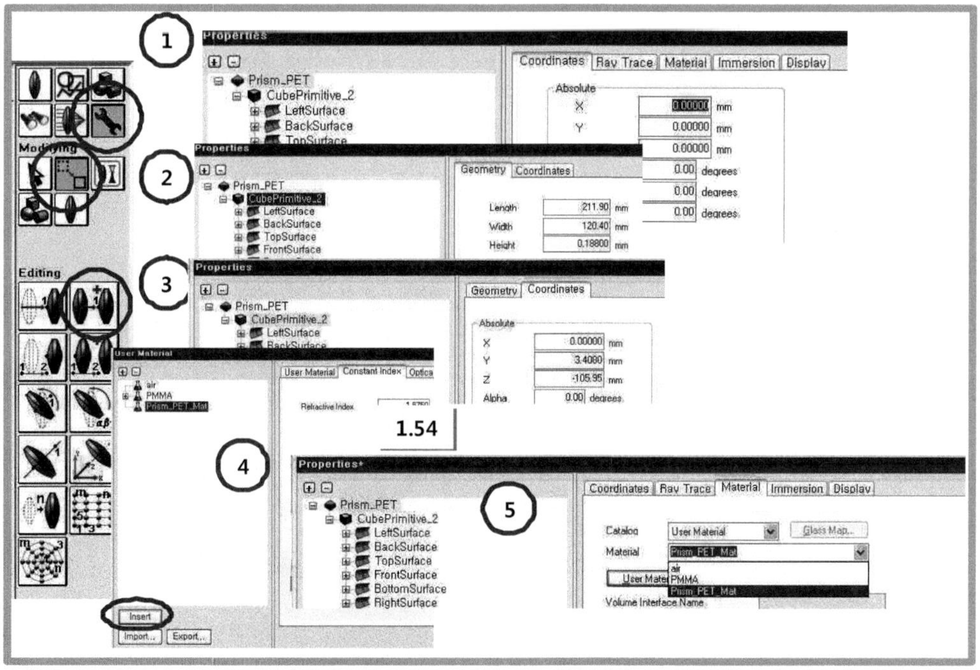


그림 4.4.39: 엣지백라이트 실습 순서37 (프리즘 필름 모델링)

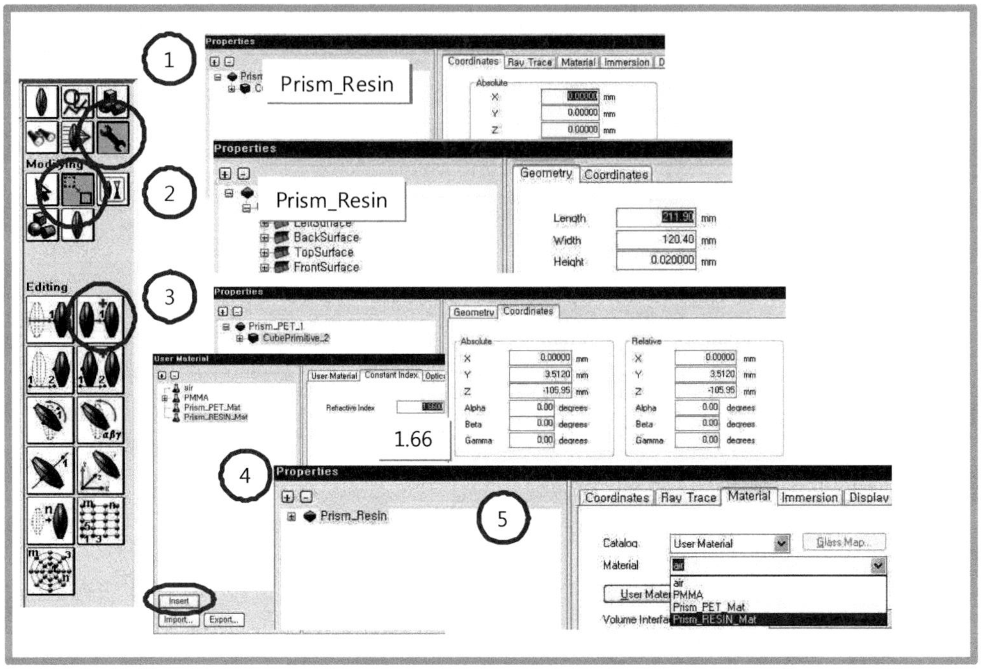


그림 4.4.40: 엣지백라이트 실습 순서38 (프리즘 필름 모델링)

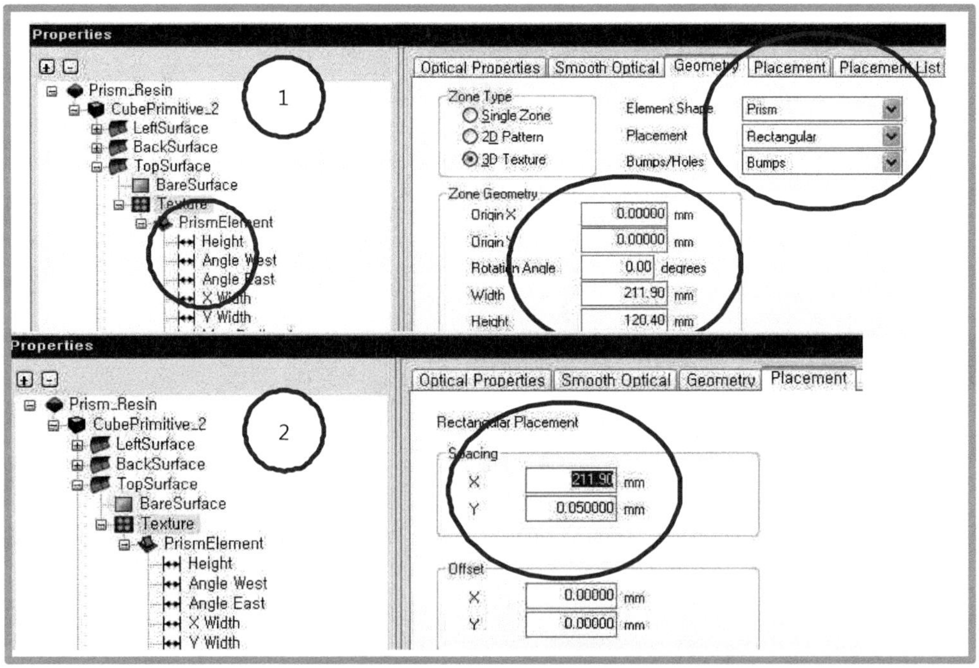

그림 4.4.41: 엣지백라이트 실습 순서39 (프리즘 필름 모델링)

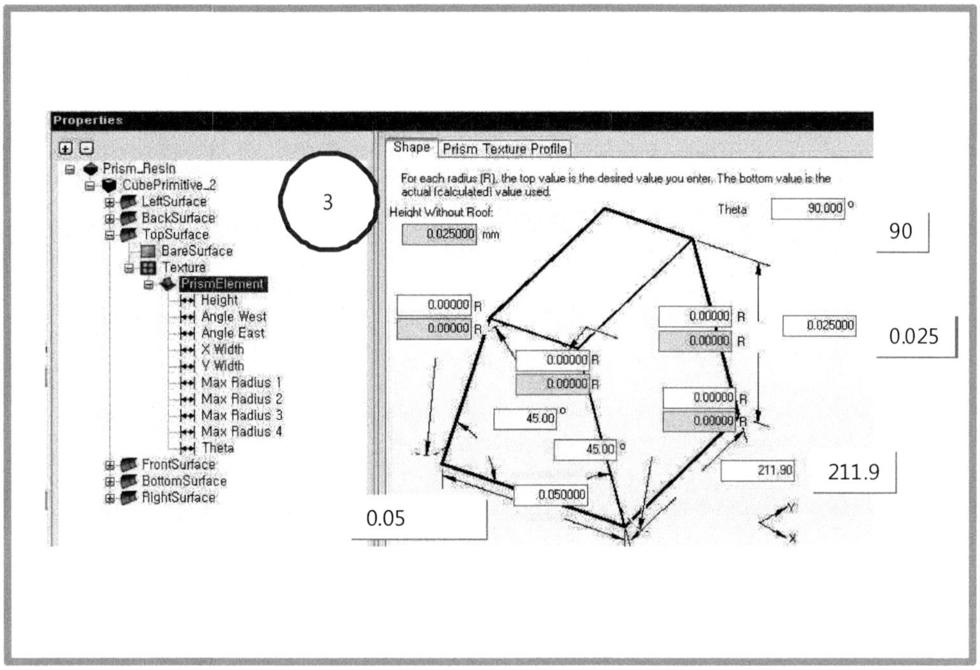


그림 4.4.42: 엣지백라이트 실습 순서40 (프리즘 필름 모델링)

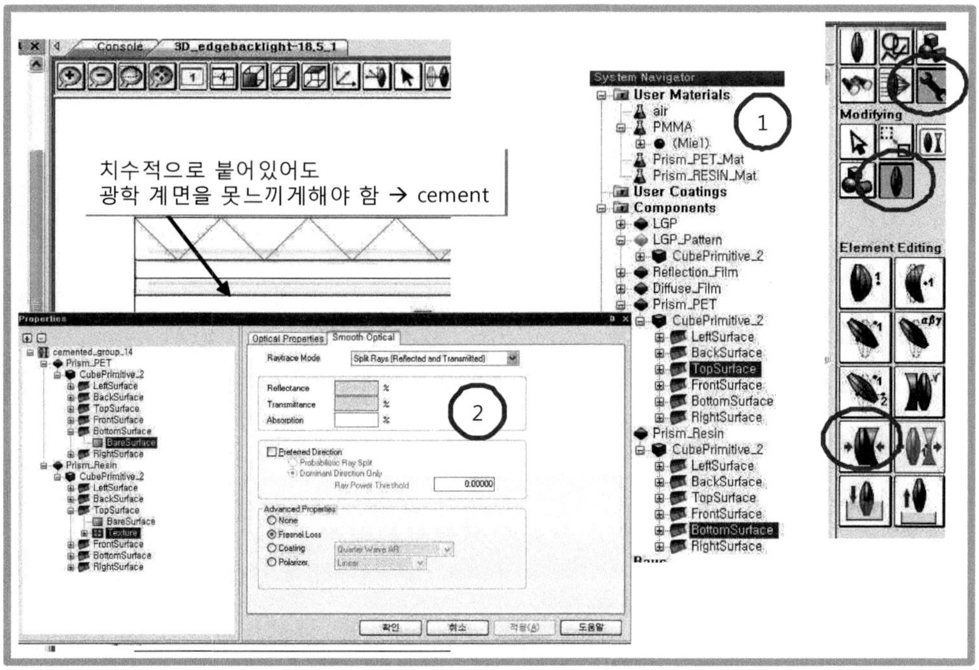


그림 4.4.43: 엣지백라이트 실습 순서41 (프리즘 필름 모델링)

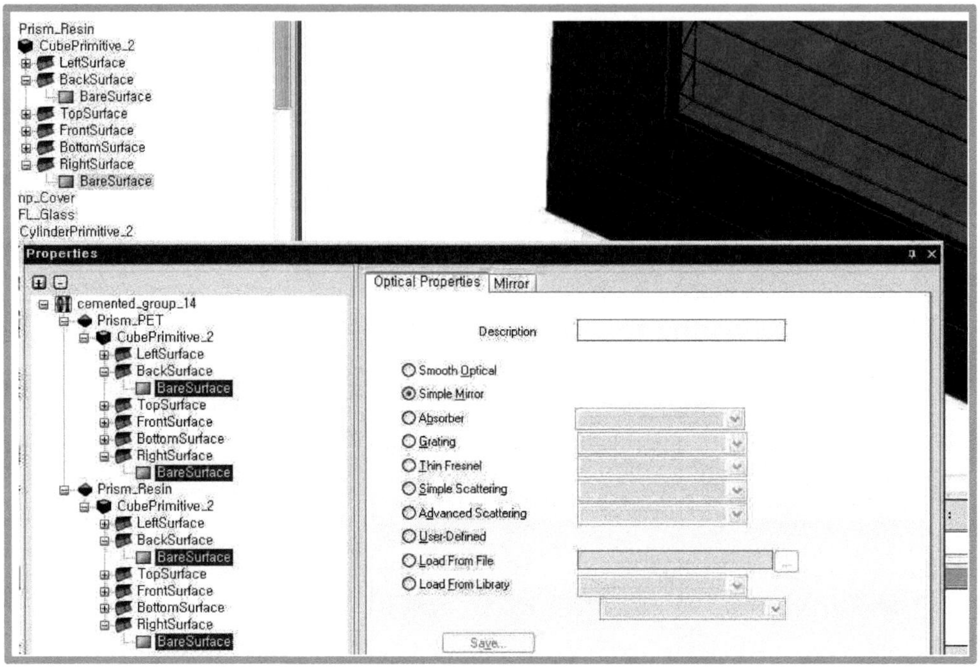

그림 4.4.44: 엣지백라이트 실습 순서42 (프리즘 필름 대칭 미러 조건 부여)

## 4.4.3 광원커버 및 대칭미러 모델링

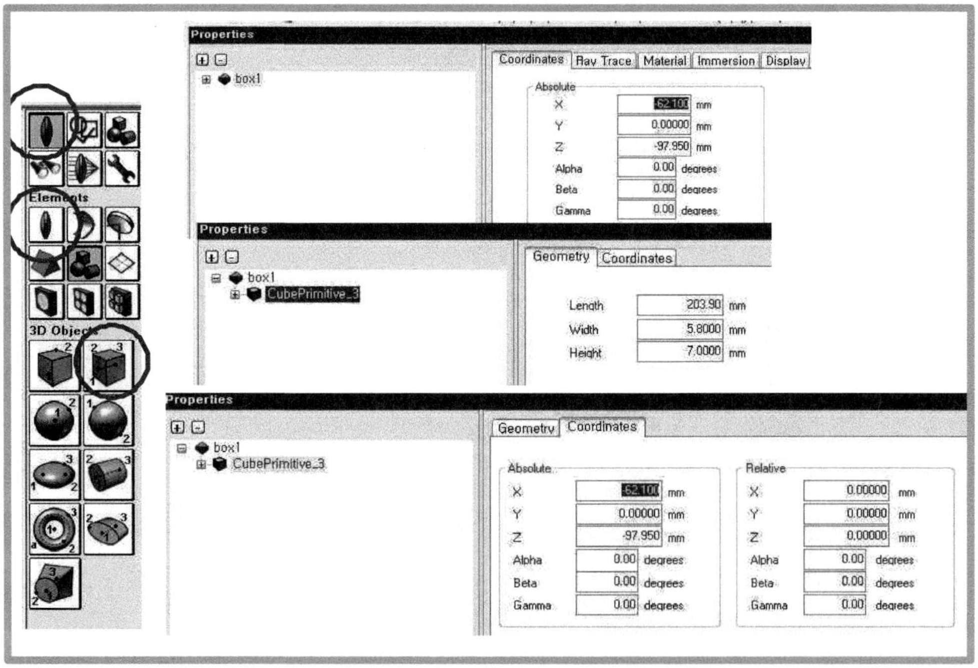

그림 4.4.45: 엣지백라이트 실습 순서31 (램프커버 형상 모델링)

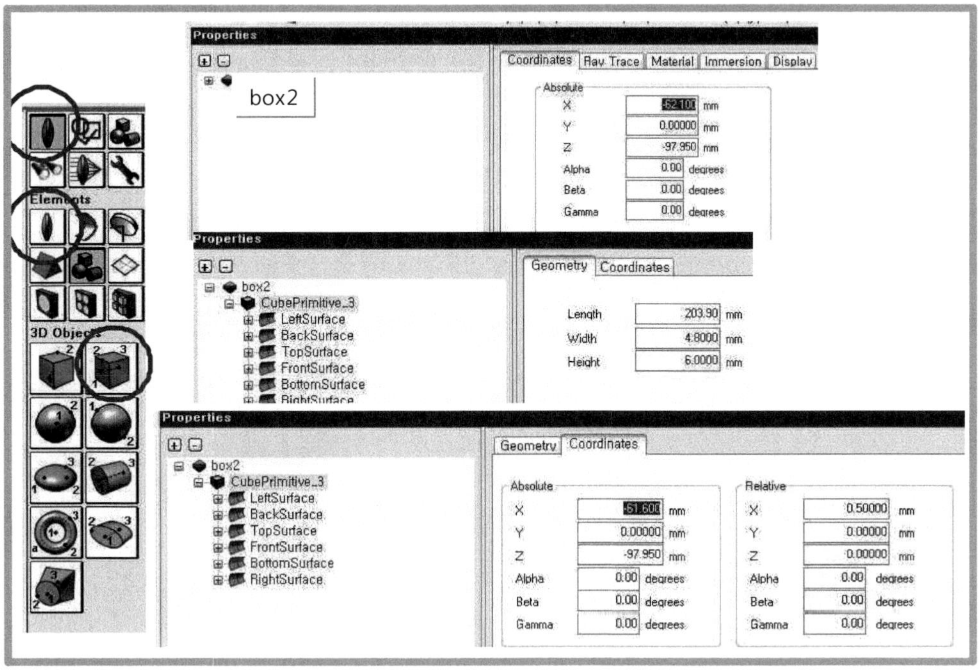

그림 4.4.46: 엣지백라이트 실습 순서32 (램프커버 형상 모델링)

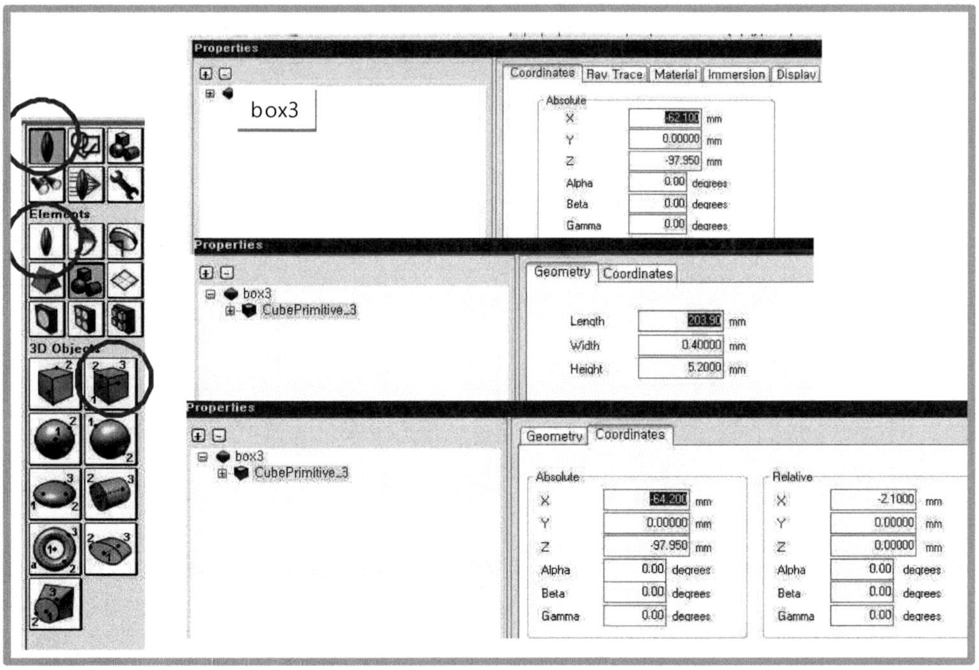

그림 4.4.47: 엣지백라이트 실습 순서33 (램프커버 형상 모델링)

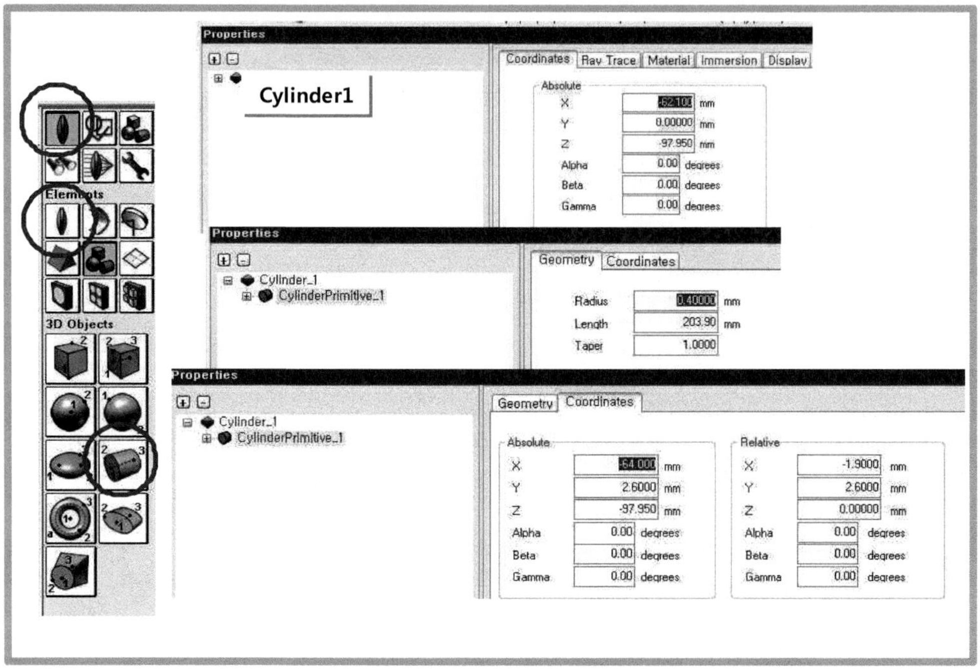


그림 4.4.48: 엣지백라이트 실습 순서34 (램프커버 형상 모델링)

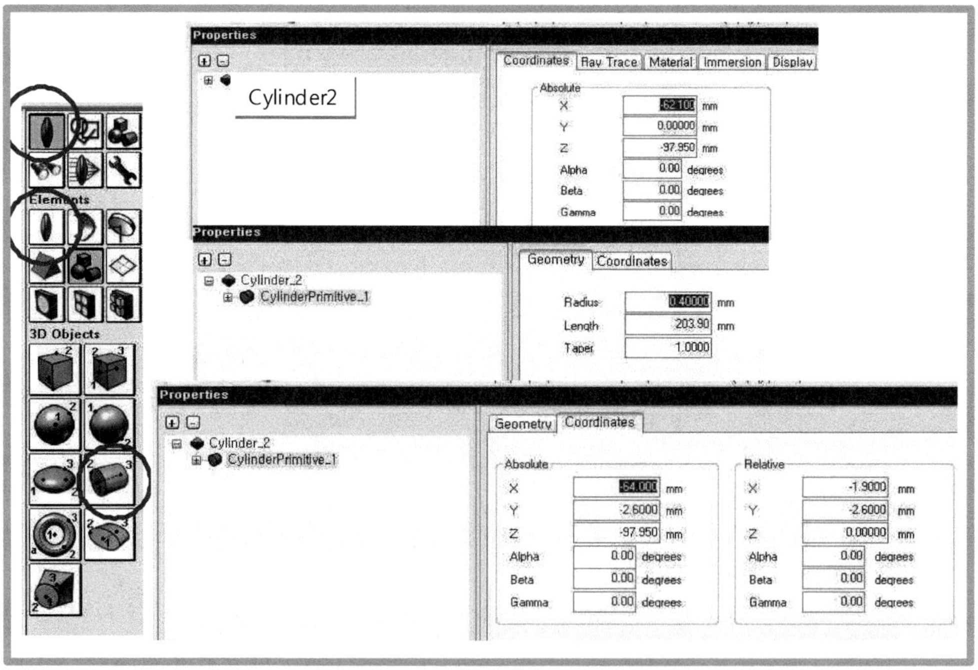


그림 4.4.49: 엣지백라이트 실습 순서35 (램프커버 형상 모델링)

"어디에서" → shift 누르고 → "무엇을" 빼내라 (Subtract)
"box1" 에서 → shift → "box2"을 빼라. 이런식으로, box2, box3, cyl1,cyl2반복

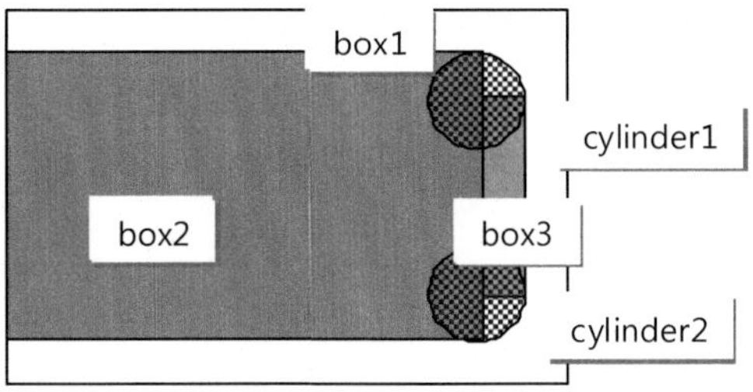


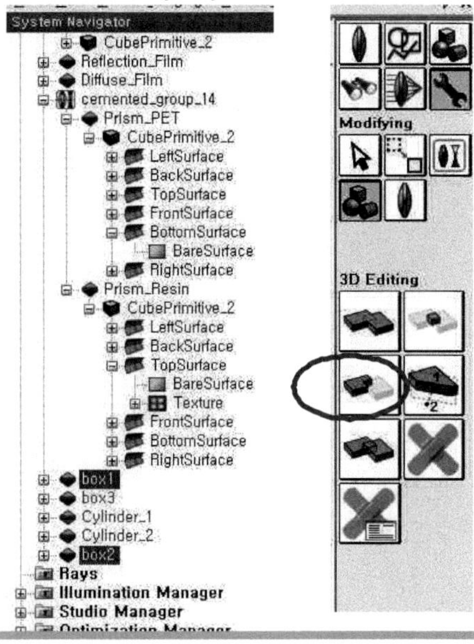

다 한다음에 box1이름을 Lamp_Cover로 바꿀것

그림 4.4.50: 엣지백라이트 실습 순서36 (램프커버 형상 모델링)

1. 램프 커버 안쪽면에 해당하는 면을 찾아 이름을 inner_surface로 바꿈
2. 램프 커버를 제외한 모든 물체를 Hide (우클릭)시키고, View mode를 solid로 하고 회전해가면서 클릭하면 램프 커버 안쪽면을 쉽게 찾을 수 있음.
3. Inner (총5개) 모든 면의 계면 특성을 반사필름의 BRDF 적용 (램버시안 90% 반사)
4. Lamp_Cover 재질은 Air로 함

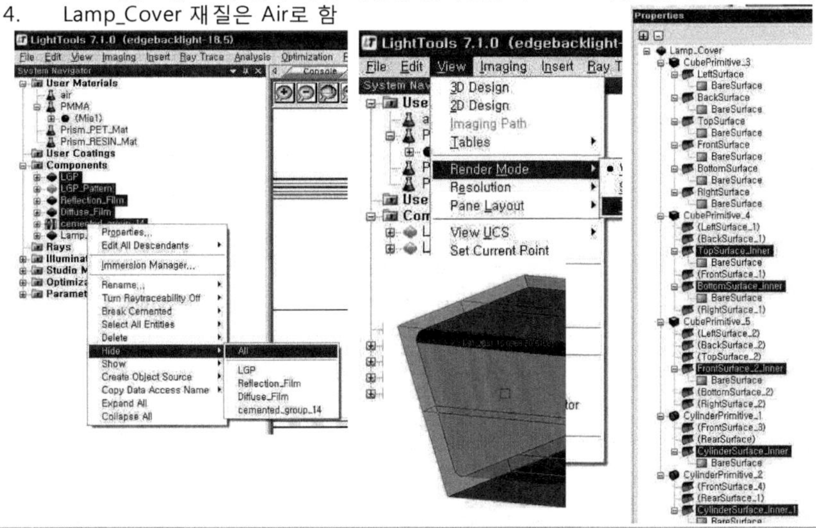

그림 4.4.51: 엣지백라이트 실습 순서37 (램프커버 반사 BSDF 적용)

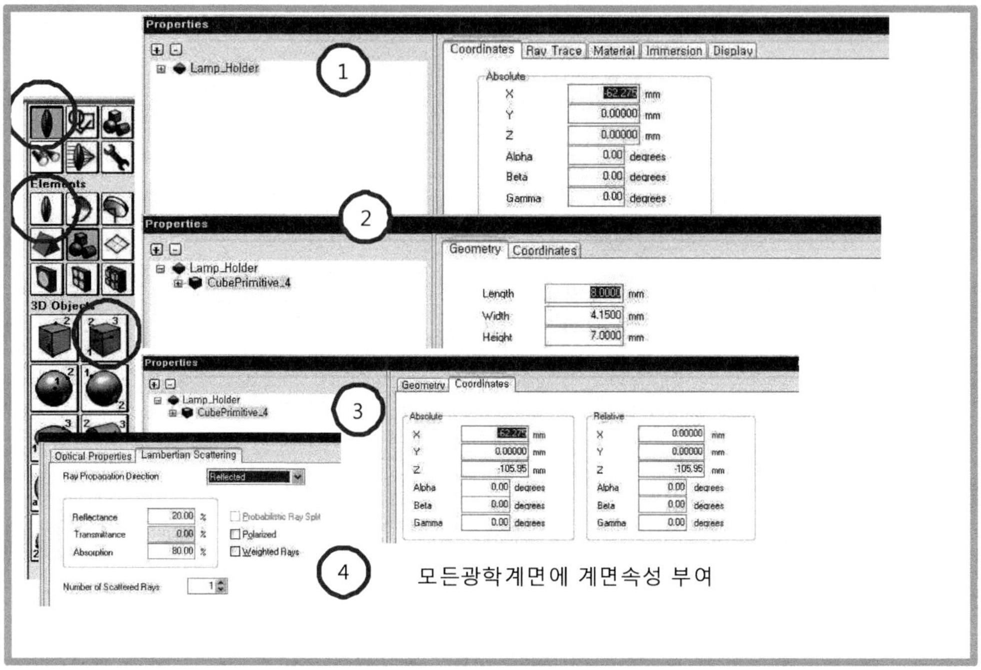


그림 4.4.52: 엣지백라이트 실습 순서38 (램프 홀더 형상 모델링)

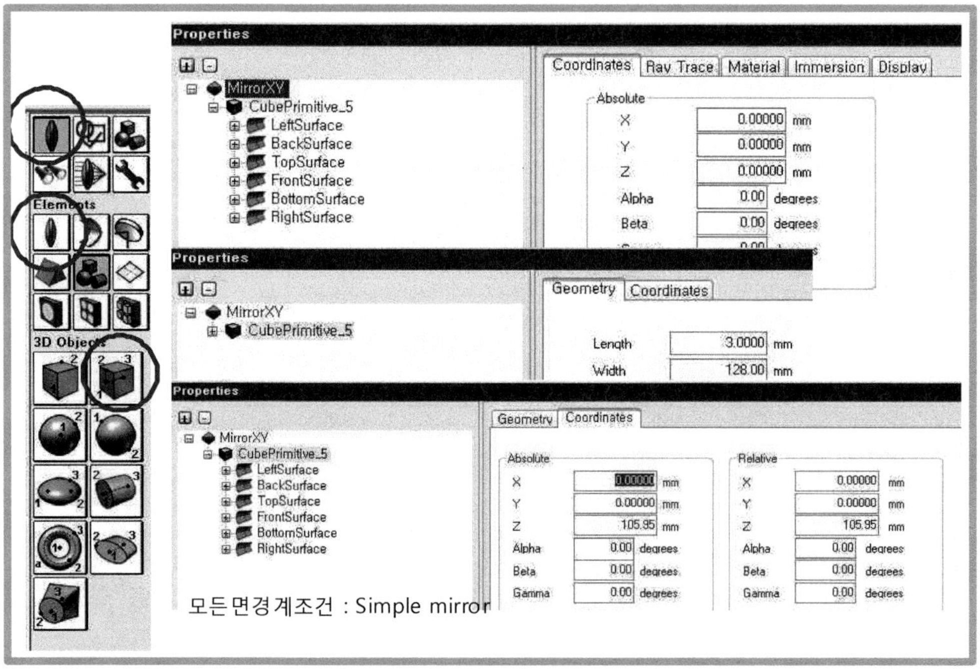


그림 4.4.53: 엣지백라이트 실습 순서39 (대칭 미러 형상 모델링)

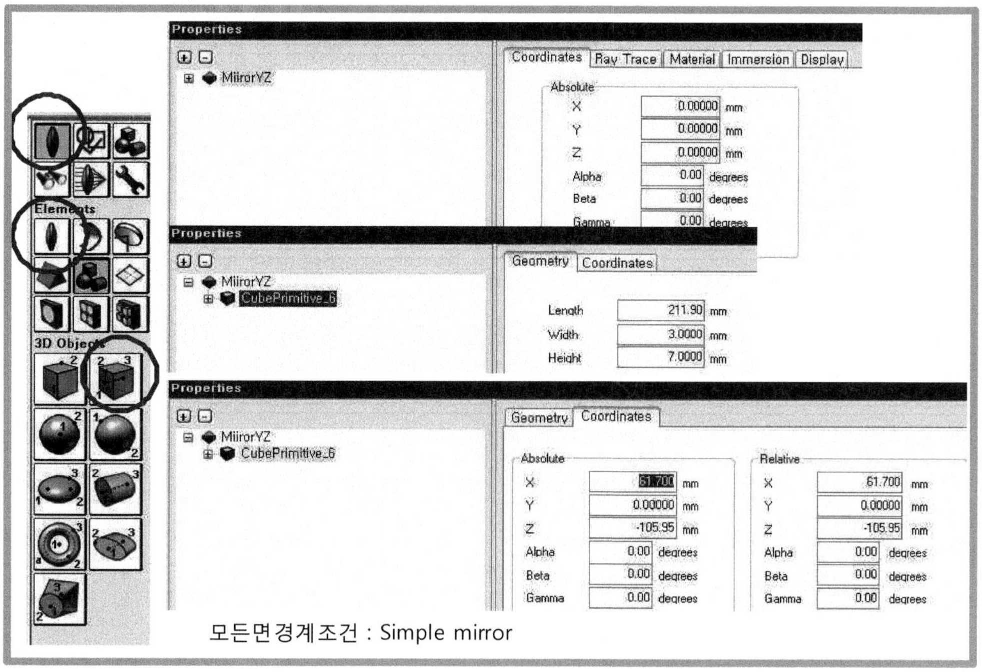


그림 4.4.54: 엣지백라이트 실습 순서40 (대칭 미러 형상 모델링)

## 4.4.4 광원 모델링

그림 4.4.55에서 볼 수 있듯이 CCFL광원은 유리외벽에 공기실린더 광원을 담그기하여 모델링된다. 발광면은 Angular apodization, Spatial apodization이 정의되고, 형광체 부분의 계면특성은 Complete Scattering으로 모델링한다.

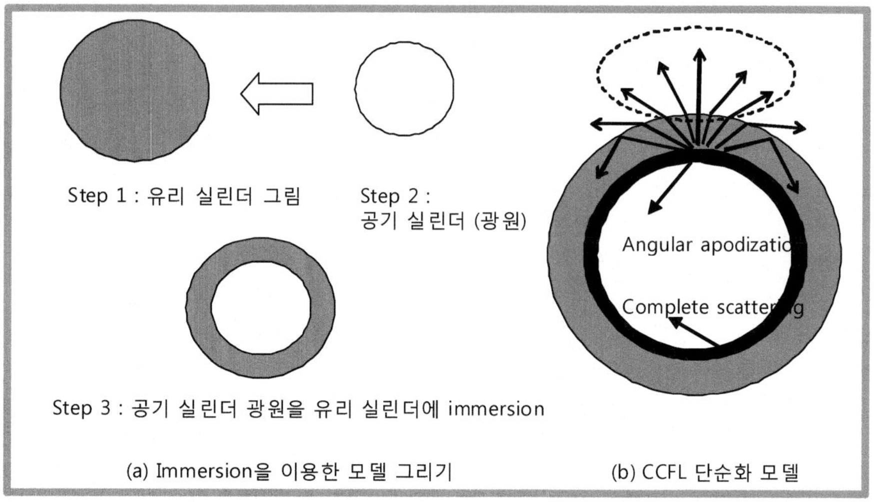


그림 4.4.55: CCFL광원 모델링 개념 설명도

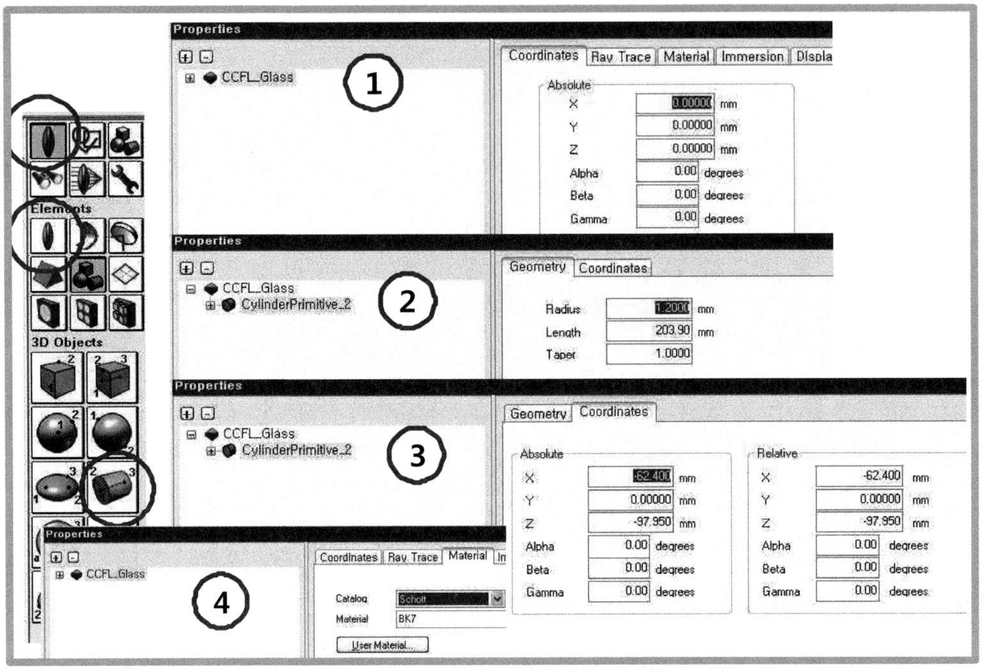

그림 4.4.56: 엣지백라이트 실습 순서41 (CCFL 외벽유리 형상 모델링)

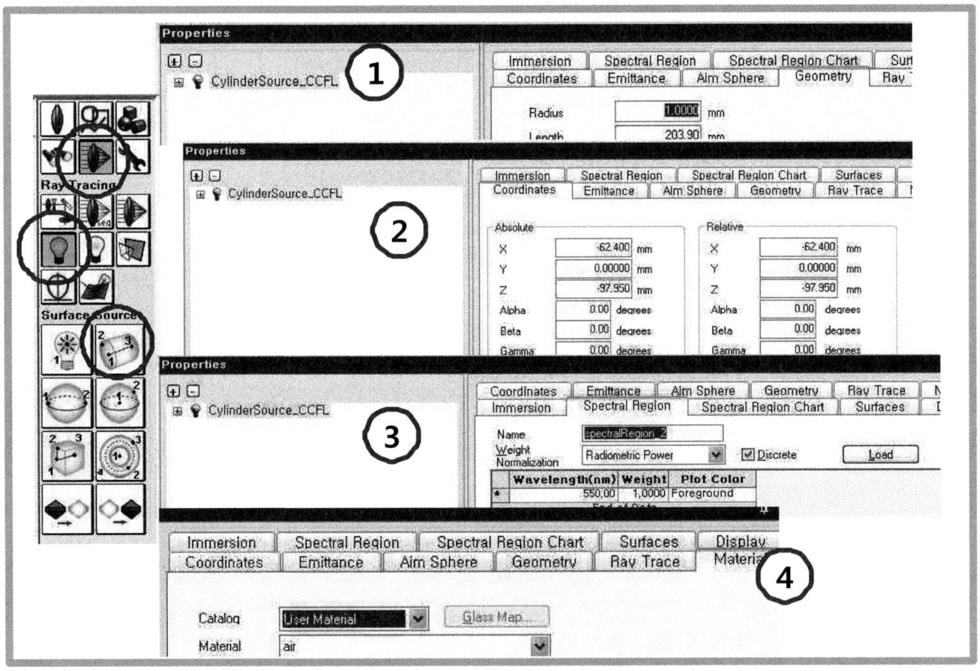

그림 4.4.57: 엣지백라이트 실습 순서42 (CCFL 공기실린더 광원 모델링)

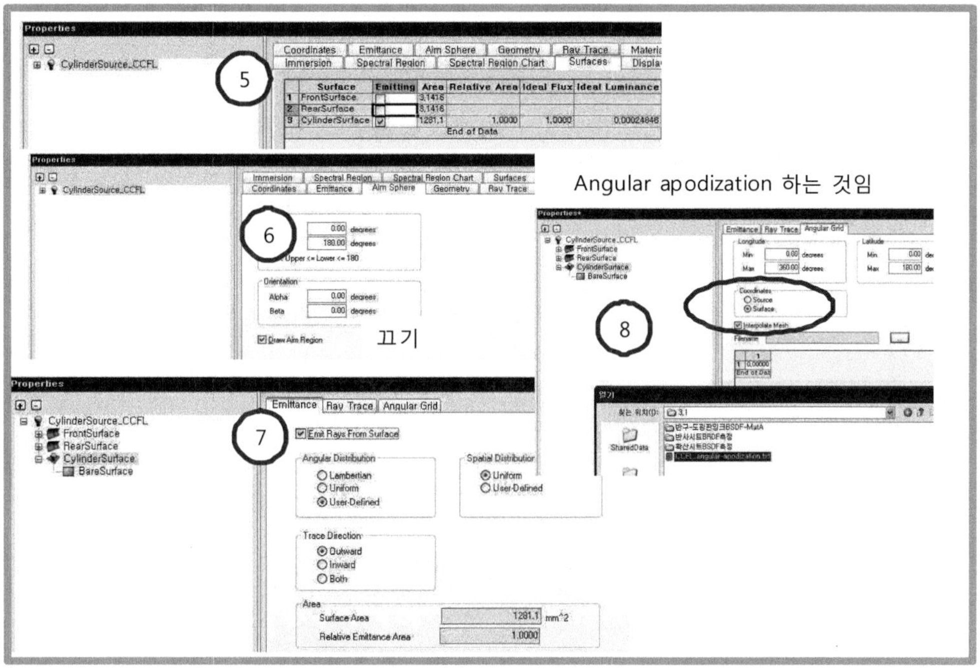


그림 4.4.58: 엣지백라이트 실습 순서43 (CCFL 공기실린더 광원 모델링)

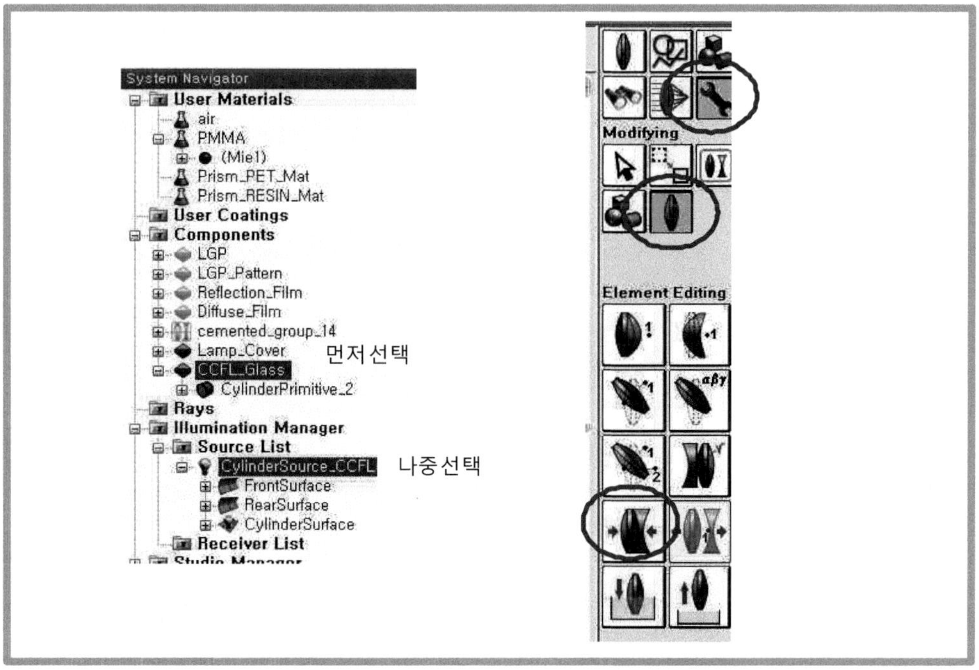


그림 4.4.59: 엣지백라이트 실습 순서44 (CCFL 외벽 유리 및 관원 담그기)

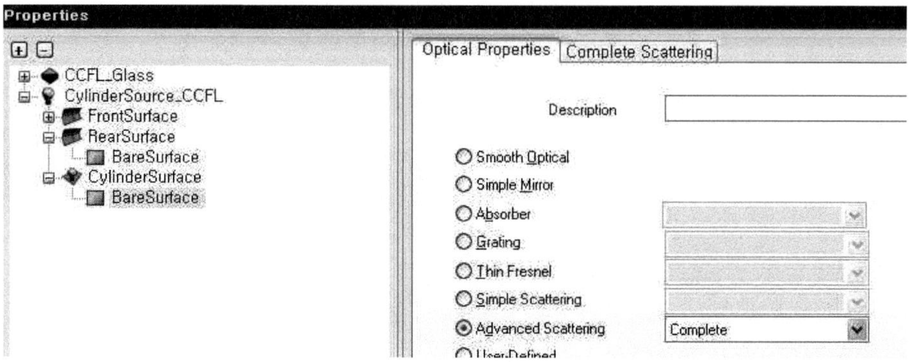


그림 4.4.60: 엣지백라이트 실습 순서45 (공기기둥 발광부 계면속성 정의)

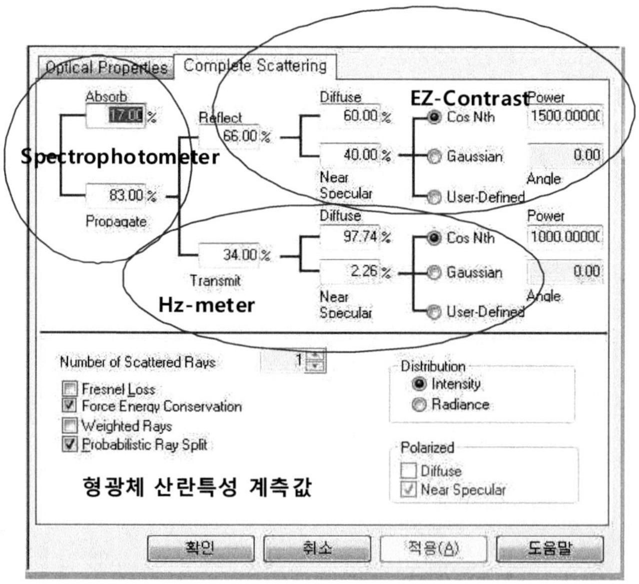


그림 4.4.61: 엣지백라이트 실습 순서46 (공기기둥 발광부 계면속성 정의)

Angular apodization 파일 예제

```
spheremesh: 4 10 -45 -5 315 95
0.000    0.000    0.000    0.000
0.013    0.013    0.013    0.013
0.068    0.068    0.068    0.068
0.177    0.177    0.177    0.177
0.331    0.331    0.331    0.331
0.514    0.514    0.514    0.514
0.698    0.698    0.698    0.698
0.856    0.856    0.856    0.856
0.962    0.962    0.962    0.962
1.000    1.000    1.000    1.000
```

그림 4.4.62: 엣지백라이트 실습 순서47 (공기기둥 발광부 Angular Apodization)

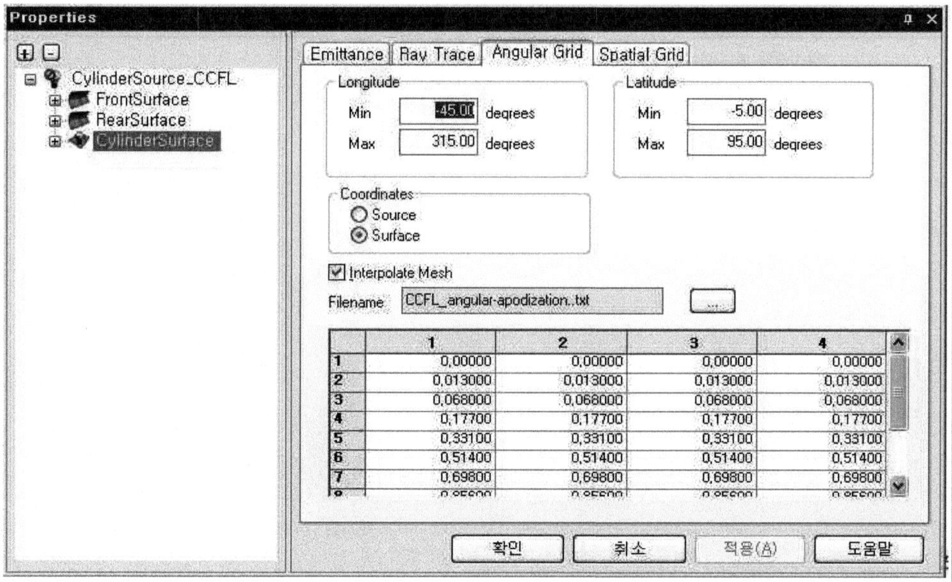


그림 4.4.63: 엣지백라이트 실습 순서48 (공기기둥 발광부 Angular Apodization)

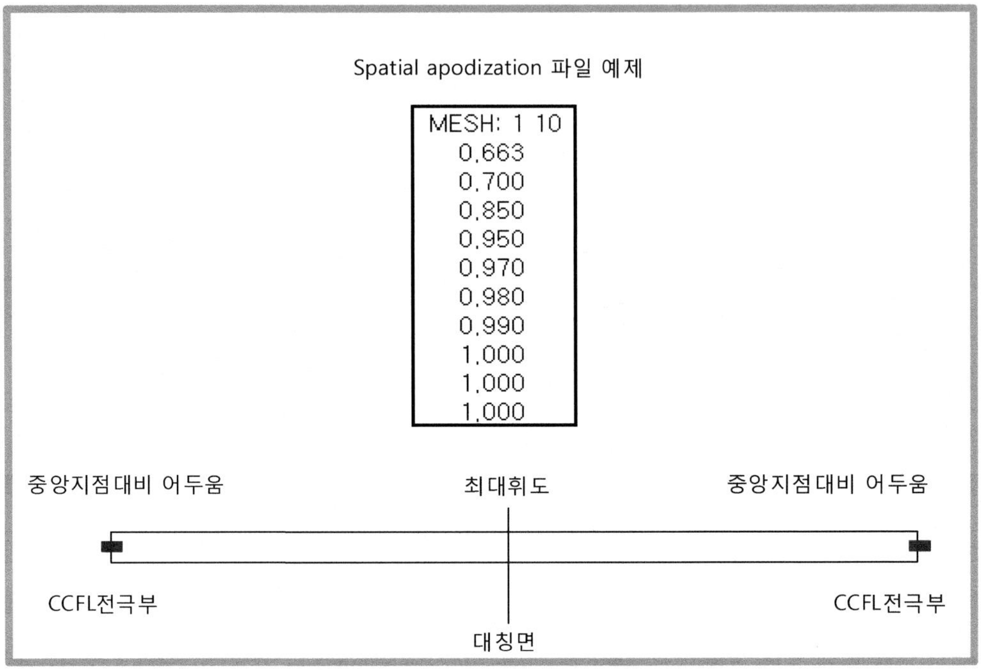


그림 4.4.64: 엣지백라이트 실습 순서49 (공기기둥 발광부 Spatial Apodization)

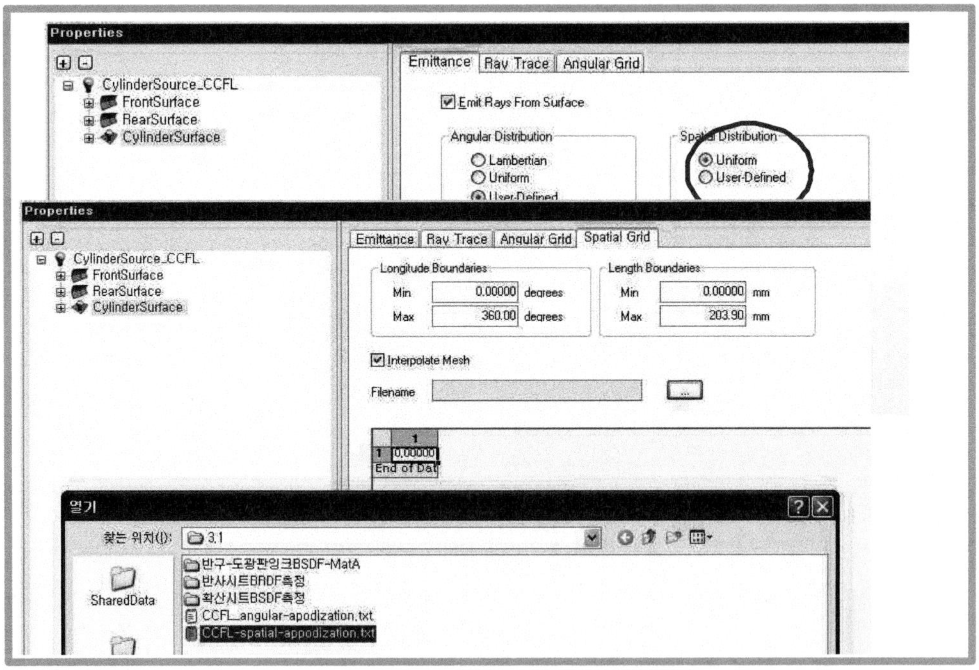


그림 4.4.65: 엣지백라이트 실습 순서50 (공기기둥 발광부 Spatial Apodization)

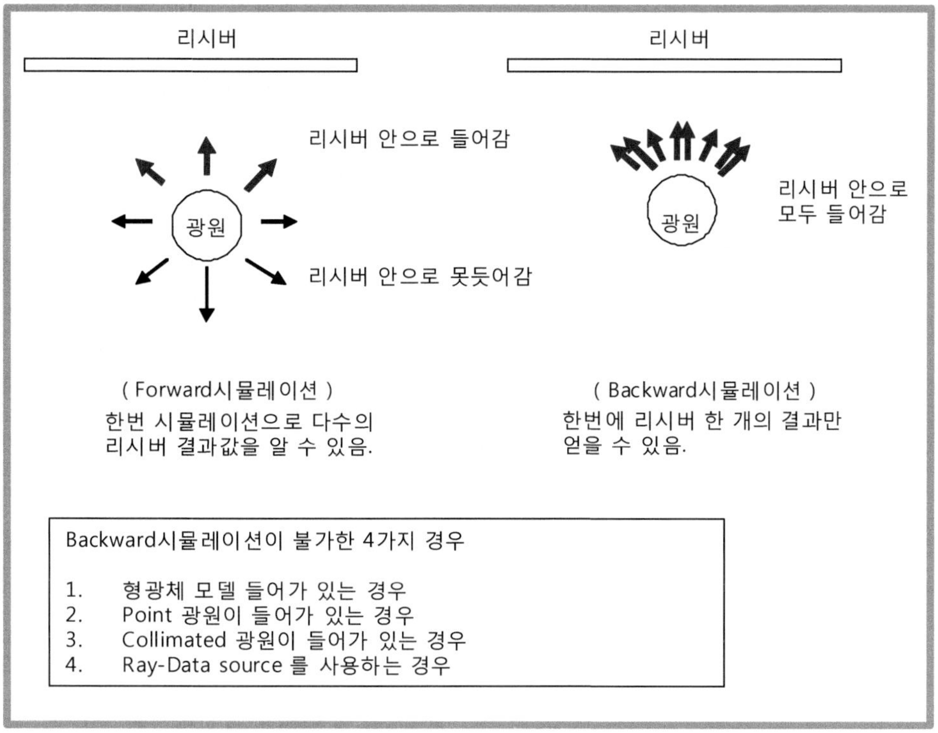


그림 4.4.66: 전방시뮬레이션과 후방시뮬레이션 개념 차이 설명

## 4.4.5 리시버 설정 및 시뮬레이션 수행

리시버를 설정하기 전에 전방(Forward) 시뮬레이션과 후방(Backward) 시뮬레이션에 대한 개념을 알아보자. 그림 4.4.66가 같이 전방 시뮬레이션은 광원에서 나오는 광선이 리시버 안으로 들어갈 수도 있고 안들어 갈 수도 있다. 예를들어 고체 반각 1°의 휘도 리시버가 있다고 가정하자. 전방시뮬레이션에 아무리 많은 광선을 추적해도 휘도 리시버에는 광선이 잘 안들어 간다. 반면 후방 시뮬레이션은 리시버에 들어올 광선만을 역추적 기법을 이용하여 광원에서 발광시킨다. 따라서 어떤 문제의 경우 후방을 시뮬레이션을 하면 대단히 효과적으로 광선 추적을 수행할 수 있다. 그러나 그림 4.4.66의 네가지 경우에 대해서 후방 시뮬레이션 불가능하다.

이번 절에서는 도광판 위, 확산필름 위, 프리즘 필름 위에 각각 더미 평면을 만들고 그 평면 위에 리시버를 달고 전방 시뮬레이션을 수행하고 결과를 관찰하는 실습을 수행해 볼 것이다. 또 후방시뮬레이션 수행 실습도 수행할 것이다.

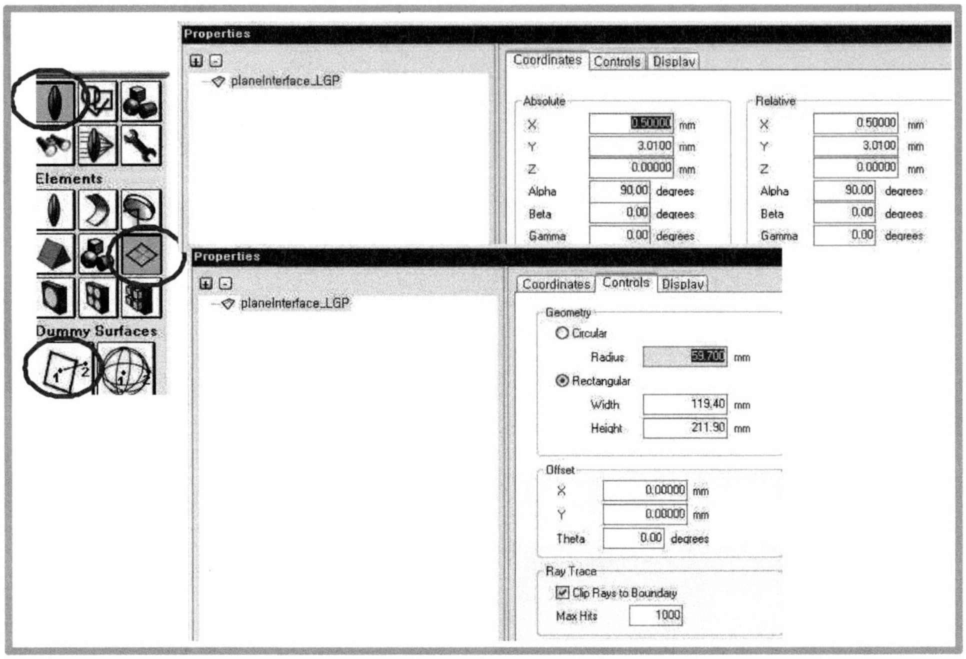


그림 4.4.67: 엣지백라이트 실습 순서51 (리시버 달기 위한 더미평면 만들기)

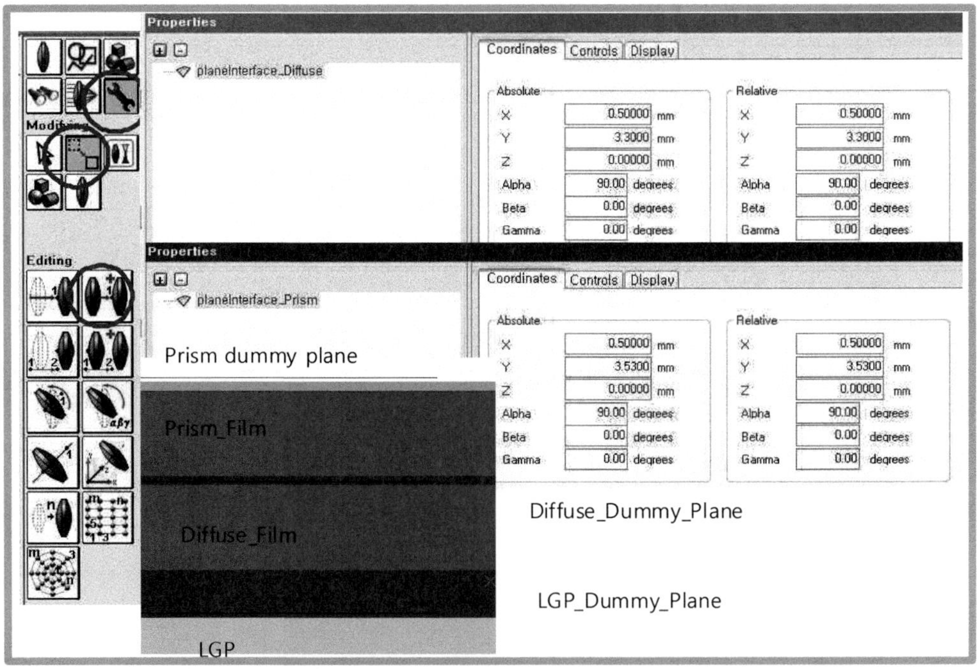


그림 4.4.68: 엣지백라이트 실습 순서52 (리시버 달기 위한 더미평면 만들기)

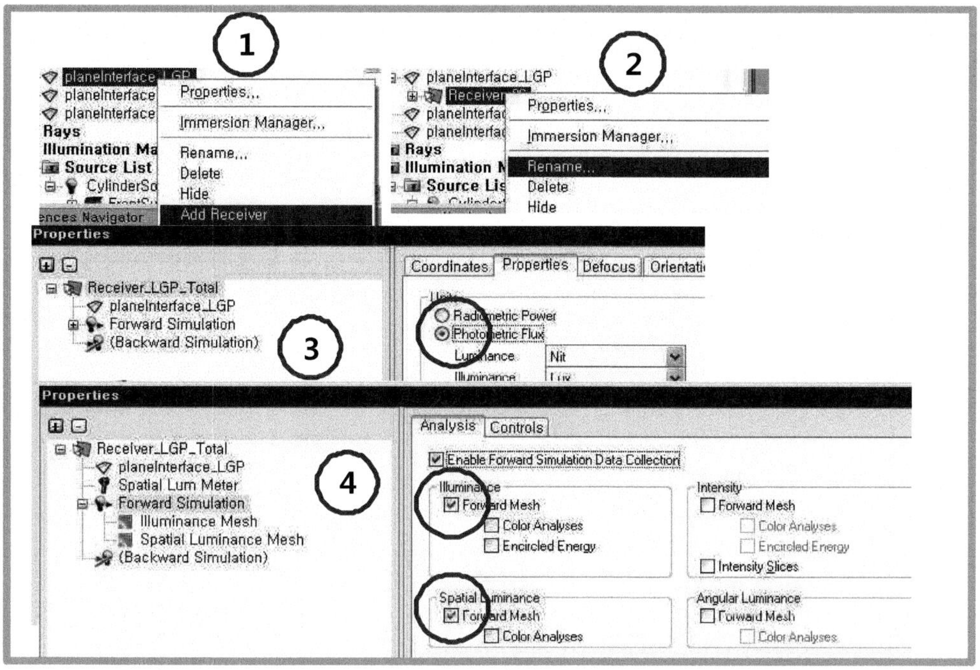


그림 4.4.69: 엣지백라이트 실습 순서53 (더미 평면에 리시버 설정하기)

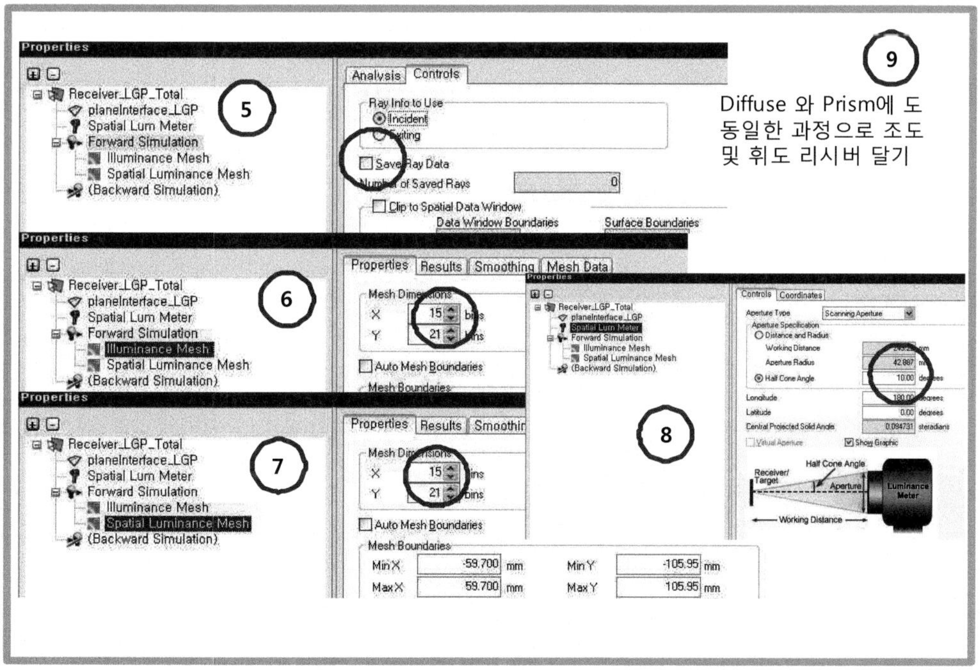


그림 4.4.70: 엣지백라이트 실습 순서54 (더미 평면에 리시버 설정하기)

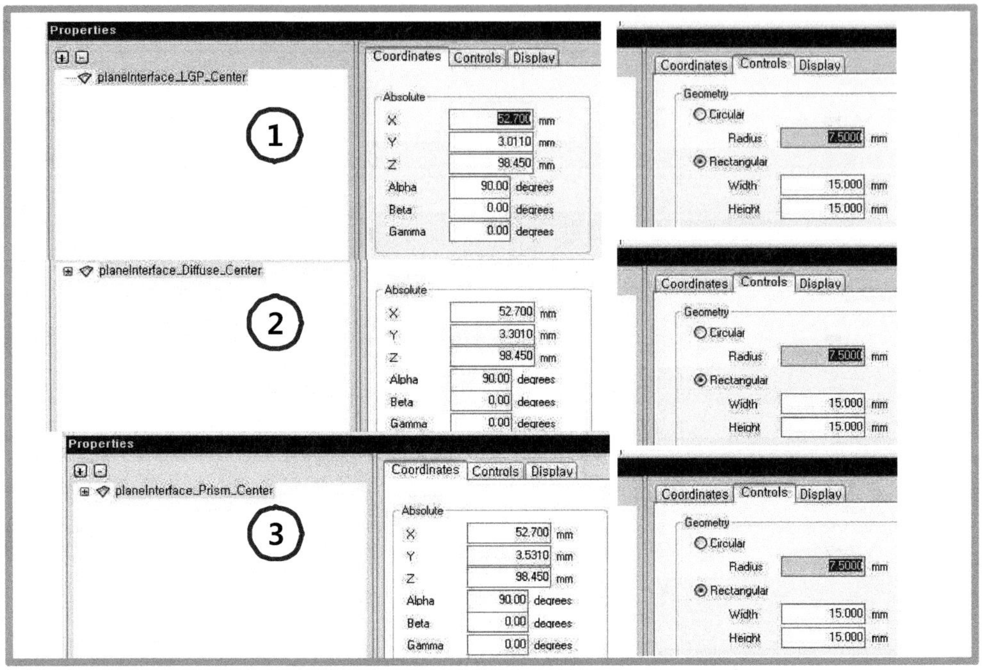


그림 4.4.71: 엣지백라이트 실습 순서55 (각휘도 리시버 위한 더미평면 만들기)

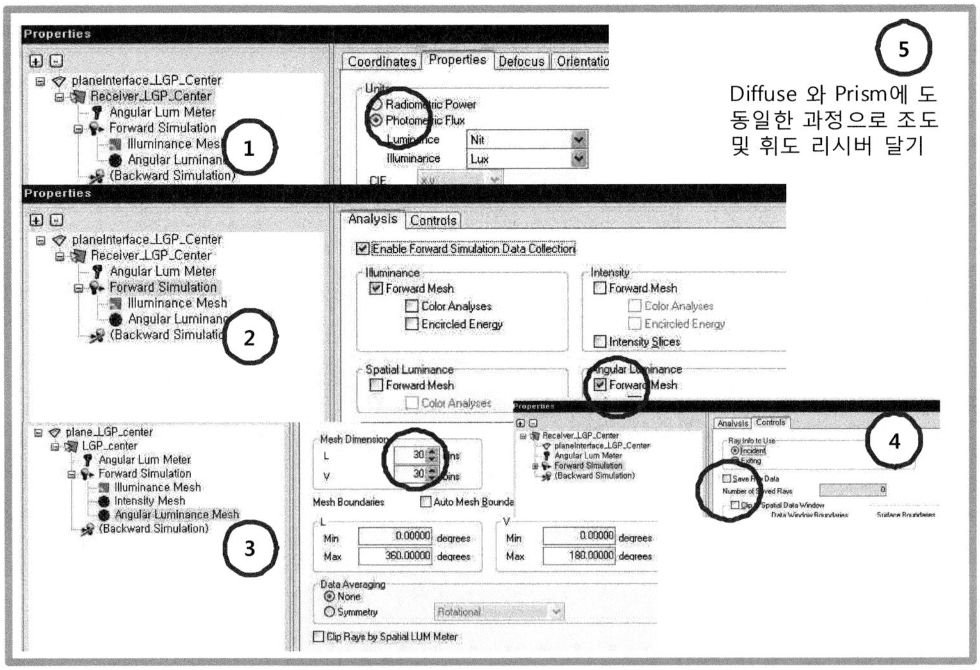


그림 4.4.72: 엣지백라이트 실습 순서56 (각휘도 리시버 달기)

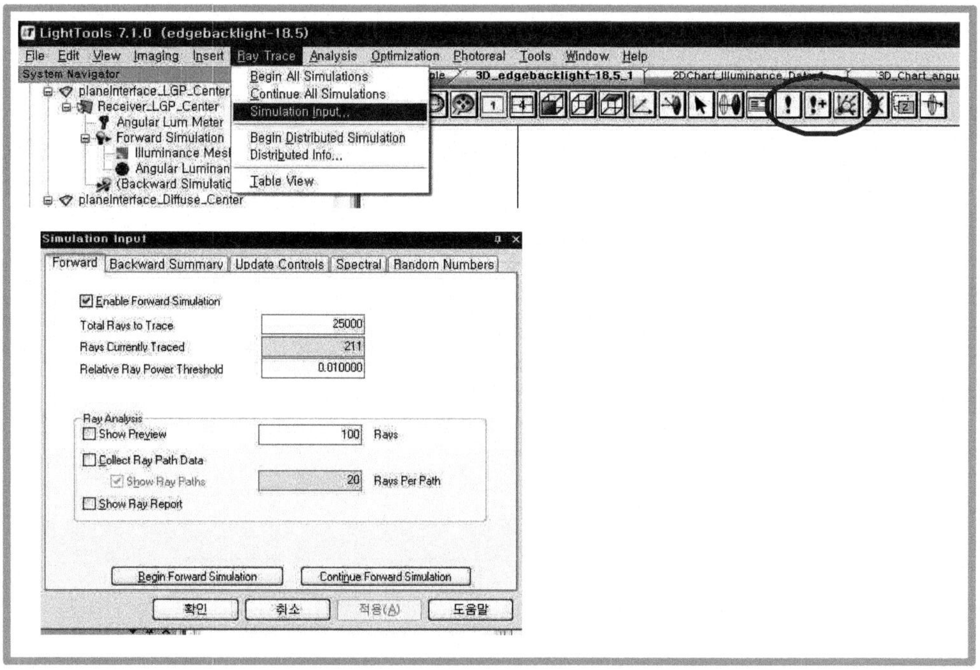

그림 4.4.73: 엣지백라이트 실습 순서57 (전방시뮬레이션 수행하기)

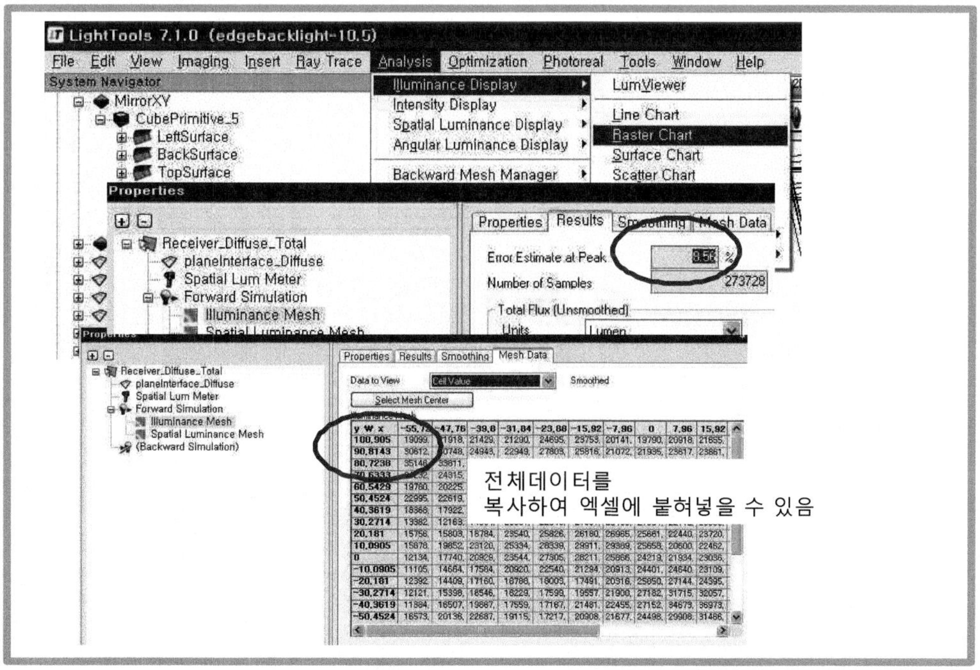


그림 4.4.74: 엣지백라이트 실습 순서58 (전방시뮬레이션 조도, 휘도 결과 보기)

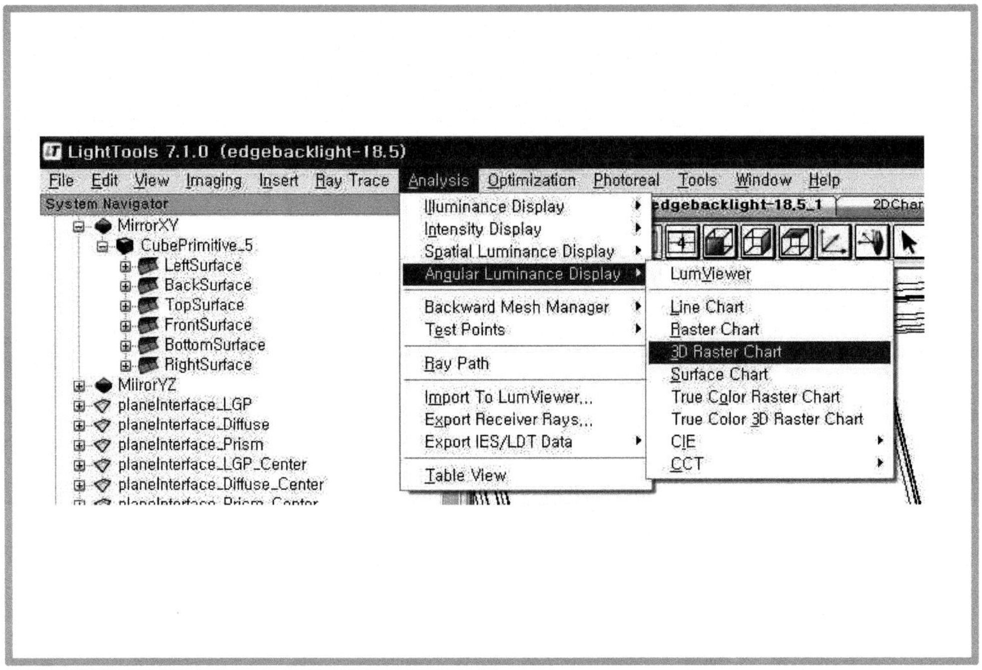


그림 4.4.75: 엣지백라이트 실습 순서59 (전방시뮬레이션 각휘도 결과 보기)

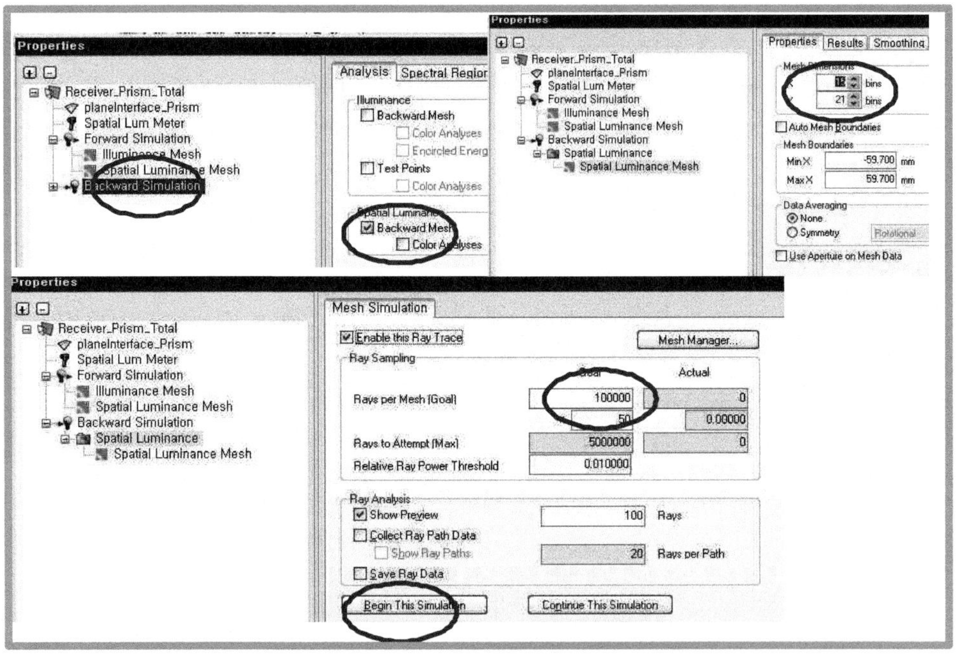


그림 4.4.76: 엣지백라이트 실습 순서60 (프리즘 필름위에 후방 리시버 달기)

## 4.4.6 BPO (Backlight Pattern Optimization) 이용한 패턴 설계

이번 절에서는 LightTools의 BPO (Backlight Pattern Optimization) 기능을 이용하여 도광판 인쇄 패턴 도트 크기 최적화 실습을 수행하겠다. BPO는 최적화 엔진을 사용하여 원하는 균일도를 달성하게 해주는 도광판 패턴 최적 밀도분포를 얻을 수 있는 Utility이다.

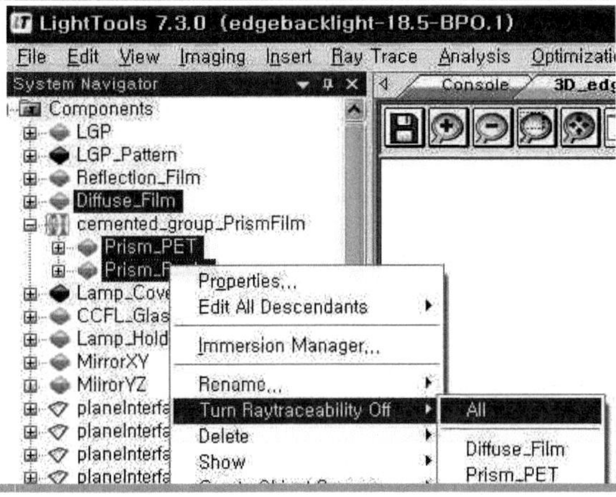


그림 4.4.77: 엣지백라이트 실습 순서61 (BPO: 확산, 프리즘 필름 제외)

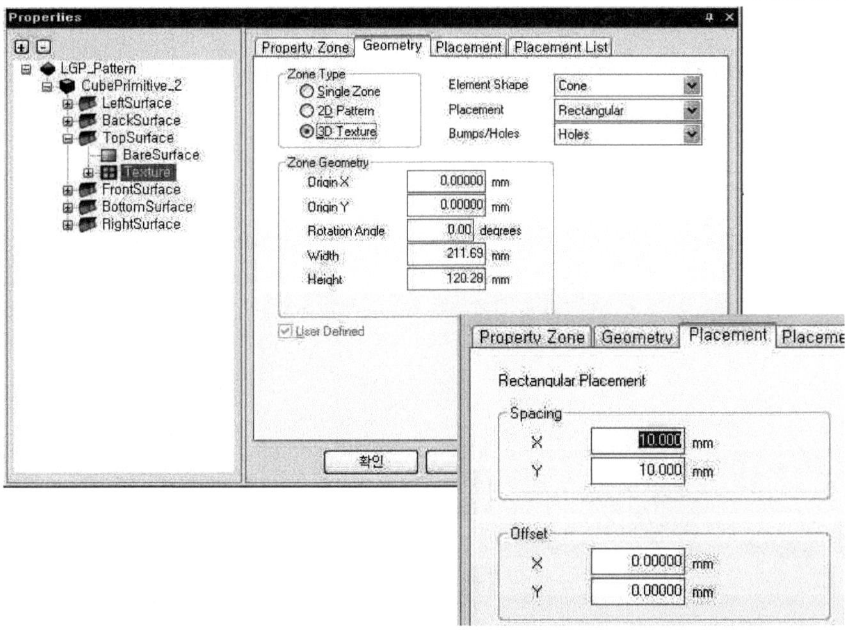


그림 4.4.78: 엣지백라이트 실습 순서62 (BPO: 인쇄패턴 초기배열 확인)

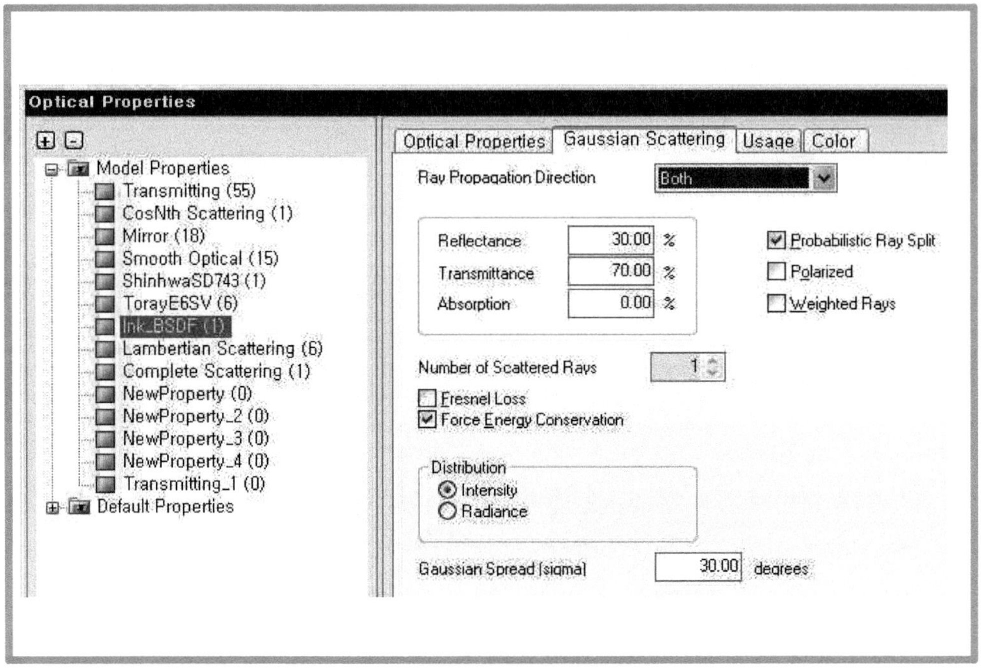


그림 4.4.79: 엣지백라이트 실습 순서63 (BPO: 인쇄패턴 BSDF 확인)

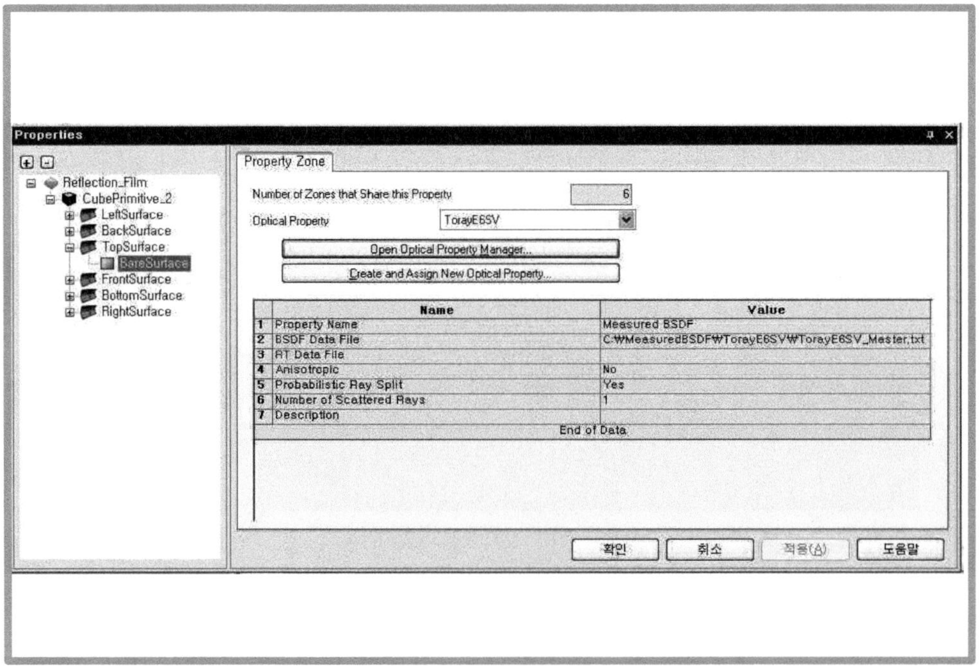


그림 4.4.80: 엣지백라이트 실습 순서64 (BPO: 반사필름 BSDF 확인)

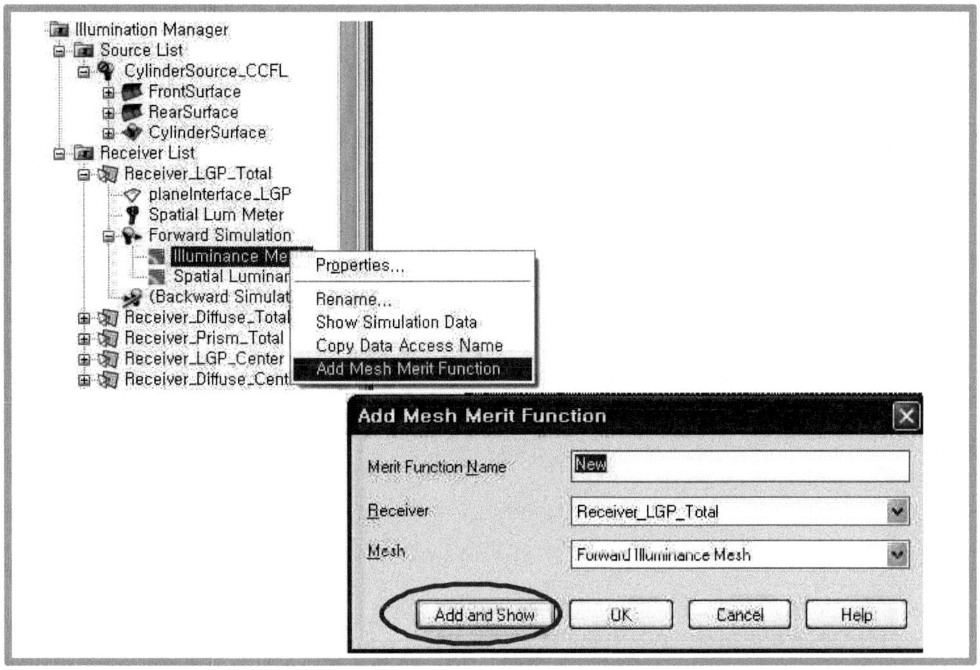


그림 4.4.81: 엣지백라이트 실습 순서65 (BPO: Mesh Merit 함수 설정)

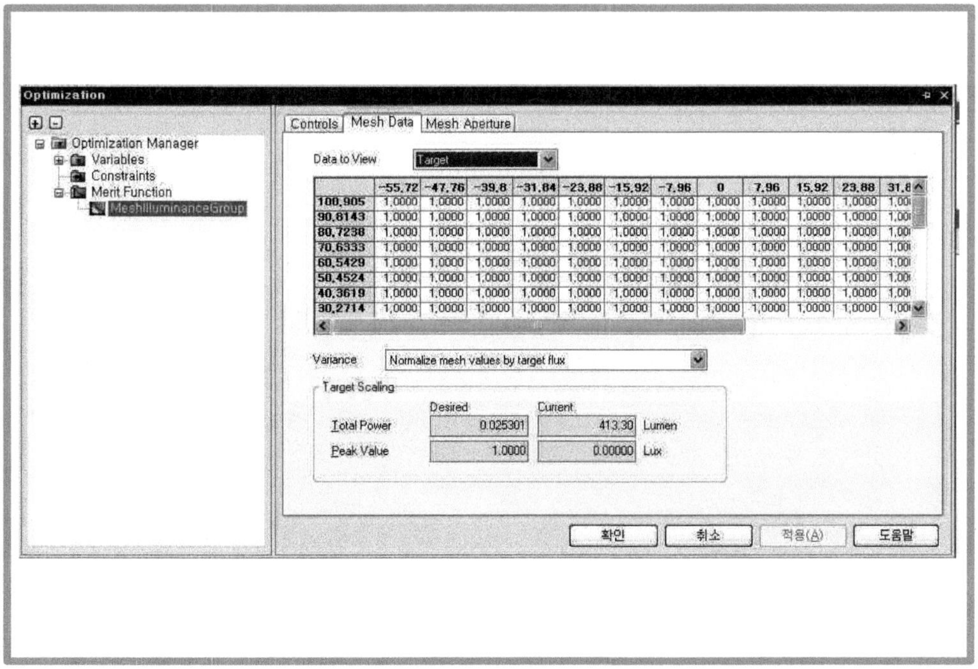


그림 4.4.82: 엣지백라이트 실습 순서66 (BPO: Mesh Merit Function 관찰)

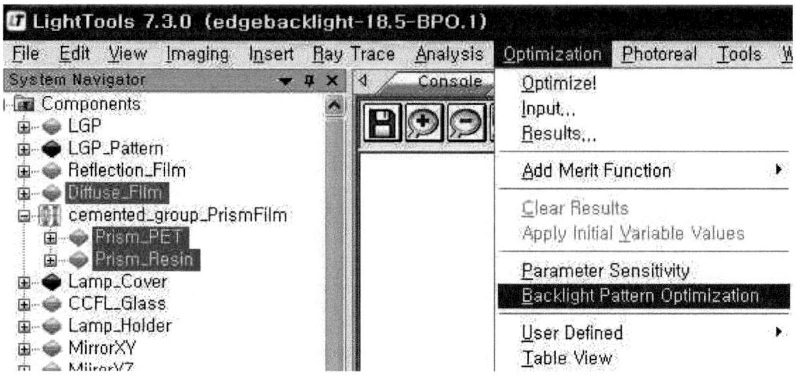

그림 4.4.83: 엣지백라이트 실습 순서67 (BPO: 최적화 실행)

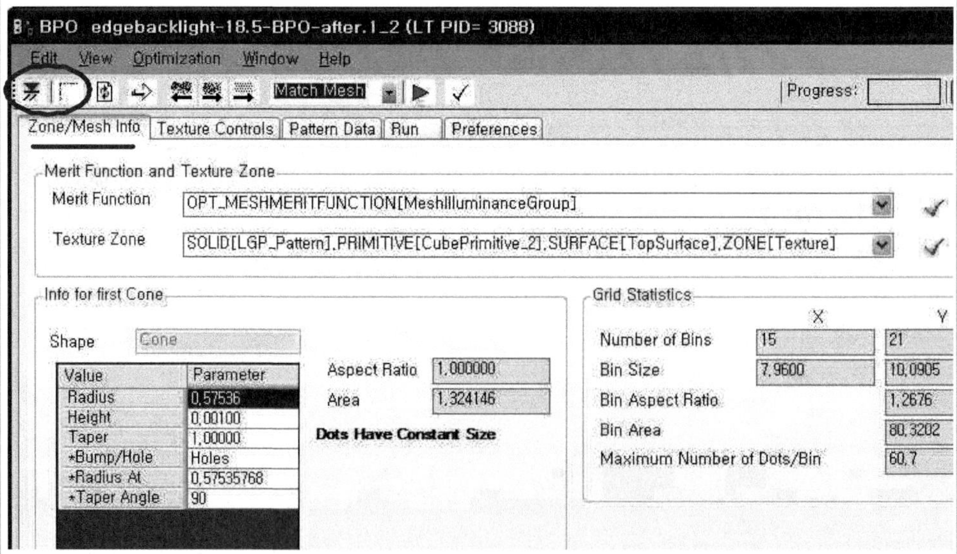

그림 4.4.84: 엣지백라이트 실습 순서68 (BPO: Zone/Mesh Info)

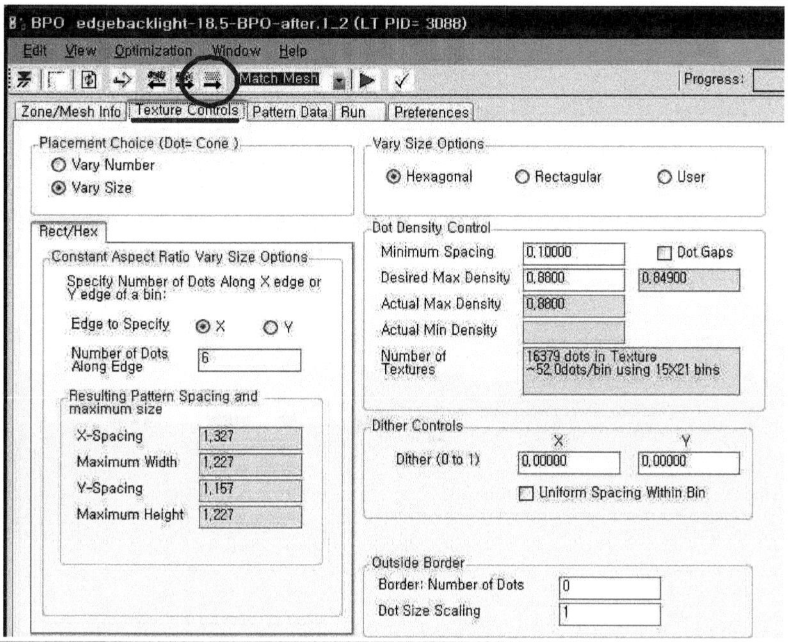


그림 4.4.85: 엣지백라이트 실습 순서69 (BPO: Texture Control)

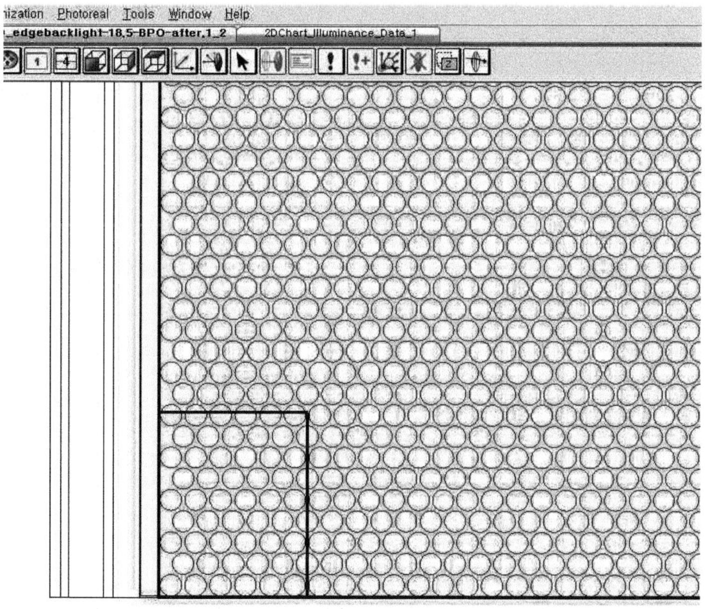


그림 4.4.86: 엣지백라이트 실습 순서70 (BPO: Uniform Texture Density)

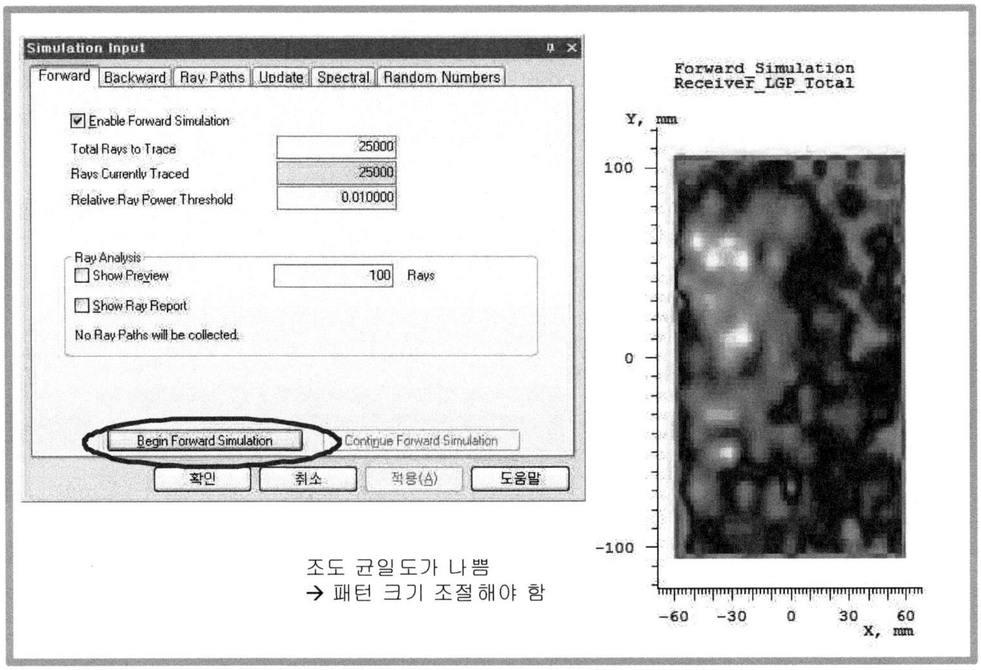


그림 4.4.87: 엣지백라이트 실습 순서71 (BPO: 최적화전 조도 결과)

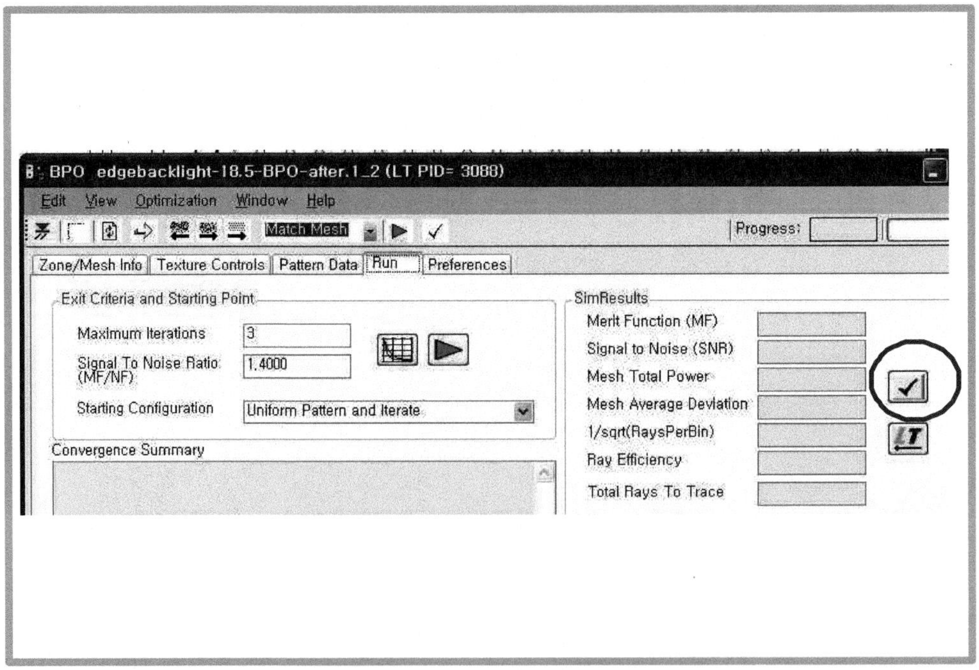


그림 4.4.88: 엣지백라이트 실습 순서72 (BPO: SNR 확인하기)

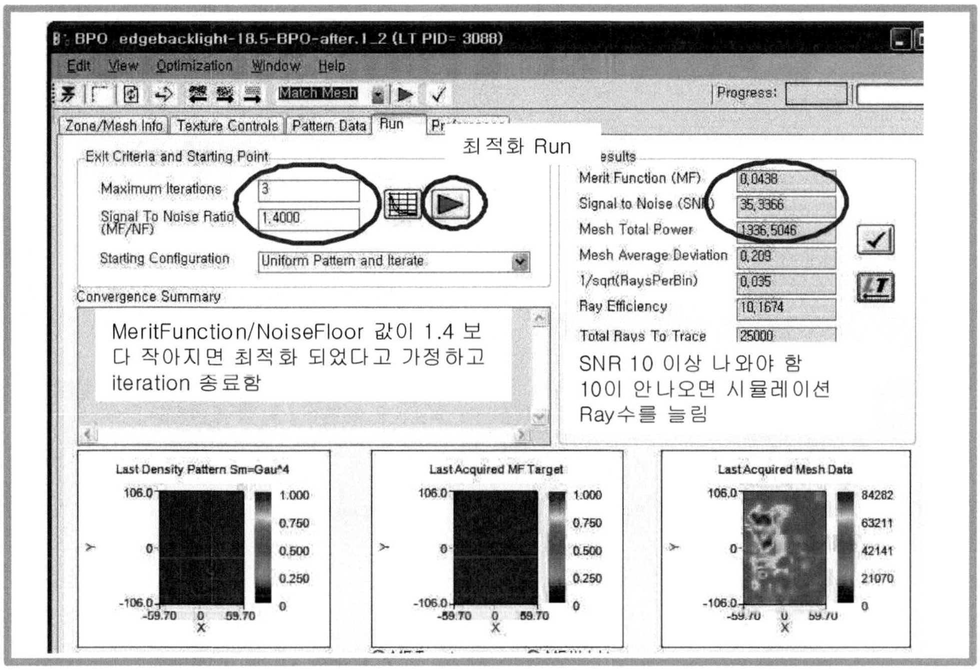


그림 4.4.89: 엣지백라이트 실습 순서73 (BPO : 최적화 조건 설정 및 실행)

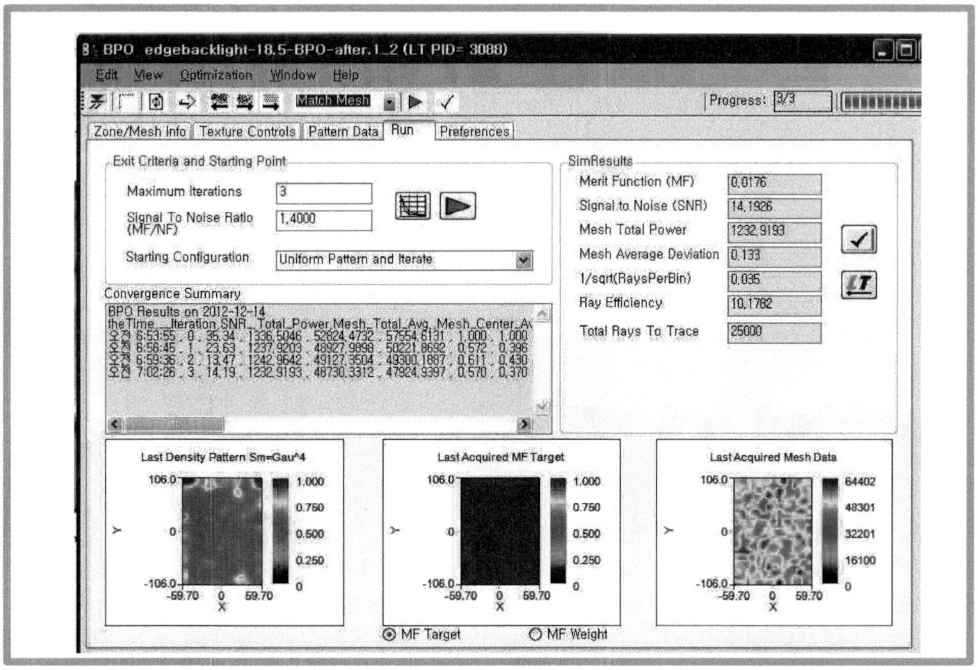

그림 4.4.90: 엣지백라이트 실습 순서74 (BPO: 최적화 이후 BPO 창화면)

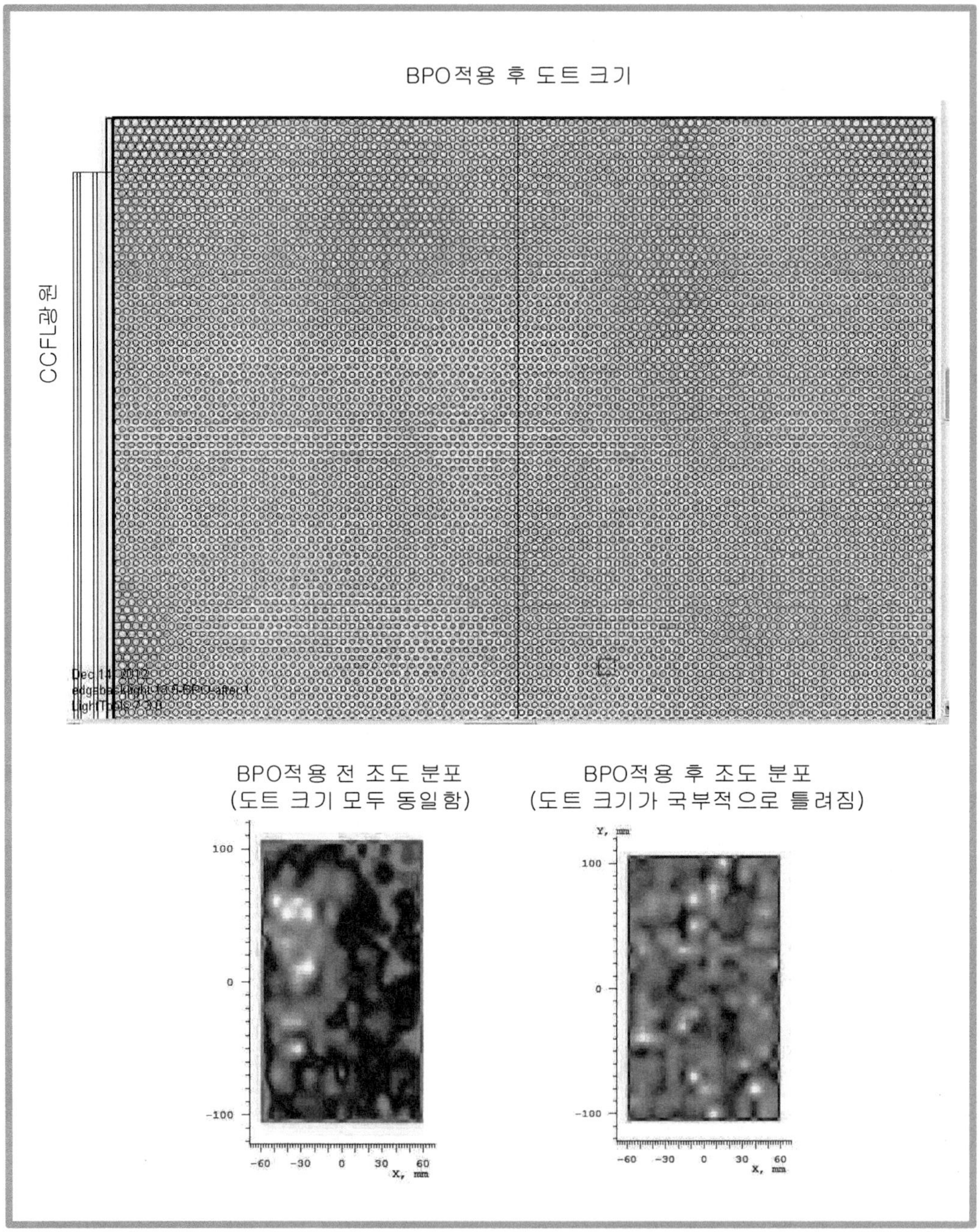


그림 4.4.91: 엣지백라이트 실습 순서75 (BPO: 최적화 이후 패턴 및 조도 결과)

## 4.5 직하 백라이트 모델링 실습

이번 절에서는 확산판을 이용하는 직하형 백라이트에 대한 모델링 실습을 수행할 것이다. 이번 절의 실습에서 가장 중요한 것은 확산판 체적 산란 모델링 방법이다. 우선 체적 산란 정도에 따라 확산판의 투과율, 반사율이 어떻게 바뀌는지에 대한 조사를 수행할 것이고 (그림 4.5.1-(a)), 다음 단계로 직하 백라이트 모델링 실습을 수행할 것이다 (그림 4.5.1-(b)). 이번 절의 실습을 통해 하기의 사항에 대해 연습이 가능할 것으로 생각된다.

- 체적 산란 파라미터 설정 방법
- 체적 산란을 이용하여 확산판 투과율, 반사율 조사 방법론 숙지
- 직하형 백라이트에서 대칭 형상 시뮬레이션에 방법에 대한 개념
- LED 광원 어레이 방법
- 리시버 설정 및 후방시뮬레이션

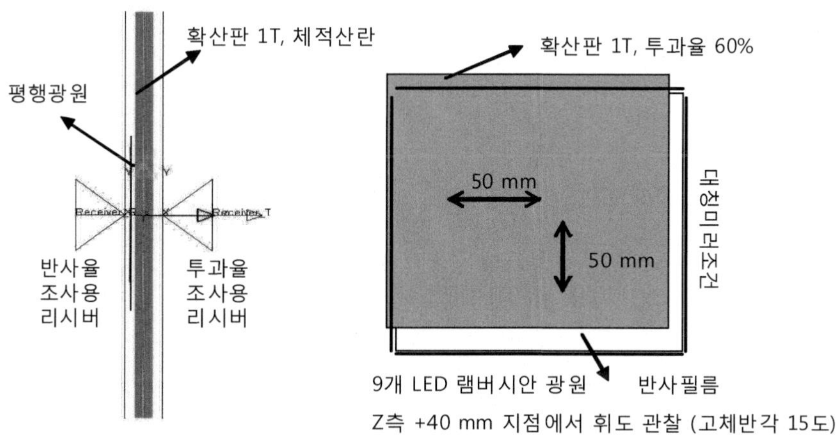


(a) 확산판 투과율, 반사율 조사용 모델　　(b) 직하 백라이트 대칭모델

그림 4.5.1: 직하 백라이트 실습 모델 소개

### 4.5.1 확산판 모델링 준비작업 (Mie 산란 및 투과율, 반사율 조사)

확산판은 체적산란으로 모델링 가능하다. 이번 절에서는 Mie 체적 산란 파라미터를 설정하는 방법과, 정의된 체적 산란입자의 농도가 변할 때 확산판 투과율 및 반사율이 어떻게 달라지는지에 대한 실습을 수행할 것이다. 일반적으로 확산판 투과율은 65%가 많이 사용되는데 이를 달성하는 시뮬레이션 상에서 Mie 산란입자의 농도를 알아야 하기 때문이다.

그림 4.5.1-(a)에서 볼 수 있듯이 $30 \times 30 \times 1.0\ mm^3$ 확산판을 모델링하고 편측에 평행광원을 만든다. 광원 양단에 투과율 조사용 리시버와 반사율 조사용 리시버를 만든다. 평행광원에서 발광되는 총광속에 대해 투과율 조사용 리시버와 반사율 조사용 리시버에 들어오는 광속을 계산하면 투과율과 반사율을 구할 수 있다. 이때 확산재 산란 입도 분포, 산란 입자의 굴절율, 모재의 굴절율 등을 변화시키면 Mie 산란에서 전방 산란과 후방 산란에 의해 투과율, 반사율이 달라지게 되는 것이다. 그림 4.5.14에서 볼 수 있듯이 동일한 확산재 양을 늘리면 투과율은 떨어져서 약 50% 초반으로 수렴되고 반사율은 약 40% 초반으로 수렴됨을 알 수 있다.

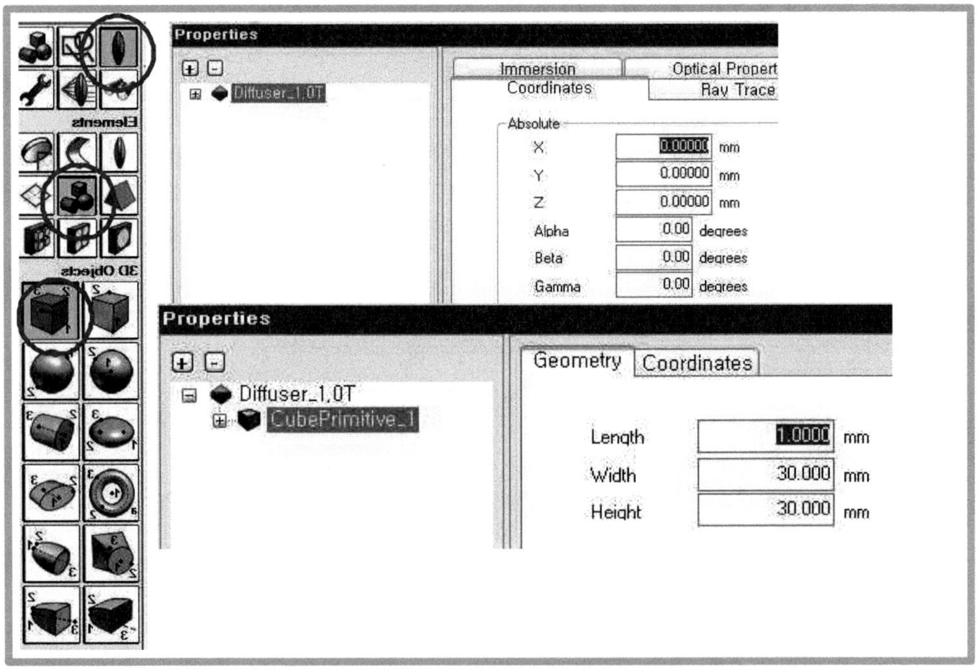


그림 4.5.2: 직하 백라이트 실습 1 (확산판 Mie산란 모델링 관련)

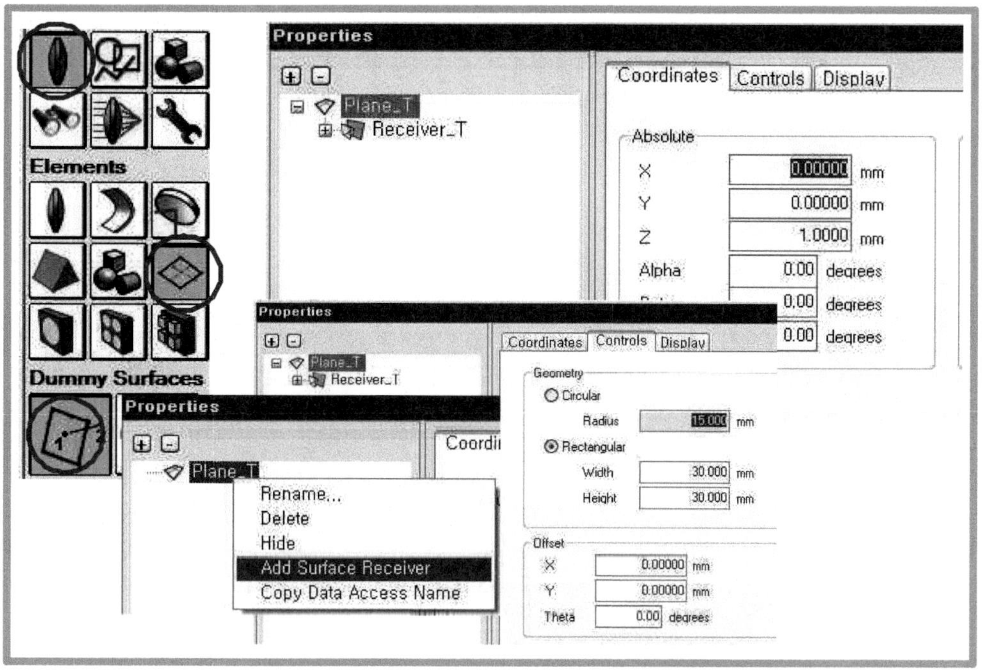


그림 4.5.3: 직하 백라이트 실습 2 (확산판 Mie산란 모델링 관련)

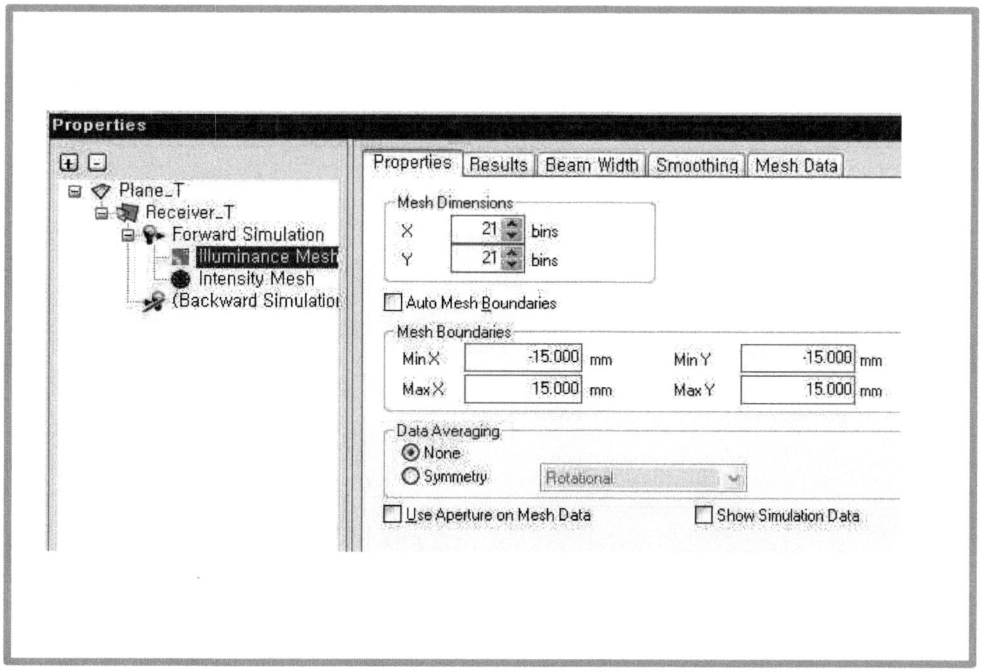


그림 4.5.4: 직하 백라이트 실습 3 (확산판 Mie산란 모델링 관련)

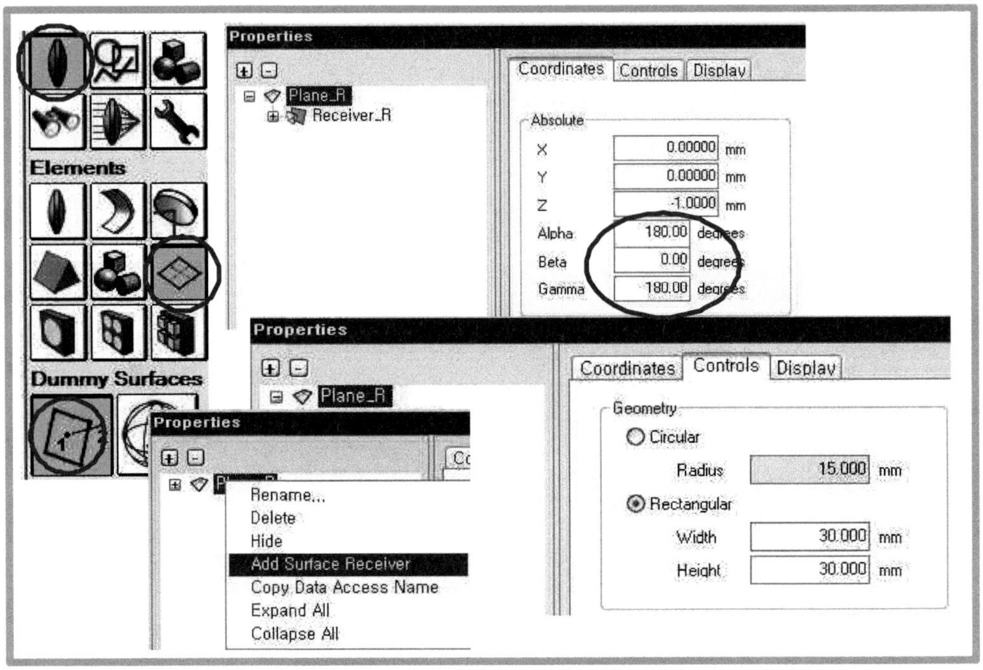


그림 4.5.5: 직하 백라이트 실습 4 (확산판 Mie산란 모델링 관련)

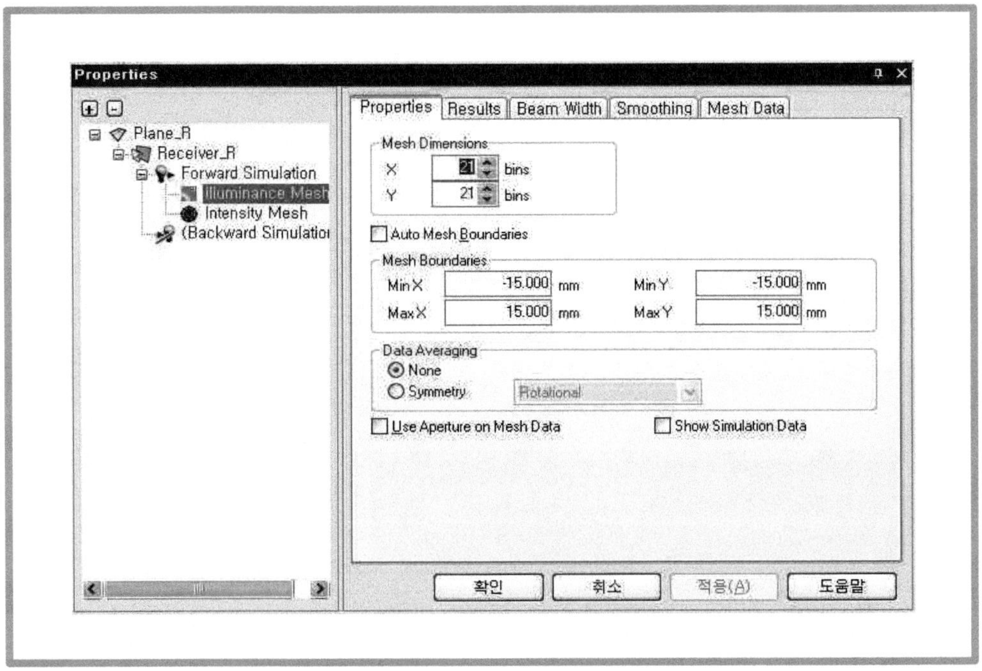


그림 4.5.6: 직하 백라이트 실습 5 (확산판 Mie산란 모델링 관련)

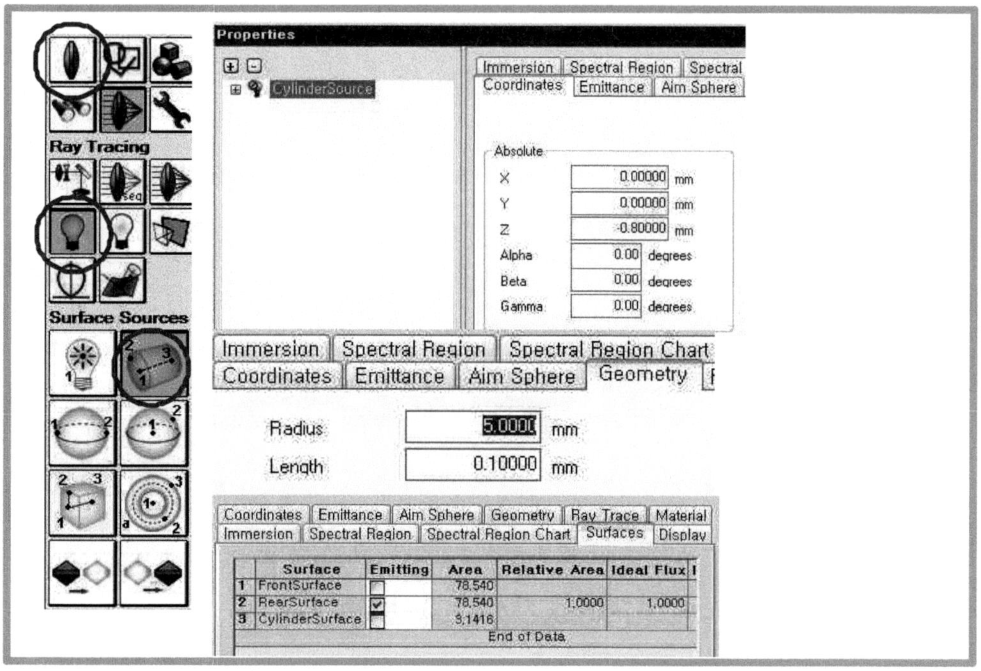


그림 4.5.7: 직하 백라이트 실습 6 (확산판 Mie산란 모델링 관련)

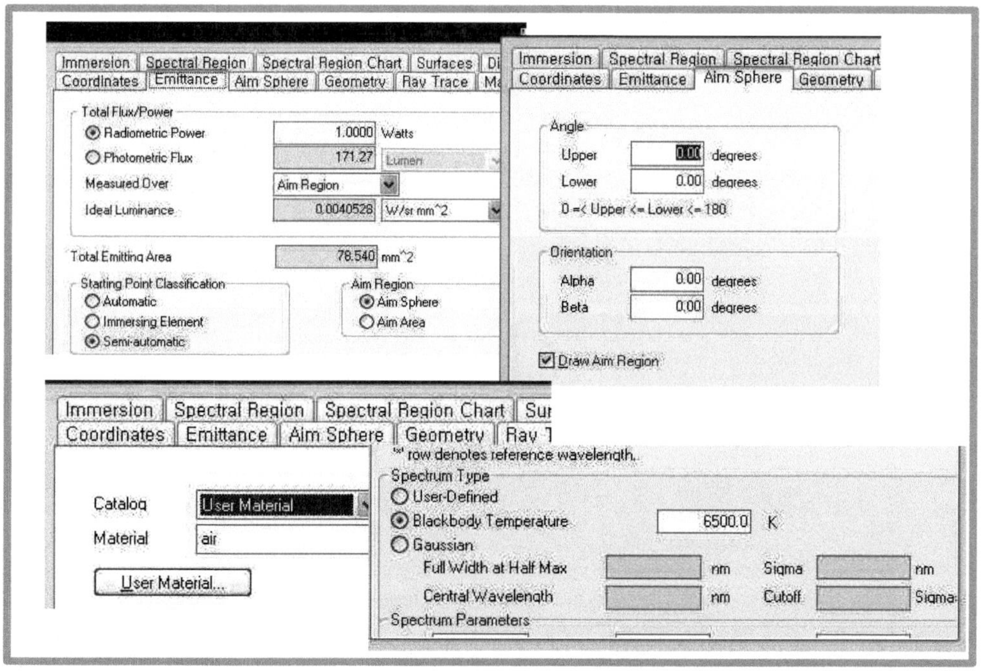


그림 4.5.8: 직하 백라이트 실습 7 (확산판 Mie산란 모델링 관련)

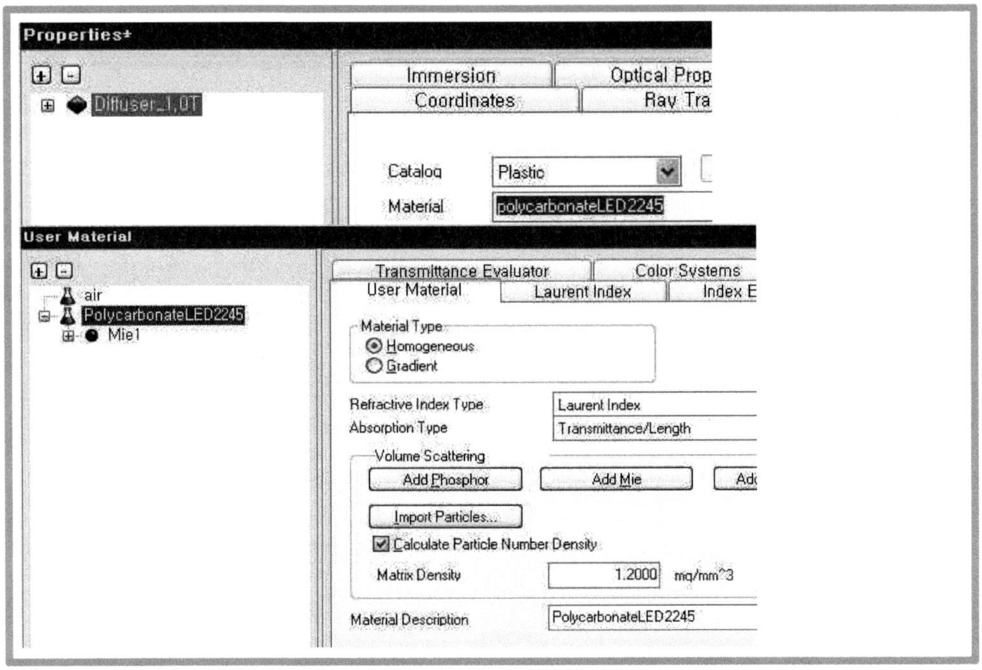


그림 4.5.9: 직하 백라이트 실습 8 (확산판 Mie산란 모델링 관련)

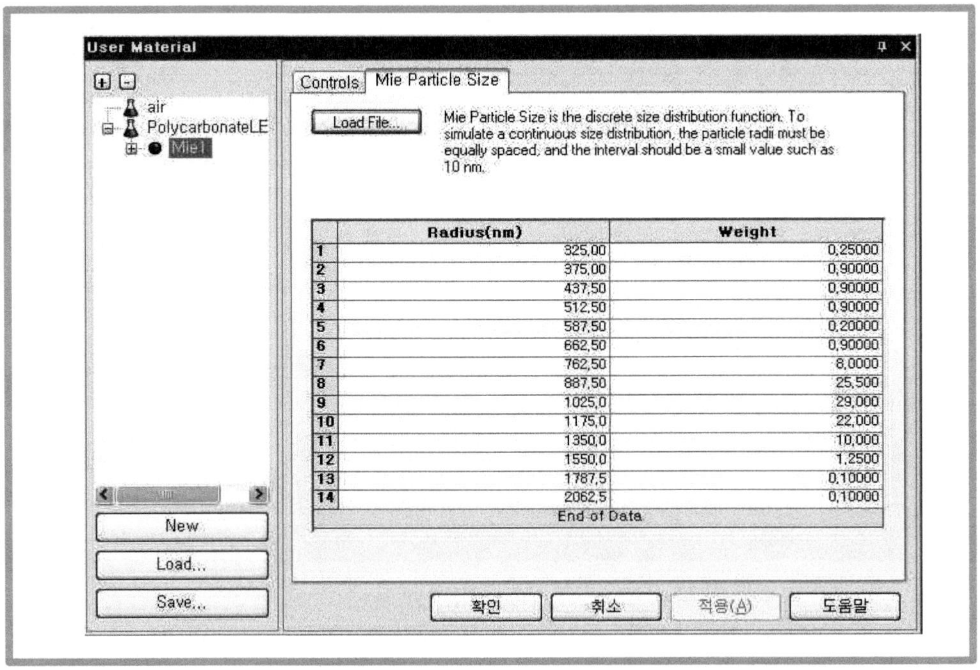


그림 4.5.10: 직하 백라이트 실습 9 (확산판 Mie산란 모델링 관련)

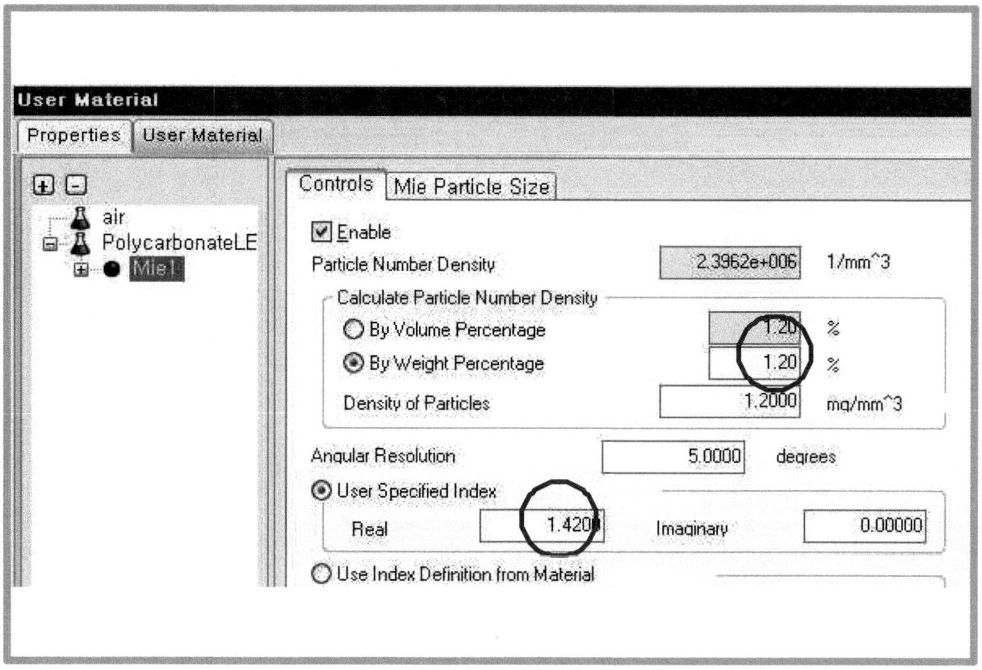


그림 4.5.11: 직하 백라이트 실습 10 (확산판 Mie산란 모델링 관련)

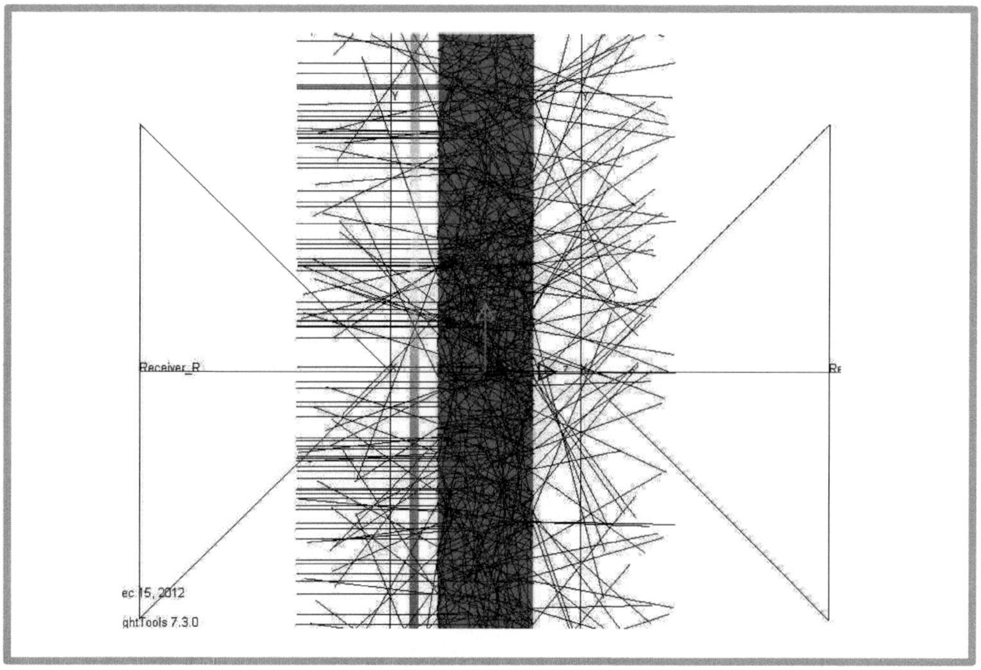


그림 4.5.12: 직하 백라이트 실습 11 (확산판 Mie산란 모델링 결과 관찰)

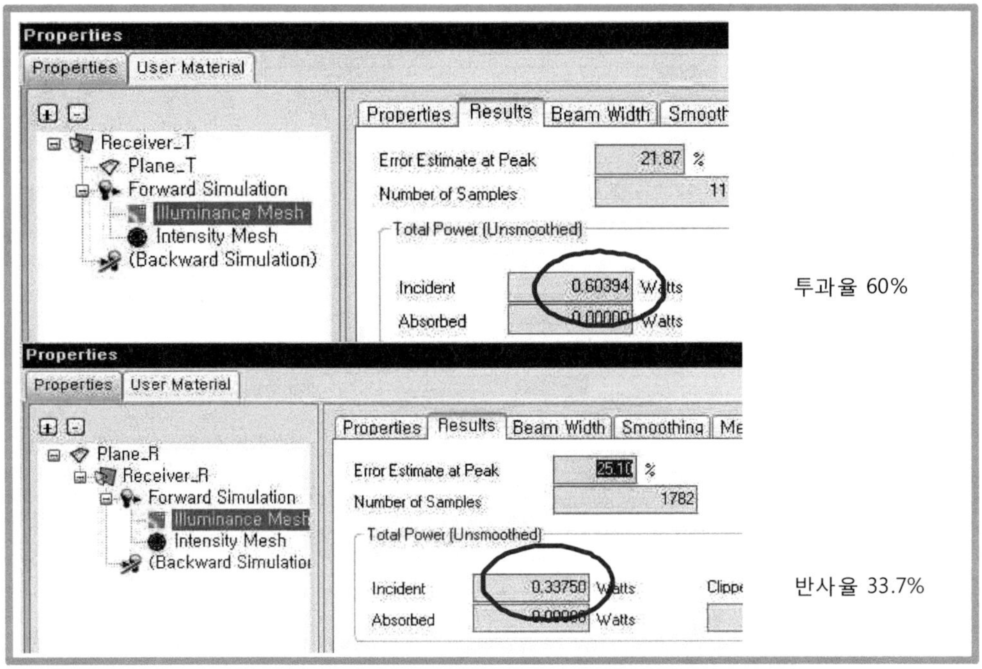


그림 4.5.13: 직하 백라이트 실습 12 (확산판 Mie산란 모델링 결과 관찰)

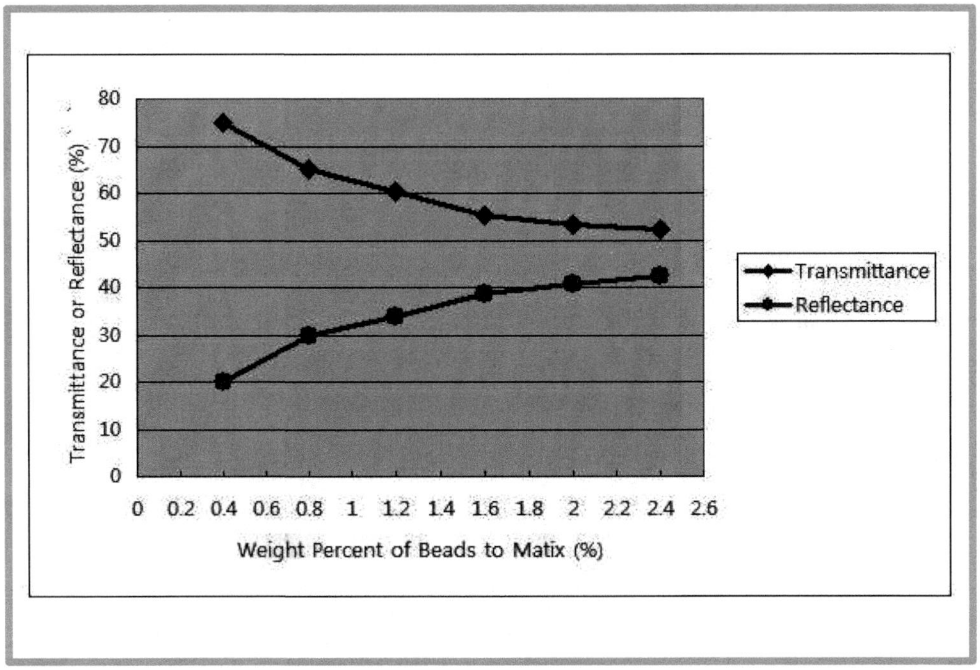


그림 4.5.14: 직하 백라이트 실습 13 (확산판 Mie산란 모델링 결과 관찰)

## 4.5.2 직하 백라이트 모델링

그림 4.5.1-(b)의 직하 백라이트는 9개의 LED 광원이 50$mm$피치로 존재하는 모델이며 수직 거리 40 $mm$상에서의 조도 균일도를 관찰해 볼 것이다. 확산판은 Mie 산란 모델을 이용하고, 대칭미러 조건을 이용할 것이다. 또 수직 거리가 80$mm$, 120 $mm$로 증가할 때 조도 균일도가 어떻게 바뀌는지 관찰할 것이다. 시뮬레이션은 후방 시뮬레이션을 실습할 것이다.

먼저 대칭 미러 조건 부여 가능한 Box형상 모델링을 수행한다. (그림 4.5.15~그림 4.5.17) 다음으로 LED 광원을 모델링한 후 50$mm$ 피치로 배열시킨다. (그림 4.5.18~그림 4.5.20) 확산판 모델링을 한 후 Mie 산란 파라미터를 정의한다. (그림 4.5.21~그림 4.5.26). 수직거리 40$mm$상에 조도리시버를 위치시키고 시뮬레이션을 수행한다. (그림 4.5.27~그림 4.5.29)

마지막으로 수직 거리 변화 시 조도 분포 결과는 그림 4.5.30 부터 그림 4.5.32을 침고해라.

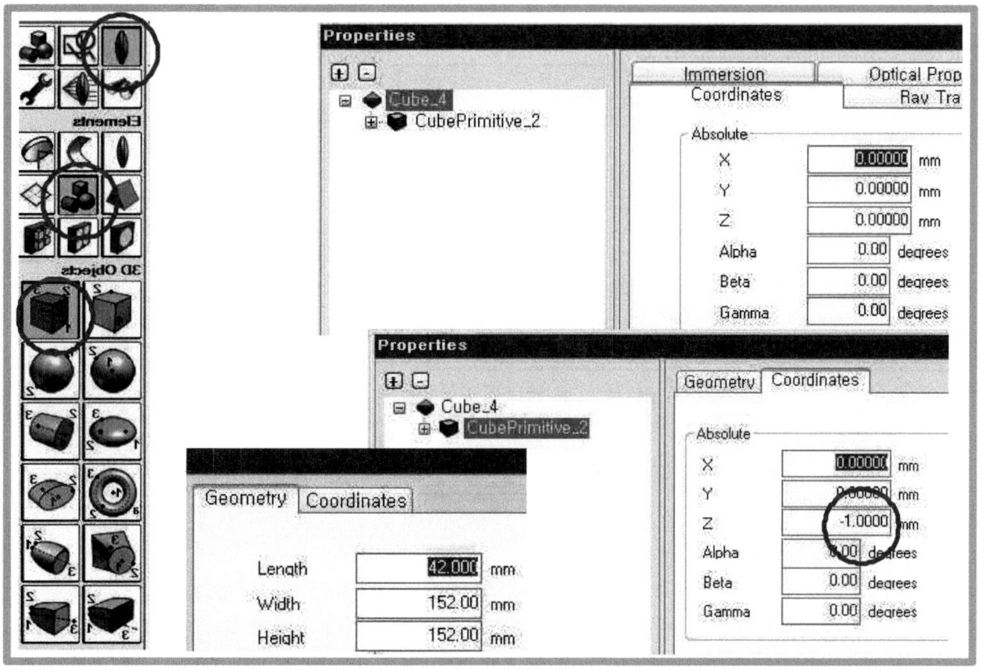


그림 4.5.15: 직하 백라이트 실습 14 (Outside 박스 그리기)

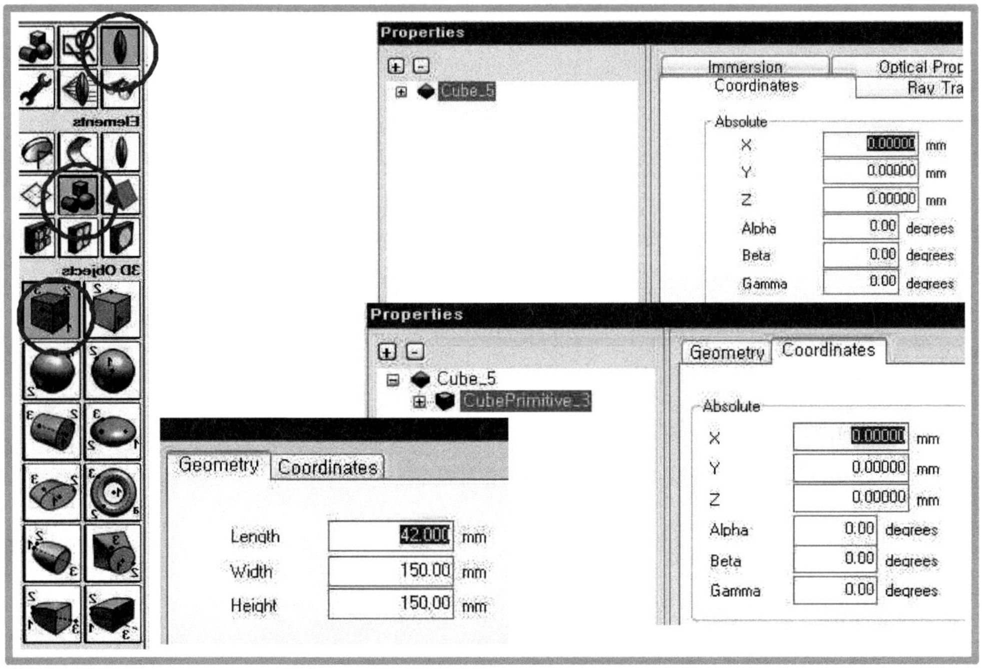


그림 4.5.16: 직하 백라이트 실습 15 (Inside 박스 그리기)

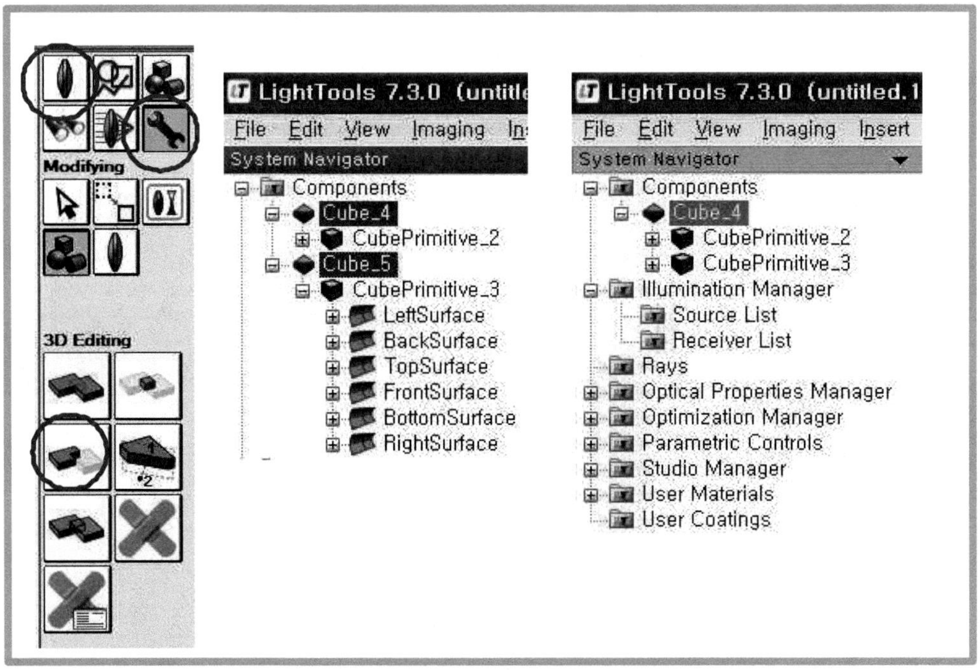


그림 4.5.17: 직하 백라이트 실습 16 (박스 자르기)

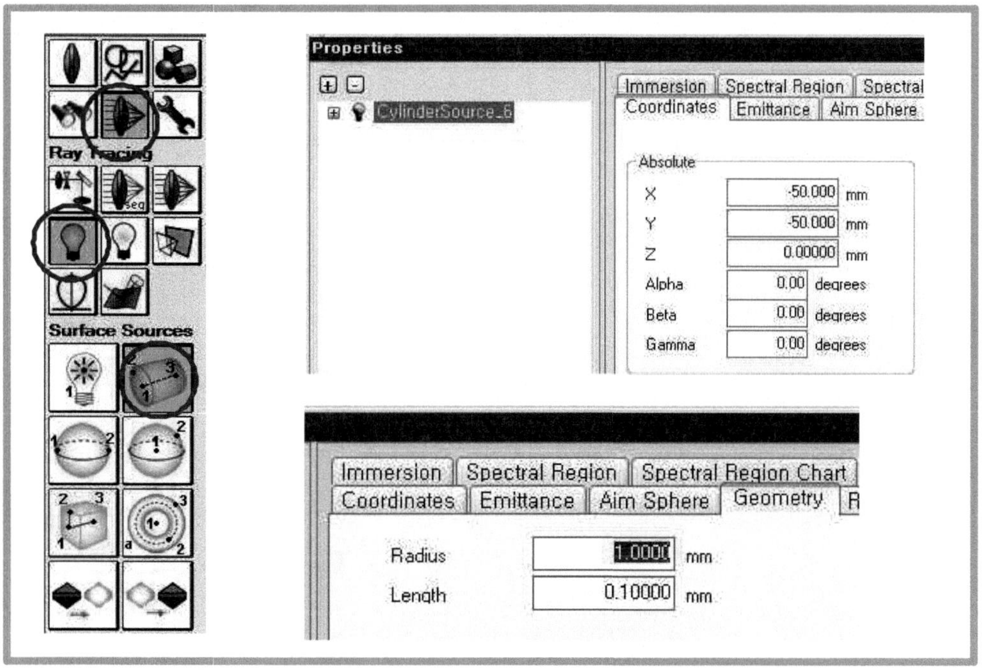


그림 4.5.18: 직하 백라이트 실습 17 (LED 광원 모델링)

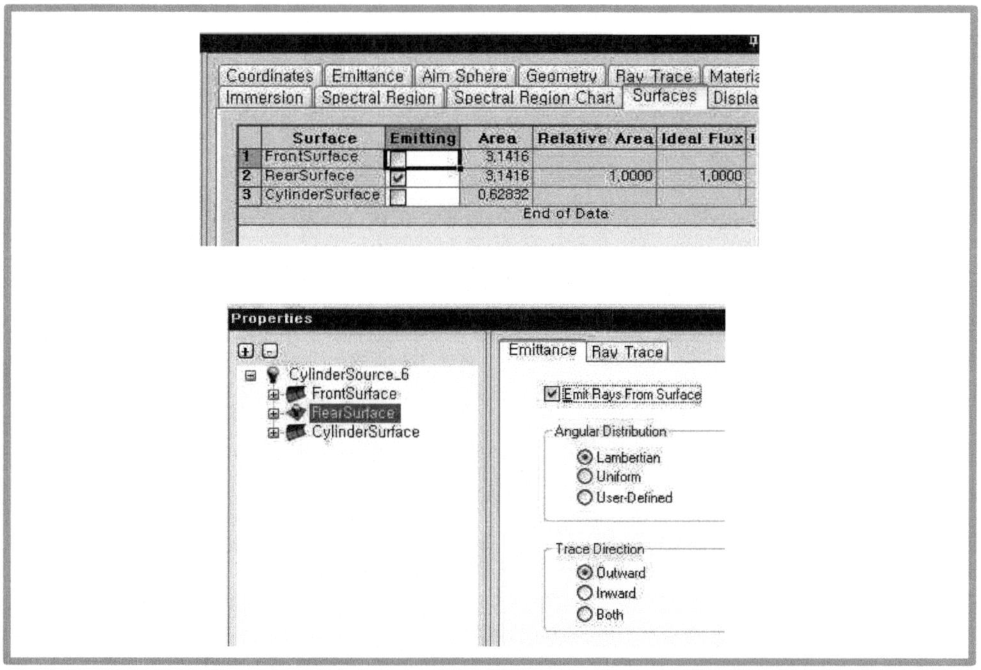


그림 4.5.19: 직하 백라이트 실습 18 (LED 광원 모델링)

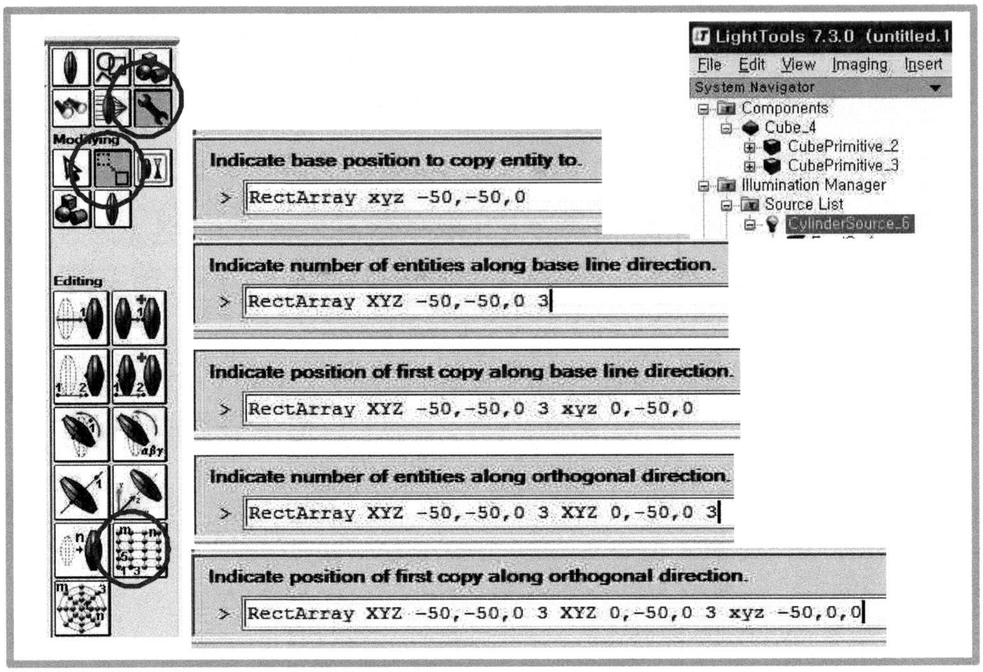


그림 4.5.20: 직하 백라이트 실습 19 (LED 광원 3x3 어레이 만들기)

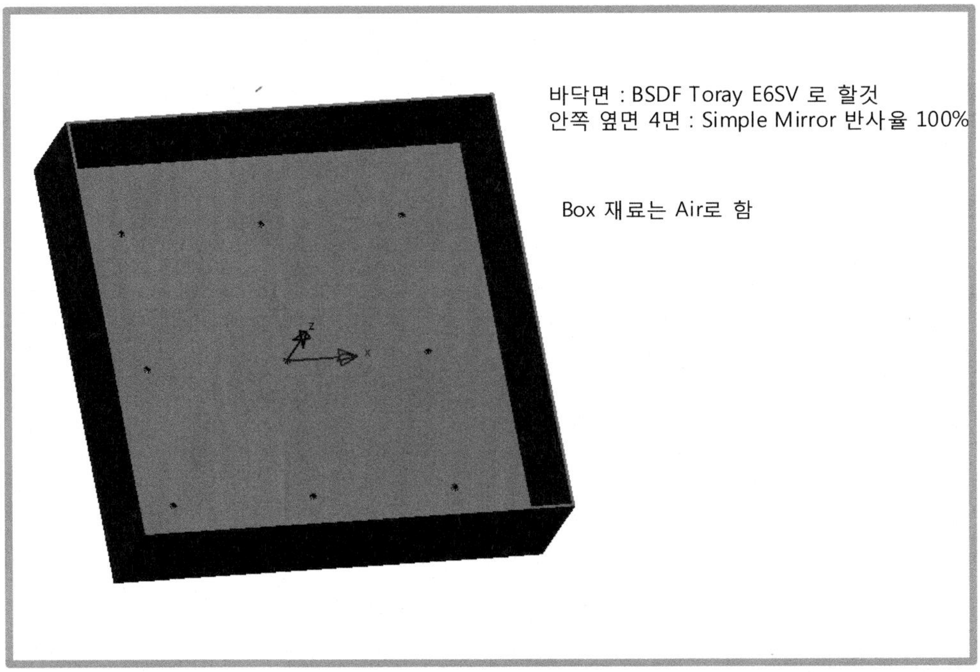


그림 4.5.21: 직하 백라이트 실습 20 (반사필름 BRDF와 대칭조건 설정)

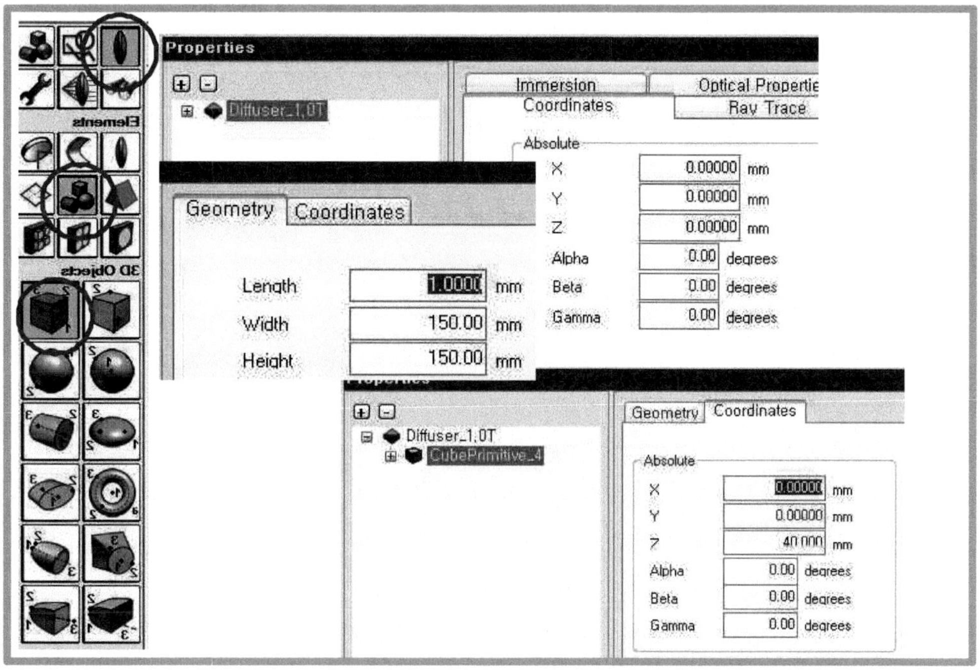


그림 4.5.22: 직하 백라이트 실습 21 (확산판 모델링)

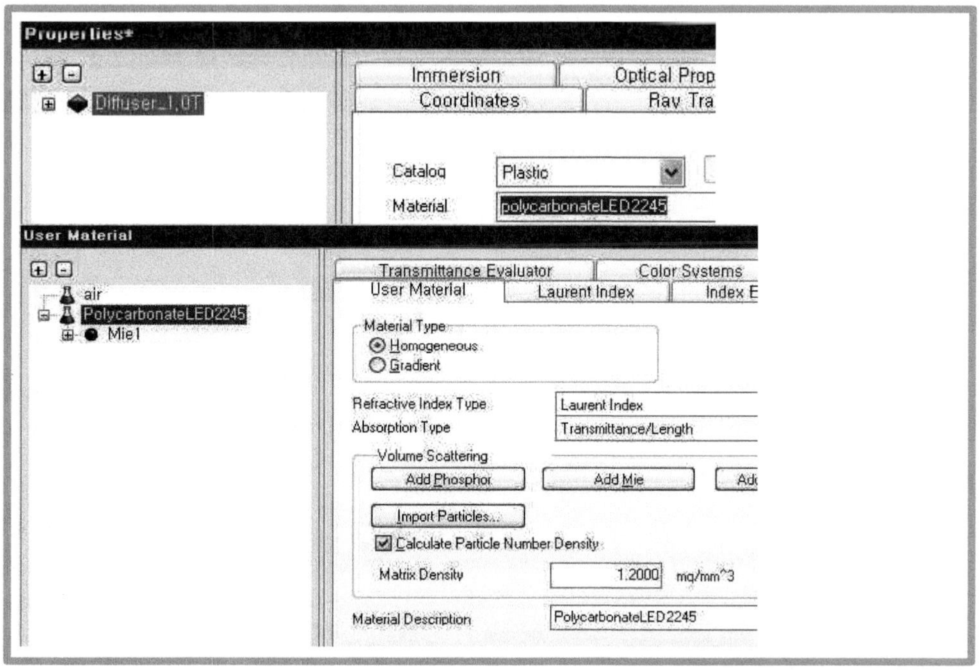


그림 4.5.23: 직하 백라이트 실습 22 (확산판 모델링)

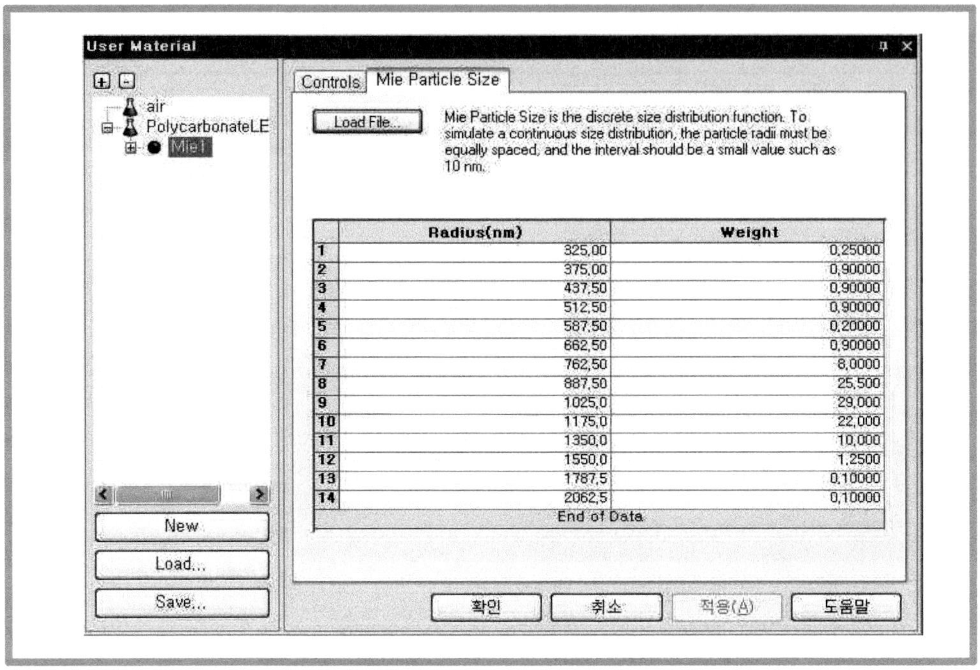

그림 4.5.24: 직하 백라이트 실습 23 (확산판 모델링)

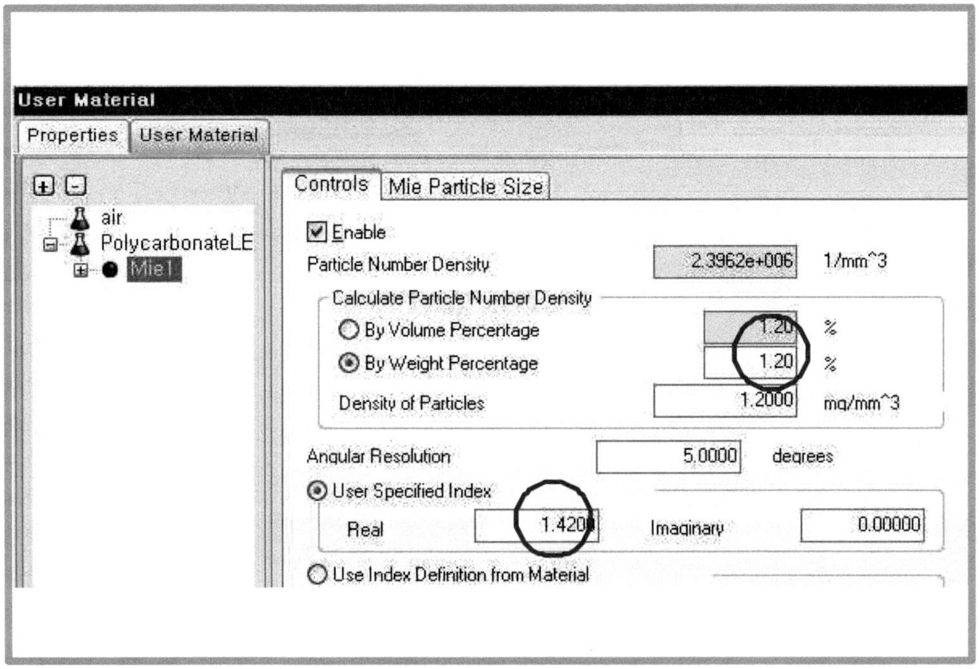

그림 4.5.25: 직하 백라이트 실습 24 (확산판 모델링)

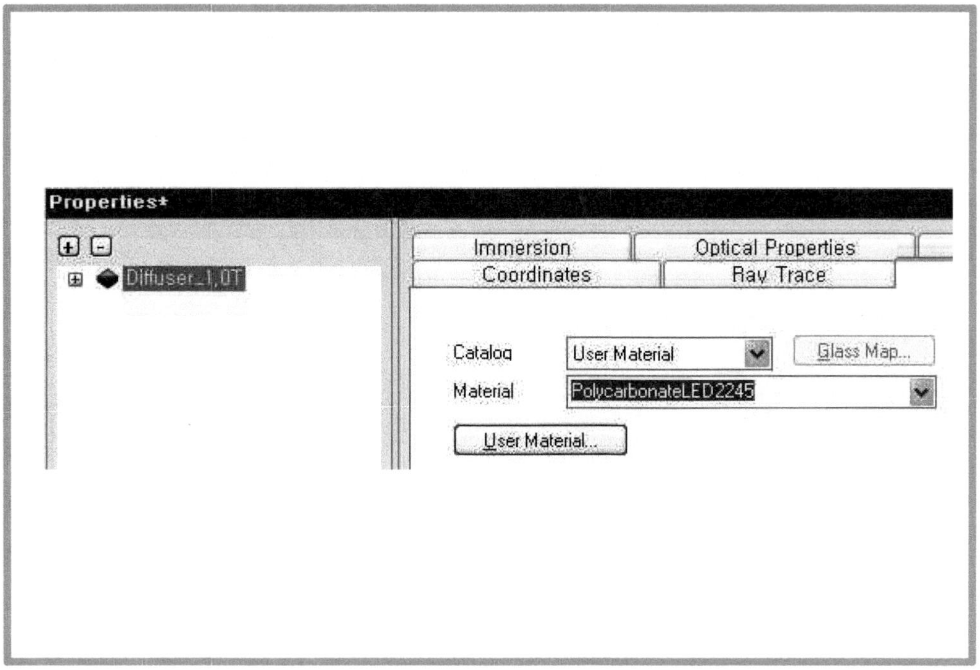


그림 4.5.26: 직하 백라이트 실습 25 (확산판 모델링)

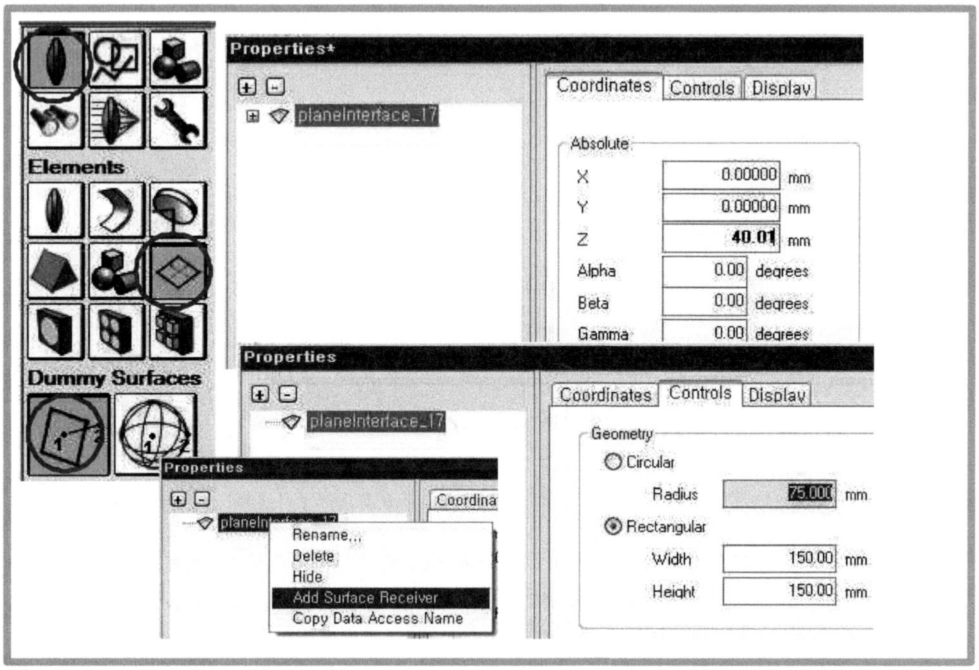


그림 4.5.27: 직하 백라이트 실습 26 (리시버달기)

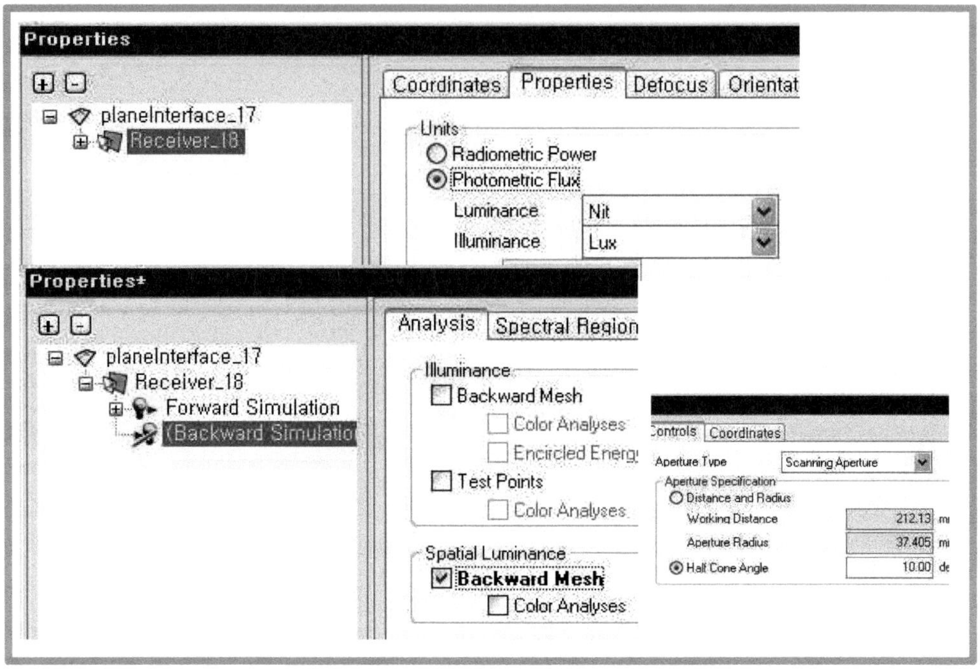


그림 4.5.28: 직하 백라이트 실습 27 (리시버달기)

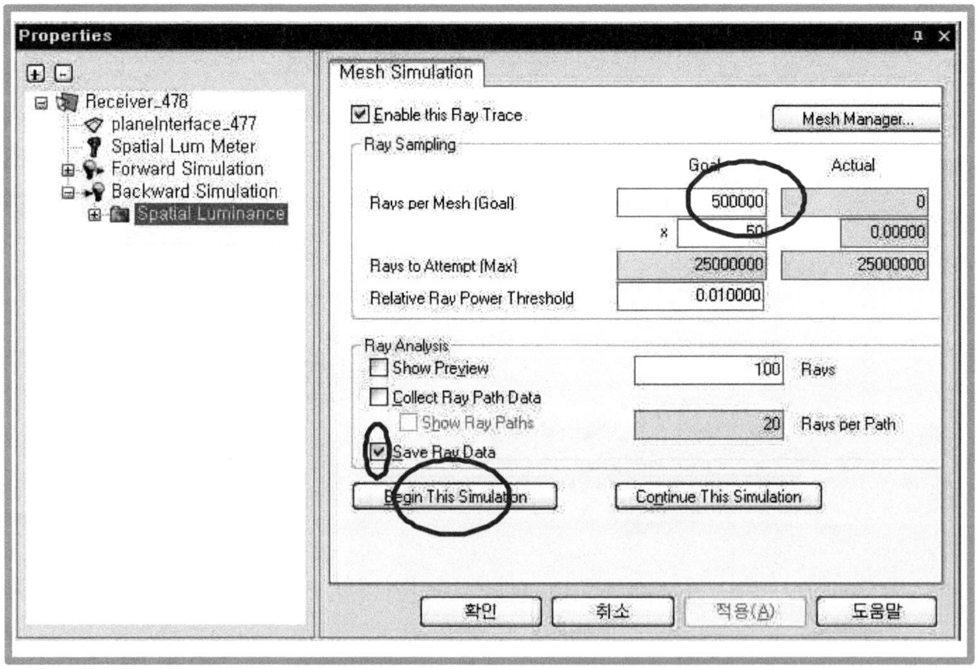


그림 4.5.29: 직하 백라이트 실습 28 (후방시뮬레이션 수행하기)

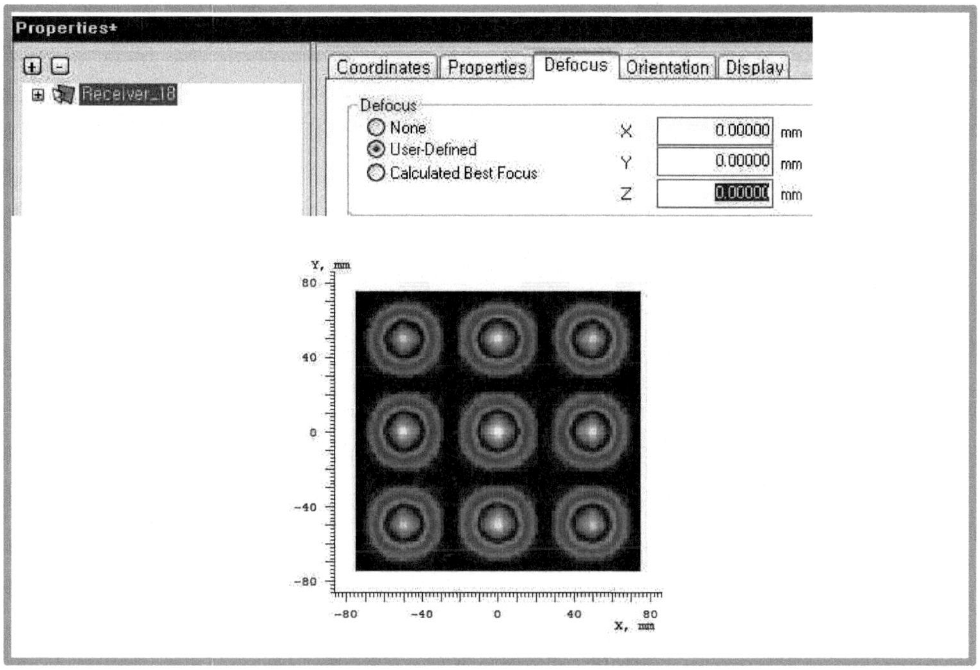


그림 4.5.30: 직하 백라이트 실습 29 (직하광학두께 40 mm)

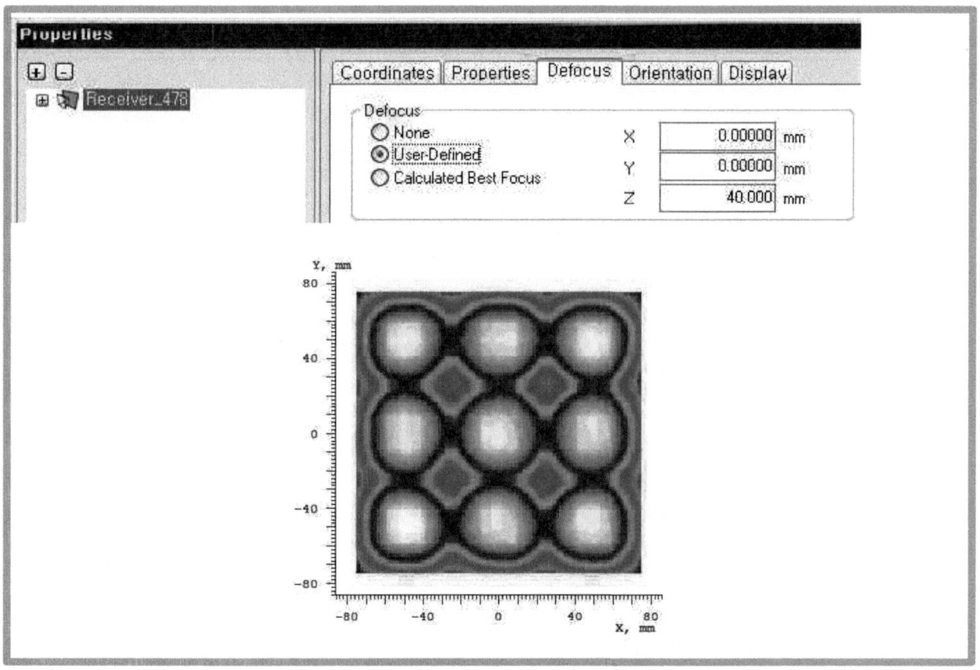


그림 4.5.31: 직하 백라이트 실습 30 (직하광학두께 80 mm)

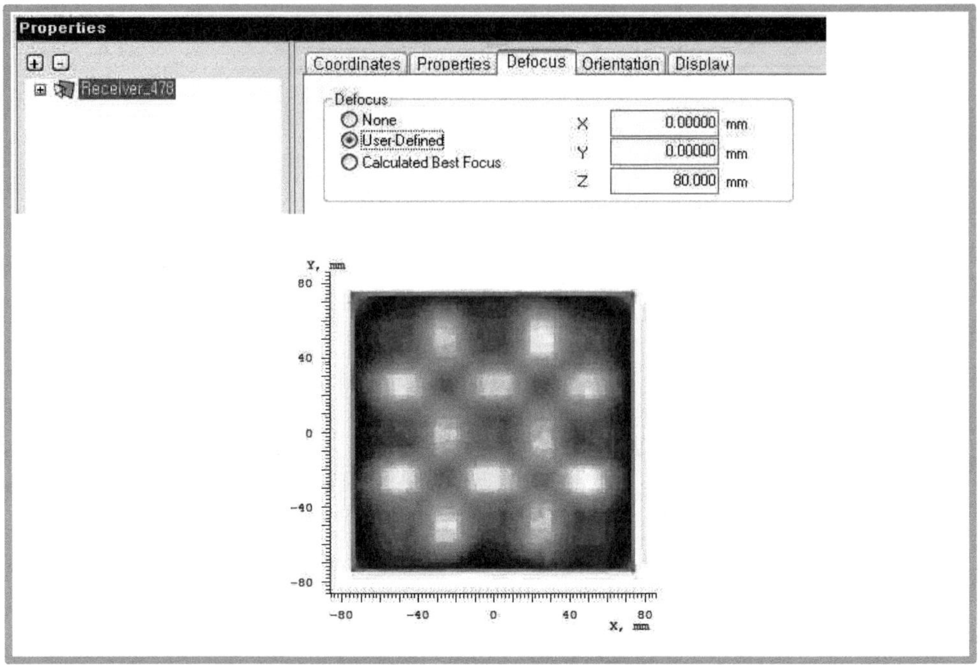


그림 4.5.32: 직하 백라이트 실습 31 (직하광학두께 120 mm)

## 4.6 삼차원 텍스처 모델링 실습

이번 절에는 삼차원 텍스쳐링의 실제 응용 예에 대한 실습을 수행할 것이다. 이번 실습을 통해서 LightTools에서 모델링된 어떠한 개체도 라이브러리화 할 수 있으며, 이를 삼차원 텍스쳐링에서 부를 수 있다는 것을 알게 될 것이다. 이번 실습에서는 우선 비구면 렌티큘라 렌즈 요소 하나에 대한 모델링을 수행하고, 라이브러리로 저장하는 실습을 수행한다. 다음으로는 휘도 향상 필름을 모델링하고 삼차원 텍스쳐링하고 시뮬레이션 하는 실습을 수행할 것이다.

- 라이브러리 개체 저장 방법
- 3D 텍스쳐링시 라이브러리 활용방법
- 후방 시뮬레이션

### 4.6.1 기능성 집광 복합 필름

이번 절에서는 3.4.2절에 설명된 기능성 집광 복합필름에 대한 시뮬레이션 실습을 수행할 것이다. 기능성 집광 복합필름의 개념도는 그림 4.6.1과 같다. 두께 125$\mu m$

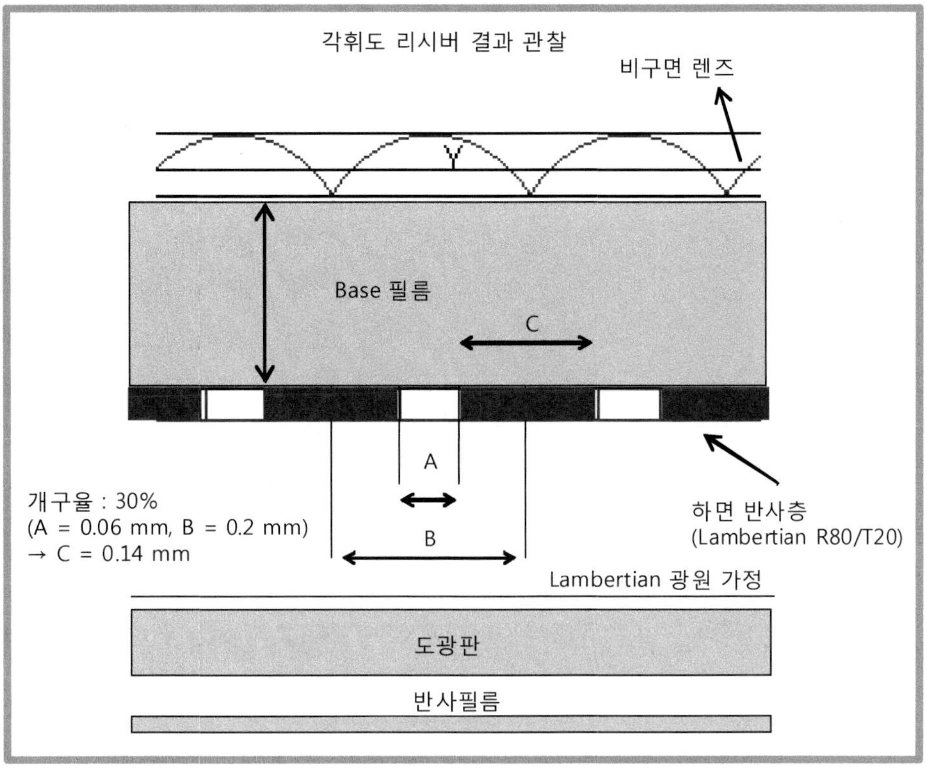


그림 4.6.1: 휘도향상필름 실습 1 (휘도향상필름 모델링 전체도 이해)

의 PET 필름 위에 비구면 렌티큘러 렌즈 어레이가 있고 피치는 $200\mu m$이다. 필름 하단에는 반사층이 있고 반사층 계면 BSDF는 램버시안이며 반사율 80%, 투과율 20%로 가정한다. 반사층의 개구율 $A/B$=0.3 이다. 필름은 램버시안 광원이 발광되는 도광판 위에 위치되고, 도광판 하면에 반사필름이 있다. 기능성 복합 필름의 집광능력성능을 관찰하기 위해 필름 상단에 각휘도 리시버를 달고 결과를 관찰한다.

실습의 첫 번째 단계로서 단일 비구면 렌즈를 모델링하고 이를 라이브러리 개체로 저장한다. (그림 4.6.2~그림 4.6.5 참고)

실습의 두 번째 단계로서 그림 4.6.1의 시뮬레이션 모델링을 수행한다. 우선 필름을 모델링하고 (그림 4.6.6~그림 4.6.16 참고) 도광판 및 반사필름을 모델링한다. (그림 4.6.17~그림 4.6.21 참고) 다음으로 광원을 모델링하고 (그림 4.6.22~그림 4.6.24) 리시버 설정 및 후방 시뮬레이션을 수행한다 (그림 4.6.25~그림 4.6.28) 시뮬레이션 수행 후 각휘도 리시버 결과는 그림 4.6.29와 같다.

참고로 그림 4.6.21에서 하면 개구율을 50%, 80%로 바꿔보고 광선추적을 수행해 보길 바란다. 개구율이 떨어질수록 집광성능은 떨어짐을 알 수 있을 것이다.

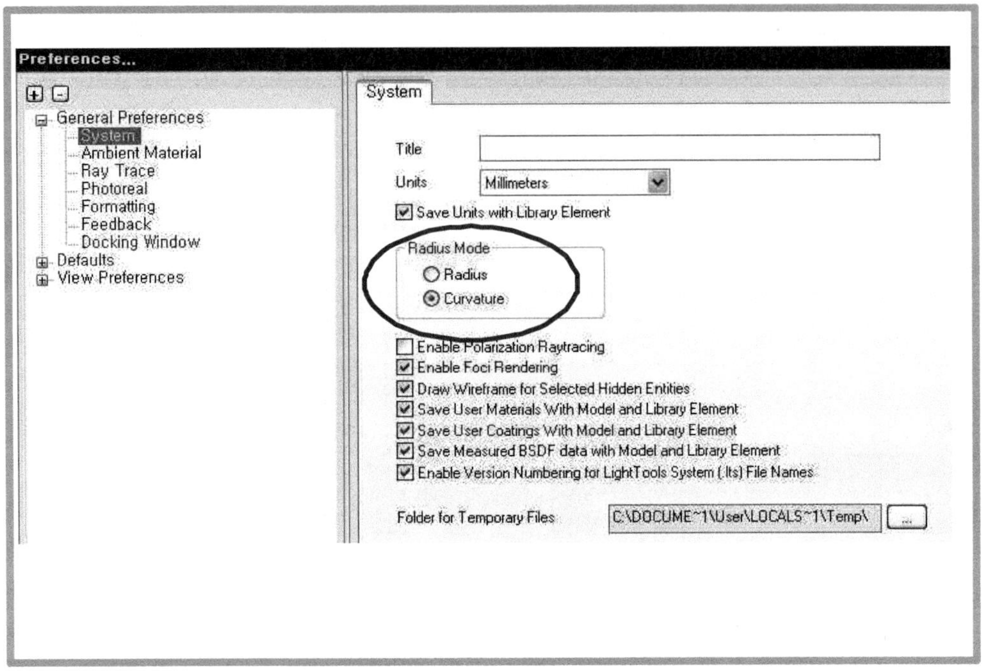


그림 4.6.2: 휘도향상필름 실습 2 (Radius Mode Curvature로 설정)

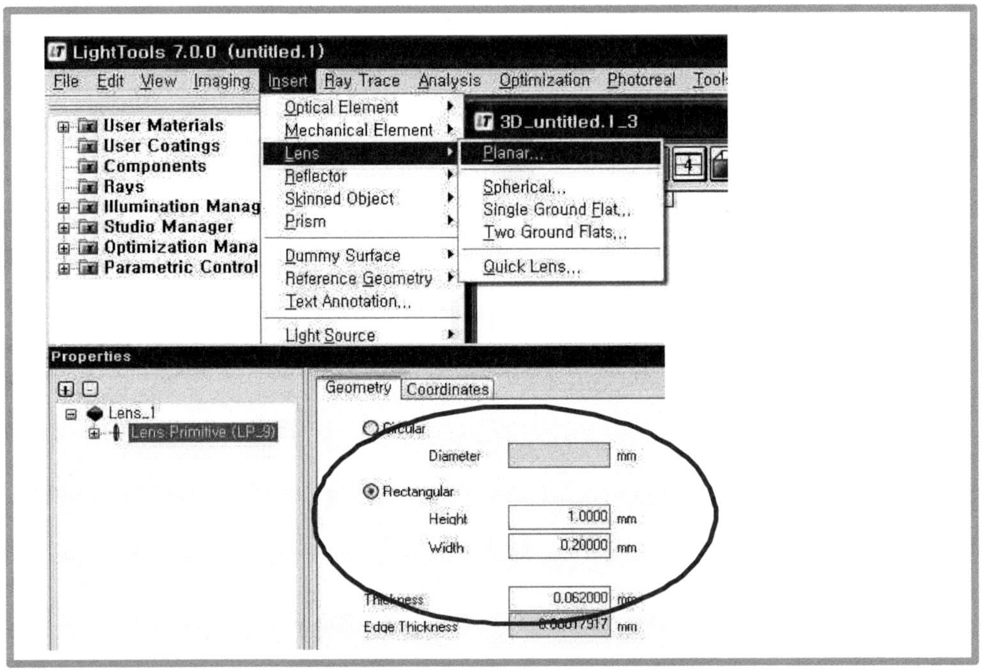


그림 4.6.3: 휘도향상필름 실습 3 (비구면 렌즈 모델링)

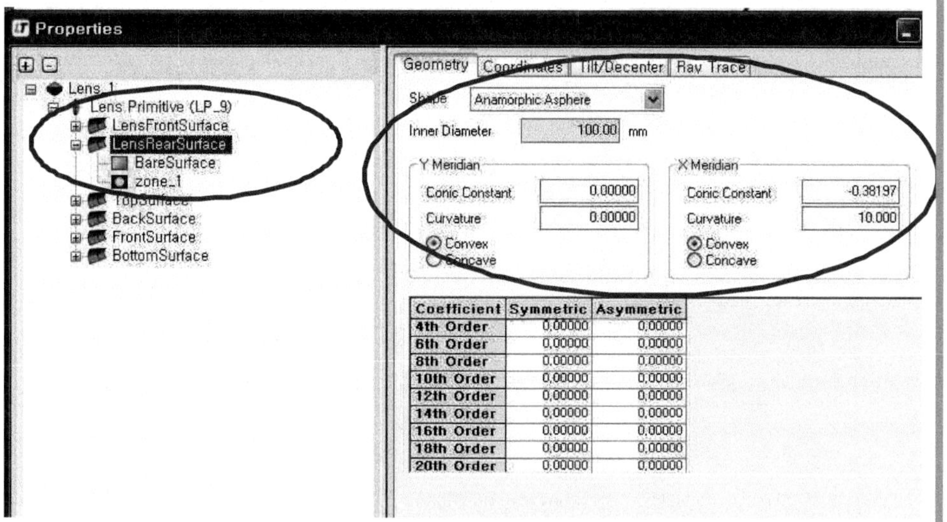


그림 4.6.4: 휘도향상필름 실습 4 (비구면 렌즈 모델링)

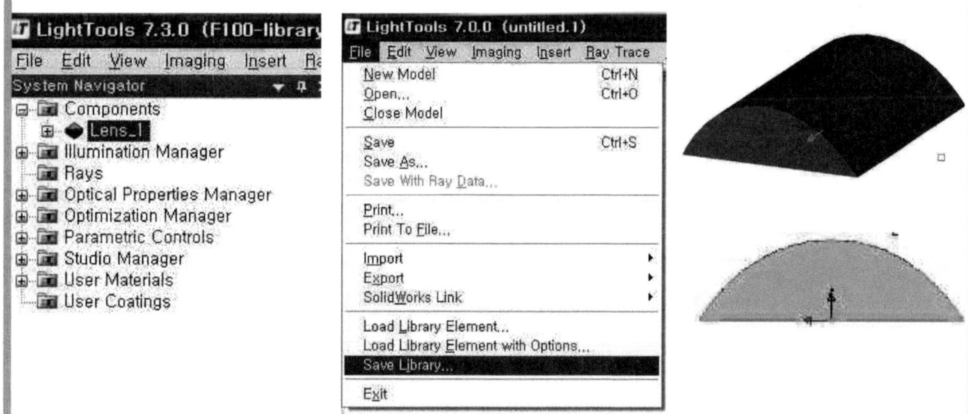


Component에서 Lens_1를 선택한 상태에서 Save Library를 선택함.

CAD Window에서 모델을 클릭해주면 "다른이름 저장" 윈도우 나옴

→ "F100.1.ent" 로 저장

그림 4.6.5: 휘도향상필름 실습 5 (비구면 렌즈 라이브러리 저장)

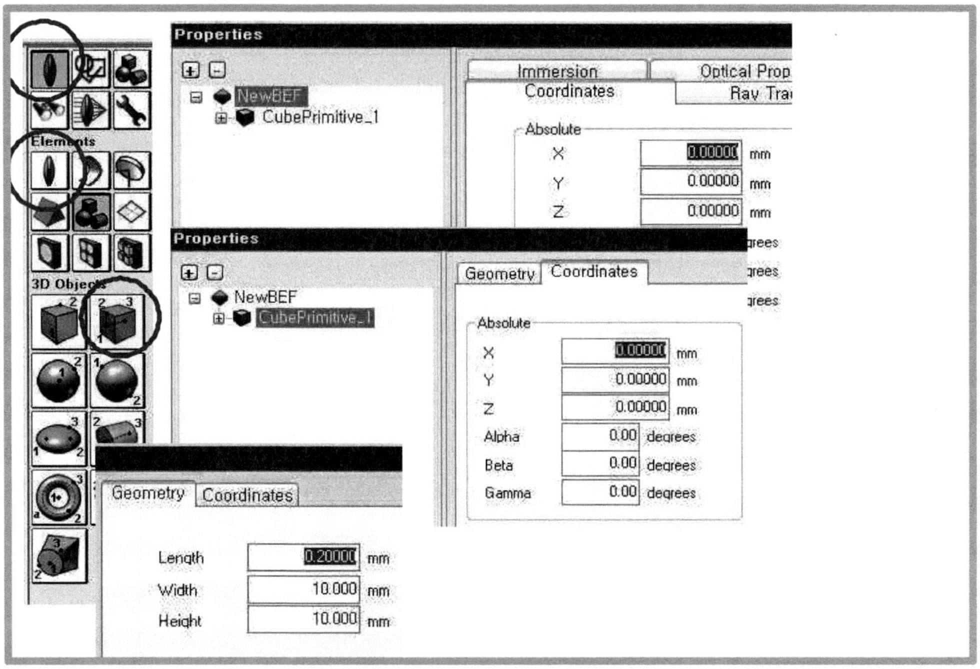


그림 4.6.6: 휘도향상필름 실습 6 (휘도향상필름 모델링)

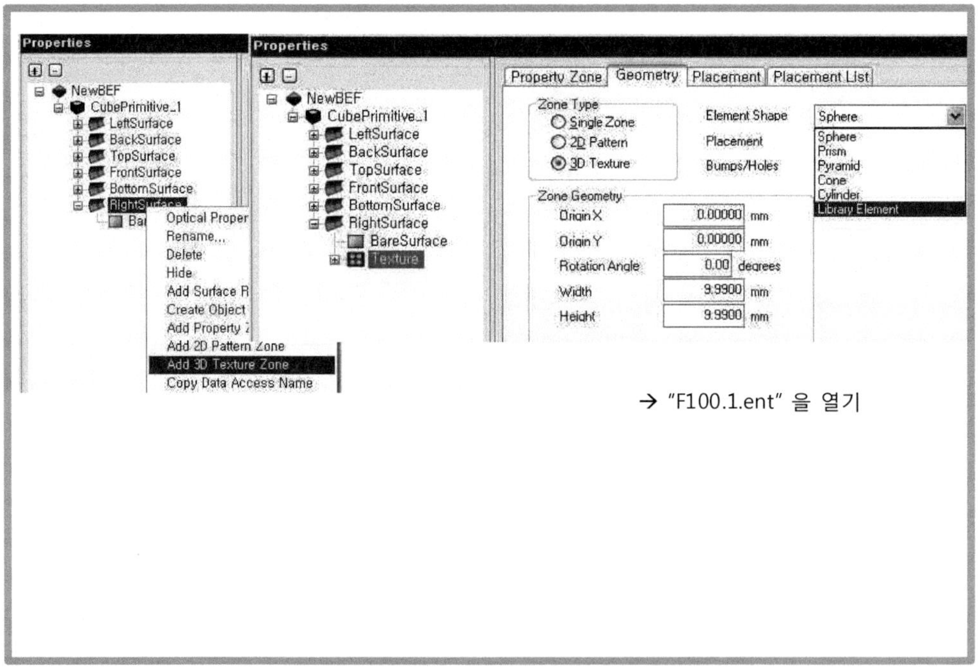


그림 4.6.7: 휘도향상필름 실습 7 (휘도향상필름 모델링)

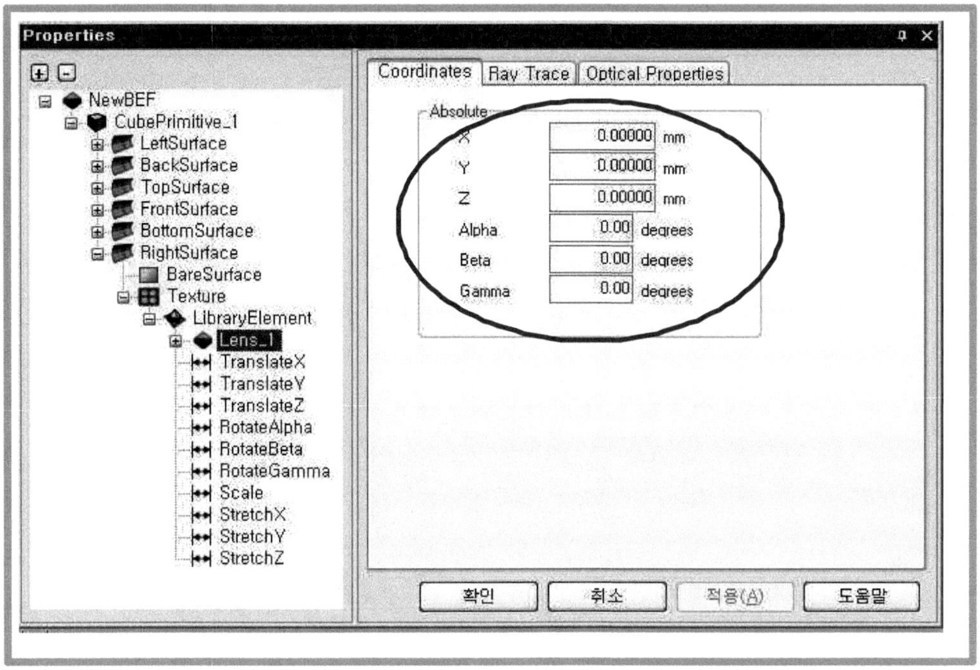


그림 4.6.8: 휘도향상필름 실습 8 (휘도향상필름 모델링)

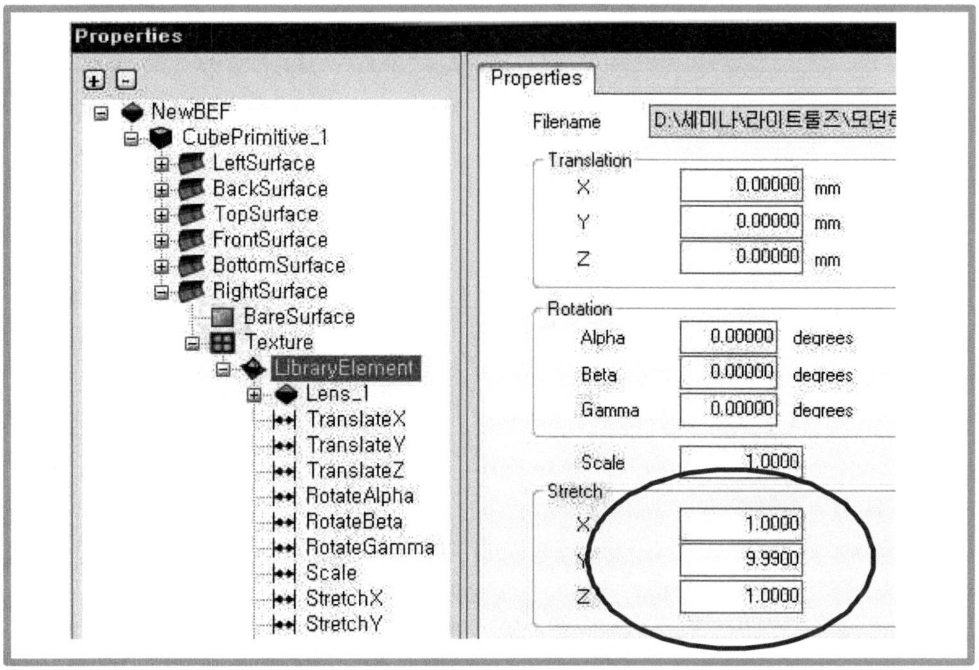


그림 4.6.9: 휘도향상필름 실습 9 (휘도향상필름 모델링)

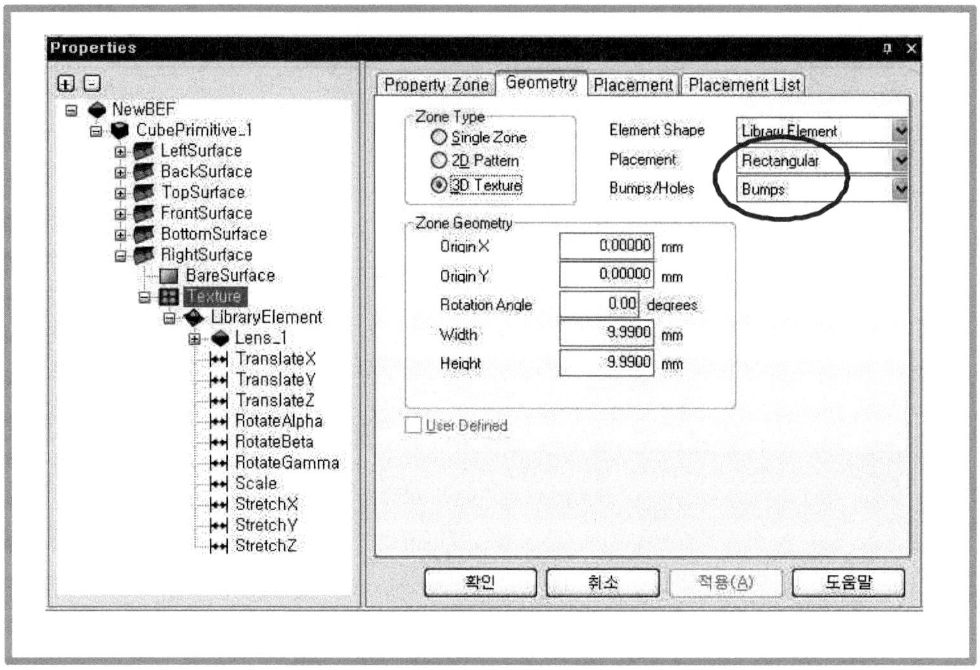


그림 4.6.10: 휘도향상필름 실습 10 (휘도향상필름 모델링)

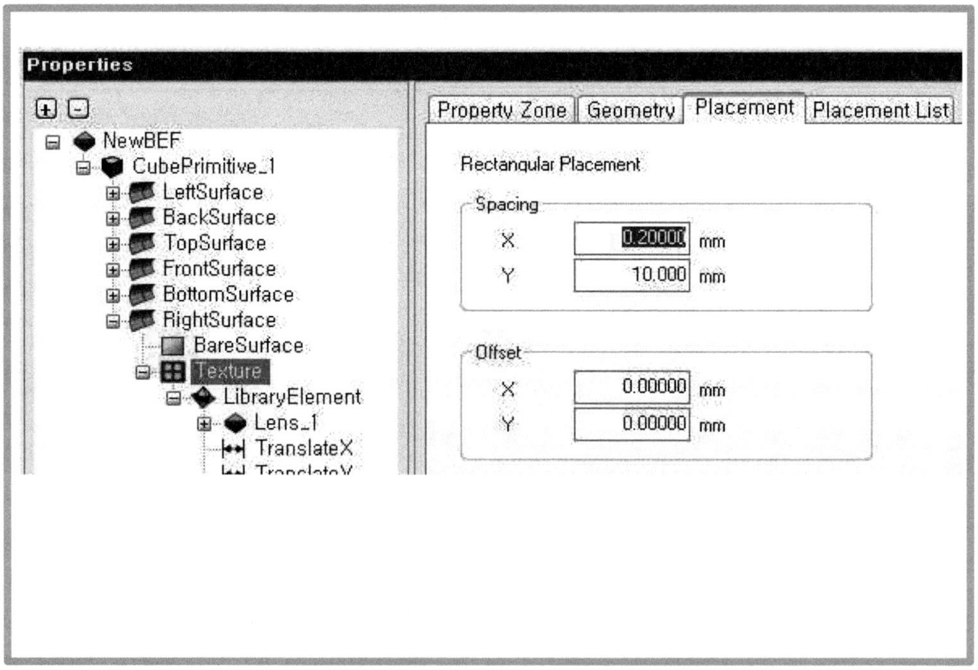


그림 4.6.11: 휘도향상필름 실습 11 (휘도향상필름 모델링)

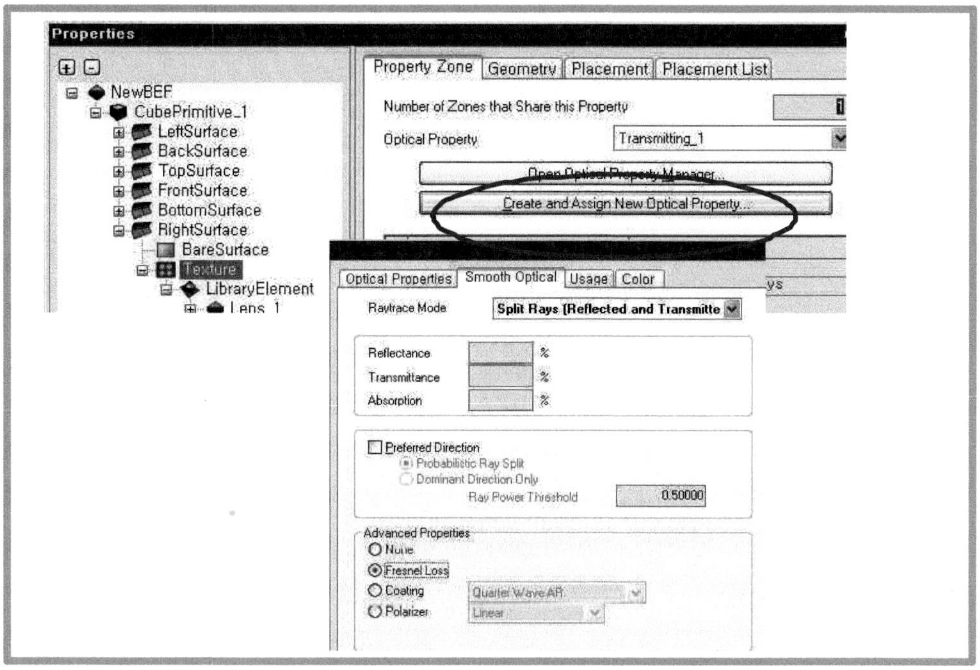


그림 4.6.12: 휘도향상필름 실습 12 (휘도향상필름 모델링)

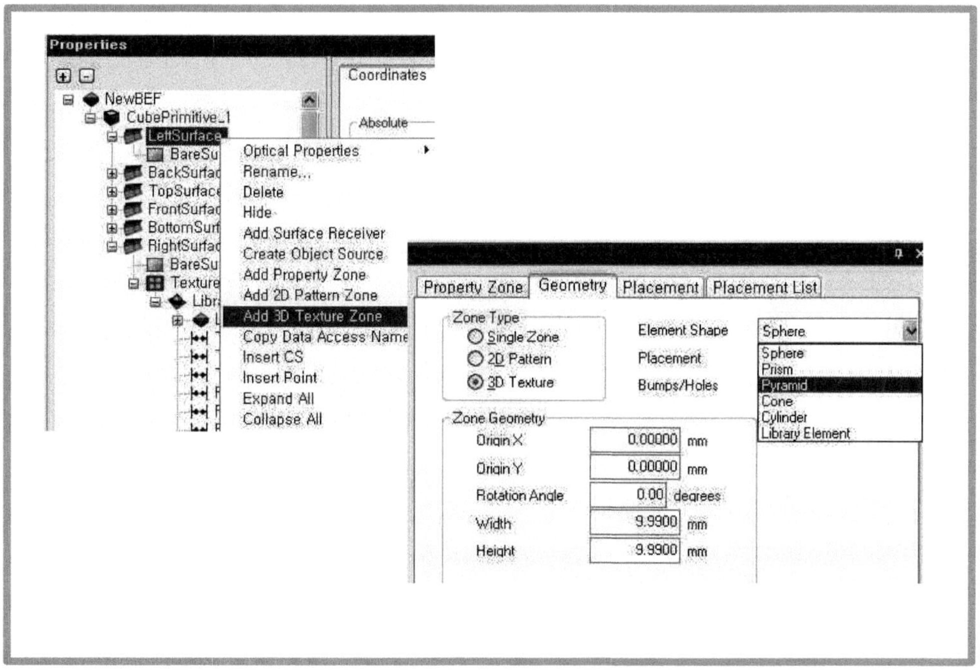


그림 4.6.13: 휘도향상필름 실습 13 (휘도향상필름 모델링)

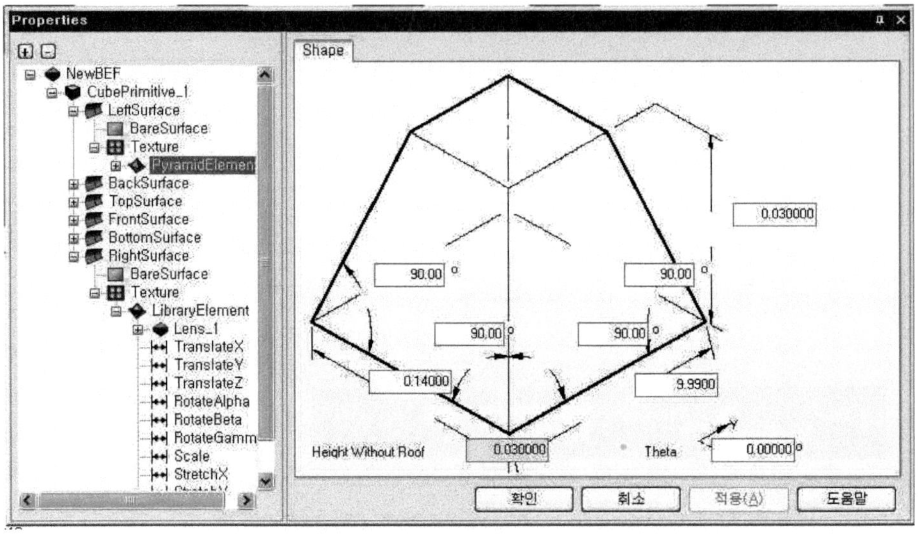

그림 4.6.14: 휘도향상필름 실습 14 (휘도향상필름 모델링)

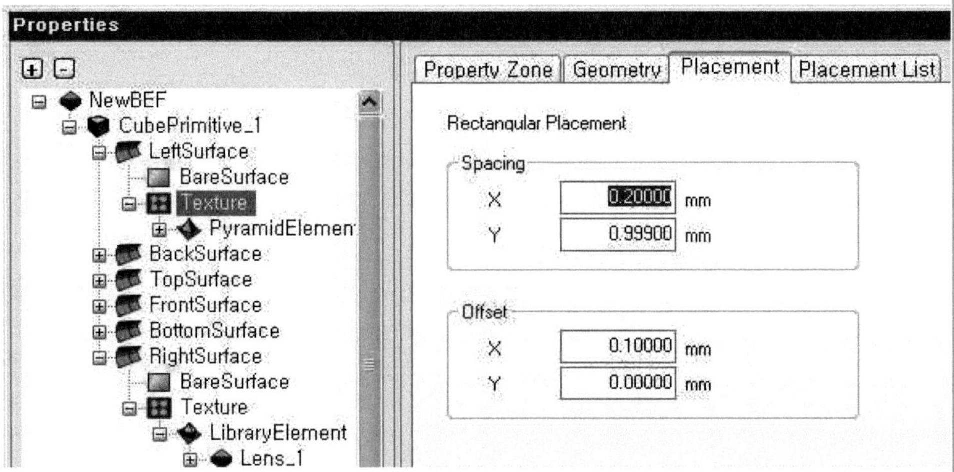

그림 4.6.15: 휘도향상필름 실습 15 (휘도향상필름 모델링)

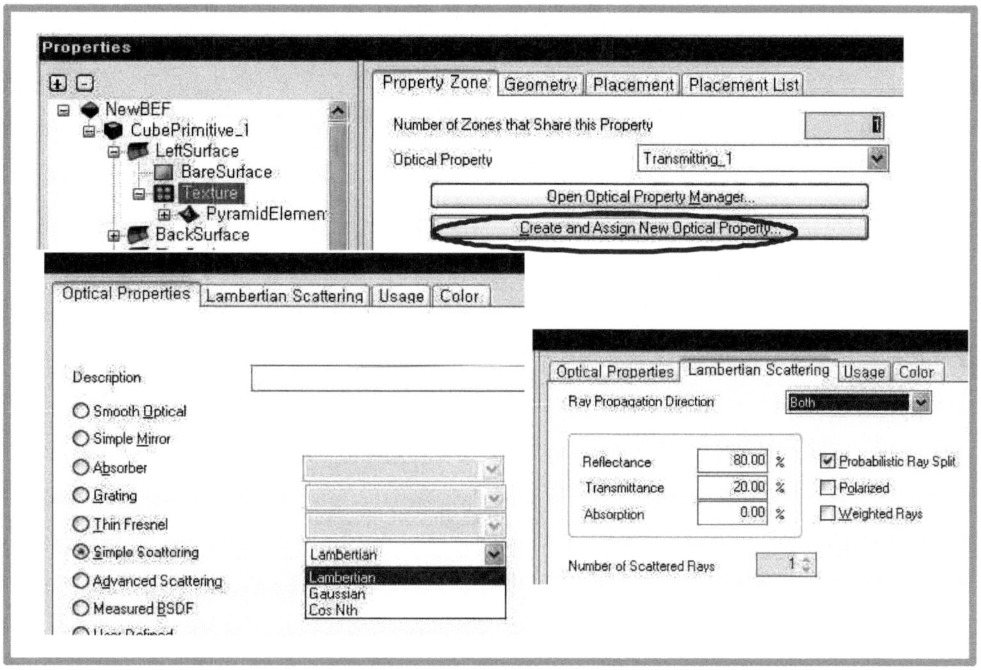


그림 4.6.16: 휘도향상필름 실습 16 (휘도향상필름 모델링)

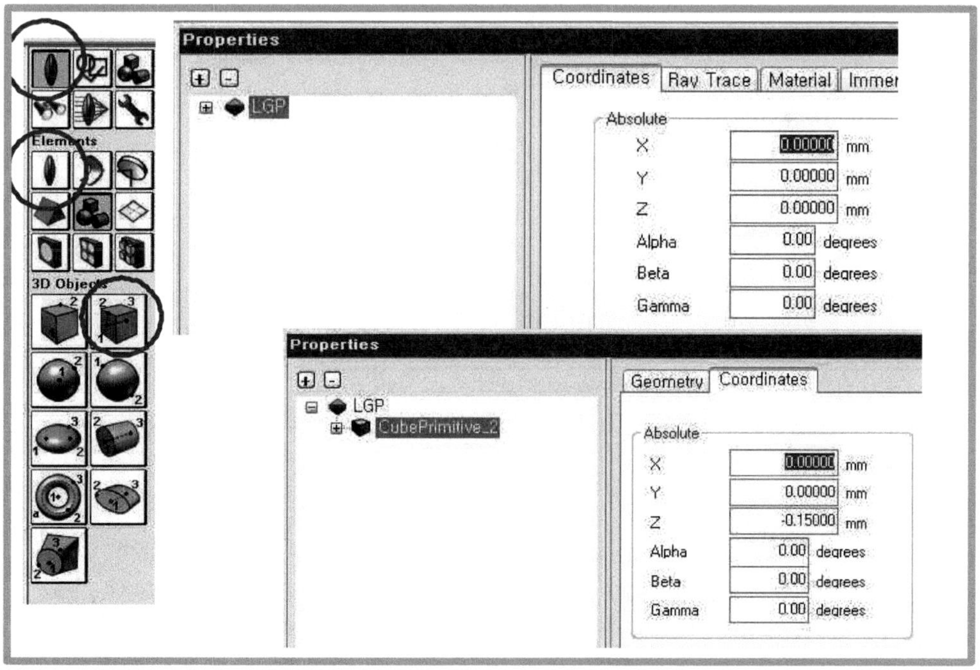


그림 4.6.17: 휘도향상필름 실습 17 (도광판 모델링)

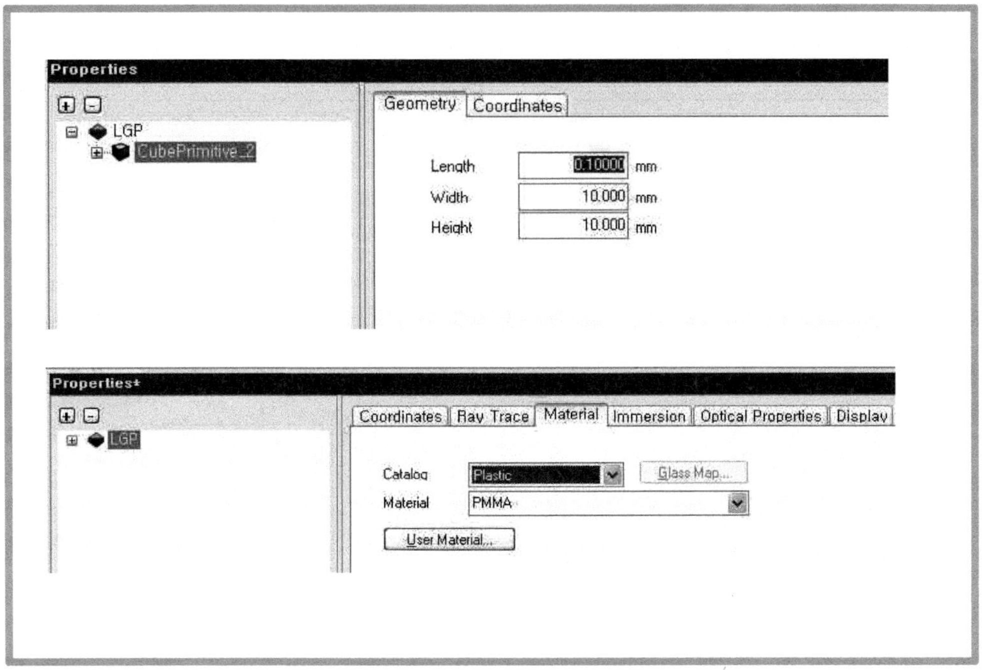


그림 4.6.18: 휘도향상필름 실습 18 (도광판 모델링)

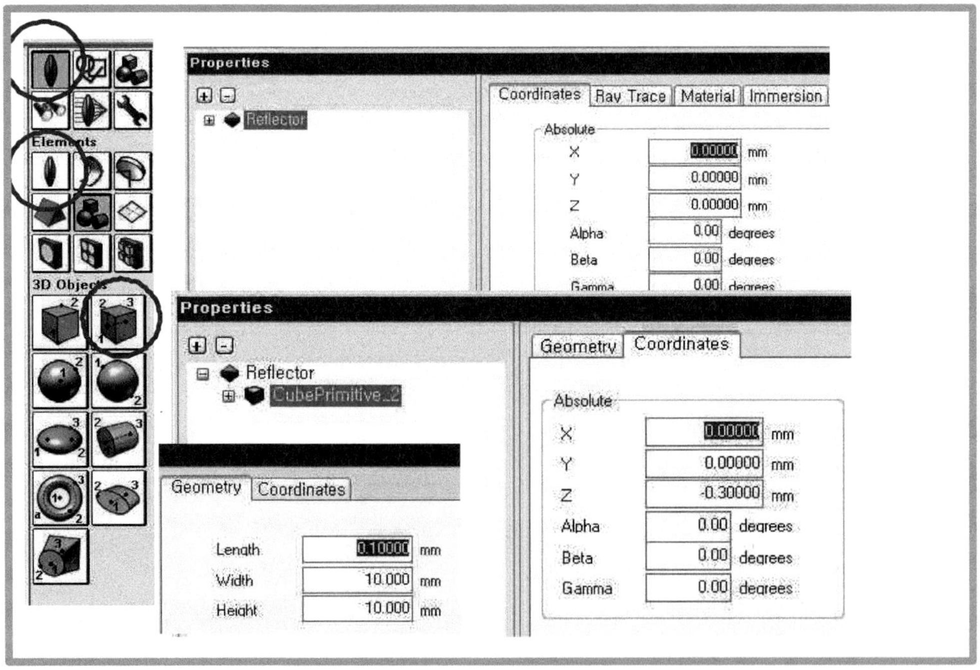


그림 4.6.19: 휘도향상필름 실습 19 (반사필름 모델링)

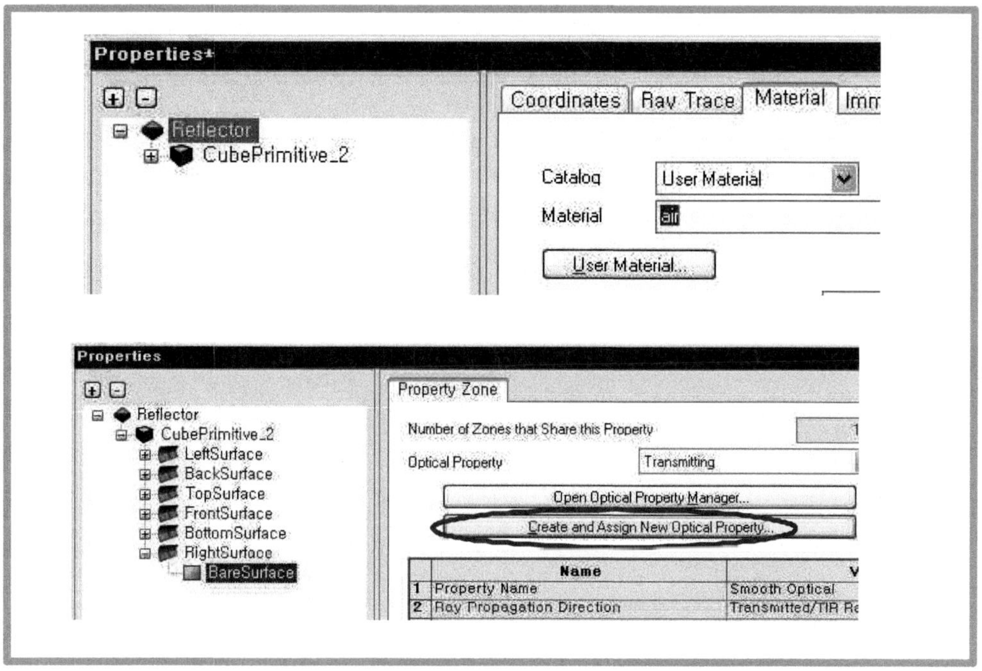


그림 4.6.20: 휘도향상필름 실습 20 (반사필름 모델링)

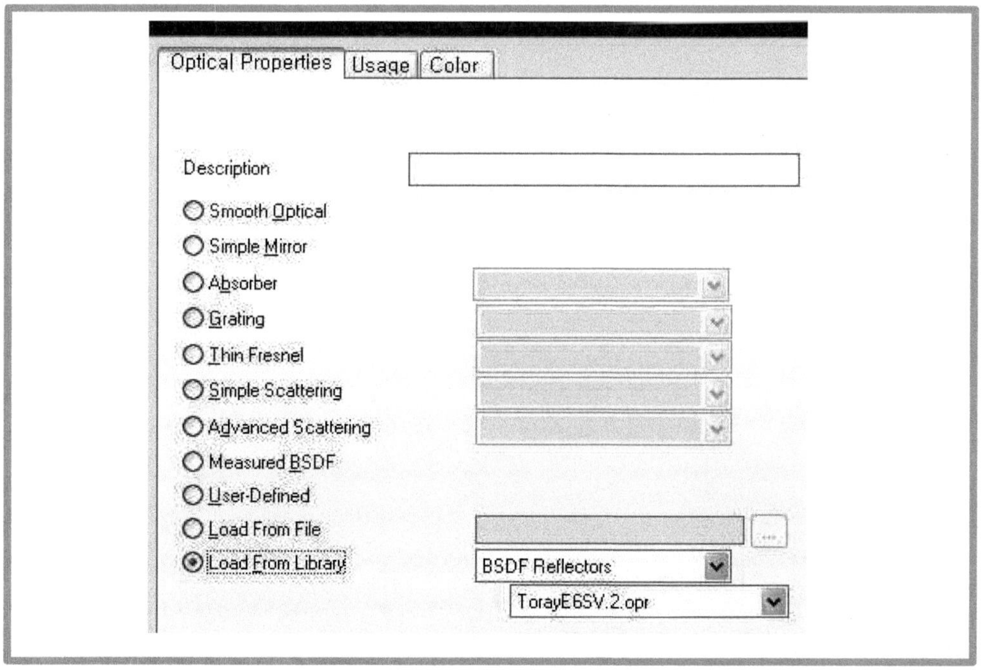


그림 4.6.21: 휘도향상필름 실습 21 (반사필름 모델링)

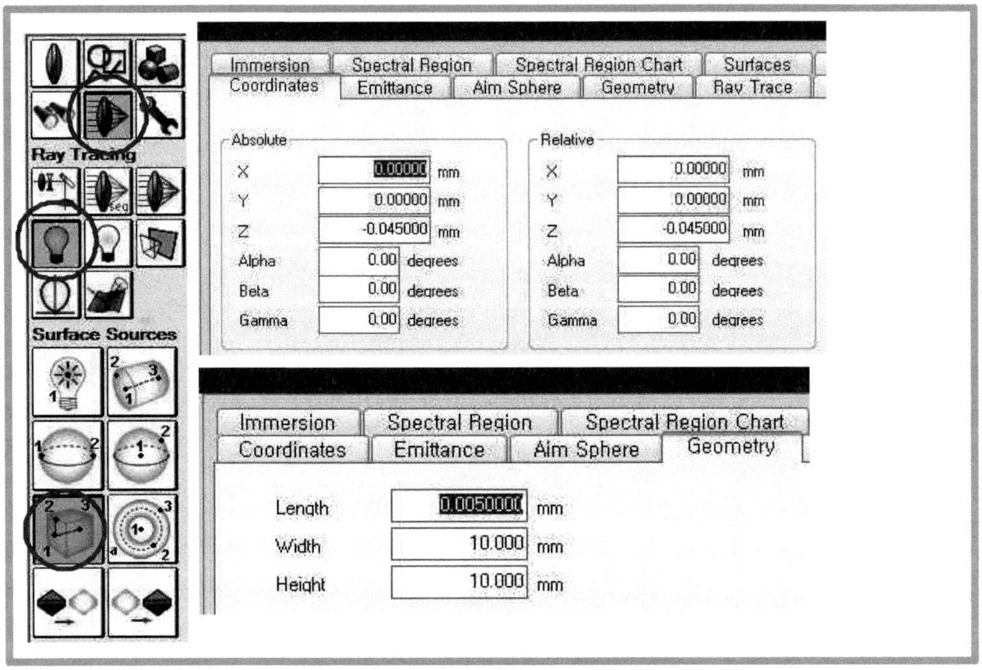


그림 4.6.22: 휘도향상필름 실습 22 (광원 모델링)

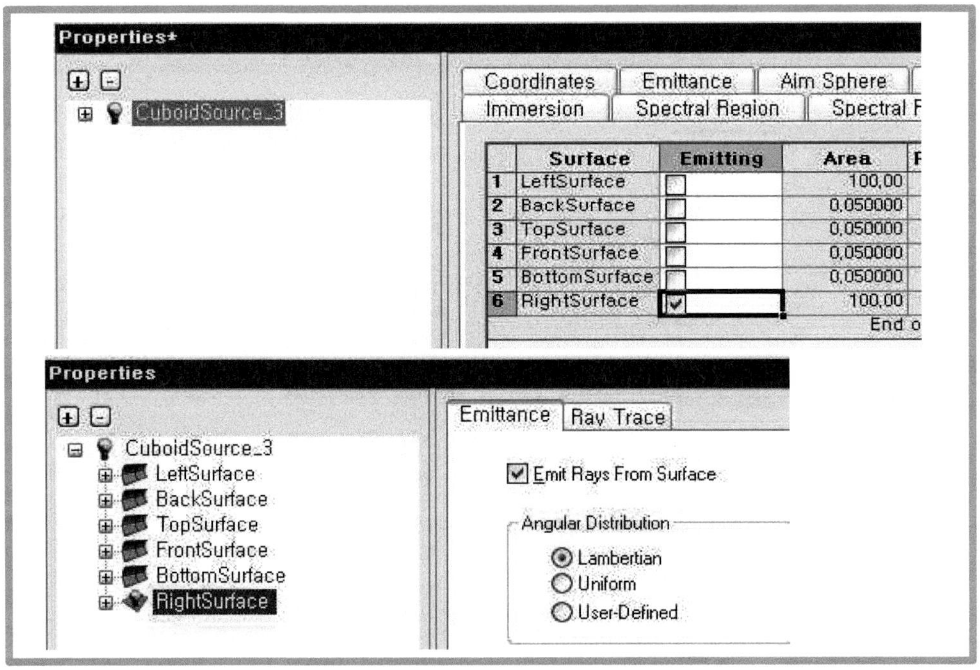


그림 4.6.23: 휘도향상필름 실습 23 (광원 모델링)

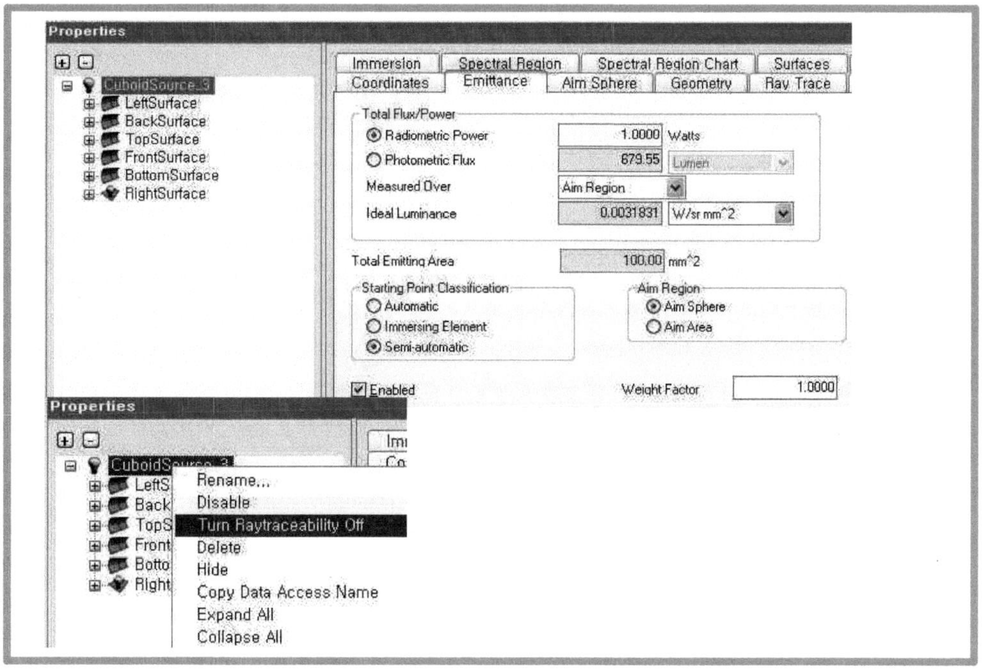


그림 4.6.24: 휘도향상필름 실습 24 (광원 모델링)

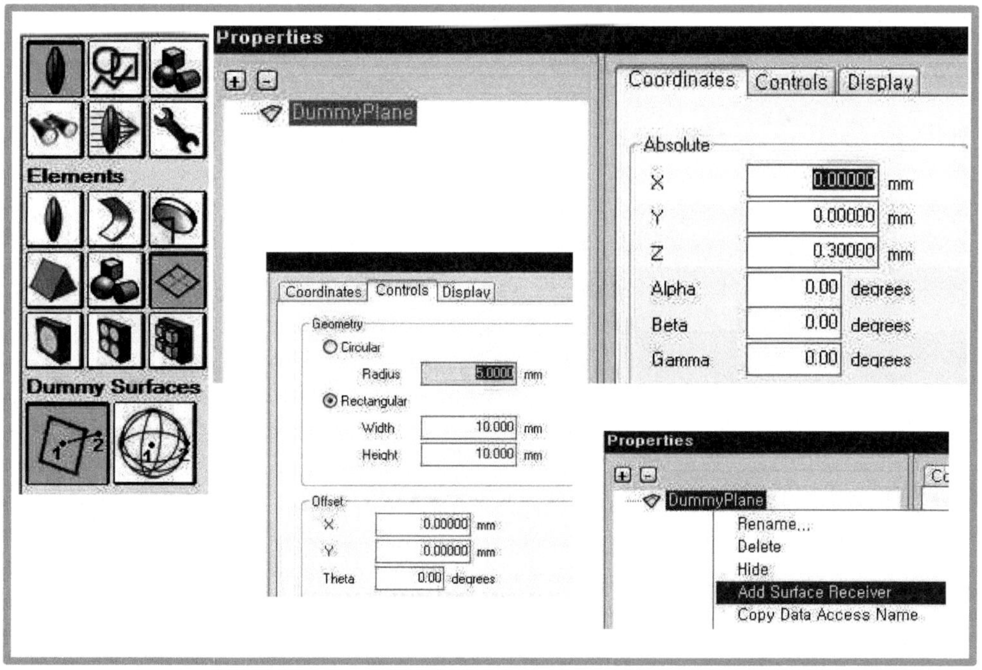


그림 4.6.25: 휘도향상필름 실습 25 (더미 플레인 설정)

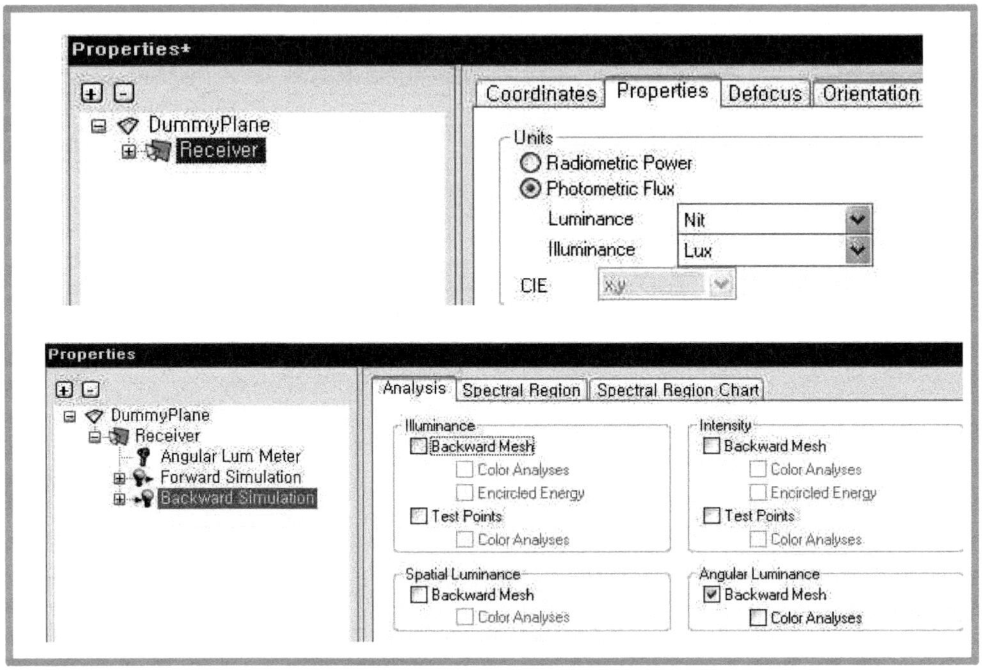


그림 4.6.26: 휘도향상필름 실습 26 (리시버 설정)

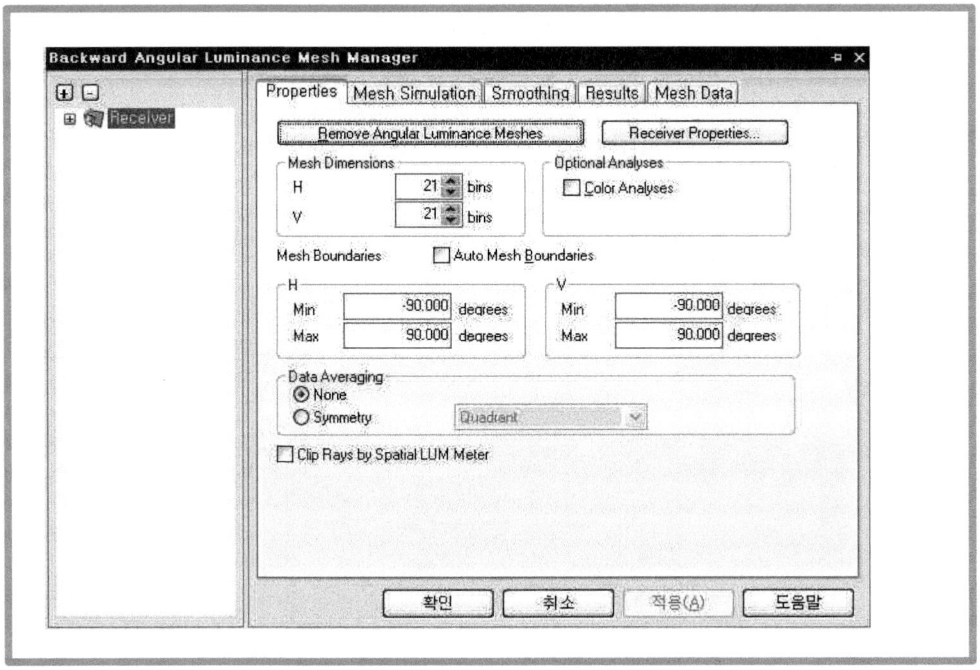


그림 4.6.27: 휘도향상필름 실습 27 (리시버 설정)

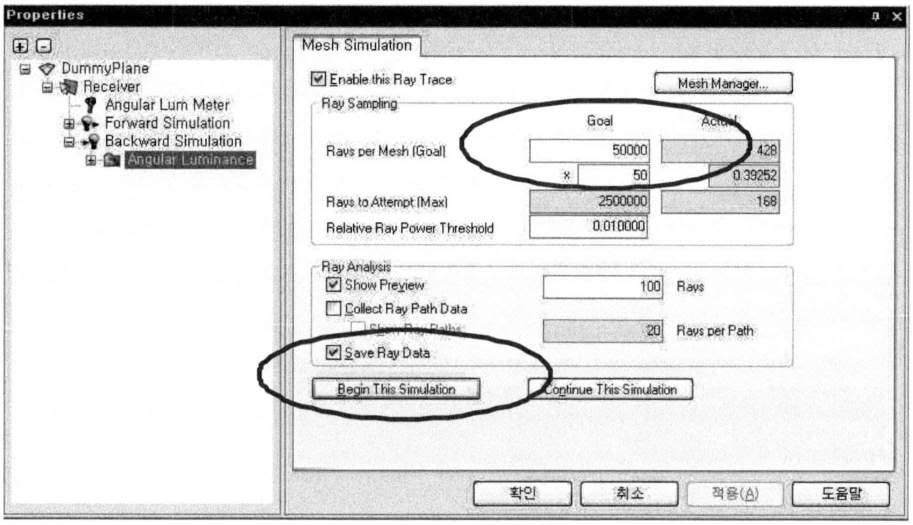


그림 4.6.28: 휘도향상필름 실습 28 (후방 시뮬레이션)

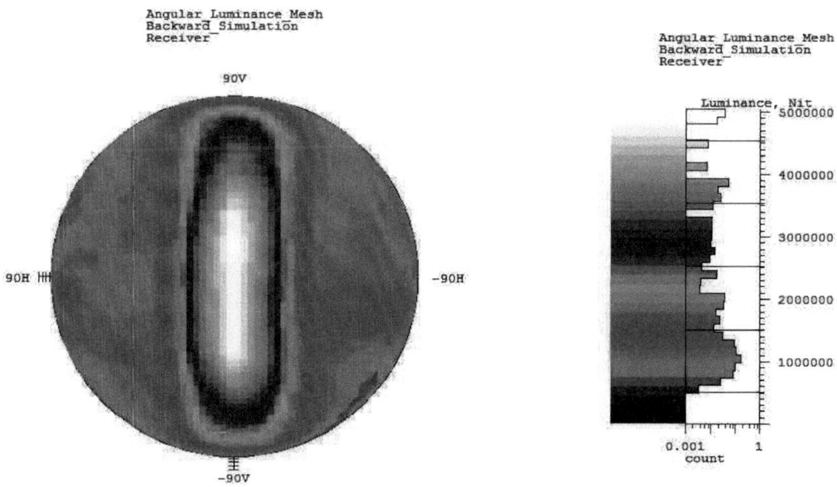


그림 4.6.29: 휘도향상필름 실습 29 (각휘도 리시버 결과 관찰)

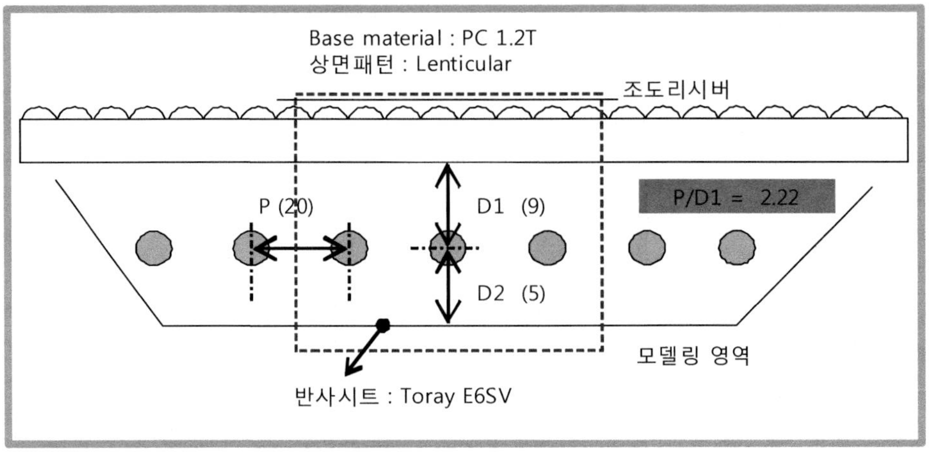


그림 4.6.30: 패턴확산판 적용 직하 백라이트 모델 설명도

## 4.6.2 패턴 확산판 적용 직하 백라이트 실습

이번 절에서는 3.5.2절에 설명된 패턴확산판 적용된 직하 백라이트 모델링 실습을 수행할 것이다. 그림 4.6.30은 직하 백라이트 모델 개념도이다. CCFL광원의 피치는 20$mm$이고 반사시트와 확산판 거리 $D_1+D_2$=14.0$mm$이다. 여기서 $P/D_1=2.22$이다. 일반적으로 확산제가 적용되는 일반확산판을 사용한 경우 $P/D_1=1.7$ 이상에서 램프 무라가 관찰되지만 패턴 확산판을 적용한 경우는 2.2~2.8까지 램프 무라를 가릴 수 있다.

실습은 크게 두부분으로 나뉜다. 첫째로 마찬가지로 렌티큘라 비구면 단일 렌즈를 모델링하여 라이브러리로 저장한다. (그림 4.6.31~그림 4.6.33 참고)

두 번째로 그림 4.6.30의 직하 백라이트 모델을 모델링한다. 대칭미러 조건을 만시키기 위한 사각 박스를 모델링하고 (그림 4.6.34~그림 4.6.39 참고) 반사필름을 모델링하고 BRDF를 부여한다. (그림 4.6.40~그림 4.6.42 참고) 유리 실린더를 모델링하고 (그림 4.6.43~그림 4.6.45 참고) 공기 실린더 광원을 모델링한다. (그림 4.6.46~그림 4.6.49 참고) CCFL을 모사하기 위해 공기 실린더 광원을 유리 실린더에 담근다. 확산판을 모델링하고 라이브러리 개체를 이용하여 삼차원 텍스쳐링을 한다. (그림 4.6.50~그림 4.6.55) 확산판 상단에 더미 플레인을 만들고 조도리시버를 만든다. (그림 4.6.56~그림 4.6.57) 마지막으로 광선추적을 수행하고 결과를 관찰하면 그림 4.6.58과 같다. 패턴확산판을 사용하여 조도 균일도가 양호한 것을 알 수 있다.

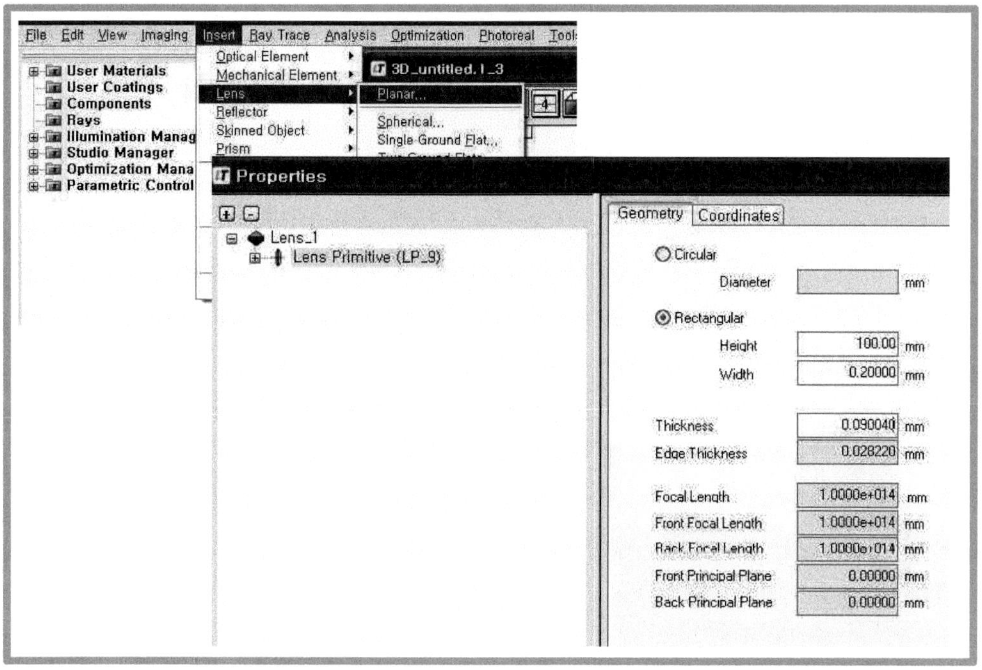

그림 4.6.31: 패턴확산판 실습 1 (렌티큘라 비구면 단일 렌즈 모델링)

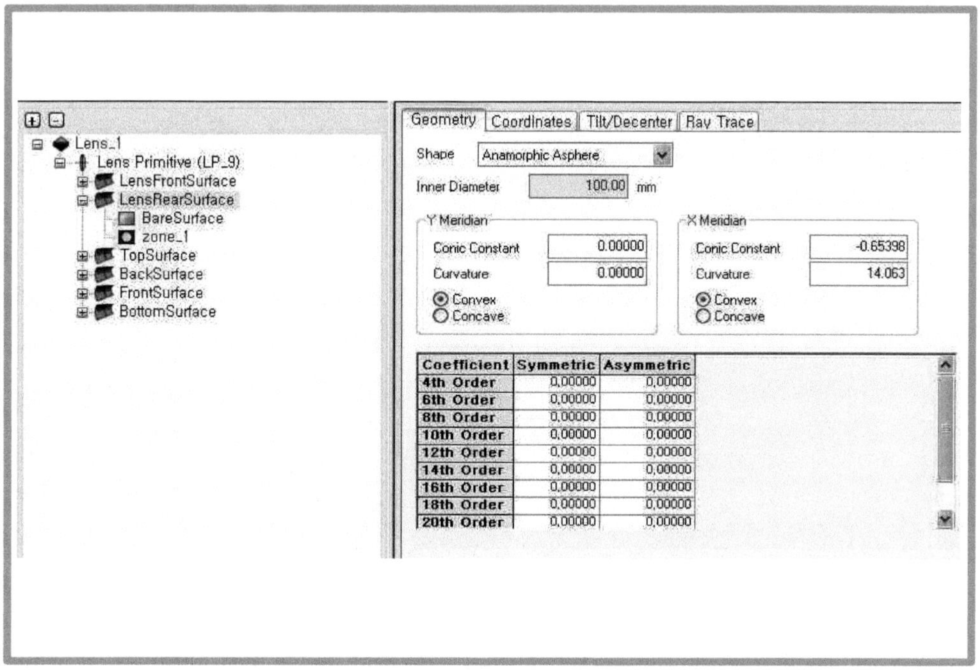

그림 4.6.32: 패턴확산판 실습 2 (렌티큘라 비구면 단일 렌즈 모델링)

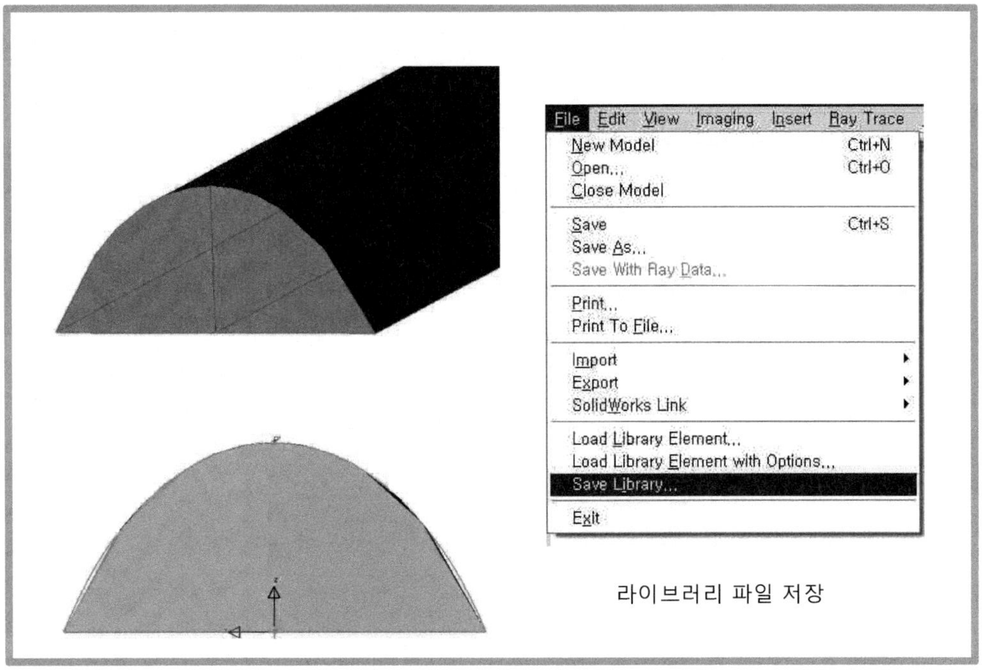


그림 4.6.33: 패턴확산판 실습 3 (렌티큘라 비구면 단일 렌즈 라이브러리 저장)

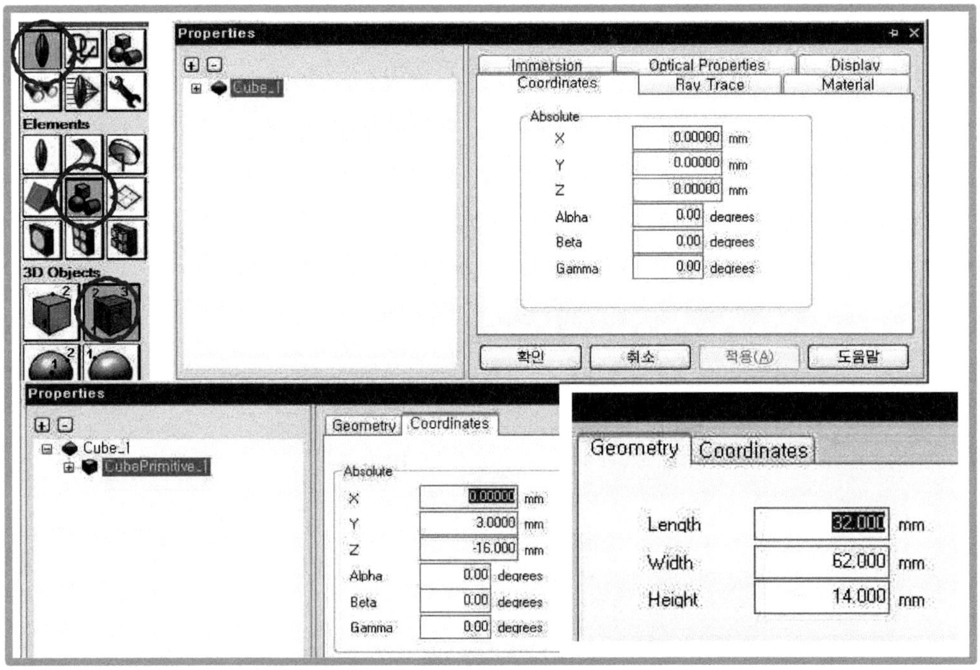


그림 4.6.34: 패턴확산판 실습 4 (대칭 미러 모델링)

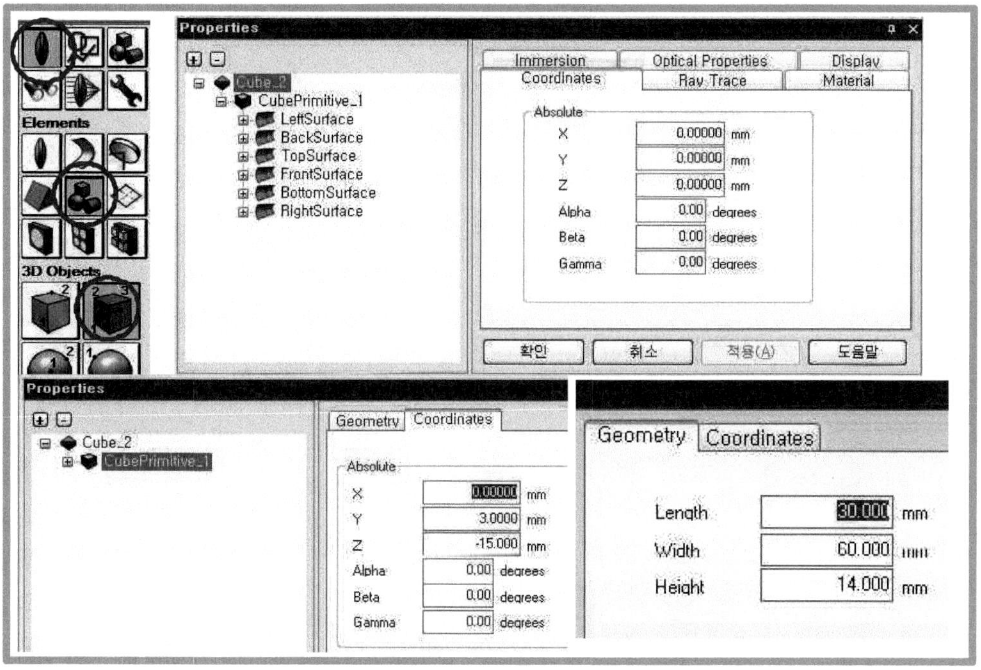


그림 4.6.35: 패턴확산판 실습 5 (대칭 미러 모델링)

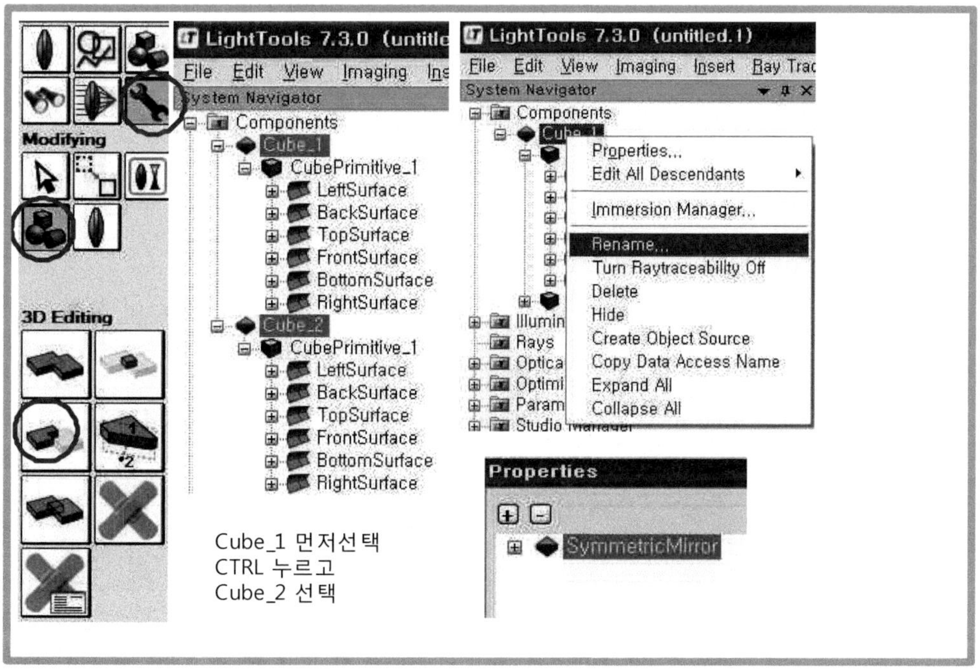


그림 4.6.36: 패턴확산판 실습 6 (대칭 미러 모델링)

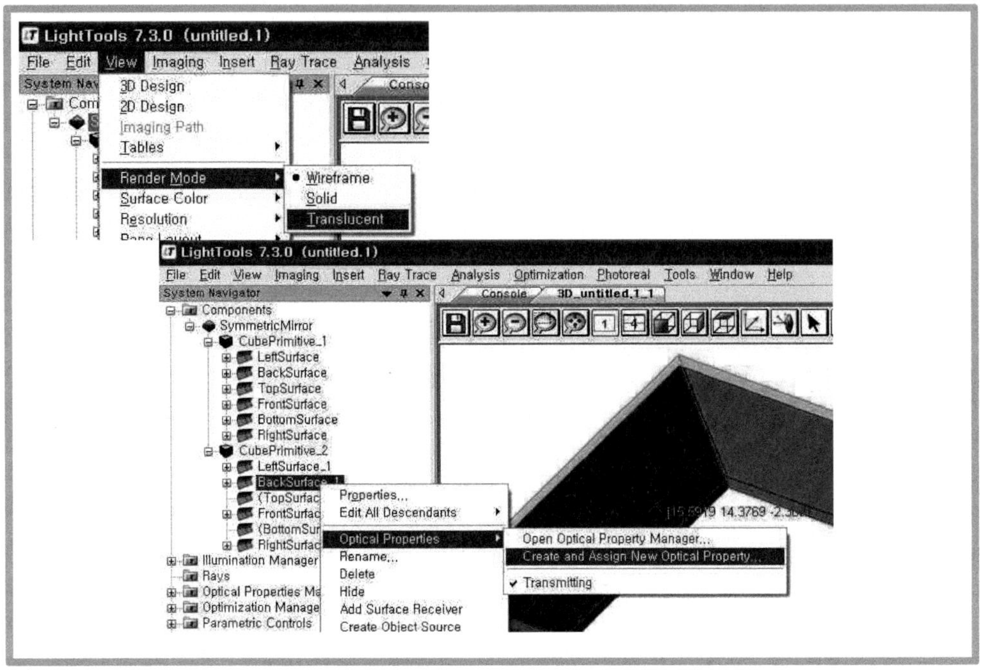


그림 4.6.37: 패턴확산판 실습 7 (대칭 미러 모델링)

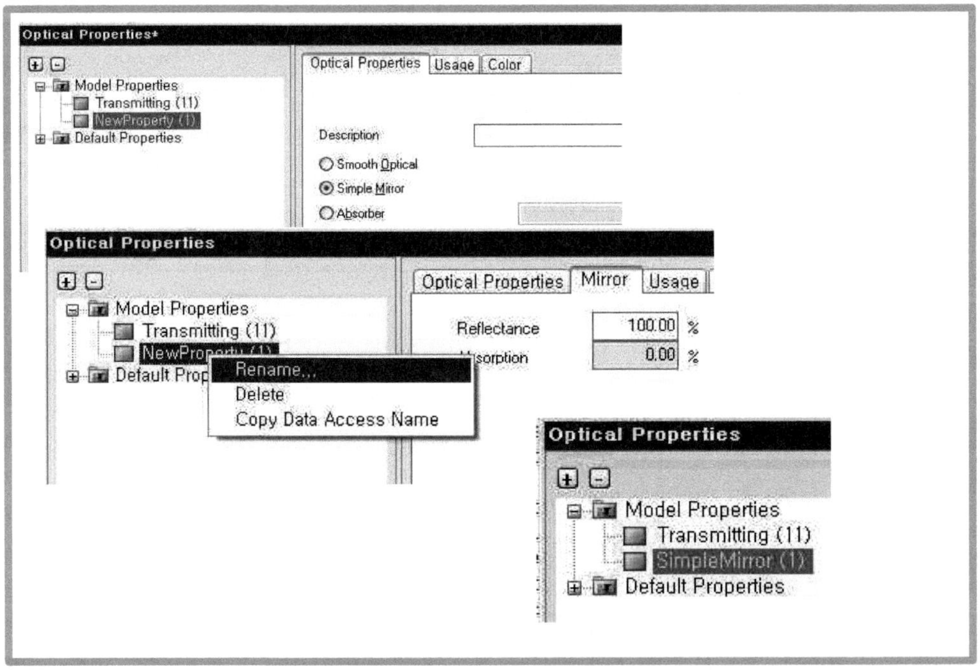


그림 4.6.38: 패턴확산판 실습 8 (대칭 미러 모델링)

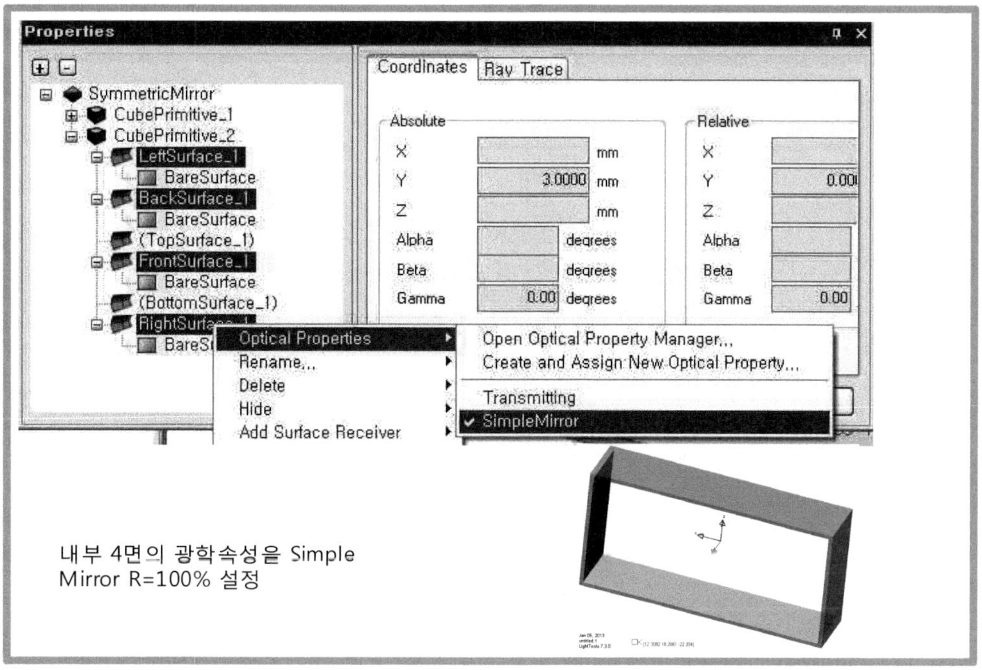


그림 4.6.39: 패턴확산판 실습 9 (대칭 미러 모델링)

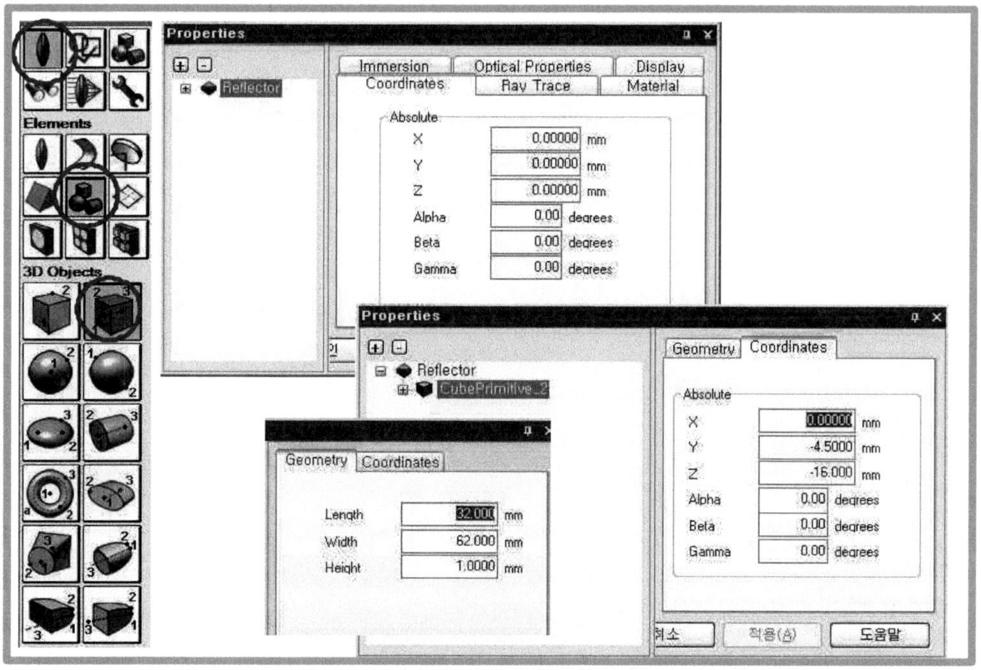


그림 4.6.40: 패턴확산판 실습 10 (반사필름 모델링)

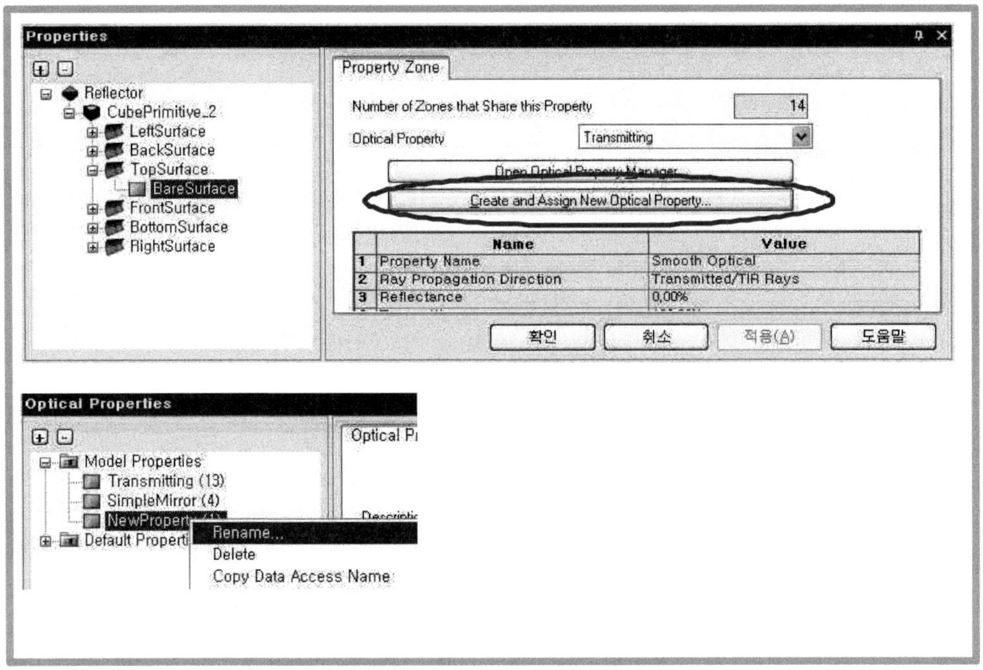


그림 4.6.41: 패턴확산판 실습 11 (반사필름 모델링)

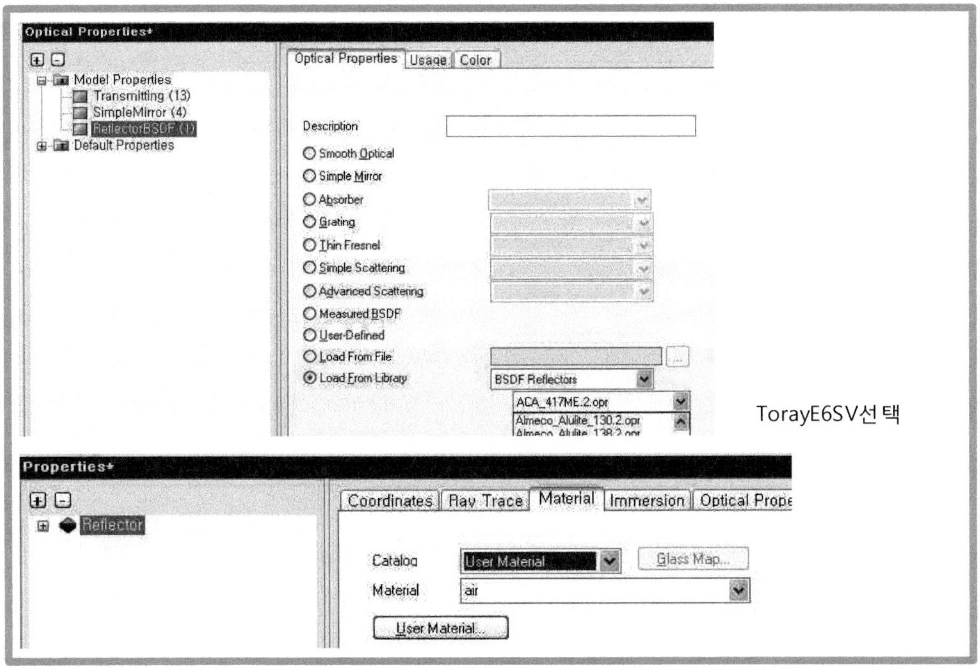


그림 4.6.42: 패턴확산판 실습 12 (반사필름 모델링)

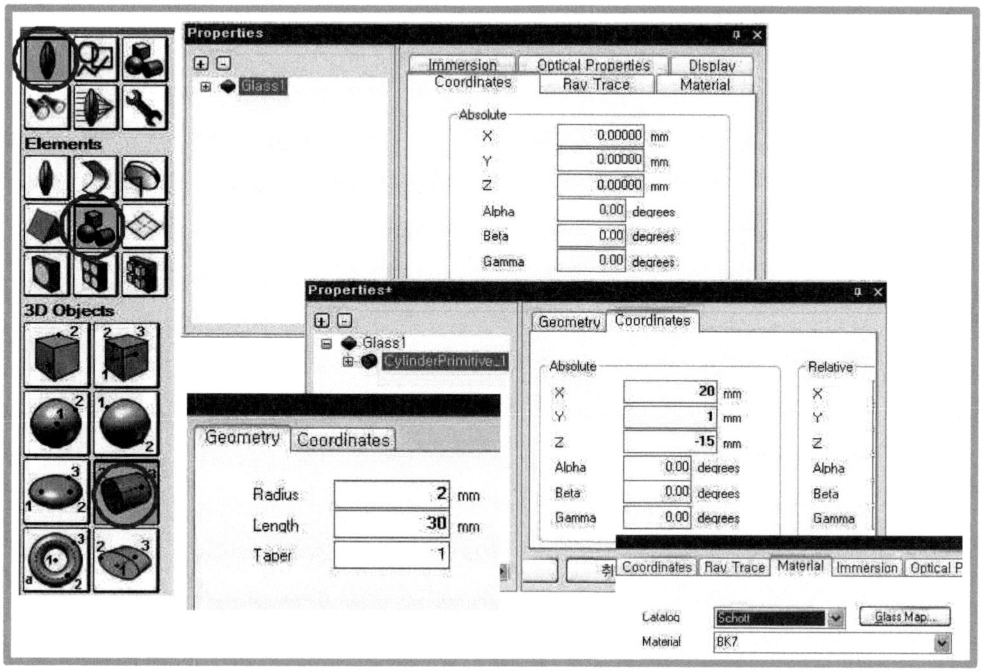


그림 4.6.43: 패턴확산판 실습 13 (유리 실린더 모델링)

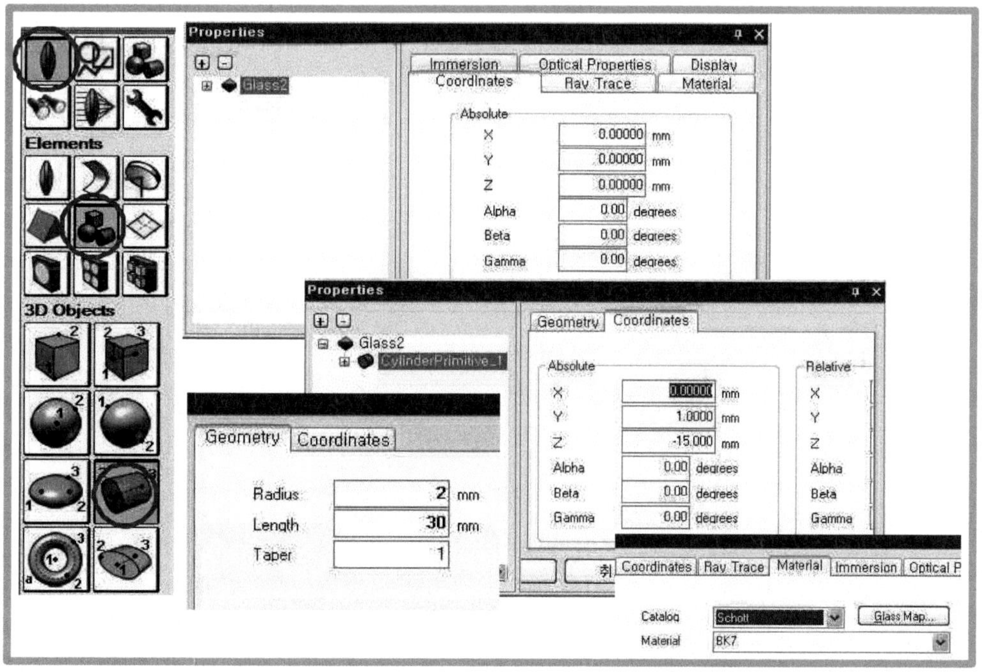


그림 4.6.44: 패턴확산판 실습 14 (유리 실린더 모델링)

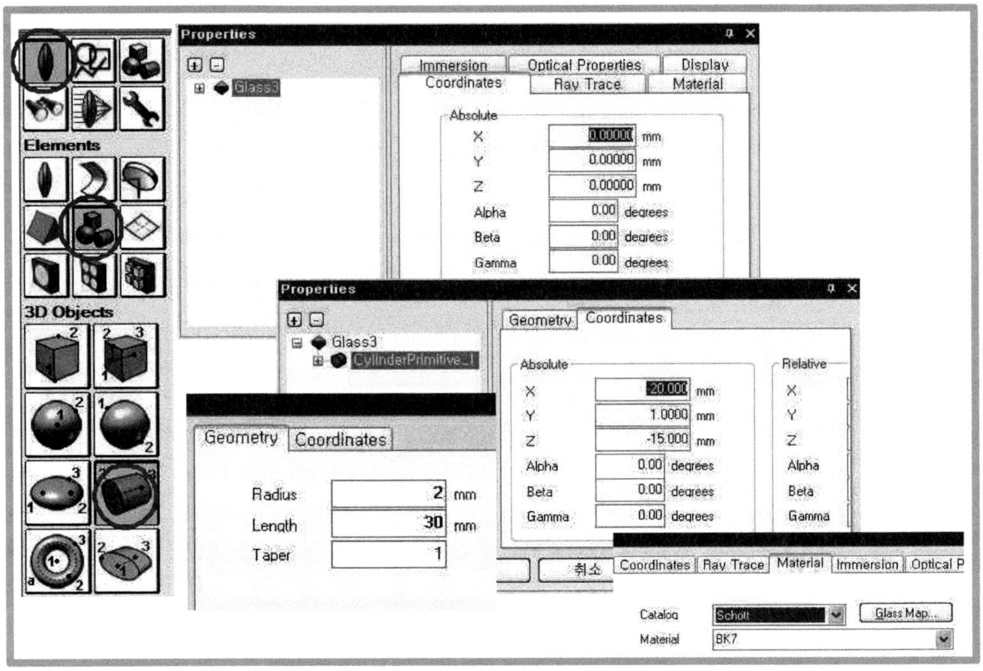


그림 4.6.45: 패턴확산판 실습 15 (유리 실린더 모델링)

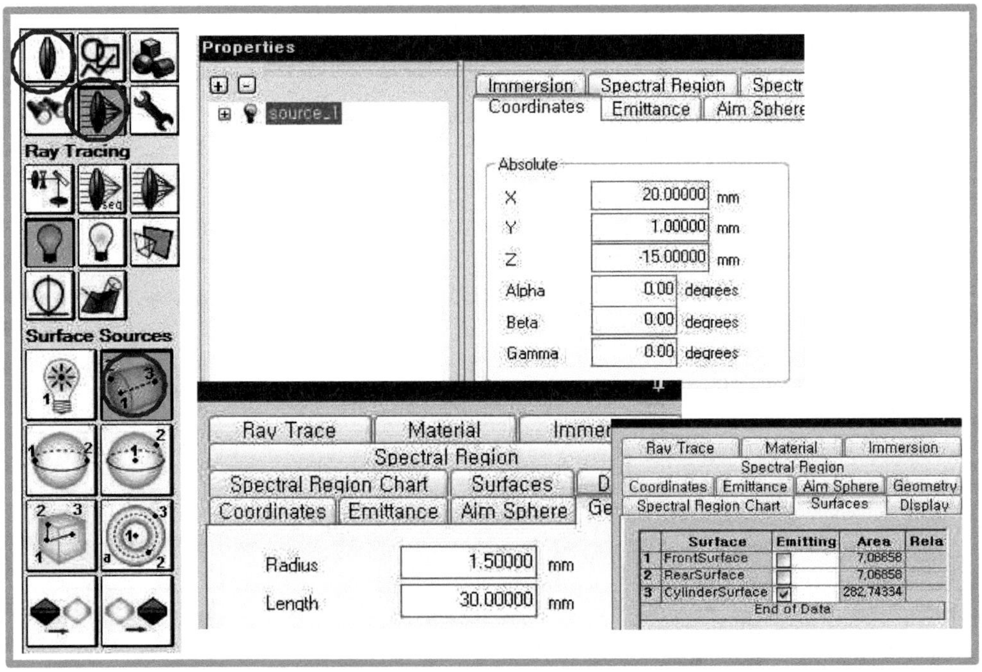


그림 4.6.46: 패턴확산판 실습 16 (공기 실린더 광원 모델링)

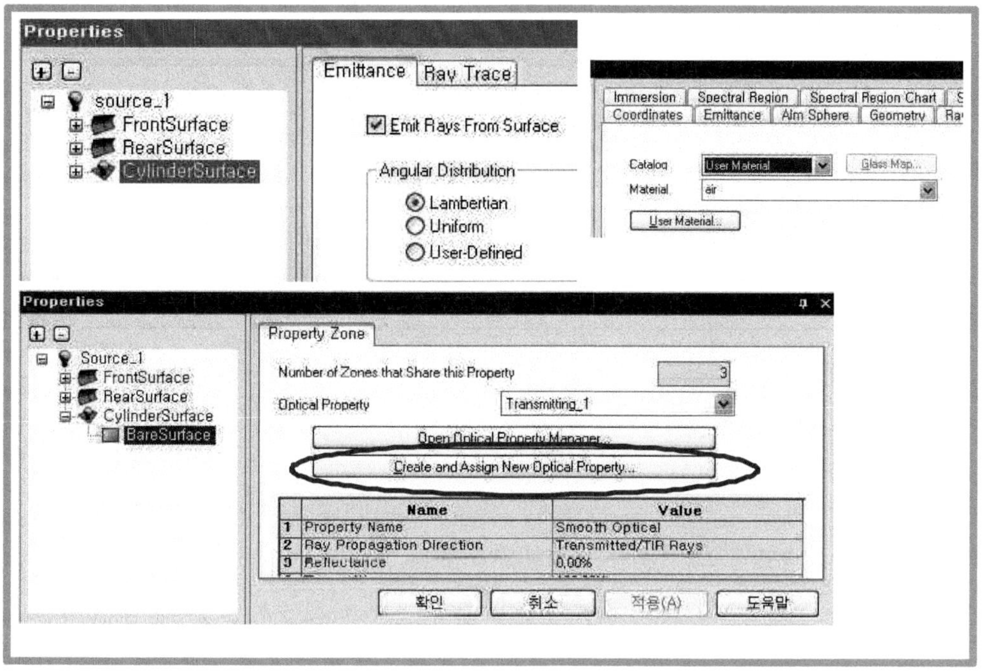


그림 4.6.47: 패턴확산판 실습 17 (공기 실린더 광원 모델링)

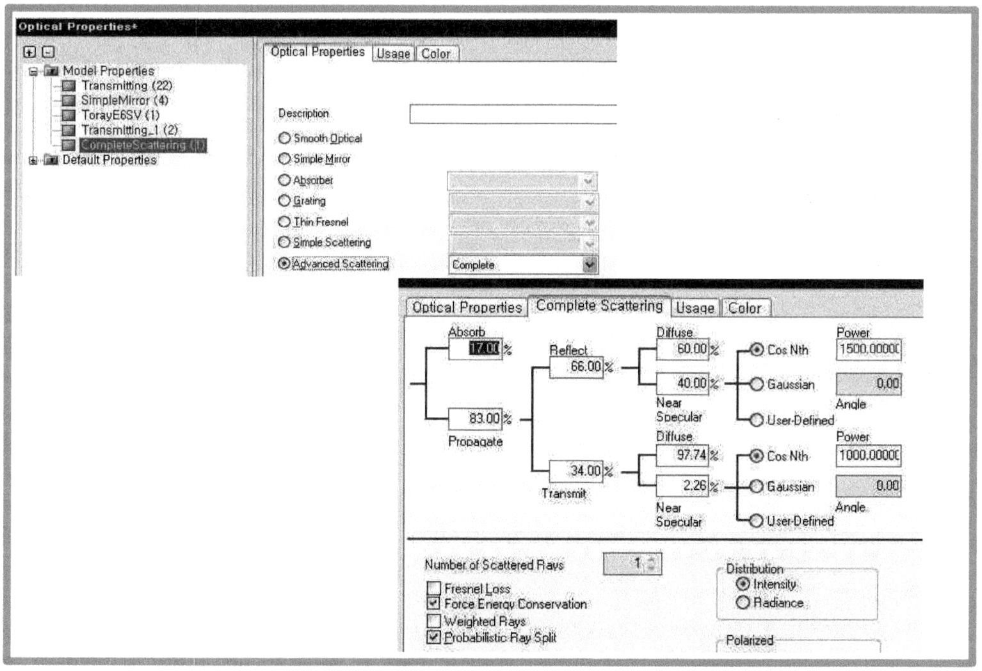


그림 4.6.48: 패턴확산판 실습 18 (공기 실린더 광원 모델링)

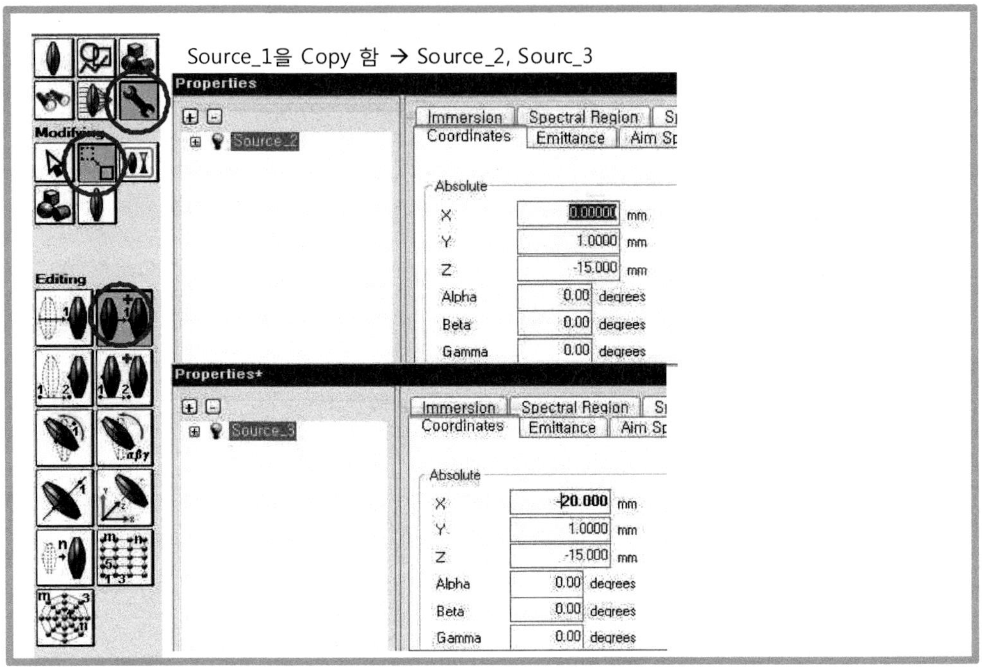


그림 4.6.49: 패턴확산판 실습 19 (공기 실린더 광원 모델링)

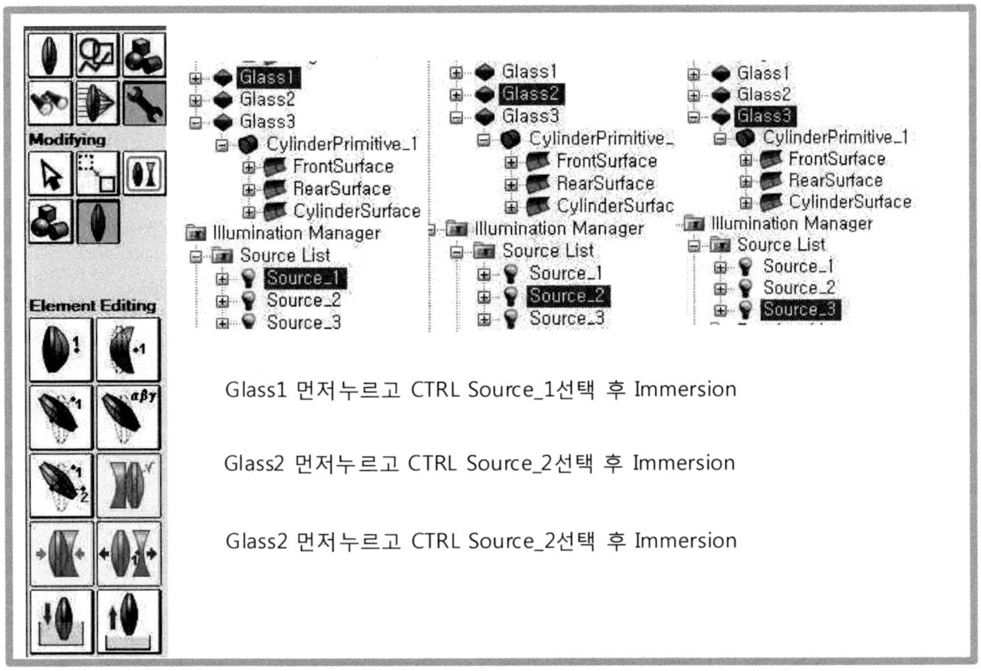


그림 4.6.50: 패턴확산판 실습 20 (CCFL광원 구현 위한 담그기 적용)

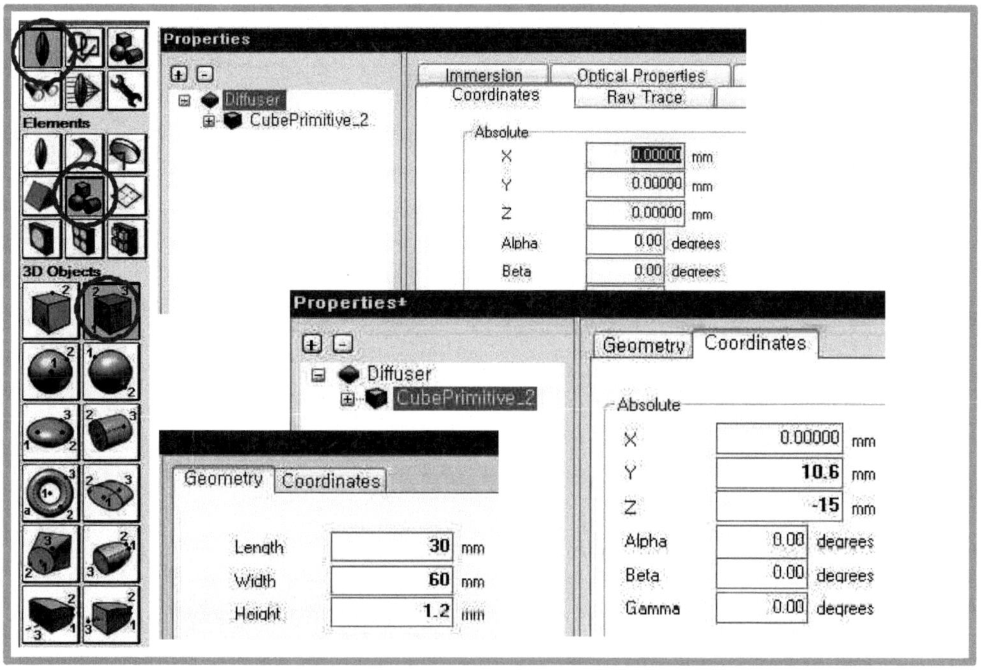


그림 4.6.51: 패턴확산판 실습 21 (패턴 확산판 모델링)

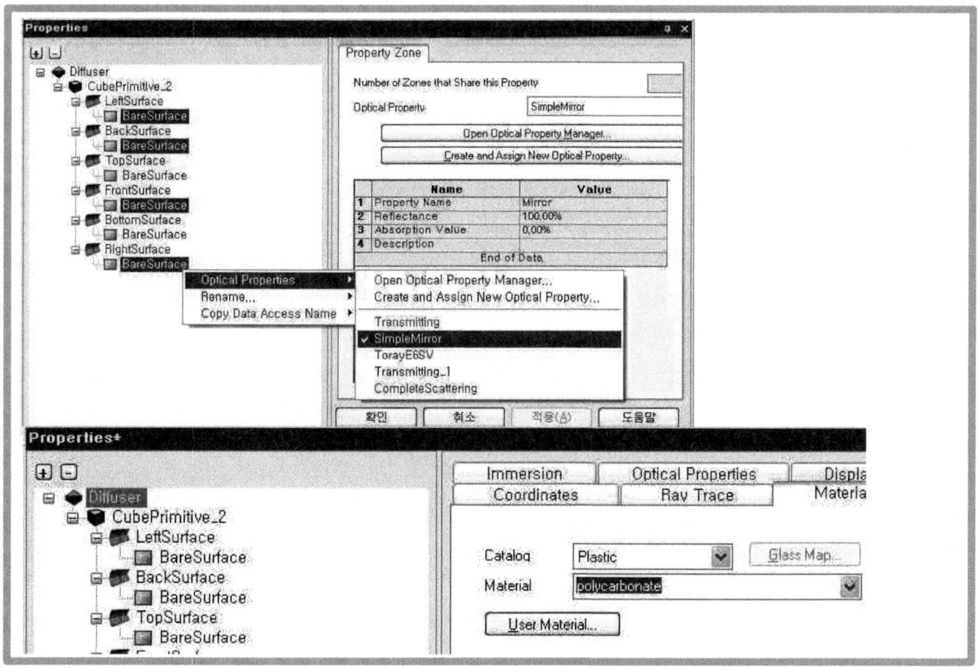


그림 4.6.52: 패턴확산판 실습 22 (패턴 확산판 모델링)

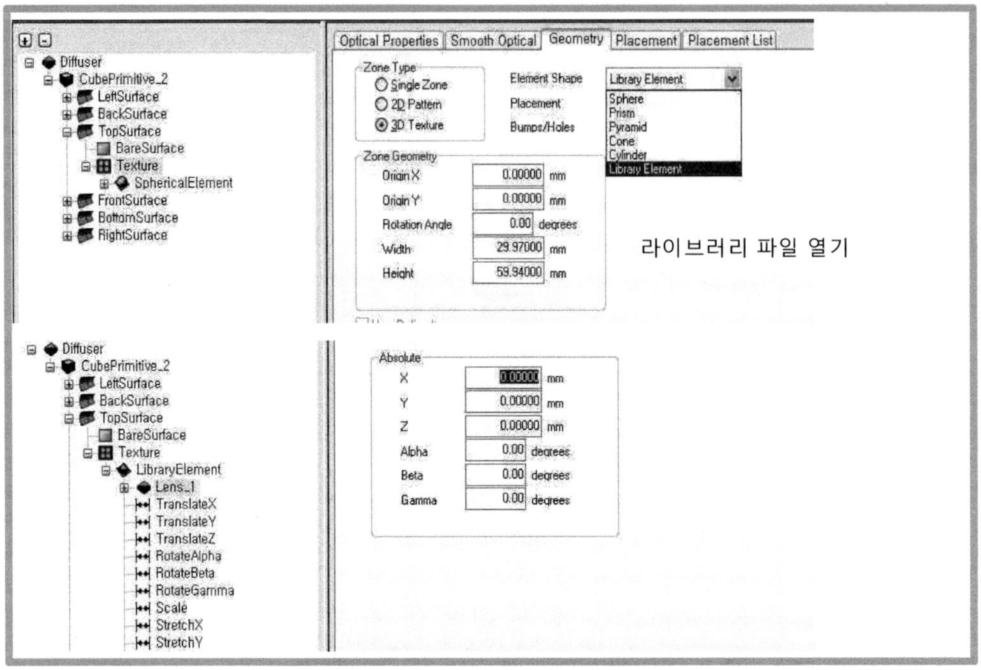


그림 4.6.53: 패턴확산판 실습 23 (패턴 확산판 모델링)

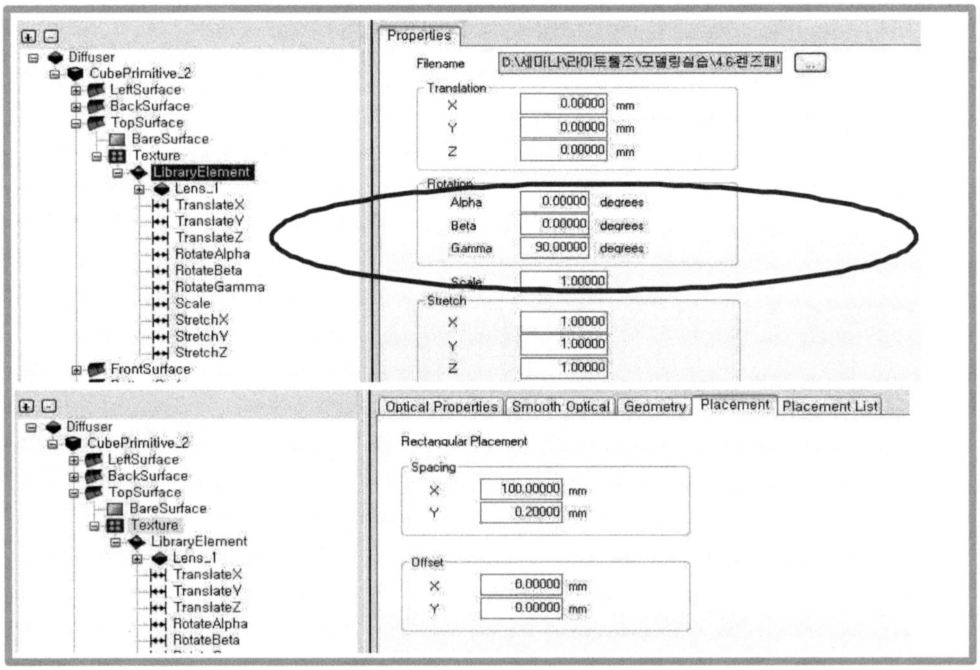

그림 4.6.54: 패턴확산판 실습 24 (패턴 확산판 모델링)

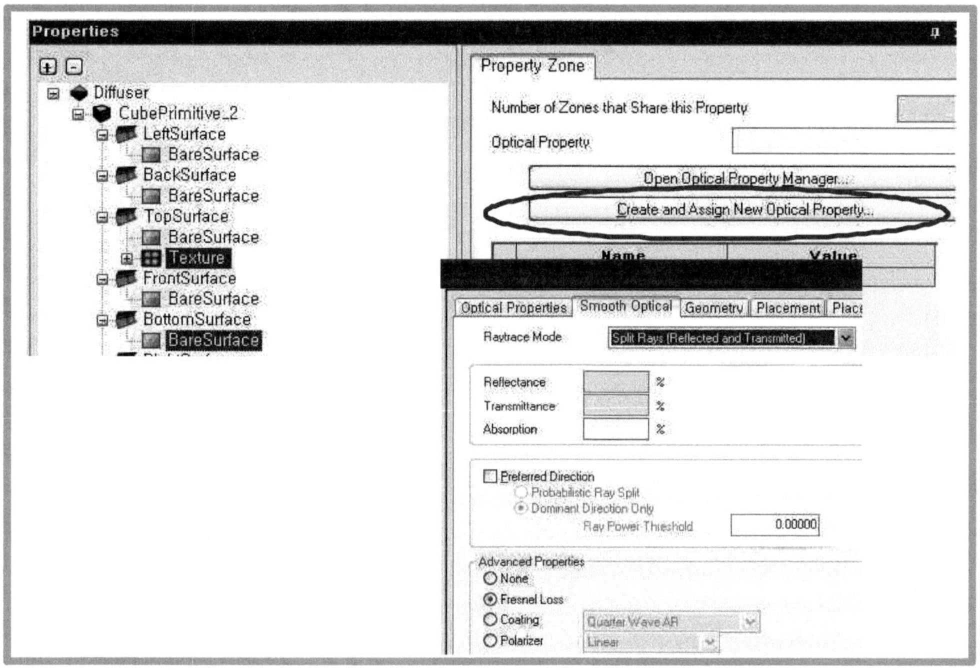


그림 4.6.55: 패턴확산판 실습 25 (패턴 확산판 모델링)

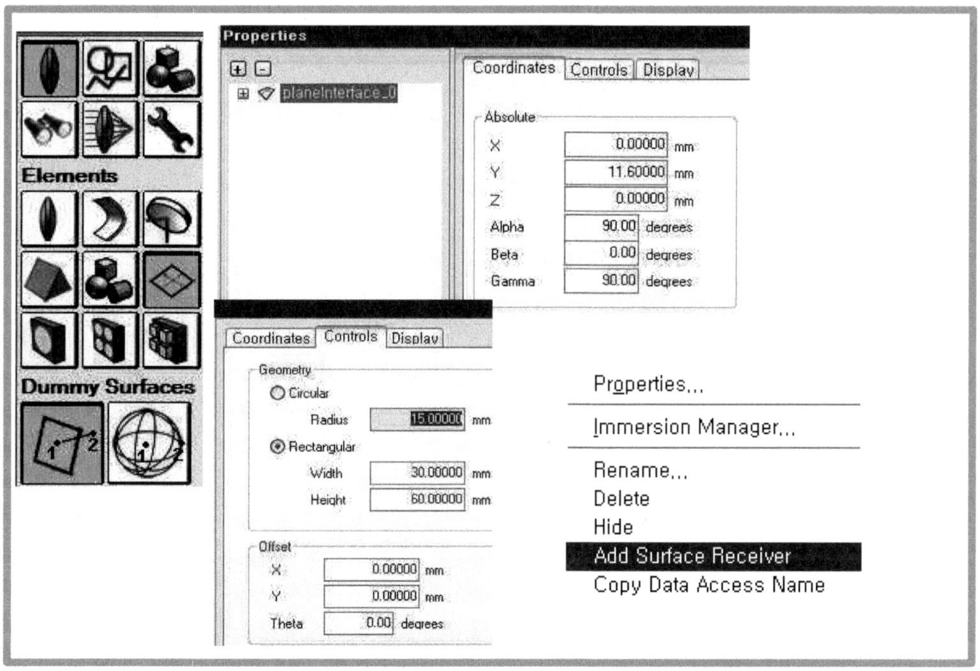


그림 4.6.56: 패턴확산판 실습 26 (더미 플레인 모델링)

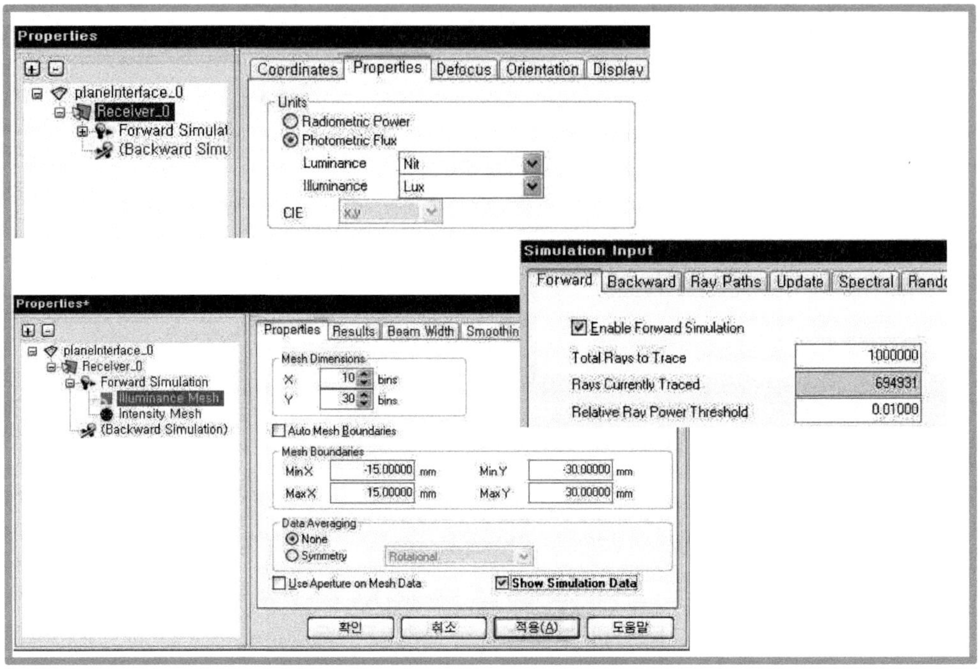

그림 4.6.57: 패턴확산판 실습 27 (조도 리시버 모델링)

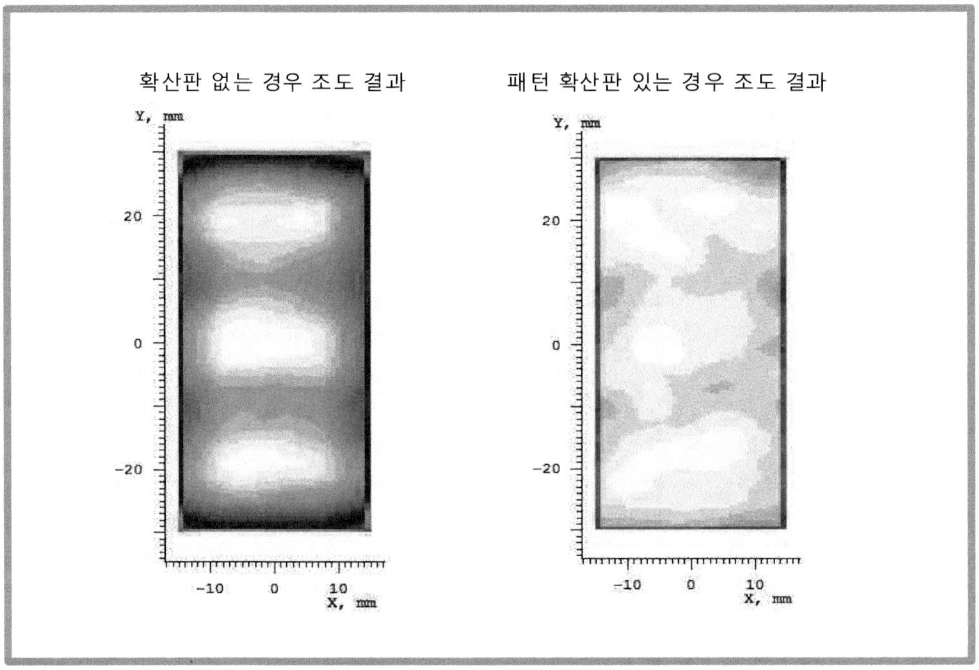

그림 4.6.58: 패턴확산판 실습 28 (시뮬레이션 결과 관찰)

## 참고문헌

[1] http://omlc.ogi.edu/calc/mie_calc.html

[2] 미국특허, 등록번호 US7528893

[3] http://www.breault.com

[4] http://www.optis-world.com

[5] www.cis.rit.edu/.../09_K-M%20&%20BeerLambert.pdf

[6] www.sunjinchem.co.kr

[7] www.opticalres.com/ModelingPhosphorsInLightTools.pdf

[8] 한국정밀공학회지, 2006, Vol 23., No. 4, pp. 91-98

[9] http://solutions.3m.com

[10] Byung-Yun Joo, Dong-Ho Shin, Displays, 2010, Vol. 31, pp. 87-.92

[11] Y. Koike. Applied Optics, 2001, Vol. 40, Issue 34, pp. 6274-6280

[12] 대한민국특허, 출원번호 10-2007-0031-700

[13] http://www.mntech.co.kr/

[14] 세계특허, WO022862A1

[15] 대학민국 특허, 출원번호 10-2007-0141501

[16] Byung-Yun Joo, Dong-Ho Shin, Displays, 2009, Vol. 30, pp. 190-.194

[17] 미국특허, 등록번호 US5870224

[18] 대한민국특허, 출원번호 10-2007-0110184

[19] Japanese J. of Applied Physics, 2006, Vol 44, pp. 649-695

## 저자 약력

1997 : 포항공과대학교 기계공학과 졸업

1999 : 서울대학교 기계설계학과 석사 졸업

2004 : 서울대학교 기계항공공학부 박사 졸업

2004~2009 : 삼성전자 LCD 사업부 광원기술팀 책임 연구원

2009~현재 : 한국기술교육대학교 기계정보공학부 조교수

본 과제(결과물)는 교육과학기술부의 재원으로 지원을 받아 수행된 산학협력 선도대학(LINC) 육성사업의 연구결과입니다.